U0387500

面向新工科的电工电子信息基础课程系列教材

教育部高等学校电工电子基础课程教学指导分委员会推荐教材

普通高等教育"十一五"国家级规划教材

电工电子技术基础教程

第3版

3RD EDITION

陈新龙　胡国庆　编著

清华大学出版社

北京

内 容 简 介

本书遵循通俗易懂、强调应用的编写原则。从手电筒电路出发引出电路的概念及其模型,从计算机仿真分析、数学分析两个角度阐述电路理论的学习方法;通过仿真实验讲解半导体器件的特性;从黑白帽子逻辑问题引出逻辑运算基础知识,结合计算机仿真介绍数字电子器件的特点及其应用方法,将计算机仿真结果(程序或分析过程)嵌入具体的知识点中。

全书共分为十章,包括电路理论、模拟电子技术、数字电子技术、电动机及其触点控制系统,具有完备的碎片化视频及规模化的线上习题,既适合传统课堂教学,也非常适合以翻转课堂教学形式开展教学活动。

本书可作为本科、高职、高专院校非电类专业"电工电子技术""电工学"课程(或类型课程)教材,也可供相关技术人员参考。

图书在版编目(CIP)数据

电工电子技术基础教程/陈新龙,胡国庆编著. —3 版. —北京:清华大学出版社,2021.3(2024.2重印)
面向新工科的电工电子信息基础课程系列教材
ISBN 978-7-302-56801-8

Ⅰ. ①电… Ⅱ. ①陈… ②胡… Ⅲ. ①电工技术—高等学校—教材 ②电子技术—高等学校—教材 Ⅳ. ①TM ②TN

中国版本图书馆 CIP 数据核字(2020)第 217391 号

责任编辑:文 怡
封面设计:王昭红
责任校对:时翠兰
责任印制:杨 艳

出版发行:清华大学出版社
   网 址:https://www.tup.com.cn,https://www.wqxuetang.com
   地 址:北京清华大学学研大厦 A 座   邮 编:100084
   社 总 机:010-83470000   邮 购:010-62786544
   投稿与读者服务:010-62776969,c-service@tup.tsinghua.edu.cn
   质量反馈:010-62772015,zhiliang@tup.tsinghua.edu.cn
   课件下载:https://www.tup.com.cn,010-83470236
印 装 者:三河市龙大印装有限公司
经 销:全国新华书店
开 本:185mm×260mm 印 张:31.75   字 数:692 千字
版 次:2006 年 7 月第 1 版 2021 年 3 月第 3 版 印 次:2024 年 2 月第 5 次印刷
印 数:5001~6500
定 价:89.00 元

产品编号:088003-01

第3版前言

  本书为在线课程"电工电子技术"的配套教材,基于教育部高等学校电工电子基础课程教学指导委员会最新修订的"电工学"教学基本要求,弱化了基本要求中选讲内容的各知识点(如变压器、电动机等),去掉了可编程控制器、异步时序逻辑电路分析等知识点,增加了硬件描述语言的教学内容,基于 Quartus Ⅱ 环境将数字电子技术单元的仿真结果(程序或分析过程)嵌入具体的知识点中。

  本书具有完备的碎片化视频及规模化的线上习题,既适合传统课堂教学,也适合以翻转课堂教学形式开展教学活动。本书配套中国大学 MOOC 在线课程"电工电子技术"。读者可通过在线课程完成线上习题和线上测试,扫描各章开始处的二维码,下载各章仿真源程序电子文档。

  本书配套教学大纲 PPT 等课件资源,可扫描前言下方二维码下载。

  由于编者水平有限,不妥之处在所难免,敬请读者批评指正。

陈新龙

2021 年 1 月

片花

大纲＋课件

第2版前言

当读者拿到本书时,《电工电子技术基础教程》出版已超过六个年头,在该教材的六年应用实践中,不断有老师和读者与我联系,对该教材提出了许多意见和建议。

本书的建设持续两年时间,在此期间,各路卫星电视先后热播新版《三国》《水浒传》《西游记》。新版《三国》中以通俗的方式向大家讲述"生子当如孙仲谋"等流传千年的古语;新版《水浒传》中从百姓的角度展示了宋江的傲气以及"大刀关胜"等顶级英雄加入宋江集团的具体原因;新版《西游记》按照当代人的理解揭秘了孙悟空由一个目空一切的泼猴逐渐修炼成佛的过程,演绎了与众不同的三国、水浒、西游传奇。

借鉴上面经典的改版思路,本书改变传统电工学、电工电子技术教材单纯从电路基本概念、半导体器件、逻辑代数等基础理论出发展开相关知识点讲解的教材编写思路,从手电筒电路电流的流动角度引出电路的概念及其模型;从计算机仿真分析、数学分析两个角度阐述学习电路理论的意义;从控制电流流动角度引出半导体器件;从黑白帽子逻辑问题引出逻辑运算基础知识。

具体组织上,本书继续遵循老版教材通俗易懂、强调应用的编写原则,去掉了"非正弦交流电路"等偏难的知识点,将 Multisim 环境中仿真结果嵌入到电路理论、模拟电子技术等单元的具体知识点中,读者可到本书公开教学网站下载相关源文件,在 Multisim 环境中打开相关文件观察理解仿真结果,通过修改电路元件相关参数等方法进一步验证所学的知识。

必须指出的是,计算机仿真分析本质上是对设计好电路的一种虚拟测试验证方法,不是掌握电工电子技术的捷径,只是学习电工电子技术的辅助工具,只有真正理解并掌握了电工电子技术基础理论才能更好地使用计算机仿真工具。

由于编者水平有限、见解不多,不妥甚至错误之处在所难免,敬请读者批评指正。

陈新龙

2012 年 8 月

第1版前言

电的发现是人类社会最伟大的发现之一。电子的流动是一种能量的流动,在带给人们光明与动力的同时推动了一个时代的进步,推动着电气化时代的兴旺与繁荣。发电机、变压器、电动机及其控制成为电气化时代的典型生产力,电工技术成为推动国民经济发展的主要技术动力之一。

半导体器件的出现赋予了电子的流动以新的内涵。半导体器件的应用使这种能量的流动成为一种信号的传递,一种超强功能的集成信息的传输。集成电路的问世引起了电子技术领域一场新的革命,超大规模集成电路的诞生推动着一个新的时代的来临。因特网、电信网络、电视网络带给人们的不仅仅是一种娱乐,所有的这些宣告了一个时代的结束,一个新的时代的来临。

在这个时代里,各种电器设备在各个领域中均扮演着重要角色甚至关键角色,发挥着越来越重要的作用,掌握电工电子技术的初步知识成为非电类工科各专业学生的基本技能要求,因此,各大高校非电类工科专业均开设了"电工电子技术""电工技术""电子技术""电工学"或类似课程。

必须指出的是,"电工电子技术"是一个理论性、专业性、应用性均较强的课程,所涉及教学内容广,内容本身也较难掌握,因此,如何在规定的学时数内使学生掌握电工电子技术的初步知识,为非电类工科各专业学生在今后的学习和工作中更好地利用和发挥电器设备在工程中的作用打下坚实的基础成为教学实施的难点。

本书继承了作者已出版的《电工电子技术(上、下)》("十五"国家级规划教材)的建设成果,力图通俗易懂,编写时相对压缩了电工电子技术各基础理论,突出了"数字电子技术""大规模集成电路""电子控制"等电工电子重点应用方面的教学内容,并对电路、数字电子技术嵌入了计算机仿真结果(程序或分析过程),以达到使读者掌握电工电子技术的初步知识的目的。

本书教学内容分为三个层次:公共部分、非公共部分(标有"＊"的小节)、扩展部分(编写在电子教材中)。全书共分为两篇。上篇为电工基础,包括电路理论、变压器、电动机;下篇为电子技术,包括模拟电子技术、数字电子技术、大规模集成电路、电气过程中的测量及控制技术。各章均备有较多的例题、习题、思考题及小结。

本书及其配套资源构成了全立体化的电工电子技术教材,包括文字、电子两种形式。文字教材包括主教材(本书)、《电工电子实践教程(实验指导书)》《电工电子技术基础教程全程辅导》三本书。电子教材包括网络、个人、简易三种版本,有着比文字教材更丰富的内容,对读者在较短时间内理解并掌握本教材内容有较大帮助。电子教材网络版保留为公开教学网专用,个人版可供读者在一台计算机上学习,电子教材简易版即本书的随书光盘(含本书的全部幻灯片)。

第1版前言

本书电子教材网络版2002年9月获"第六届全国多媒体教育软件大奖赛"二等奖，支持智能教学、远程同步教学、顺序教学、查询教学、阶段复习、课余练习、网络自测等多种教学手段并提供自学、授课两种风格，对读者在较短时间内理解并掌握本教材内容有较大帮助。建议读者以文字教材结合电子教材学习本课程。习惯了网络学习环境的读者也可以电子教材结合文字教材方式学习。

本书编写时参照了教育部高等学校电子信息科学与电气信息类基础课程教学指导分委员会于2004年8月制订的"电工学教学基本要求"及教育部最新制定的"高职高专教育电工电子技术课程教学基本要求"，可作为重点本科《电工电子技术》、《电工学》少学时课程教材；也可作为二、三类本科，应用本科《电工电子技术》（或类似课程）教材；还可作为高职高专《电工电子技术》多学时课程教材。

本书文字教材的第1、3章，第12章的1、2、6节及全书的计算机仿真由胡国庆整理编写，其余章节由陈新龙整理编写。在本教材的建设过程中，得到了重庆大学教材建设基金资助。此外，尚有许多老师及同学对本书提出了宝贵的、建设性的意见与建议并参与了本教材及电工电子技术远程网站建设的许多工作，在此谨表示感谢。

由于编者水平有限、见解不多，不妥甚至错误之处在所难免，敬请读者批评指正。

编　者
2005年9月

电工基础部分常用符号

符号	描　　述	符号	描　　述
B	磁感应强度、电纳	B_L	感纳
B_C	容纳	C	电容
E	电动势	F	磁通势
f	频率	f_0	谐振频率、半功率点频率
G	电导	H	磁场强度
I	直流电流、正弦电流有效值	i	交流电流
I_S	电流源短路电流	I_m	交流瞬时电流、复数取虚部
i_1、I_1	变压器初级电流	i_2、I_2	变压器次级电流
I_{1N}	变压器初级额定电流	I_{2N}	变压器次级额定电流
$\dot{I}$、$\dot{I}_m$	正弦电流有效值、最大值相量	I_1、I_p	线电流、相电流
L	电感	N_2	次级绕组匝数
N_1	初级绕组匝数	P	直流电路功率、正弦交流电路平均功率
P_E	电源产生功率	ΔP	电源内阻消耗功率
ΔP_{Fe}	变压器的铁损	ΔP_{Cu}	变压器的铜损
$p(t)$	瞬时功率	Q	无功功率、品质因数
Q_L	电感无功功率	Q_C	电容无功功率
R	电阻	R_m	磁阻
R_0 或 R_S	戴维宁等效电阻、电源内阻	R_L	负载电阻
S	面积、视在功率	S_N	变压器额定容量
T	周期	U_O、U_{OC}	开路电压
U	直流电压、正弦电压有效值	u	交流电压
U_S	电压源电压	U_m	交流瞬时电压
u_1、U_1	变压器初级电压	u_2、U_2	变压器次级电压
U_{1N}	变压器初级额定电压	U_{2N}	变压器次级额定电压
$\dot{U}$、$\dot{U}_m$	正弦电压有效值、最大值相量	U_1、U_p	三相电源线电压、相电压
V	电位	$w(t)$	瞬时能量
W_C	电容元件平均储能	W	平均能量
W_L	电感元件平均储能	X	电抗
X_C	容抗	X_L	感抗
Y	导纳	Y	星形联接
Y_0	星形联接(中性点引出中线)	Z	阻抗
ω	角频率	ω_0	谐振角频率、半功率点角频率

常用符号

符号	描　述	符号	描　述
φ	相位差、阻抗角	φ'	导纳角
θ	初相角	ψ	磁通量、磁链
$\varphi(\omega)$	相频特性函数	$\lvert T(j\omega)\rvert$	幅频特性函数
ρ	特性阻抗	λ	功率因数
var	无功功率单位（乏）	ϕ	磁通
τ	时间常数	μ	磁性材料磁导率
$\triangle$	三角形联接	ε	绝对误差
∂	相对误差		

电子技术部分常用符号

符号	描　述	符号	描　述
A	增益（放大倍数）	A_s	源增益
A_c	共模电压增益	A_d	差模电压增益
A_i	电流增益	A_g	互导增益
A_r	互阻增益	A_u、A_{us}	电压增益、源电压增益
A_{uo}	开环电压放大倍数	A_{uf}	闭环电压放大倍数
A_f	闭环放大倍数	E_{G0}	禁带宽度
F	反馈系数	g_m	低频跨导，体现了 Δu_{GS} 对 Δi_D 的控制作用
I_F	二极管最大整流电流、反馈电流信号	I_R	二极管反向电流
I_{D0}	增强型 MOS 管 $u_{GS}=2U_{GS(th)}$ 时的 i_D	I_D	场效应管漏极电流、二极管电流
I_{DSS}	场效应管 $u_{GS}=0$ 的漏极电流	$I_C(I_{CM})$	集电极（最大允许）电流
I_{CQ}	集电极静态电流	I_{CS}	三极管集电极临界饱和电流
I_B、I_E	基极、发射极电流	I_{BQ}、I_{EQ}	基极、发射极静态电流
I_{BS}、I_{ES}	基极、发射极临界饱和电流	I_{CEO}	集电极与射极之间的反向截止电流（穿透电流）
I_{IO}	输入失调电流	I_{IB}	输入偏置电流
I_{CBO}	集电极与基极之间的反向截止电流	K_{CMRR}	共模抑制比
K_{CMR}	共模抑制比（对数形式）	P_{CM}	集电极最大允许耗散功率
P_{DM}	漏极最大允许耗散功率	r_D	二极管正向导通电阻
r_{be}	三极管输入电阻	r_{ce}	三极管输出电阻
R_i	放大电路输入电阻	R_o	放大电路输出电阻
R_{id}	差模输入电阻	R_{od}	差模输出电阻

符号	描 述	符号	描 述
r_{ds}	场效应管输出电阻	R_B	三极管基极电阻
R_C	三极管集电极电阻	R_E	三极管发射极电阻
R_G	场效应管栅极电阻	R_D	场效应管漏极电阻
R_S	场效应管源极电阻、信号源内阻	R_f	反馈电阻
R_{RP}	可调电位器	U_{ON}	二极管正向导通压降
$U_D(u_D)$	二极管压降	$U_{(BR)}$	PN结反向击穿电压
U_R	二极管最大反向工作电压	u_T	温度电压当量
U_{CES}	三极管集电极、发射极间临界饱和电压	U_{CE}	三极管集电极、发射极间电压
U_{BE}	三极管发射结电压	U_{CB}	三极管集电结电压
U_{BB}	三极管基极直流电压源电压	U_{CC}	三极管集电极直流电压源电压
$U_{BE(ON)}$	三极管发射结导通压降	U_Z	稳压管稳定电压
U_{GS}	场效应管栅、源极间电压	U_{DS}	场效应管漏、源极间电压
$U_{GS(th)}$	开启电压	$U_{GS(off)}$	夹断电压
u_{id}、u_{od}	共模输入、输出电压	u_{ic}、u_{oc}	共模输入、输出电压
U_{ICM}	集成运放共模输入电压范围	U_{DD}	场效应管漏极直流电压源电压
U_{GD}	场效应管栅、漏极间电压	u_-	集成运放反相端电位
u_+	集成运放同相端电位	U_{IO}	集成运放输入失调电压
U_{opp}	集成运放最大输出电压	u_f	反馈电压信号
β、h_{fe}	三极管电流放大系数	α	共基交流电流放大系数
$\bar{\beta}$	共射直流电流放大系数	$\bar{\alpha}$	共基直流电流放大系数
D	二极管	D_Z	稳压二极管

目录

目录

目录

目录

目录

目录

目录

目录

目录

目录

第 **1** 章

直流电路分析方法

本章要点：

本章从直流电路的概念出发，介绍计算机仿真分析、电路模型分析这两种求解电路的方法；在此基础上，进一步介绍利用电路模型分析电路的常用方法，如等效变换、支路电流、结点电压、叠加原理、戴维宁定理等。读者学习本章应懂得电路分析理论不是研究实际电路，而是研究由理想元件构成的电路模型的分析方法；重点理解电路模型，电压、电流的参考方向等电路理论的基本概念；掌握欧姆定律、基尔霍夫电压、电流定律及其在电路分析中的应用；理解电阻元件、电源元件的联接特点及其等效处理方法；掌握利用支路电流、结点电压分析电路的方法；理解叠加原理、戴维宁定理；懂得计算机仿真分析本质上是对设计完成的电路的一种虚拟测试验证方法，能在 Multisim 环境中打开相关文件观察理解仿真结果，能通过修改电路元件相关参数等方法进一步验证所学的知识。

引言

仿真包

顾名思义,电路是指电流的通路,是一种客观存在。实际电气设备包括电工设备、联接设备两部分,电工设备通过联接设备相互联接,形成一个电流通路即为一个实际电路。

实际电路种类繁多,形式和结构也各不相同,从电路中电流的大小和方向是否改变的角度,电路可分为直流电路、交流电路两大类。

1.1　直流电路概述

本节介绍直流电路相关的基础概念。

1.1.1　什么是直流电路

直流电路是指电路中的电流大小和方向均不随时间发生变化的电路,可结合手电筒电路来理解。

手电筒一般由电池、筒体、筒体开关和小灯泡组成。筒体是联接设备,它将电池、筒体开关和小灯泡联接便构成手电筒这个实际电路实物,如图 1.1.1 所示。

图 1.1.1　手电筒

在手电筒电路中,电池电压能在一段时间之内保持不变,灯泡将电池在灯泡中产生的电流转换为光能,该电路在一段时间内电流大小和方向均不随时间发生变化,该电路为直流电路。

1.1.2　手电筒电路模型

1.1.1 节介绍了直流电路的概念,指出电路是一个电流的通路。读者可能难以理解图 1.1.1 是如何形成一个电流通路的,其中的电流方向和大小为什么能保持不变。

注意:电路理论不是研究实际电路,而是研究由理想元件构成的电路模型的分析方法,因此学习电路理论首先应理解电路模型的含义。

实际的电路由实际电子设备与电子联接设备组成。这些设备电磁性质较复杂,分析起来较难理解。如果将实际元件理想化,在一定条件下突出其主要电磁性质,忽略其次要性质,则由这样的元件所组成的电路称为实际电路的电路模型(简称电路)。若不加说明,电路均指电路模型。

本书涉及的理想元件主要有电阻元件、电容元件、电感元件和电源元件,这些元件可用相应参数和规定图形符号来表示,由此得到的由理想元件构成的实际电路的联接模型便是实际电路的电路模型。每种理想元件均有其精确的数学定义形式,这就使得用数学方法分析电路成为可能。在本书中,若不加特别说明,元件均指理想元件。

本书涉及的常用元件图形符号如表 1.1.1 所示。

表 1.1.1 常用元件图形符号

名 称	符 号	名 称	符 号	名 称	符 号
开关	—∘⁄—	电阻	—▭—	直流电压源	⊕
导线	——	电感	—⌒⌒⌒—	直流电流源	⊖
联接的导线	—•—	电容	—‖—	电池	—‖⊢

本章中使用的常用元件解释如下。

1. 电阻元件

电阻元件(简称电阻)是构成电路最基本的元件之一,主要具有对电流起阻碍作用的物理性质。电阻元件电路符号见表 1.1.1,文字符号为 R。

注意:电路中的元件不加说明均为理想元件,应遵循特定的约束(理想化条件),可用相应的参数来描述。电阻元件最主要的物理性质与相应参数之间的关系约束如下:

$$R = U/I \tag{1.1.1}$$

式(1.1.1)用文字描述为:流过电阻的电流与电阻两端的电压呈正比,这便是欧姆定律。

2. 电压源、电流源、电池

如果一个元件对外输出的端电压 U 能保持为一个恒定值,则该元件为直流电压源。电压源电路符号见表 1.1.1,用文字符号 E 表示其电动势,最主要的物理性质与相应参数之间的关系约束如下:

$$\begin{cases} U = E \\ I = 任意(取决于负载) \end{cases} \tag{1.1.2}$$

如果一个元件对外输出电流 I 能保持为一个恒定值,则该元件为直流电流源。电流源电路符号见表 1.1.1,用文字符号 I_S 表示其短路电流,最主要的物理性质与相应参数之间的关系约束如下:

$$\begin{cases} I = I_S \\ U = 任意(由负载确定) \end{cases} \tag{1.1.3}$$

电池是实际电压源的一种,可结合下面的实例进一步理解。

【例 1.1.1】 手电筒电路模型的建立。

解:

(1) 手电筒实际电路由电池、筒体、筒体开关、小灯泡组成。

(2) 将组成部件理想化:将电池视为内阻为 R_0、电动势为 E 的电压源;忽略筒体的电阻,筒体开关视为理想开关;将小灯泡视为阻值为 R_L 的负载电阻。

（3）筒体是电池、开关、小灯泡的联接体，根据筒体可画出各个理想部件的联接关系。

（4）在图中标出电源电动势、电压及电流方向，便得到了如图1.1.2所示的手电筒电路模型。

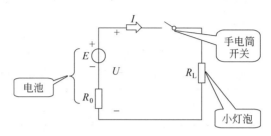

图1.1.2 例1.1.1的图

从如图1.1.2所示的手电筒模型不难看出，只要该电路中的 E、R_0、R_L 值不发生变化，该电路中电流的大小和方向均不会发生变化，属于典型的直流电路。至于实际电筒中的 E、R_0、R_L 发生变化，找卖家退货即可，与电路理论无关。

1.1.3 直流电路中电压与电流的方向

直流电路主要由电源、电阻、开关等元件构成，也叫直流电阻电路，常用电阻 R、电流 I、电动势 E、端电压 U 来描述。

直流电路中电流的大小和方向均不会发生变化，理解电压、电流的方向（或称为极性）是分析直流电路的基础。关于电压和电流的方向，有实际方向和参考方向之分，应加以区别。

1. 电压和电流的实际方向

带电粒子的规则运动形成电流。电流是客观存在的物理现象，人们虽然无法看见它，但可以通过热效应、光效应等来感受它。电流的方向是一种客观存在，这种客观存在的电流方向便是电流的实际方向。

对于电流的实际方向，习惯上规定：正电荷运动的方向或负电荷运动的相反方向为电流的实际方向。在图1.1.3中，若电压实际方向与图中标示方向一致，那么，正电荷运动的方向为从"＋"端经过电阻 R_L 流向"－"端，即电流 I 的方向为从"＋"端经过电阻 R_L 流向"－"端，也就是图中标示方向。

电压又称"电位差"。与电流一样，电压也具有方向。对于电压的方向，应区分端电压、电动势两种情况。

端电压的方向规定为高电位端（即"＋"极）指向低电位端（即"－"极），即为电位降低的方向。电源电动势的方向规定为在电源内部由低电位端（"－"极）指向高电位端（"＋"极），即为电位升高的方向。

2. 电压和电流的参考方向

虽然电压和电流的方向是客观存在的，然而，在分析计算某些电路时，有时难以直接判断其方向,因此,常可任意选定某一方向作为其参考方向(若不加说明,电路图中所标的电压、电流、电动势的方向均为参考方向)。

许多教材用→表示电流的参考方向,在本书中,为更醒目,用⇒表示电流参考方向。电压的参考方向一般用极性"＋""－"表示,也可用双下标表示。如 U_{ab} 表示其参考方向是 a 指向 b,a 点参考极性为"＋",b 点参考极性为"－"。

在图 1.1.3 中,如果不假定电压实际方向与图中标示方向一致,那么,也就无法判断出电流的实际方向(因为电路图中所标的方向均为参考方向,又未给出代数值,故其实际方向不能确定)。

选定电压和电流的参考方向是电路分析的第一步,只有参考方向选定以后,电压电流之值才有正负。当实际方向与参考方向一致时为正,反之为负。

在如图 1.1.4 所示电路中,$I=0.2A$,为正值,说明电流实际方向与电流 I 的参考方向一致。如果参考方向为 I',显然它与实际方向不一致,其值为负,所以,$I'=-0.2A$。

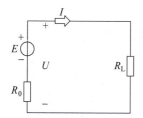

图 1.1.3　电压和电流方向

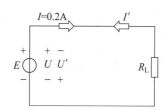

图 1.1.4　电压和电流参考方向

根据电流实际方向的含义,可判断出端电压的实际方向(端电压实际方向为电位降低方向,即电流的实际流向方向)为 U 方向。电压 U 的参考方向与实际方向一致,所以 U 为正值;电压 U' 的参考方向与实际方向不一致,U' 为负值。同理,可判断电动势 E 的实际方向为 E 方向,电动势 E 为正值。

3．电压和电流的单位

在国际单位制中,电压的单位是伏特(V),微小电压以毫伏(mV)或微伏(μV)为计量单位。电流的单位是安培(A),微小电流以毫安(mA)或微安(μA)为计量单位。

思考与练习

1.1.1　从电路模型的角度,一个功率为 1000W 的电炉与一个阻值为 48.4Ω 的电阻相同。这种说法是否正确?为何?

1.1.2　电路如图 1.1.5 所示,请分析电动势 E、端电压 U 的实际极性,电流 I、I' 的方向,以及电动势 E、电压 U 的极性及代数值。

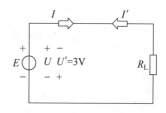

图 1.1.5　电压和电流参考方向

1.2 直流电路的计算机仿真分析方法

可通过将实际元件理想化建立实际电路的电路模型,之后可利用相关理论求解该电路模型,也可通过计算机仿真求解该电路模型。

本节以 Multisim 软件为基础介绍直流电路的计算机仿真分析方法。

1.2.1 计算机仿真分析软件 Multisim 简介

Multisim 是美国国家仪器(NI)公司推出的以 Windows 为基础的仿真工具,适用于板级的模拟/数字电路板的设计工作。它包含了电路原理图的图形输入、电路硬件描述语言输入方式,具有丰富的仿真分析功能。本书的电路及模拟电子技术单元以 Multisim 10.0 中文版为基础,介绍其仿真分析方法。

Multisim 10.0 中文版启动界面如图 1.2.1 所示。软件以图形界面为主,采用菜单、工具栏和热键相结合的方式,具有一般 Windows 应用软件的界面风格。

界面由多个区域构成,包括菜单栏、快捷图标栏、设计工具栏、电路输入窗口、状态条、列表框等。通过对各部分的操作可以实现电路图的输入、编辑,并根据需要对电路进行相应的观测和分析。用户可以通过菜单栏中的"视图"菜单改变主窗口的视图内容。如想关闭"设计工具栏",可选择"视图"|"设计工具箱"开启或关闭设计工具箱。

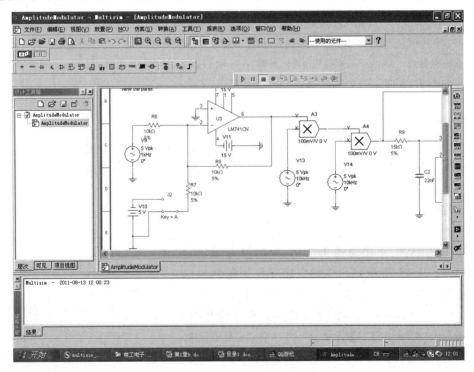

图 1.2.1　Multisim 10.0 中文版启动界面

1.2.2　直流电路计算机仿真分析的本质及其步骤

顾名思义,计算机仿真(Computer Emulation)是用计算机科学和技术的成果建立被仿真系统的模型,并在某些实验条件下对模型进行动态实验的一门综合性技术,是目前电子电路分析、设计、运行、评价的重要方法之一。

计算机仿真分析电路的最大好处是可在不搭建实验电路的情况下求出特定环境下的电路参数,通过对求得的电路参数进行分析,验证设计的电路是否符合设计要求,因此,计算机仿真本质上是对设计完成的电路的一种虚拟测试验证方法。

基于上面的本质,可得出计算机仿真分析电路的一般步骤:

(1)建立电路的模型。

不同的仿真软件,有着不同的建立电路的方法;相同的仿真软件,一般也支持多种建立电路的方法,较为容易理解的方法是通过图形界面放置电路元件并连接电路元件来构建电路模型。

(2)定义输入、输出元件并设置输入元件参数。

计算机仿真只是一种对设计完成的电路的虚拟测试验证方法,具体而言,只能求得给定输入条件下指定输出的值,因此,对电路进行正确仿真的前提是正确定义电路的输入、输出。

为方便电路建立合适的输入、输出,各种仿真软件一般均把常见的输入、输出制作成了电路元件,通过选择相应的库放置相应的元件并设置其参数即可。

Multisim 提供了丰富的信号源(输入元件)及观测元件(输出元件),如万用表、波形发生器、瓦特表、示波器、波特图图示仪、逻辑分析仪、逻辑转换仪、失真度分析仪、频谱仪、网络分析仪等多种分析测试工具。

(3)启动仿真功能,求出输出参数并分析。

1.2.3　电路元件的额定值与实际值

通过 1.2.2 节的分析不难看出,计算机仿真只是求出了给定输入条件下指定输出的值,只能通过分析给定输入下求出的指定输出值是否符合设计要求来验证设计是否正确,因此,要完成电路的计算机仿真分析,首先应懂得电路元件的额定值、实际值等基础概念。

额定值是制作厂为了使产品能在给定的工作条件下正常运行而对电压、电流、功率及其他正常运行必须保证的参数规定的正常允许值。

额定值是电子设备的重要参数,电子设备在使用时必须遵循电子设备使用时的额定电压、电流、功率及其他正常运行必须保证的参数,这是电子设备的基本使用规则。例如有一个电压额定值为 220V/60W 的灯泡,如果将它直接用于 380V 的电源上,那么灯泡的灯丝将通过比它额定值大得多的电流,由于灯丝所使用的材料不能承受如此大的电流,因此灯丝将迅速被烧断。若将它用于 110V 的电源上,灯泡的灯丝将通过比它额定值小得多的电流,当然灯丝不会存在着安全问题,但灯丝消耗的功率明显减少以后,其照明效果也就会明显降低,甚至达不到照明的目的。

当然,实际电子设备受实际线路、其他负载等各种实际因素的影响,电压、电流、功率等实际值不一定等于其额定值,但为了保证设备的正常运行及使用效率,它们的实际值必须与其额定值相差不多且一般不可超过其额定值。

【例 1.2.1】　有一个额定值为 0.3W 的双节电池结构手电筒灯珠,请问其额定电流为多少?

解:

(1) 常规电筒大号电池额定电压为 1.5V,该电筒为双节电池结构,可见,灯珠额定电压为 3V。

(2) 功率的计算公式为 $P = U \times I$,结合欧姆定律,$R = U^2/P$,所以,额定电阻 $R = \dfrac{U^2}{P} = \dfrac{3^2}{0.3} = 30\Omega$。

(3) 额定电流 $I = U/R = 3/30 = 0.1\text{A}$。

所以,该灯珠的额定电流为 0.1A。

1.2.4　手电筒电路计算机仿真分析的实现

1. 建立电路的模型

手电筒电路模型如图 1.1.2 所示,在 Multisim 中建立该电路的模型,除放置相关的元件外,还需要输入该元件的具体参数。

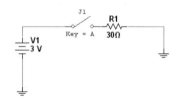

图 1.2.2　手电筒模型的图 1

假设该手电筒为常见的双节电池结构手电筒,通过例 1.2.1 的分析,可知灯珠的额定阻值为 30Ω,两节电池的额定电压值为 3V,电池内阻很小,与阻值为 30Ω 的灯珠相比可以忽略,在 Multisim 中建立的手电筒电路模型如图 1.2.2 所示。

具体实现如下:

启动 Multisim,选择"文件"|"新建"|"原理图",创建一个空白的电路文件。

Multisim 提供了丰富的库元件供设计电路使用,同时提供了快速放置库元件的快捷图标,具体如下:

从左到右对各库简单介绍如下:

(1) Sources 库,包括电源、信号电压源、信号电流源、可控电压源、可控电流源、函数控制器件 6 类。

（2）BASIC 库，包含基础元件，如电阻、电容、电感、二极管、三极管、开关等。

（3）Diodes 库，即二极管库，包含普通二极管、齐纳二极管、二极管桥、变容二极管、PIN 二极管、发光二极管等。

（4）Transisitors 库，即三极管库，包含 NPN、PNP、达林顿管、IGBT、MOS 管、场效应管、可控硅（晶闸管）等。

（5）Analog 库，即模拟器件库，包括运放、滤波器、比较器、模拟开关等模拟器件。

（6）TTL 库，包含 TTL 型数字电路，如 7400、7404 等门 BJT 电路。

（7）COMS 库，包含 COMS 型数字电路，如 74HC00、74HC04 等 MOS 管电路。

（8）Misc Digital 库，即数字电路杂项库，包含 DSP、CPLD、FPGA、PLD、单片机/微控制器、存储器件、一些接口电路等数字器件。

（9）Mixed 库，即混合杂项库，包含定时器、AC/DA 转换芯片、模拟开关、振荡器等。

（10）Indicators 库，即指示器库，包含电压表、电流表、探针、蜂鸣器、灯、数码管等显示器件。

（11）Power 库，即电源库，包含保险丝、稳压器、电压抑制、隔离电源等。

（12）Misc 库，包含晶振、电子管、滤波器、MOS 驱动和其他一些器件等。

（13）Advance Peripherals 库，即外围器件库，包含键盘、LCD 和一个显示终端的模型。

（14）Elector Mechanical，即电子机械器件库，包含传感开关、机械开关、继电器、电机等。

（15）MCU Model，即 MCU 模型库。

对照图 1.2.2，选择"Source 库"|"POWER_SOURCES"|"DC _POWER"，放置一个直流电压元件，双击该元件，设置其电压值为 3V。

选择"Sources 库"|"POWER_SOURCES"|"GROUND"，放置两个"地"元件。

选择"BASIC 库"|"RESISTOR"|"30"，放置一个 30Ω 的电阻。

选择"BASIC 库"|"SWITCH"|"DIPSW1"，放置一个开关。

适当调整元件位置，移动鼠标，待光标变成十字后连线即可。

2. 定义输入、输出元件并设置输入元件参数

前面已完成输入元件及其他电路元件的放置并设置了相应参数。要正确仿真，需要进一步观察电路的输出。

在手电筒电路中，判断该电路设计是否正确主要观察流过灯珠的电流是否达到额定要求，可选择"Indicators 库"|"AMMETER"|"AMMETER_H"，放置一个电流表。

断开电阻与开关之间的连接，适当调整元件位置，重新连接电路，如图 1.2.3 所示。

3. 启动仿真功能，求出输出参数并分析

在 Multisim 中单击 ▶ 按钮启动电路的仿真功能，电流表 I1 指示为 0A（在后面的仿真图中，出现类似的图形为观测元件测量数据，元件名称为 U 加编号，表示测量数据为电压；元件名称为 I 加编号，表示测量数据为电流），如图 1.2.3 所示。单击图 1.2.3 中的 J1 开关闭合开关，电流表 I1 指示为 0.1A。

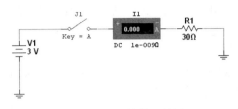

图 1.2.3　手电筒模型的图 2

通过上面的仿真不难看出,当该手电筒使用 0.3W 的灯珠时,流经灯珠的电流达到了额定要求。

思考与练习

1.2.1　一个电热器从 220V 的电源取用的功率为 1000W,若将它接到 110V 的电源上,则取用的功率为多少?(假定电源内阻很小)

1.2.2　额定功率为 3000W 的发电机,只接了一个 1000W 的电炉,请问还有 2000W 到哪里去了?

1.3　直流电路分析的三大基本定律

利用计算机仿真分析电路求得电路特定输入条件下指定输出的值,只是电路设计的一种辅助手段,只有掌握了电路的理论分析方法才能真正懂得电路分析的方法。计算机仿真分析方法与理论分析方法二者之间的关系就类似于小学生利用加、减、乘除等运算规则笔算求得结果与利用计数器求得结果二者之间的关系。掌握电路的理论分析方法首先应掌握电路理论分析的三大基本定律:欧姆定律、基尔霍夫电流定律和基尔霍夫电压定律。

1.3.1　欧姆定律

欧姆定律用公式表示为

$$R = U/I \tag{1.3.1}$$

电压和电流是具有方向的物理量,同时,对某一个特定的电路,它又是相互关联的物理量。因此,选取不同的电压、电流参考方向,欧姆定律形式便可能不同。

在图 1.3.1(a) 中,电压参考方向与电流参考方向一致[①],欧姆定律用公式表示为

$$U = RI \tag{1.3.2}$$

在图 1.3.1(b)、(c) 中,电压参考方向与电流参考方向不一致,欧姆定律用公式表示为

---

①　此时,称电压电流取关联参考方向。在本书中,若不加说明,电压电流均取关联参考方向。

$$U = -RI \qquad (1.3.3)$$

【例 1.3.1】　请计算图 1.3.2 中开关 S 闭合与断开两种情况下的电压 U_{ab} 和 U_{cd}。

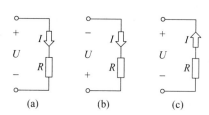

图 1.3.1　欧姆定律的形式

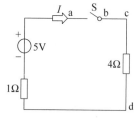

图 1.3.2　例 1.3.1 的图

解：

（1）开关 S 断开，电流 $I = 0$，根据欧姆定律，1Ω、4Ω 电阻两端的电压为零，则

$$U_{ab} = 5\text{V}, \quad U_{cd} = 0\text{V}$$

（2）开关 S 闭合，根据欧姆定律，有

$$I = \frac{U}{R} = \frac{5}{(1+4)} = 1\text{A}$$

$$U_{ab} = 0\text{V}, \quad U_{cd} = 4\text{V}$$

1.3.2　基尔霍夫电流定律

欧姆定律描述了电阻元件上电压与电流的约束关系，是利用数学方法分析求解电路的基础。为更简便地求解电路，应根据电路的特点，寻找吻合电路自身规律的求解理论。

先介绍基尔霍夫电流定律。

在任一瞬时，流向某一结点的电流之和应该等于由该结点流出的电流之和，即在任一瞬时，一个结点上电流的代数和恒等于零，这便是基尔霍夫电流定律。

根据基尔霍夫电流定律，图 1.3.3 中结点 a 的结点方程为 $I_1 + I_2 - I_3 = 0$。

基尔霍夫电流定律是用来确定联接在同一结点上的各支路电流关系的理论，可结合图 1.3.3 从以下几个方面理解基尔霍夫电流定律。

1. 支路

电路中的每条分支称为支路，一条支路流过同一个电流，称为支路电流。每条支路只有一个电流，这是判别支路的基本方法。在如图 1.3.3 所示的电路中，共有 3 个电流，因此有 3 条支路，分别由 ab、acb、adb 构成。其中，acb、adb 两条支路中含有电源元件，称为有源支路；ab 支路不含电源元件，称为无源支路。

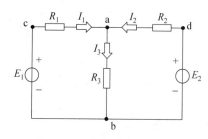

图 1.3.3　基尔霍夫电流定律

2. 结点

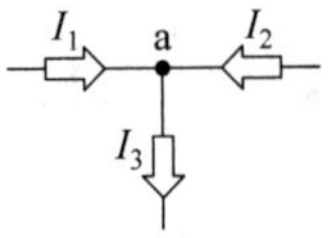

电路中 3 条或 3 条以上的支路相联接的点称为结点。

根据结点的定义,如图 1.3.3 所示的电路中共有 2 个结点 a 和 b,结点 a 的示意图如图 1.3.4 所示。

图 1.3.4　结点 a

3. 基尔霍夫电流定律的含义

理想的电路联接点电阻为 0,并不具有阻碍电流通过的物理性质,流入结点的电流将畅通无阻。

对如图 1.3.4 所示结点,其流入该结点的电流之和应该等于由该结点流出的电流之和,即

$$I_3 = I_1 + I_2 \tag{1.3.4}$$

将式(1.3.4)改写为如下形式:

$$I_1 + I_2 - I_3 = 0 \Rightarrow \sum I = 0 \text{(假定流入电流为正)} \tag{1.3.5}$$

可总结出电路分析的第 1 个规律:任一瞬时,一个结点上电流的代数和恒等于零。

4. 基尔霍夫电流定律的推广

基尔霍夫电流定律通常应用于结点,但也可以应用于包围部分电路的任一假设的闭合面。具体表述如下:在任一瞬时,通过任一闭合面的电流的代数和恒等于零或者说在任一瞬时,流向某一闭合面的电流之和应该等于由闭合面流出的电流之和。

可结合图 1.3.5 理解基尔霍夫电流定律的推广应用。

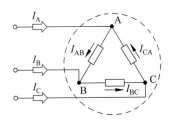

图 1.3.5　基尔霍夫电流定律的推广

在如图 1.3.5 所示电路中,闭合面包围的是一个三角形电路。从结点定义出发,它有 A、B、C 3 个结点,分别应用基尔霍夫电流定律如下:

$$\left. \begin{array}{l} I_A = I_{AB} - I_{CA} \\ I_B = I_{BC} - I_{AB} \\ I_C = I_{CA} - I_{BC} \end{array} \right\}$$

将上面 3 式相加,便得

$$I_A + I_B + I_C = 0 \quad \text{(注意 } I_A、I_B、I_C \text{ 均为流入电流)}$$

可见,任一瞬时,通过任一闭合面的电流的代数和恒等于零。

5. 计算实例

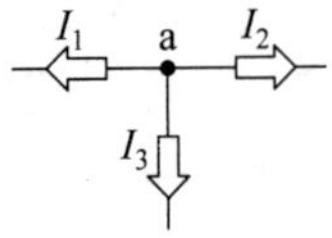

【例 1.3.2】　结点示意图如图 1.3.6 所示,$I_1 = 2A$,$I_2 = -3A$,求 I_3。

图 1.3.6　例 1.3.2 的图

解:依照基尔霍夫电流定律,有

$$I_1 + I_2 + I_3 = 0 \Rightarrow 2 - 3 + I_3 = 0 \Rightarrow I_3 = 1A$$

1.3.3 基尔霍夫电压定律

在任一瞬时,沿任一回路循行方向(顺时针方向或逆时针方向),回路中各段电压的代数和恒等于零,这便是基尔霍夫电压定律。

根据基尔霍夫电压定律,如图 1.3.7 所示回路中的电压方程为

$$U_1 + U_4 - U_2 - U_3 = 0。$$

基尔霍夫电压定律是用来确定回路中各段电压间关系的理论,可结合图 1.3.7 从以下几个方面理解基尔霍夫电压定律。

1. 回路

回路是一个闭合的电路。在如图 1.3.7 所示电路中,E_1、R_1、R_2、E_2 构成一个回路。在如图 1.3.3 所示电路中,E_1、R_1、R_3 构成一个回路;R_3、R_2、E_2 也构成一个回路。

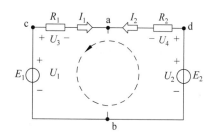

图 1.3.7 基尔霍夫电压定律

2. 回路电压关系

在任一时刻,某一点电位是不会变化的,因此,从回路任一点出发,沿回路循行一周(回到原出发点),则在这个方向上的电位降之和等于电位升之和。

回路可进一步分为许多段,在如图 1.3.7 所示电路中,E_1、R_1、R_2、E_2 构成一个回路,因而也可分为 E_1、R_1、R_2、E_2 四个电压段。从 b 点出发,依照虚线所示方向循行一周,其电位升之和为 $U_2 + U_3$,电位降之和为 $U_1 + U_4$,有

$$U_1 + U_4 = U_2 + U_3$$

上式可改写为

$$U_1 + U_4 - U_2 - U_3 = 0$$

即

$$\sum U = 0 \quad (\text{假定电位降为正}) \tag{1.3.6}$$

这便是基尔霍夫电压定律:回路中各段电压的代数和为零。

如图 1.3.7 所示电路由电源电动势和电阻构成,因此,式(1.3.6)可改写为

$$E_1 - E_2 = R_1 I_1 - R_2 I_2$$

即

$$\sum E = \sum (RI) \tag{1.3.7}$$

这便是基尔霍夫电压定律在电阻电路中的另一种形式。

3. 基尔霍夫电压定律的推广

当然,电压是两点间的电位差,因此,只要有两个电位点(无论这两个点是否有元件

连接),就可构成回路中的电压段,这样的电压段和其他由电路元件组成的电压段构成的回路,依然遵循基尔霍夫电压定律。

因此,基尔霍夫电压定律不仅可应用于回路,也可以推广应用于回路的部分电路。

在如图 1.3.8 所示电路中,存在 A、B 两个电位点,则存在电压段 U_{AB}(A 点指向 B 点),U_{AB} 和由电路元件组成的电压段 U_A、U_B 依然遵循基尔霍夫电压定律。可想象 A、B 两点间存在一个如图所示方向的电动势,其端电压为 U_{AB},则 U_A、U_B、U_{AB} 构成一个回路,对想象回路应用基尔霍夫电压定律,有

$$U_{AB} = U_A - U_B$$

这便是基尔霍夫电压定律的推广应用。

4. 计算实例

【例 1.3.3】 如图 1.3.9 所示电路,各支路元件任意,$U_{AB} = 5\text{V}$,$U_{BC} = -4\text{V}$,$U_{AD} = -3\text{V}$,请求:(1)U_{CD};(2)U_{CA}。

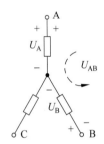

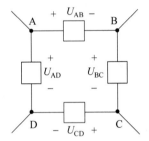

图 1.3.8　基尔霍夫电压定律的推广　　　　图 1.3.9　例 1.3.3 的图

解:

在如图 1.3.9 所示电路中,有一个回路,要求 U_{CD}、U_{CA},可用基尔霍夫电压定律求解。

(1) 对回路 ABCD,依照基尔霍夫电压定律,有

$$U_{AB} + U_{BC} + U_{CD} - U_{AD} = 0$$

$$\Rightarrow 5 + (-4) + U_{CD} - (-3) = 0$$

$$\Rightarrow U_{CD} = -4(\text{V})$$

(2) 对 ABCA,它不构成回路,依照基尔霍夫电压定律推广应用,有

$$U_{AB} + U_{BC} + U_{CA} = 0$$

$$\Rightarrow U_{CA} = -U_{AB} - U_{BC} = -(5) - (-4) = -1(\text{V})$$

思考与练习

1.3.1　结点示意图如图 1.3.10 所示,已知 I_1、I_2 的数值为正值,请问 I_3 的数值为正还是为负?为什么?

1.3.2 电路如图 1.3.11 所示,请判断它有多少条支路、多少个结点,电流关系如何。

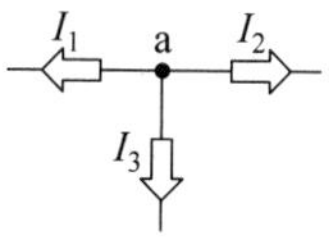

图 1.3.10 思考与练习 1.3.1 的图

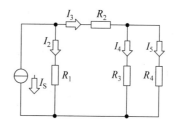

图 1.3.11 思考与练习 1.3.2 的图

1.3.3 电路如图 1.3.12 所示,请判断它共存在多少个回路,有多少决定电路结构的回路。

1.3.4 如图 1.3.13 所示电路,$R_B=20\text{k}\Omega$,$R_1=10\text{k}\Omega$,$E_B=6\text{V}$,$U_{BS}=6\text{V}$,$U_{BE}=-0.3\text{V}$,求电流 I_B、I_2、I_1。

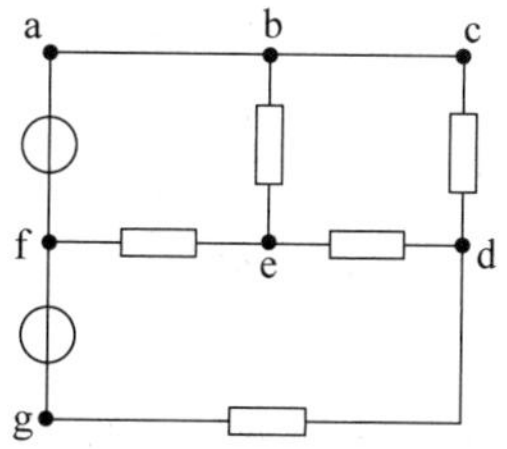

1.3.5 如图 1.3.13 所示电路,若 B、E 两端加一个 $2\text{k}\Omega$ 电阻 R_{BE},请问 U_{BE} 是否会发生变化,若变化值为何,若不变化,请说明原因。

图 1.3.12 思考与练习 1.3.3 的图

1.3.6 请计算如图 1.3.14 所示电路中的电阻 R_L,已知 $U=-12\text{V}$(提示:先求 U_{nm})。

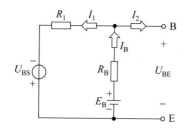

图 1.3.13 思考与练习 1.3.4 的图

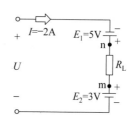

图 1.3.14 思考与练习 1.3.6 的图

1.4 直流电阻电路分析基本方法

直流电阻电路分析基本方法主要包括支路电流法、回路电压法两种。

1.4.1 支路电流法

以电路中的支路电流作为电路的变量,在给定电路结构、参数条件下,应用基尔霍夫电流定律和电压定律分别对结点和回路建立求解电路所需要的方程组,通过求解方程组求出各支路电流并最终求出电路其他参数的分析方法。这种方法便是支路电流法。

可结合如图 1.3.3 所示电路来理解利用支路电流法求解电路的方法。在图示电路中,已知电压源电动势、各个电阻的阻值,求电路其他参数。

如图 1.3.3 所示电路中有 3 条支路,如果求出 3 条支路的电流,那么,其他电路参数也就容易求出。

如图 1.3.3 所示电路中具有 2 个结点 a、b,应用基尔霍夫电流定律可列出 2 个方程。另外,图示电路中具有 3 个回路(abc、abd、cadb),应用基尔霍夫电压定律可列出 3 个方程。方程组中只有 3 个未知变量,可知上面的 5 个方程中有 2 个方程是不独立的。

选择独立方程的原则如下:

对 n 个结点、m 条支路的电路,可列出 $n-1$ 个独立的结点电流方程和 $m-n+1$ 个独立的回路电压方程。

在如图 1.3.3 所示电路中,可列出 1 个独立的结点电流方程和 2 个独立的回路电压方程,从而最终求出各支路电流。

【例 1.4.1】 在如图 1.3.3 所示电路中,$E_1=130\text{V}$,$E_2=80\text{V}$,$R_1=20\Omega$,$R_2=5\Omega$,$R_3=5\Omega$,求各支路电流。

解:

如图 1.3.3 所示电路的仿真分析结果如图 1.4.1 所示,求解过程如下:

(1) 在电路图上选定好未知支路电流 I_1、I_2、I_3 及其参考方向如图 1.3.3 所示,共有 3 个支路和 2 个结点;

(2) 对结点 a 应用基尔霍夫电流定律,对回路 abc、abd 应用基尔霍夫电压定律,可列出如下 3 个方程:

$$\left.\begin{array}{l} 130=20\,I_1+5I_3 \\ 80=5I_2+5I_3 \\ I_1+I_2=I_3 \end{array}\right\}$$

求解方程组,得

$$I_1=4\text{A}, \quad I_2=6\text{A}, \quad I_3=10\text{A}$$

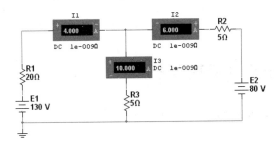

图 1.4.1 例 1.4.1 的仿真分析结果图

1.4.2 结点电压法

支路电流法是求解电路的基本方法,但随着支路、结点数目的增多将使求解变得极为复杂。

下面介绍一种通过计算结点间的电压来求解电路及其他参数的方法：结点电压法。以 2 个结点、多个支路的复杂电路的求解方法为例介绍结点电压法。这种方法特别适合于结点较少、支路较多的电路。

2 个结点、多个支路的复杂电路如图 1.4.2 所示。在如图 1.4.2 所示电路中，只有 2 个结点 a、b。结点间的电压为 U，对各支路应用基尔霍夫电压定律有

$$\left.\begin{array}{ll} U = E_1 - R_1 I_1, & I_1 = \dfrac{E_1 - U}{R_1} \\[2mm] U = E_2 - R_2 I_2, & I_2 = \dfrac{E_2 - U}{R_2} \\[2mm] U = -E_3 + R_3 I_3, & I_3 = \dfrac{E_3 + U}{R_3} \\[2mm] U = R_4 I_4, & I_4 = \dfrac{U}{R_4} \end{array}\right\} \tag{1.4.1}$$

对结点 a 应用基尔霍夫电流定律，有

$$I_1 + I_2 - I_3 - I_4 = 0$$

将式(1.4.1)代入上式，经整理，可解得如图 1.4.2 所示 2 个结点、4 个支路的电路结点电压如下：

$$U = \frac{\dfrac{E_1}{R_1} + \dfrac{E_2}{R_2} + \dfrac{-E_3}{R_3}}{\dfrac{1}{R_1} + \dfrac{1}{R_2} + \dfrac{1}{R_3} + \dfrac{1}{R_4}} = \frac{\sum \dfrac{E}{R}}{\sum \dfrac{1}{R}} \quad (1.4.2)$$

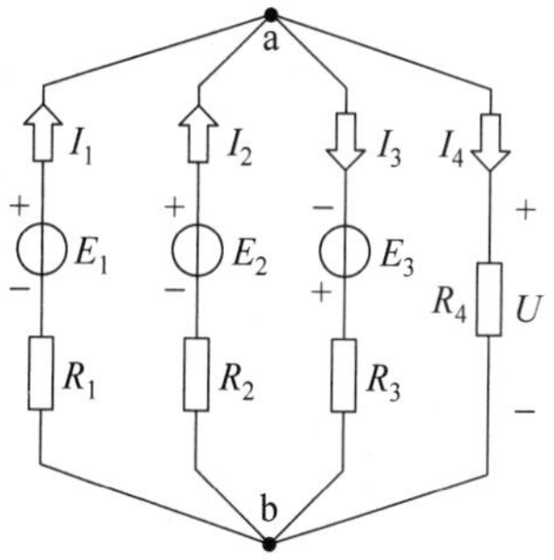

式(1.4.2)是求解 2 个结点、多个支路的复杂电路的通用公式。利用式(1.4.2)求解电路的步骤如下：

（1）在电路图上标出结点电压、各支路电流的参考方向。

（2）根据式(1.4.2)求出结点电压。

图 1.4.2 具有两个结点的复杂电路

注意：

• 在用式(1.4.2)求出结点电压时，电动势的参考方向与结点电压的参考方向一致时取正值，反之，取负值，最终结果与支路电流的参考方向无关。

• 若电路图中结点数目多于 2 个，则式(1.4.2)不可直接使用，可列出联立方程或变换到两个结点求解。

（3）对各支路应用基尔霍夫电压定律，可求出各支路电流。

（4）求解电路的其他待求物理量。

【例 1.4.2】 在如图 1.3.3 所示电路中，$E_1 = 130\text{V}$，$E_2 = 80\text{V}$，$R_1 = 20\Omega$，$R_2 = 5\Omega$，$R_3 = 5\Omega$，求支路电流 I_3。

解：选定结点间电压参考方向为 U 方向,根据式(1.4.2),有

$$U = \frac{\dfrac{E_1}{R_1} + \dfrac{E_2}{R_2}}{\dfrac{1}{R_1} + \dfrac{1}{R_2} + \dfrac{1}{R_3}} = \frac{\dfrac{130}{20} + \dfrac{80}{5}}{\dfrac{1}{20} + \dfrac{1}{5} + \dfrac{1}{5}} = 50V$$

$$I_3 = \frac{50}{5} = 10A$$

【**例 1.4.3**】 在如图 1.4.2 所示电路中,$E_1 = 100V$、$E_2 = 80V$、$E_3 = 40V$、$R_1 = 40\Omega$、$R_2 = 40\Omega$、$R_3 = 20\Omega$、$R_4 = 10\Omega$,求支路电流 I_4。

解：该电路的仿真结果如图 1.4.3 所示,求解过程如下:

选定结点间电压参考方向为 U 方向,根据式(1.4.2),有

$$U = \frac{\dfrac{E_1}{R_1} + \dfrac{E_2}{R_2} + \dfrac{-E_3}{R_3}}{\dfrac{1}{R_1} + \dfrac{1}{R_2} + \dfrac{1}{R_3} + \dfrac{1}{R_4}} = \frac{\dfrac{100}{40} + \dfrac{80}{40} + \dfrac{-40}{20}}{\dfrac{1}{40} + \dfrac{1}{40} + \dfrac{1}{20} + \dfrac{1}{10}} = 12.5V$$

$$I_4 = \frac{12.5}{10} = 1.25A$$

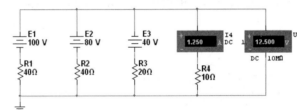

图 1.4.3　例 1.4.3 的仿真图

1.4.3　电位的引入

　　电路中某一点的电位是指该点与电路参考电位点(一般情况下,假定电路参考电位点的电位为零)间的电压值,可结合如图 1.4.4 所示电路来理解电位的概念。

　　一般情况下,电压是指两点间的电压,两点间的电压是指两点间的电位差,某点的电位是指该点与电路参考电位点的电压值,电压和电位是两个不同的概念。在如图 1.4.4 所示电路中,应用欧姆定律,可以轻松算出各点电压值如下:

$$U_{ab} = 5 \times 6 = 30V$$

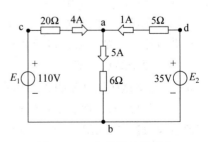

图 1.4.4　电位的计算图 1

$$U_{ca} = 20 \times 4 = 80V$$

$$U_{da} = 1 \times 5 = 5V$$

$$U_{cb} = 110V$$

$$U_{db} = 35V$$

上述参数为前面介绍的两点间的电压值,并非该点的电位。在如图 1.4.4 所示电路中,由于没有选择参考电位点,因此,各点电位无法计算。

计算电位时,必须选定电路中某一点作为参考电位点,它的电位称为参考电位。通常设参考电位为零,其他各点电位均为与其比较的结果。

假定 b 点为参考电位点,为零电位,$V_b = 0V$。电路图如图 1.4.5 所示,各点电位计算如下:

a 点电位 $V_a = U_{ab} = 30V$

c 点电位 $V_c = U_{cb} = 110V$

d 点电位 $V_d = U_{db} = 35V$

若假定 a 点为参考电位点,为零电位,$V_a = 0V$。电路图如图 1.4.6 所示,各点电位计算如下:

b 点电位 $V_b = U_{ba} = -30V$

c 点电位 $V_c = U_{ca} = 80V$

d 点电位 $V_d = U_{da} = 5V$

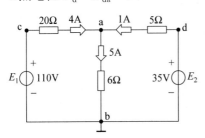
图 1.4.5　电位的计算图 2

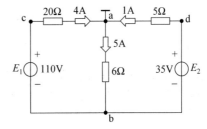
图 1.4.6　电位的计算图 3

计算出各点电位以后,可通过电位来计算电路中的电压值。

如在如图 1.4.5 所示电路中计算 U_{ca},有

$$U_{ca} = V_c - V_a = 110V - 30V = 80V$$

计算结果与直接应用欧姆定律计算结果一致,经过上面的分析,可得出关于电位的两点结论:

- 电路中某一点的电位是指该点与电路参考电位点(电位为零)间的电压值。
- 参考点不同,电路中各点电位随着改变,但任意两点间的电压是不会变化的。

在电路分析中,利用电位概念,在具体画电路图时,可以不画电源,而在各端标以该点的电位。

在如图 1.4.5 所示电路中,其参考电位点为 b 点,不画出电源 E_1、E_2,而直接将其用 c 点、d 点电位表示,图 1.4.5 所示电路可简化为图 1.4.7 所示电路。类似地,图 1.4.6 所

示电路可简化为图 1.4.8 所示电路。

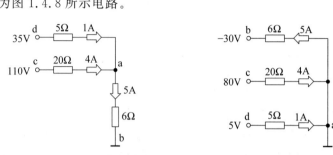

图 1.4.7　图 1.4.5 的简化画法　　　图 1.4.8　图 1.4.6 的简化画法

　　在更复杂的电路中,为了计算的需要,也可以不画某条支路,而代之以该支路的电位,可通过下面的例题进一步理解。

【例 1.4.4】　计算如图 1.4.9 所示的电路中 A 点和 B 点电位。C 点为参考点($V_C=0$)。

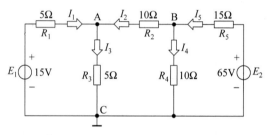

图 1.4.9　例 1.4.4 的图

解:

(1) 从右边断开 B 点与 C 点之间的所有连接,假定 B 点电位为 V_B。

(2) 在 A 点与 C 点之间应用式(1.4.2),有

$$V_A = \frac{\dfrac{E_1}{R_1} + \dfrac{V_B}{R_2}}{\dfrac{1}{R_1} + \dfrac{1}{R_2} + \dfrac{1}{R_3}}$$

代入数据后化简,上式变为

$$5V_A = V_B + 30$$

(3) 从左边断开 A 点与 C 点之间的所有连接,假定 A 点电位为 V_A。

(4) 在 B 点与 C 点之间应用式(1.4.2),有

$$V_B = \frac{\dfrac{E_2}{R_5} + \dfrac{V_A}{R_2}}{\dfrac{1}{R_2} + \dfrac{1}{R_4} + \dfrac{1}{R_5}}$$

代入数据后化简,上式变为

$$3V_A + 130 = 8V_B$$

（5）联立方程组并求解：

$$\left.\begin{array}{r} 3V_A + 130 = 8V_B \\ 5V_A = V_B + 30 \end{array}\right\}$$

解得

$$V_A = 10V, \quad V_B = 20V$$

思考与练习

1.4.1 试结合实例说明对 n 个结点、m 条支路的电路，可列出 $n-1$ 个独立的结点电流方程和 $m-n+1$ 个独立的回路电压方程的原因。

1.4.2 式（1.4.2）是求解结点电压的基本公式，请问该式可否直接应用于具有 3 个及以上结点的电路？

1.4.3 请计算如图 1.4.10 所示电路 I_4 的值。

1.4.4 电路如图 1.4.11 所示，请分别画出以 A 点、B 点为参考电位点时电路的简化画法。

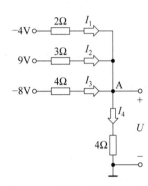

图 1.4.10 思考与练习 1.4.3 的图

1.4.5 有人说，如图 1.4.12 所示电路的结点电压可用下式求解：

$$U = \frac{\dfrac{E_1}{R_1} + \dfrac{E_2}{R_2} + I_3}{\dfrac{1}{R_1} + \dfrac{1}{R_2} + \dfrac{1}{R_4}} = \frac{\sum \dfrac{E}{R} + \sum I}{\sum \dfrac{1}{R}}$$

式中，$\sum \dfrac{1}{R}$ 不包括电流源支路的电阻。

你认为是否正确？为什么？

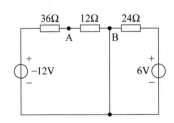

图 1.4.11 思考与练习 1.4.4 的图

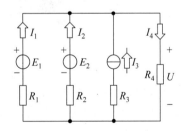

图 1.4.12 思考与练习 1.4.5 的图

1.5 利用电阻元件联接间的等效变换简化分析电路的方法

对于复杂电路,纯粹利用电路基本定律分析过于困难。电阻元件联接方式主要有串联联接、并联联接、三角形联接、星形联接、桥式联接等。可根据电阻元件的联接特点简化电路后利用基本定律分析求解电路。

当然,电路的简化不可改变电路中待求参数的物理性质,即对待求参数来说,这种简化是等效的。

1.5.1 什么是等效

下面,从什么是二端网络出发介绍什么是等效。

"互联网+"时代,网络已和人们生活密不可分。在汉语中,"网络"一词最早用于电学(具体解释见《现代汉语词典》)。在数学上,网络指由节点和连线构成的图。

可见,用网络来描述电路或电路中的一部分非常吻合电路的构成特点。

根据电路网络对外接线端的多少,电路网络可分为二端网络、三端网络……。若某个电路网络对外只有 2 个接线端,则称该电路网络为二端网络。

如图 1.5.1 所示的节能灯、汽车启动电源对外的接线端均为 2 个,可以理解为二端网络;当然,二者的接线端形式显著不同。汽车启动电源的接线端为夹子,非常适合于接汽车电瓶接头。节能灯的接线端为螺口,用于接螺口灯头。如图 1.5.1 所示的三极管,具有 3 个接线端,可以理解为三端网络。

节能灯　　　　　汽车启动电源　　　　　三极管

图 1.5.1　二端网络概念的图 1

理解二端网络是认识等效的基础。二端网络本质上是只具有 2 个外部接线端的电路块。因此,在如图 1.5.2 所示电路中,存在着 6 个二端网络,分别是电流源 I_S、电阻 R_0 和电阻 R_L 及其两两组合。

从二端网络的角度,两个二端网络等效是指对二端网络外部电路而言,它们具有相同的伏安关系。

对二端网络的外部电路而言,如果这两个二端网络的伏安关系相同,那么,它们对二端网络的外部电路的作用也就相同,也就是说,这两个二端网络等效。

如汽车的蓄电池电能耗尽时,汽车无法启动,可接入汽车启动电源启动汽车。因此,对汽车启动电路而言,蓄电池、汽车启动电源作用相同,二者等效。当然,作用相同的原因是汽车启动电源具有与汽车蓄电池相同的额定电压,对汽车启动电路而言,具有相同的伏安关系。

在如图 1.5.2 所示电路中,把电流源 I_S、电阻 R_0 当作一个二端网络 N1,并假定存在一个电压固定输出为 U 的电池 N2,则对电阻 R_L 而言,N1、N2 是等效的。

在二端网络 N1、N2 内部,由于它们的电路结构不同,它们的电路特性自然不同,因此,在二端网络 N1、N2内部,它们是不等效的。

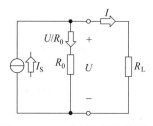

具体而言,在如图 1.5.3 所示电路(a)、(b)两张图中,流过 45Ω 电阻上的电流 IL、IL1 均为 0.1A,因此,对 45Ω 电阻而言,二端网络 N1、N2 具有相同的伏安关系,两个二端网络等效。

图 1.5.2 二端网络概念的图 2

对如图 1.5.3 所示电路(a)、(b)两张图中二端网络 N1、N2 内部而言,流过 5Ω 电阻上的电流数值不同,显然是不等效的。

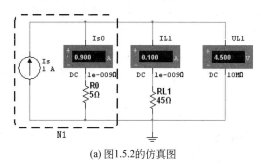

(a) 图1.5.2的仿真图

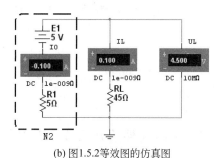

(b) 图1.5.2等效图的仿真图

图 1.5.3 等效的含义仿真图

1.5.2 电阻元件的串联联接及其等效电路

如果电路中有两个或更多个电阻一个接一个地顺序相联,并且在这些电阻上通过同一电流,则这样的联接方法称为串联。

串联是电阻元件联接的基本方式之一,也是其他类型电路元件联接的基本方式之一。在如图 1.5.4(a)所示电路中,R_1、R_2 顺序相联,通过同一电流 I,R_1、R_2 两个电阻串联。

如图 1.5.4(c)所示电路中,小闸刀 S_1、蓄电池 E 顺序相联,为串联联接方式。小电机 M 一端和蓄电池 E 连接的同时,又和小灯泡 L 相连,不是串联连接方式。

两个电阻 R_1、R_2 串联可用一个电阻 R 来等效代替,这个等效电阻 R 的阻值为 R_1+R_2。在如图 1.5.4 所示电路中,图(a)可用图(b)等效。

电阻元件串联联接的主要应用特点如下:

• 电阻串联的物理连接特征为电阻一个接一个地顺序相联。

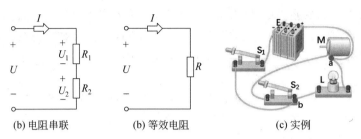

图 1.5.4　电阻串联及其等效

- 两个电阻 R_1、R_2 串联可用一个电阻 R 来等效,其阻值为

$$R = R_1 + R_2 \tag{1.5.1}$$

- 串联电阻上电压的分配与电阻的阻值呈正比,电阻 R_1、R_2 的电压分别为

$$U_{R1} = \frac{R_1}{R_1 + R_2} \cdot U \tag{1.5.2}$$

$$U_{R2} = \frac{R_2}{R_1 + R_2} \cdot U \tag{1.5.3}$$

- 用一个电阻 R 表示两个电阻 R_1、R_2 串联的电路特征为电压相加,电流相同。即

$$U_R = U_{R1} + U_{R2}$$

电阻串联的应用很多。例如在负载额定电压低于电源电压的情况下,可根据需要与负载串联一个电阻以分压。又如为了限制负载中通过过大电流,可根据需要与负载串联一个限流电阻。

1.5.3　电阻元件的并联联接及其等效电路

　　　　　　如果电路中有两个或更多个电阻联接在两个公共的结点之间,则这样的联接方法称为电阻并联。

　　　　　　在如图 1.5.5(a)所示电路中,R_1、R_2 联接在两个公共的结点之间,R_1、R_2 两个电阻并联。

串、并联是电阻元件联接的基本方式之一,也是其他类型电路元件联接的基本方式之一。

如图 1.5.4(c)所示电路中,小电机 M、小闸刀 S_2 顺序相连,为串联联接。小电机 M、蓄电池 E、小灯泡 L 3 条支路联接在结点 a 上;小闸刀 S_1、S_2、小灯泡 L 3 条支路联接在另一个结点 b 上;小电机 M、小闸刀 S_2 与小灯泡联接在结点 a、b 之间,因此,小电机 M、小闸刀 S_2 串联后,整体再与小灯泡 L 并联。

两个电阻 R_1、R_2 并联可用一个电阻 R 来等效代替,这个等效电阻 R 的阻值的倒数为 $1/R_1 + 1/R_2$。在如图 1.5.5 所示电路中,图(a)可用图(b)等效,R 的阻值的倒数为 $1/R_1 + 1/R_2$。

电阻元件并联联接的主要应用特点如下:

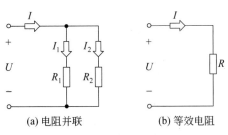

(a) 电阻并联　　　　(b) 等效电阻

图 1.5.5　电阻并联及其等效

- 电阻并联的物理连接特征为两个或更多个电阻联接在两个公共的结点之间。
- 两个电阻 R_1、R_2 并联可用一个电阻 R 来等效,二者之间关系如下:

$$\frac{1}{R} = \frac{1}{R_1} + \frac{1}{R_2} \qquad (1.5.4)$$

- 并联电阻上电流的分配与电阻的阻值呈反比,电阻 R_1、R_2 上的电流分别为

$$I_{R1} = \frac{R_2}{R_1 + R_2} I \qquad (1.5.5)$$

$$I_{R2} = \frac{R_1}{R_1 + R_2} I \qquad (1.5.6)$$

- 用一个电阻 R 表示两个电阻 R_1、R_2 并联的电路特征为电压相同,电流相加,即

$$I_R = I_{R1} + I_{R2}$$

一般负载都是并联使用的。各个不同的负载并联时,它们处于同一电压下,由于负载电阻一般都远大于电压源内阻,因此,任何一个负载的工作情况基本不受其他负载的影响。

1.5.4　通过合并串并联电阻简化分析电路的方法及其实例

在电路分析中,适当运用等效变换简化电路是电路分析的基本手段,甚至说是必须手段。要想简化电路,最直接的想法便是判断电路中有无电阻串联、并联,若有,可通过合并串联、并联电阻来简化电路。

【例 1.5.1】　如图 1.5.6(a)所示电路,已知 $R_1 = 4\Omega$、$R_2 = R_3 = 8\Omega$,$U = 4V$ 请求 I、I_1、I_2、I_3。

解:

(1) 在如图 1.5.6(a)所示电路中,R_1、R_2、R_3 并联,可用电阻 R_{23} 等效替换 R_2、R_3 (这种变换对电阻 R_1 而言是等效的,对 R_2、R_3 而言是不等效的)。由式(1.5.4)可知,$R_{23} = 4\Omega$,$I_{23} = I_2 + I_3$。等效替换以后,具体电路如图 1.5.6(b)所示。

(2) 在如图 1.5.6(b)所示电路中,R_1、R_{23} 并联,可用电阻 R 等效替换 R_1、R_{23}。由式(1.5.4),$R = 2\Omega$,$I = I_{23} + I_1 = 2A$,等效替换以后,具体电路如图 1.5.6(c)所示。

（3）可求得

$$I = U/R = 2\text{A}$$

由式(1.5.5)：

$$I_{23} = R_1 I/(R_1 + R_{23}) = 1\text{A}$$

$$I_1 = R_{23} I/(R_1 + R_{23}) = 1\text{A}$$

同理：

$$I_2 = R_3 I_{23}/(R_2 + R_3) = 0.5\text{A}$$

$$I_3 = R_2 I_{23}/(R_2 + R_3) = 0.5\text{A}$$

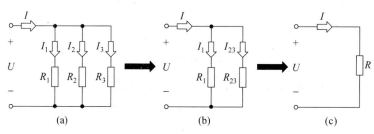

图 1.5.6　例 1.5.1 的图

【例 1.5.2】 电路如图 1.5.7(a)所示，已知 $R_1 = 4\Omega$、$R_2 = R_3 = 2\Omega$、$R_4 = R_5 = 8\Omega$、$U = 6\text{V}$，求 I，U_1。

解：

（1）在如图 1.5.7(a)所示电路中，R_2、R_3 串联，可用电阻 R_{23} 等效替换 R_2、R_3。由式(1.5.1)可知，$R_{23} = 4\Omega$。又 R_4、R_5 并联，可用电阻 R_{45} 等效替换 R_4、R_5。由式(1.5.4)可知，$R_{45} = 4\Omega$。等效替换以后，具体电路如图 1.5.7(b)所示。

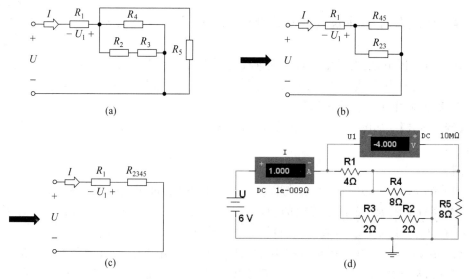

图 1.5.7　例 1.5.2 的图

（2）在如图 1.5.7(b) 所示电路中，R_{23}、R_{45} 并联，可用电阻 R_{2345} 等效替换 R_{23}、R_{45}。由式(1.5.4)可知，$R_{2345}=2\Omega$。等效替换以后，具体电路如图 1.5.7(c) 所示。

（3）在如图 1.5.7(c) 所示电路中，R_1、R_{2345} 串联，可求得

$$I=U/(R_1+R_{2345})=6/(4+2)=1\text{A}$$

$$U_1=-R_1/(R_1+R_{2345})U=-4\text{V}$$

（4）仿真结果如图 1.5.7(d) 所示。

【例 1.5.3】 电路如图 1.5.8(a) 所示，求 I、I_7。

解：

（1）在如图 1.5.8(a) 所示电路中，R_1、R_2 并联，可用电阻 R_{12} 等效替换 R_1、R_2。由式(1.5.4)可知，$R_{12}=1\Omega$。又 R_3、R_4 并联，可用电阻 R_{34} 等效替换 R_3、R_{34}。由式(1.5.4)可知，$R_{34}=2\Omega$。等效替换以后，具体电路如图 1.5.8(b) 所示。

（2）在如图 1.5.8(b) 所示电路中，R_{34}、R_6 串联，可用电阻 R_{346} 等效替换 R_{34}、R_6。由式(1.5.1)可知，$R_{346}=3\Omega$。又 R_{346}、R_5 并联，可用电阻 R_{3456} 等效替换 R_{346}、R_5。由式(1.5.4)可知，$R_{3456}=2\Omega$。等效替换以后，具体电路如图 1.5.8(c) 所示。

（3）在如图 1.5.8(c) 所示电路中，R_{12}、R_{3456} 串联，可用电阻 R_{123456} 等效替换 R_{12}、R_{3456}。由式(1.5.1)可知，$R_{123456}=3\Omega$。等效替换以后，具体电路如图 1.5.8(d) 所示。

（4）在如图 1.5.8(d) 所示电路中，分别对 R_{123456}、R_7 应用欧姆定律，有

$$I_7=U/R_7=3/3=1\text{A}$$

$$I_{123456}=U/R_{123456}=3/3=1\text{A},\quad I=I_{123456}+I_7=2\text{A}$$

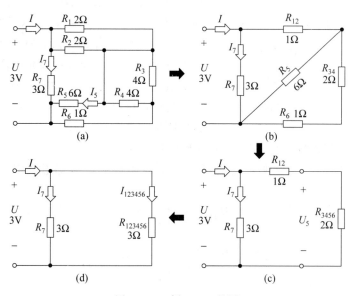

图 1.5.8　例 1.5.3 的图

（5）仿真结果如图 1.5.9 所示。

【例1.5.4】 电路如图1.5.8(a)所示,求R_5的电流I_5。

解:

可根据例1.5.3的计算结果直接求解。

由如图1.5.8(b)所示电路及电阻串并联性质,可知

$$U_5 = U_{3456}$$

又$I_{123456} = 1A$,所以有

$$U_5 = U_{3456} = 2V$$

所以$I_5 = U_5/R_5 = 2/6 = 1/3A$。

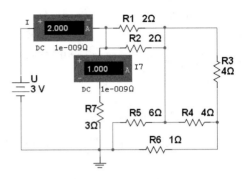

图1.5.9　例1.5.3的仿真图

1.5.5　电阻元件的三角形与星形联接

　　在实际电路中,电阻元件除采用串联、并联联接方式以外,还存在许多既非串联、又非并联的联接方式。在如图1.5.10所示电路中,R_a、R_b、R_{ab}三个电阻首尾联接,构成一个闭合的三角形状,称这种联接方式为三角形(△形)联接。类似地,R_{ca}、R_{bc}、R_{ab}也构成△形联接。

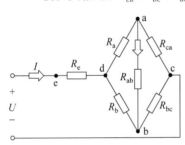

图1.5.10　△形、丫形联接实例

　　在如图1.5.10所示电路中,R_a、R_b、R_e 3个电阻一端联接在一起,称这种联接方式为星形(丫形)联接。R_a、R_b、R_{bc}、R_{ca} 4个电阻首尾联接,中间用R_{ab}像桥一样相互联接,这种联接方式称为桥式联接。△形、丫形、桥式联接为实际电路元件的常见联接方式,在此,主要介绍△形、丫形联接的等效变换及其在电路分析中的应用。

　　对外部电路而言,△形联接的电阻网络可用丫形联接的电阻网络取代,反之亦然。可通过图1.5.11来理解△形、丫形间的相互等效变换关系。

　　对外部电路而言,丫形电阻网络可用△形电阻网络等效替换。其等效变换公式如下:

$$
\left.
\begin{aligned}
R_{ab} &= \frac{R_a R_b + R_b R_c + R_c R_a}{R_c} \\[2mm]
R_{bc} &= \frac{R_a R_b + R_b R_c + R_c R_a}{R_a} \\[2mm]
R_{ca} &= \frac{R_a R_b + R_b R_c + R_c R_a}{R_b}
\end{aligned}
\right\}
\tag{1.5.7}
$$

　　同理,对外部电路而言,△形电阻网络也可用丫形电阻网络等效替换。其等效变换公式如下:

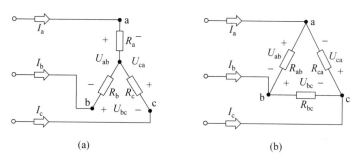

图 1.5.11 Y—△等效变换

$$R_a = \frac{R_{ab}R_{ca}}{R_{ab} + R_{bc} + R_{ca}}$$

$$R_b = \frac{R_{ab}R_{bc}}{R_{ab} + R_{bc} + R_{ca}}$$ (1.5.8)

$$R_c = \frac{R_{bc}R_{ca}}{R_{ab} + R_{bc} + R_{ca}}$$

△形联接也常称 π 形联接，Y 形也常称 T 形联接，具体如图 1.5.12 所示。

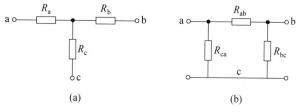

图 1.5.12 电阻的 T 形与 π 形联接

【例 1.5.5】 电路如图 1.5.13 所示，已知 $R_a = R_{ab} = R_{bc} = 4\Omega$、$R_{ca} = 8\Omega$、$R_b = R_e = 5\Omega$、$U = 24\text{V}$，求 I、R_b 上电压 U_{Rb}。

解：(1) 对照图 1.5.12 所示△形、Y 形连接的特点，如图 1.5.13 所示电路中存在 2 个△形联接、3 个 Y 形联接和 1 个桥式联接，没有直接的电阻串、并联联接。可考虑将其中的某个△形或 Y 形联接变换到其他形式以解除 R_{ab} 的桥式联接，

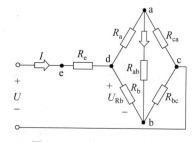

图 1.5.13 例 1.5.5 的图 1

进一步简化电路。R_{ca}、R_{bc}、R_{ab} 3 个电阻首尾联接，构成△形联接，将该电阻网络用 Y 形网络等效替换可解除电路中的桥式联接，等效电路如图 1.5.14(a) 所示。

由式(1.5.8)，可求得各电阻值如下：

$$R_{a1} = \frac{R_{ab}R_{ca}}{R_{ab} + R_{bc} + R_{ca}} = \frac{4 \times 8}{4 + 4 + 8} = 2\Omega$$

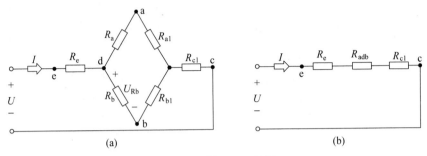

图 1.5.14　例 1.5.5 的图 2

$$R_{b1} = \frac{R_{ab}R_{bc}}{R_{ab}+R_{bc}+R_{ca}} = \frac{4\times 4}{4+4+8} = 1\Omega$$

$$R_{c1} = \frac{R_{ca}R_{bc}}{R_{ab}+R_{bc}+R_{ca}} = \frac{8\times 4}{4+4+8} = 2\Omega$$

（2）如图 1.5.14(a)所示电路中，R_a 与 R_{a1} 串联，可合并为一个电阻 R_{aa1}，其阻值为 $R_a+R_{a1}=6\Omega$；R_b 与 R_{b1} 串联，可合并为一个电阻 R_{bb1}，其阻值为 $R_b+R_{b1}=6\Omega$；又合并电阻 R_{aa1} 与 R_{bb1} 并联，可用电阻 R_{adb} 等效取代，其阻值为 3Ω。电路如图 1.5.14(b)所示。

R_b 上电压 U_{Rb} 与电阻 R_{adb} 电压 U_{adb} 关系如下：

$$U_{Rb} = \frac{R_b}{R_b+R_{b1}}U_{adb}$$

（3）由如图 1.5.14(b)所示电路可求得电流 I 及 U_{adb} 如下：

$$I = \frac{U}{R_e+R_{adb}+R_{c1}} = \frac{24}{5+3+2} = 2.4A$$

$$U_{adb} = I\times R_{adb} = 2.4\times 3 = 7.2V$$

$$U_{Rb} = \frac{R_b}{R_b+R_{b1}}U_{adb} = \frac{5}{5+1}\times 7.2 = 6V$$

（4）仿真结果如图 1.5.15 所示。

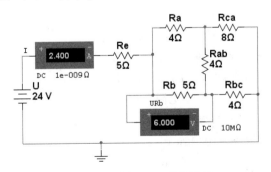

图 1.5.15　例 1.5.5 的仿真图

思考与练习

1.5.1　如图 1.5.16 所示电路中，$R_2 = R_3 = R_4 = 2\text{k}\Omega$，$R_1 = 3\text{k}\Omega$，分析电阻串、并联关系，并求等效电阻 R。

1.5.2　在如图 1.5.17 所示电路中，求电流 I。

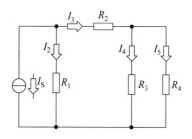

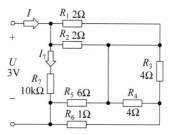

图 1.5.16　思考与练习 1.5.1 的图　　　图 1.5.17　思考与练习 1.5.2 的图

1.5.3　两个并联电阻可用一个电阻 R 来等效，等效电阻与并联电阻之间的关系为 $\frac{1}{R} = \frac{1}{R_1} + \frac{1}{R_2}$；$n$ 个并联电阻可用一个电阻 R 来等效，等效关系为 $\frac{1}{R} = \frac{1}{R_1} + \frac{1}{R_2} + \cdots + \frac{1}{R_n}$。这种说法是否正确？请说明理由。

1.5.4　电路如图 1.5.13 所示，$R_a = R_{bc} = 4\Omega$、$R_{ca} = 8\Omega$，电阻 R_{ab} 上流过电流为 0，求 R_b 的值。

1.6　电源元件的模型及其应用

1.1.2 小节介绍的电源是理想的电源，实际上并不存在。当然，一个实际电源可用理想元件组成的模型来表示，用电压形式表示的模型为电压源模型；用电流形式表示的模型为电流源模型。

1.6.1　实际电源的电压源模型

一个实际电源的电压源模型是用电动势 E 和内阻 R_0 串联来表示电源的电路模型（如图 1.6.1 所示），是使用非常广泛的一种电源模型。

求解如图 1.6.1 所示电路，有（假定开关处于闭合状态）

$$I = \frac{E}{R_0 + R_L} \tag{1.6.1}$$

$$U = R_L I$$

由此可得到实际电源电压源模型的数学描述如下：

$$U = E - R_0 I \qquad (1.6.2)$$

式(1.6.2)用图形表示如图 1.6.2 所示,称为电源外特性曲线,表明了电源驱动外部负载的能力。由图可见,实际电源端电压小于电源电动势,其下降斜率与电源内阻有关。当实际电源内阻远小于电路负载时,电源端电压近似为电源电动势,但当负载电阻与电源内阻可以比拟时,电源端电压随负载电流波动较大。

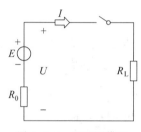

图 1.6.1 电压源模型

图 1.6.2 电源外特性曲线

表征电源的外部特性常用功率,将式(1.6.2)各项乘以 I,则得到功率平衡式:

$$UI = EI - R_0 \times I^2 \qquad (1.6.3)$$

用功率表示为

$$P = P_E - \Delta P \qquad (1.6.4)$$

式中,$P = UI$ 为电源输出功率;$P_E = EI$ 为电源产生功率;$\Delta P = R_0 I^2$ 为电源内阻消耗功率。

式(1.6.4)表明,在一个电路中,电源产生的功率等于负载取用的功率与电源内阻消耗的功率的和,称为功率平衡。

由式(1.6.2)可知,当 $R_0 = 0 (\Rightarrow U = E)$ 时,也就是说,电压源的内阻等于零时,电压源端电压 U 恒等于电压源电动势 E,是一定值,而其中的电流 I 由负载电阻 R_L 确定,这便是理想电压源。

与实际电压源($U = E - R_0 I$)相比,理想电压源是理想的电源,具有以下两个基本性质:

- 其端电压 U 是一定值,与流过的电流 I 的大小无关;也就是说端电压 U 不因与电压源相联接的外电路不同而变化。
- 流过的电流是任意的,其数值由与电压源相联接的外电路决定。

理想电压源的电源产生功率完全被负载取用,其输出功率等于电源产生功率。另外,它允许流过任意大小的电流,这意味着它可以提供无穷大的功率,而任何一个实际电源均不可能提供无穷大的功率,因此,理想的电压源是不存在的。

1.6.2 实际电源的电流源模型

如图 1.6.3 所示电路是用电流表示的实际电源的电路模型,为 I_S 和 U/R_0 两条支路的并联。I_S 为电源的短路电流,U/R_0 为用电流来表示的电源而引入的另一个电流。

在如图 1.6.3 所示电路中对上部结点应用基尔霍夫电流定律,有

$$I_S = \frac{U}{R_0} + I \tag{1.6.5}$$

式(1.6.5)是电流源的数学描述,通过它可进一步分析并总结出电流源的基本特征。为更为直观地观察电流源特性,将式(1.6.5)用图形表示如图 1.6.4 所示,它表明了电流源驱动外部负载的能力。

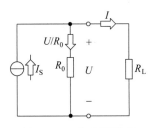

图 1.6.3　电流源模型

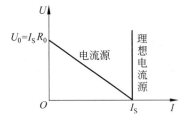

图 1.6.4　电流源外特性曲线

由图 1.6.4 可见,当电流源开路时,$I=0$,$U=U_0=I_S R_0$;当电流源短路时,$I=I_S$,$U=0$。其斜率与内阻 R_0 有关,电源内阻 R_0 愈大,直线愈陡。

在式(1.6.5)中,令 $R_0=\infty$(相当于并联支路 R_0 断开),则 $I=I_S$,也就是说,负载电流 I 固定等于电源短路电流 I_S,而其两端的电压 U 则是任意的,仅由负载电阻及电源短路电流 I_S 确定,这便是理想电流源或恒流源。

理想电流源具有以下两个基本性质:

- 输出电流是一个定值 I_S,与端电压 U 无关。也就是说输出电流不因与电流源相联接的外电路不同而变化。
- 输出的电压是任意的,其数值由与电流源相联接的外电路决定。

实际上,理想的电流源是不存在的,但当电流源的内阻远远大于负载电阻时,可当作理想电流源。

1.6.3　电源元件的使用基础

电源元件是电路的基本部件之一,它负责给电路提供能量,是电路工作的源动力,理解掌握电源元件的使用是电子电路应用的基础。

1. 开路与短路

开路与短路是电源使用中最基本的两个概念。电源开路是指电源开关断开、电源的端电压等于电源电动势、电路电流为零、电源输出功率为零的电路状态。

电源开路用表达式表示为

$$\left. \begin{array}{l} I=0 \\ U=U_0=E \\ P=0 \end{array} \right\} \tag{1.6.6}$$

电源开路示意图如图 1.6.5 所示。电源开路时电路电流为零,电源输出功率为零,电子设备没有启动,电路显然不能工作,因此:

开启电路电源是电路开始工作的第一步。

电源短路是指电源两端由于某种原因而直接被导线联接的电路状态。电源短路时电路的负载电阻为零,电源的端电压为零,电源内部将流过很大的短路电流。示意图如图 1.6.6 所示。

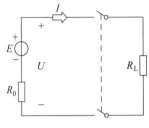

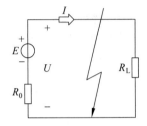

图 1.6.5　电源开路　　　　　　　　　图 1.6.6　电源短路

电源短路用表达式表示为

$$\left.\begin{array}{l} I = I_S = E/R_0 \\ U = 0 \\ P = 0、P_E = \Delta P = R_0 I^2 \end{array}\right\} \qquad (1.6.7)$$

日常生活中的电源基本均为电压源,电压源短路是一种非常危险的电路状态,巨大的短路电流将烧坏电源,甚至引起火灾等事故。

从式(1.6.6)、式(1.6.7)可知:电源开路时开路电压等于电源电动势,电源短路时短路电流为电源理论上可输出的最大电流。因此,电源开路电压、短路电流是实际电源的基本参数之一。

【例 1.6.1】 若电源的开路电压 U_0 为 12V,其短路电流 I_S 为 30A,求电源的电动势 E 和内阻 R_0。

解:

电源开路时,开路电压等于电源电动势,所以

$$E = U_0 = 12V$$

短路电流

$$I_S = E/R_0$$

所以

$$R_0 = E/I_S = 12/30 = 0.4\Omega$$

2. 电源与负载的判别

一般来说,电源元件是作为提供功率的元件出现的,但是,有时也可能作为吸收功率的负载出现在电路中,如手机充电器上的电池。因此,分析电路还要判断哪个元件起电源作用、哪个元件起负载作用。

确定某一元件是电源还是负载有两种方法。

(1) 根据电压和电流的实际方向来判别,方法如下:

- 实际电流从实际电压方向的"＋"端流出,则该元件为电源。
- 实际电流从实际电压方向的"＋"端流入,则该元件为负载。

(2) 根据电压和电流的参考方向来判别,方法如下:

- 当元件 U、I 的参考方向取关联参考方向时,若 $P=UI$ 为正值,则该元件是负载,反之为电源。
- 当元件 U、I 的参考方向为非关联参考方向时,若 $P=UI$ 为正值,则该元件是电源,反之为负载。

【例 1.6.2】 电路如图 1.6.7 所示,$E_1=6\text{V}$、$E_2=3\text{V}$,请在下面两种情况下判别 E_1、E_2 是用作电源还是负载。

(1) S 断开;

(2) S 闭合。

解:

(1) S 断开时,E_1 处于开路状态;E_2 为电源,给 $R1$、$R2$ 提供能量。

(2) S 闭合后,可判断出 E_1、E_2、I 的实际方向如图 1.6.7 参考方向所示;E_1 的实际电流是从实际电压方向的"＋"端流出,为电源;E_2 的实际电流是从实际电压方向的"＋"端流入,为负载。

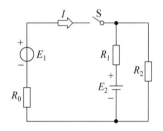

图 1.6.7 例 1.6.2 的图

【例 1.6.3】 有一节 9V 的干电池(E_1)和一个 3V 的直流源(E_2),假定它们的内阻均为 10Ω,现将它们并联联接("＋"极接"＋"极,"－"极接"－"极),试判断哪个是电源、哪个是负载,并说明它们的功率平衡。

解:

(1) 首先建立其电路模型。根据题意,其电路如图 1.6.8 所示。

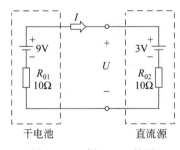

图 1.6.8 例 1.6.3 的图

(2) 对左右两边分别应用基尔霍夫电压定律,列出方程组如下:

$$\begin{cases} 9=U+10I \\ 3=U-10I \end{cases}$$

$$\Rightarrow U = 6\text{V}, \quad I = 0.3\text{A}$$

可见，干电池为电源，直流源为负载。

（3）功率平衡分析：

$$UI = E_1 I - R_{01} I^2 \Rightarrow 6 \times 0.3 = 9 \times 0.3 - 10 \times 0.3^2 \Rightarrow 输出功率$$

$$UI = E_2 I + R_{02} I^2 \Rightarrow 6 \times 0.3 = 3 \times 0.3 + 10 \times 0.3^2 \Rightarrow 取用功率$$

可见上面的电路满足功率平衡：电源产生功率为 2.7W，电源输出功率为 1.8W，直流源取用功率为 1.8W，电源内阻消耗功率为 0.9W。

特别说明：一般情况下，实际的干电池、直流电压源是不能直接并联的。

3. 电源元件的相互联接

在实际应用中，有时经常使用多个电源给电子设备供电，如手电筒使用多节干电池便属于此类应用。因此，像电阻元件一样，电源元件也存在联接问题。

两个电压源 E_1、E_2 的串联联接模型如图 1.6.9(a)所示。对如图 1.6.9(a)所示电路，应用基尔霍夫电压定律有

$$E_2 + E_1 = IR_2 + IR_1 + IR_L = I(R_2 + R_1) + IR_L$$

所以

$$I = (E_2 + E_1)/(R_2 + R_1 + R_L)$$

$$U = E_2 + E_1 - I(R_2 + R_1)$$

引入一个等效电压源 E，其电动势 E 为 $E_2 + E_1$，内阻 R_0 为 $R_2 + R_1$，用它取代电压源 E_2、E_1，其电路如图 1.6.9(b)所示。分析可知，图 1.6.9(b)与图 1.6.9(a)具有相同的伏安特性，即对电阻 R_L 而言，电压源 E 与电压源 E_2、E_1 的串联联接等效。由此，可得出电压源串联联接的结论：

对负载而言，多个电压源串联可用一个电压源等效，其电动势为多个电压源电动势的代数和、内阻为多个电压源各自内阻的和。可通过串接电压源提高负载的工作电压。

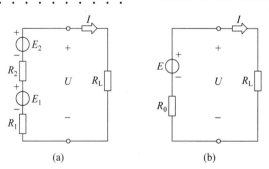

图 1.6.9　电压源的联接

两个电压源 E_1、E_2 的并联联接的模型如图 1.6.10 所示。若 $E_1 > E_2$，负载端电压为 U，一般情况下，$R_L \gg R_2$、$R_L \gg R_1$，求解电路，有（详细求解过程见 1.7 节）

$$I_2 = (E_1 - E_2)/(R_1 + R_2)$$

由于电压源内阻一般均很小,所以,两个具有不同
电动势的电压源并联时,高电动势的电压源将产生很大
的输出电流,低电动势的电压源将流入很大的电流。一
般情况下,过大的电流会超过电源本身的承受能力,从
而毁坏电源。因此,一般情况下,不同电压源不能相互
并联,但当两个电压源电动势、内阻相同时,可以相互
联以提高负载能力。

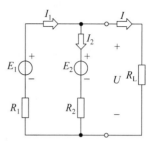

图 1.6.10   电压源的并联

下面直接给出电流源相互联接的特点:

对负载而言,多个电流源并联可用一个电流源等效,其短路电流为多个电流源短路
电流的代数和,内阻为多个电流源内阻的并联电阻。可通过并联电流源提高负载的工作
电压。一般情况下,不同电流源不能相互串联。

1.6.4   实际电源两种模型的转换及其在电路分析中的应用

电压源、电流源是实际电源的两种不同表示模型,电流源的模型可直接从电压源模
型中导出。

电压源的数学模型为 $U = E - R_0 I$,公式两边除以 R_0,有

$$U/R_0 = E/R_0 - I$$
$$\Rightarrow E/R_0 = U/R_0 + I \tag{1.6.8}$$

引入电源的短路电流 I_S,显然,$I_S = E/R_0$,则式(1.6.8)变为

$$I_S = \frac{U}{R_0} + I$$

这便是电流源的数学模型,式中,I_S 为电源的短路电流,R_0 为电源内阻,I 为负载
电流。

换而言之,对负载电阻 R_L 而言,无论是用电压源表示的电源还是用电流源表示的电
源,其负载特性是相同的。因此,对负载电阻 R_L 而言,实际电源的电压源与电流源模型,
相互间是等效的,可以进行等效变换。必须指出的是,电压源与电流源的相互转换对外
部负载 R_L 是等效的,但对电源内部是不等效的。

电压源模型向电流源模型转换时,各转换参数如下:

R_0(在实际应用中,可包括其他电阻)不变,电源的短路电流 I_S 为

$$I_S = \frac{E}{R_0} \tag{1.6.9}$$

电流源模型向电压源模型转换时,各转换参数如下:

R_0(在实际应用中,可包括其他电阻)不变,电源的电动势 E 为

$$E = I_S \times R_0 \tag{1.6.10}$$

由式(1.6.9)、式(1.6.10)不难发现:理想电压源与理想电流源是不能相互转换的。

【**例 1.6.4**】   有一直流发电机,$E = 250V$,$R_0 = 1\Omega$,负载电阻 $R_L = 24\Omega$,用电源的两

种模型分别计算负载电阻上电压 U 和电流 I，并计算电源内部的损耗和内阻上的压降。

解：

(1) 画出电路图如图 1.6.11 所示。

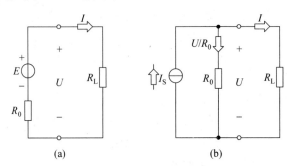

图 1.6.11　例 1.6.4 的图

(2) 对如图 1.6.11(a)所示电路应用基尔霍夫电压定律，有

$$I = \frac{E}{R_0 + R_L} = \frac{250}{1 + 24} = 10\text{A}$$

$$U = IR_L = 10 \times 24 = 240\text{V}$$

(3) 对如图 1.6.11(b)所示电路，由式(1.6.3)，$I_S = E/R_0 = 250\text{A}$，故有

$$I = \frac{R_0}{R_0 + R_L} \cdot I_S = \frac{1}{1 + 24} \times 250 = 10\text{A}$$

$$U = IR_L = 10 \times 24 = 240\text{V}$$

可见：电压源与电流源的相互转换对外部负载 R_L 是等效的。

(4) 求如图 1.6.11(a)所示电路内部的损耗和内阻上的压降：

$$\Delta U = IR_0 = 10 \times 1 = 10\text{V}$$

$$\Delta P_0 = I^2 R_0 = 10^2 \times 1 = 100\text{W}$$

(5) 求如图 1.6.11(b)所示电路内部的损耗和内阻上的压降：

$$\Delta U = IR_0 = \frac{U}{R_0} \cdot R_0 = U = 240\text{V}$$

$$\Delta P_0 = I^2 R_0 = \left(\frac{U}{R_0}\right)^2 \cdot R_0 = 240^2 \times 1 = 57.6\text{kW}$$

可见：电压源与电流源的相互转换对外部负载 R_L 是等效的，但对电源内部是不等效的。

【例 1.6.5】 计算如图 1.6.12 所示电路中 2Ω 电阻上的电流 I。

解：

(1) 在图示电路中，有一个电压源、两个电流源，但又不存在直接电源串并联关系。可适当地利用电压源、电流源的等效变换改变电路结构从而产生直接电源串并联关系。可将左边 2V 电压源等效变换为电流源(注意变换以后电流源的短路电流方向)，由式(1.6.3)，可得等效变换以后电路及参数如图 1.6.13 所示。

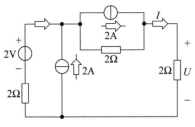

图 1.6.12　例 1.6.5 的图 1

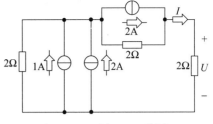

图 1.6.13　例 1.6.5 的图 2

（2）如图 1.6.13 所示电路中，1A 电流源与 2A 电流源并联，可用一个电流源等效取代（电流相加、内阻并联），电路如图 1.6.14 所示。

（3）在如图 1.6.14 所示电路中，有两个电流源。可将它们分别等效变换为电压源（注意变换以后电压源的电动势方向），由式（1.6.4），可得等效变换以后电路及参数如图 1.6.15 所示。

（4）求解如图 1.6.15 所示电路，有

$$I \times (2+2+2) = 6+4$$

所以 $I = 5/3\text{A}$。

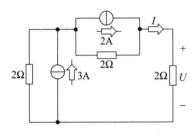

图 1.6.14　例 1.6.5 的图 3

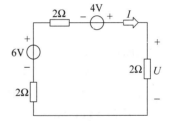

图 1.6.15　例 1.6.5 的图 4

1.6.5　受控电源

上面讨论的电压源（或电流源）的输出电压（或电流）不受外部电路控制，称为独立电源。此外，在电子电路中，还将遇到另外一种电源，其输出电压（或电流源的输出电流）受电路中其他部分的控制，这种电源称为受控电源。当控制的电压或电流消失以后，受控电源的输出也就变为零。

受控电源可分为控制端（输入端）和受控端（输出端）两个部分。如果受控电源控制端不消耗功率，受控端满足理想电压源（或电流源）特性，则称为理想受控电源。

根据控制特点及电源特点，理想受控电源可分为电压控制电压源（VCVS）、电流控制电压源（CCVS）、电压控制电流源（VCCS）、电流控制电流源（CCCS）。在电路中，受控电源模型用菱形表示，以区别于独立电源的圆形符号。上述四种类型的受控电源模型如图 1.6.16 所示。

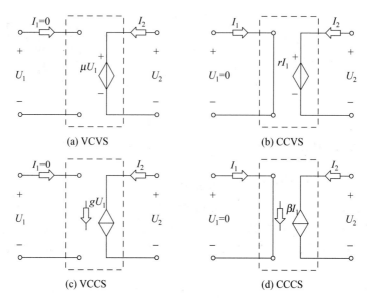

图 1.6.16　理想受控电源模型

可结合一个简单例子来了解受控电源电路分析的特点。

【例 1.6.6】　电路如图 1.6.17 所示，$E_1 = 10V，R_1 = R_2 = 2\Omega$，负载电阻 $R_3 = 4\Omega$，计算负载电阻 R_3 的电压。

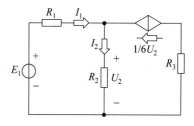

图 1.6.17　例 1.6.6 的图

解：

（1）图 1.6.17 中有一个受控电流源，控制端为 U_2，输出电流为 $1/6 \, U_2$。

（2）分别对上部结点和左边回路应用基尔霍夫定律，有

$$\left. \begin{array}{l} I_1 + \dfrac{1}{6}U_2 = I_2 \\[2mm] I_1 R_1 + I_2 R_2 = E_1 \\[2mm] U_2 = I_2 R_2 \end{array} \right\}$$

（3）求解方程组可得

$$U_2 = 6V$$

所以，负载电阻 R_3 上电压为

$$U = 1/6 \times 6 \times 4 = 4V$$

通过例 1.6.6，可以看到，受控电源具有普通电源器件的特点，可对它用基尔霍夫定律列出方程，求解电路各参数。它与独立电源的区别在于，受控电源与其控制电参数必须同时出现，因此，在对电路做处理或等效变换时必须保留其控制电参数。

思考与练习

1.6.1 一般情况下,两个实际的电压源是不能直接并联联接的,请说出在哪种特殊情况下两个实际的电压源可以直接并联联接。

1.6.2 电路如图 1.6.18 所示,假定 U、I、E 均为正值,且 $U > E$,请问电路中该电池是用作供电还是处于充电状态? 若 U、E 均为正值,I 为负值,且 $U < E$,请问该电池是用作供电还是处于充电状态?

1.6.3 电动势为 1.5V、内阻为 0.05Ω 的六个电池串联,接 49.7Ω 的负载,求负载上的电流。

1.6.4 电动势为 10V、内阻为 0.5Ω 的五个电池并联,接 0.4Ω 的负载,求负载上的电流。

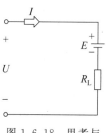

图 1.6.18 思考与练习 1.6.2 的图

1.6.5 在如图 1.6.19 所示电路中,假定电路各参数如下:$R_1 = R_2 = 4\Omega$,$E_1 = 6V$,$E_2 = 4V$,$R_3 = 2\Omega$。在求解 R_3 上的电流时可否将电压源 E_1、E_2 分别变换为电流源后通过合并并联电流源从而求解出最终结果? 为什么?

1.6.6 在如图 1.6.20 所示电路中,假定电路各参数如下:$E_1 = 6V$,$E_2 = 4V$,$R_1 = R_2 = 4\Omega$,$R_3 = 2\Omega$。在求解 R_3 上的电流时可否将电压源 E_1、E_2 分别变换为电流源以后合并并联电流源从而求解出最终结果? 若可以,结果是什么?

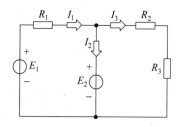

图 1.6.19 思考与练习 1.6.5 的图

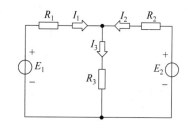

图 1.6.20 思考与练习 1.6.6 的图

1.7 电路定理

为方便求解电路,下面进一步介绍电路分析中的两个重要定理。

1.7.1 叠加定理

应用实践中,常见电路基本均为线性电路。如某线性放大器放大倍数为 50 倍。当输入信号为 5mV 时,输出为 250mV,当输入信号为 20mV 时,该放大器的输出为 1V,这便是线性的特点。

设上面的放大器工作电压为 5V。当输入为 0.2V 时,按照放大倍数计算,输出应该为 10V,但该放大器输出的最大电压不可能超过 5V,因此,输出不可能为 10V,此时,该电路已经不是线性电路。可见,绝对的线性电路是不存在的。

当然,电路理论不是研究实际电路的理论,只是研究电路模型分析方法的理论。假定所有电路均为线性电路。基于这个假设,可总结叠加定理如下:

对于线性电路,任何一条支路的电流(或电压),都可看成是由电路中各个电源(电压源或电流源)分别作用时,在此支路中所产生的电流(或电压)的代数和。这便是叠加定理。

从数学的角度,叠加定理就是线性方程的可加性,是分析与计算线性问题的普遍原理。对于支路电流或电压,它是线性物理量,可用叠加定理求解,而功率的计算则不可以用叠加定理求解。

用叠加定理求解电路时,可将多电源电路化为几个单电源电路,其解题步骤如下:

(1)分析电路,选取一个电源,将电路中其他所有的电流源开路,电压源短路,画出相应电路图,并根据电源方向设定待求支路的参考电压或电流方向。

(2)重复步骤(1),对其余 $N-1$ 个电源画出 $N-1$ 个电路。

(3)分别对 N 个电源单独作用的 N 个电路计算待求支路的电压或电流。

(4)应用叠加定理计算最终结果。

【例 1.7.1】 计算两个电压源相互并联并给负载供电时电源内阻上的电流。

解:

两个电压源相互并联并给负载供电的电路如图 1.7.1 所示,可利用叠加定理求解电路。选定各电流参考方向如图 1.7.1 所示。先考虑 E_1 单独作用:将 E_2 短路,电路如图 1.7.2 所示。再考虑 E_2 单独作用:将 E_1 短路,电路如图 1.7.3 所示。

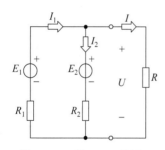 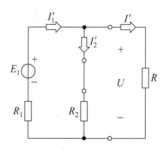 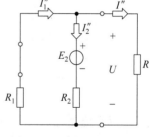

图 1.7.1 例 1.7.1 的图 1　　　图 1.7.2 例 1.7.1 的图 2　　　图 1.7.3 例 1.7.1 的图 3

一般情况下,负载电阻都远大于电压源内阻,所以,在分析电路时可将负载视为开路。

对如图 1.7.2 所示电路应用基尔霍夫电压定律,有

$$I_1' \approx I_2' \approx E_1/(R_1+R_2)$$

对如图 1.7.3 所示电路应用基尔霍夫电压定律,有

$$I_1'' \approx I_2'' \approx -E_2/(R_1+R_2)$$

应用叠加定理,有

$$I_1 \approx I_2 = I'_1 + I''_1 \approx (E_1 - E_2)/(R_1 + R_2)$$

由于电压源内阻较小,当两个不同电动势的电压源相互并联时,电源内部将流过较大甚至很大的电流,从而毁坏电源。

【例 1.7.2】　请用叠加原理计算如图 1.7.4 所示电路中电流 I_3(电路中各参数如下:$E_1 = 130\text{V}$、$E_2 = 80\text{V}$、$R_1 = 20\Omega$、$R_2 = 5\Omega$、$R_3 = 5\Omega$)。

解:

考虑电源 E_1 单独作用的电路,即将电压源 E_2 短路,电路如图 1.7.5 所示。求解电路,有

$$I'_3 = \frac{E_1}{R_2 /\!/ R_3 + R_1} \times \frac{R_2}{R_2 + R_3} = \frac{R_2}{R_1 R_2 + R_2 R_3 + R_3 R_1} E_1 = \frac{650}{225}\text{A} = \frac{26}{9}\text{A}$$

考虑电源 E_2 单独作用的电路,即将电压源 E_1 短路,电路如图 1.7.6 所示。求解电路,有

$$I''_3 = \frac{E_2}{R_1 /\!/ R_3 + R_2} \times \frac{R_1}{R_1 + R_3} = \frac{R_1}{R_1 R_2 + R_2 R_3 + R_3 R_1} E_2 = \frac{1600}{225}\text{A} = \frac{64}{9}\text{A}$$

应用叠加原理,有

$$I_3 = I'_3 + I''_3 = \frac{26}{9} + \frac{64}{9} = 10\text{A}$$

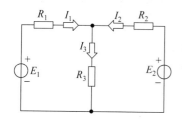 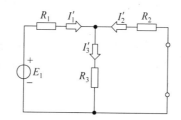 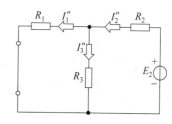

图 1.7.4　例 1.7.2 的图 1　　　图 1.7.5　例 1.7.2 的图 2　　　图 1.7.6　例 1.7.2 的图 3

1.7.2　戴维宁定理

任何一个有源二端线性网络(如图 1.7.7(a)所示)都可以用一个电动势为 E 的理想电源和内阻 R_0 串联来表示(如图 1.7.7(b)所示),且电动势 E 的值为负载开路电压 U_0,内阻 R_0 为除去有源二端线性网络中所有电源(电流源开路,电压源短路)后得到的无源网络 a、b 两端之间的等效电阻。这就是戴维宁定理。

可通过如图 1.7.7 所示电路从以下几个方面来理解戴维宁定理:

(1) 有源二端线性网络。所谓有源二端线性网络就是具有两个出线端的电路部分,其中含有电源元件。在如图 1.7.4 所示电路中,将 R_3 当成负载,其余部分便是一个有源二端线性网络。

(2) 有源二端线性网络的等效。有源二端线性网络可以用一个电动势为 E 的理想

电源和内阻 R_0 串联来表示。电动势 E 的值为负载 R_L 开路后,a、b 两端的电压。内阻 R_0 为除去有源二端线性网络中所有电源(电流源开路,电压源短路)后得到的无源网络 a、b 两端之间的等效电阻。如图 1.7.7(a)所示电路可用如图 1.7.7(b)所示电路等效。

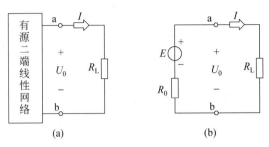

图 1.7.7 戴维宁定理的图

(3) 流过负载 R_L 的电流为

$$I = E/(R_0 + R_L) \tag{1.7.1}$$

对于复杂电路中某一个支路的电流求解,用戴维宁定理通常较简单,其解题步骤如下:

(1) 设定待求支路的参考电压或电流方向。

(2) 将待求支路开路,画出电路图,求出开路电压 U_0(注意参考方向应与待求支路的参考电压或电流方向一致)。

(3) 将待求支路开路,断开所有电源(电流源开路,电压源短路),画出电路图,求出无源网络 a、b 两端之间的等效电阻 R_0。

(4) 画出戴维宁等效电路,求支路电流 I,计算最终结果。

【例 1.7.3】 请用戴维宁定理计算例 1.7.2(电路中各参数如下: $E_1 = 130\text{V}$、$E_2 = 80\text{V}$、$R_1 = 20\Omega$、$R_2 = 5\Omega$、$R_3 = 5\Omega$)。

解:

(1) 待求支路为 R_3,假定 I_3 方向朝下,如图 1.7.4 所示。

(2) 将 R_3 开路,画出其求解开路电压的等效电路如图 1.7.8 所示。对如图 1.7.8 所示电路应用基尔霍夫电压定律,有

$$I_1 = \frac{E_1 - E_2}{R_1 + R_2} = \frac{130 - 80}{25} = 2\text{A}$$

$$U_0 = E_1 - I_1 \times R_1 = 90\text{V}$$

在如图 1.7.8 所示电路中将 E_1、E_2 短路,可求得等效电源内阻为

$$R_0 = R_1 // R_2 = 4\Omega$$

(3) 由式(1.7.1),得

$$I_3 = 90/(4 + 5) = 10\text{A}$$

【例 1.7.4】 用戴维宁定理求如图 1.7.9 所示的电路中流过 R_5 的电流 I_5,其中 $E = 12\text{V}$、$R_1 = R_2 = 5\Omega$、$R_3 = 10\Omega$,$R_4 = 5\Omega$,$R_5 = 10\Omega$。

解:

(1) 待求支路为 R_5,假定 I 方向朝下;在如图 1.7.9 所示电路中,将 R_5 支路开路,

画出电路图如图 1.7.10 所示。

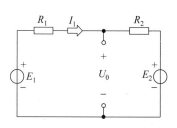
图 1.7.8 例 1.7.3 的图

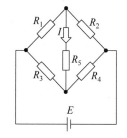
图 1.7.9 例 1.7.4 的图 1

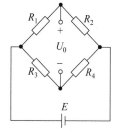
图 1.7.10 例 1.7.4 的图 2

（2）求 U_0。对如图 1.7.10 所示电路用支路电流求 I_{12}、I_{34}，有

$$I_{12} = \frac{E}{R_1 + R_2} = \frac{12}{5+5} = 1.2\text{A}, \quad I_{34} = \frac{E}{R_3 + R_4} = \frac{12}{10+5} = 0.8\text{A}$$

对右边 R_2、R_4 应用基尔霍夫电压定律，有

$$U_0 = R_2 I_{12} - R_4 I_{34} = 5 \times 1.2 - 5 \times 0.8 = 2\text{V}$$

（3）在图 1.7.9 中，将 R_5 支路开路，电压源 E 短路，画出电路图如图 1.7.11 所示。

（4）求等效电阻 R_0：

$$R_0 = R_1 /\!/ R_2 + R_3 /\!/ R_4$$

$$= \frac{R_1 R_2}{R_1 + R_2} + \frac{R_3 R_4}{R_3 + R_4} = 5.8\Omega$$

（5）由式（1.7.1），有

$$I_5 = \frac{U_0}{R_0 + R_5} = 0.126\text{A}$$

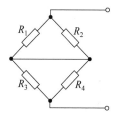
图 1.7.11 例 1.7.4 图 3

戴维宁定理为用电压源模型表示等效电源的定理，关于用电流源模型表示等效电源的定理，读者可参考相关书籍。

思考与练习

1.7.1 应用叠加原理求单个电源单独作用于电路时，方法为将其他电压源短路（电流源开路）以求得最终结果，为什么？

习题

1.1 填空题

1. 实际电气设备包括_____、_____两个部分。_____通过_____相互联接，形成一个_____便构成一个实际电路。具体分析实际电路时，总是将_____，在一定条件下突出其_____电磁性质，忽略其_____性质，这样的元件所组成的电路称为实际电路的_____,简称_____。

2. 关于电流的方向,有_____和_____之分,应加以区别。带电粒子规则运动形成的电流是_____的物理现象,这种客观存在的电流方向便是_____。习惯上规定:_____为电流的实际方向。

3. 对于电压的方向,应区分_____、_____两种情况。端电压的方向规定为_____,即为_____。电源电动势的方向规定为_____。

4. 在分析计算电路时,常可_____作为其_____。不加说明,电路图中所标的电压、电流、电动势的方向均为_____。选定电压电流的_____是电路分析的第一步,只有_____选定以后,电压电流之值才有_____。当_____一致时为正,反之,为负。

5. 若某个元件对外只有_____,这样的元件称为二端元件。若某个电路单元对外只有两个_____,这个电路单元整体称为二端网络。

6. 对二端网络的外部电路而言,如果两个二端网络的_____相同,那么,它们对_____也就相同,也就是说,这两个二端网络_____。

7. 回路是一个_____。从回路任一点出发,沿回路循环一周(回到原出发点),则在这个方向上的_____等于_____。

8. 电路中的_____称为支路,一条支路流过_____,称为_____。电路中_____称为结点。在任一瞬时,_____的电流之和应该等于由_____电流之和。

9. 电阻元件联接方式主要有:_____、_____、_____、_____、_____等。如果电路中有两个或更多个电阻联接在_____,则这样的联接方法称为电阻并联。

10. 一个实际电源可以用_____来表示,用电压形式来表示的模型为_____;用电流形式来表示的模型为_____。其_____是用电动势 E 和内阻 R_0 串联来表示电源的电路模型。

11. 当电源_____时,电源开关断开、电源的_____等于电源电动势、_____为零、电源_____为零。电源短路时电路的_____为零、电源的端电压为零,电源内部将流过很大的_____,是一种非常危险的_____。

12. 理想电压源允许流过_____的电流,这意味着它可以提供无穷大的功率,因此,_____是不存在的。在绝大多数场合下,实际电压源的内阻都_____负载电阻,可以把这个实际电压源当成理想的电压源,_____基本保持不变。

13. 对负载而言,多个电压源串联_____等效,其电动势为_____的代数和、内阻为_____。多个电流源并联可用_____等效,其_____为多个电流源短路电流的代数和、内阻为分别_____。

14. 对于线性电路,_____支路的电流(或电压),都可看成是由电路中_____时,在此支路中所产生的电流(或电压)的_____。可选取其中的_____,将电路中其他所有的_____开路,_____短路,画出该电源_____下的电路图。

15. 所谓有源二端线性网络就是具有_____的电路部分,其中含有_____。任何一个有源二端线性网络都可以用一个_____的理想电源和_____串联来表示,且电动势 E 的值为_____,内阻 R_0 为除去有源二端线性网络中所有电源(_____,_____)后得到的_____的等效电阻。

1.2　分析计算题(基础部分)

1. 如图 1.1 所示电路,假定 $E_1 = 6V$,请判断当 I_1 分别为 1A、$-1A$ 时,I_3 为正值还是负值。

2. 在题 1.2 1 中,假定 $I_1 = 3A$、$R_1 = 2\Omega$、E_1 为正值,请判断 I_3 为正值还是为负值。当 $E_1 = -7V$ 时,问 I_3 为正值还是负值?

3. 如图 1.2 所示电路,假定 $I_2 = 3A$,请计算 I_3、E_2 的值。

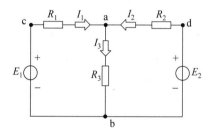

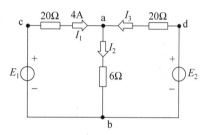

图 1.1　习题 1.2 1、2 等题的图　　　　　　图 1.2　习题 1.2 3 的图

4. 如图 1.3 所示电路,假定 $I_2 = -1A$,请计算 I_3、E_2、E_1 的值。

5. 如图 1.4 所示电路中,$R_0 = 1\Omega$、$R_L = 49\Omega$、$E = 5V$,计算开关闭合与断开两种情况下的电压 U。

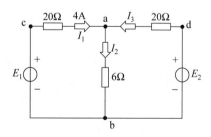

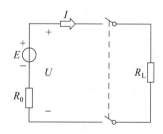

图 1.3　习题 1.2 4 的图　　　　　　图 1.4　习题 1.2 5 的图

6. 如图 1.5 所示电路中,$R_1 = 4\Omega$、$R_2 = R_4 = 3\Omega$、$R_3 = R_5 = 6\Omega$、$U = 6V$,求 I、U_1。

7. 如图 1.6 所示电路,求电路的等效电阻及 R_3 上流过的电流。

8. 有一个直流电压源,其额定功率 $P_N = 300W$,额定电压 $U_N = 60V$,内阻 $R_0 = 0.5\Omega$,负载电阻 R_L 可以调节,其电路如图 1.4 所示。求:

(1) 额定工作状态下的电流及负载电阻 R_L;

(2) 开路电压;

（3）短路电流。

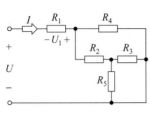

图1.5 习题1.2 6的图

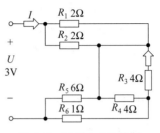

图1.6 习题1.2 7的图

9. 若某电源的开路电压 U_0 为15V，其短路电流 I_S 为50A，求该电源的电动势 E 和内阻 R_0 并画出其电流形式的电路模型。

10. 电动势为3V，内阻为 0.1Ω 的三个电池串联，接 99.7Ω 的负载，求负载上的电流。

11. 如图1.1所示电路中，$E_1=12\text{V}$、$E_2=8\text{V}$、$R_1=R_2=40\Omega$、$R_3=20\Omega$，用支路电流法求电流 I_3。

12. 如图1.1所示电路中，$E_1=16\text{V}$、$E_2=8\text{V}$、$R_1=R_2=40\Omega$、$R_3=20\Omega$，用结点电压公式求出 U_{ab} 及 I_3。

13. 用叠加定理计算习题1.2 11、12。

14. 用戴维宁定理计算习题1.2 11、12。

1.3 分析计算题（提高部分）

1. 如图1.7所示电路，已知 $R_{ab}=3\Omega$、$R_{bc}=1\Omega$、$R_{ca}=2\Omega$、$R_b=2\Omega$、$R_a=1\Omega$、$U=7\text{V}$，求 I。

2. 电路如图1.8所示，图中，$E_1=20\text{V}$、$E_2=10\text{V}$、$R_0=0.5\Omega$、$R_1=R_2=2\Omega$，请在开关S断开、闭合两种情况下分析电路的功率平衡。

3. 如图1.9所示电路，$E_1=21\text{V}$、$E_2=12\text{V}$、$R_0=0.5\Omega$、$R_1=R_2=4\Omega$，分别在以 a 点、b 点为参考电位点的两种情况下引入电位简化电路并画出电路图。

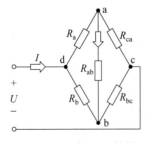

图1.7 习题1.3 1的图

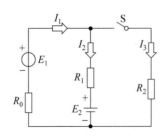

图1.8 习题1.3 2的图

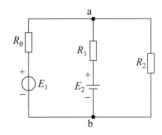

图1.9 习题1.3 3的图

4. 电路如图1.10所示，$R_1=2\Omega$、$R_2=3\Omega$、$R_3=6\Omega$、$R_4=1\Omega$、$E_1=6\text{V}$、$E_2=2\text{V}$，

求 I_3。

5. 电路如图 1.11 所示,用支路电流法求电流 I。

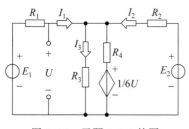

图 1.10 习题 1.3 4 的图

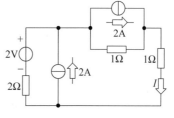

图 1.11 习题 1.3 5 的图

6. 电路如图 1.12 所示,$R_1 = 3\Omega$、$R_2 = 6\Omega$、$R_3 = R_4 = 4\Omega$、$E_1 = 9V$、$E_2 = 12V$,求 I_3。

7. 电路如图 1.13 所示,$R_1 = 0.5\Omega$、$R_2 = 7.5\Omega$、$E_1 = 2V$、$E_2 = 11V$、$E_3 = 19V$,求 I_2。

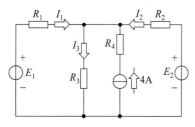

图 1.12 习题 1.3 6 的图

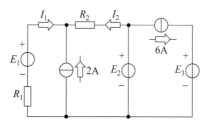

图 1.13 习题 1.3 7 的图

8. 有电动势为 1.5V,内阻为 0.2Ω 的 9 个电池。先将三个电池串联为一组,再将三组电池并联,接 4.3Ω 的负载,画出电路模型并求负载上的电流。

9. 电路如图 1.14 所示,$R_1 = 2\Omega$、$R_2 = 3\Omega$、$R_3 = 6\Omega$、$R_4 = 1\Omega$、$E_1 = 6V$、$E_2 = 1/3V$、$E_3 = 2V$,用支路电流法和结点电压法求 I_2、I_3。

10. 电路如图 1.15 所示,$R_1 = 2\Omega$、$R_2 = 3\Omega$、$R_3 = 6\Omega$、$R_4 = 1\Omega$、$R_5 = 2\Omega$、$E_1 = 6V$、$E_2 = 1/3V$、$E_3 = 2V$,用结点电压法求 I_2、I_3。

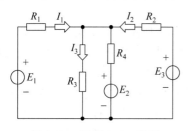

图 1.14 习题 1.3 9 的图

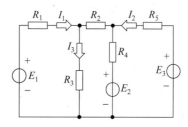

图 1.15 习题 1.3 10 的图

11. 电路如图 1.16 所示,$R_1 = 6\Omega$、$R_2 = 6\Omega$、$R_3 = 3\Omega$、$R_4 = 6\Omega$、$E_1 = 6V$、$E_2 = 3V$,用叠加定理求 I_3。

12. 电路如图 1.16 所示,$R_1 = 6\Omega$、$R_2 = 6\Omega$、$R_3 = 3\Omega$、$R_4 = 6\Omega$、$E_1 = 6V$、$E_2 = 3V$,用

戴维宁定理求流过 R_1 的电流 I_1。

13. 电路如图 1.17 所示，$R_1=3\Omega$、$R_2=6\Omega$、$R_3=3\Omega$、$R_4=3\Omega$、$E_1=6V$、$E_2=3V$，用戴维宁定理求流过 R_4 的电流。

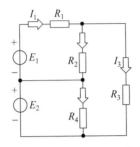 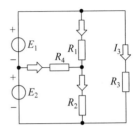

图 1.16　习题 1.3 11、12 的图　　　　图 1.17　习题 1.3 13 的图

1.4　应用题

1. 如图 1.18 所示无源二端电阻网络，通过实验测得：当 $U=15V$ 时，$I=3A$，并已知该电阻网络由四个 3Ω 的电阻构成，试问这四个电阻是如何联接的？

2. 如图 1.19 所示电路中，$R_1=1k\Omega$，R_2 为可调电阻，总阻值为 $10k\Omega$，$R_3=2.5k\Omega$，$U=6V$，求 R_3 上的电流 I_3 和电压 U_3 的变化范围？

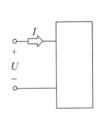 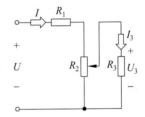

图 1.18　习题 1.4 1 的图　　　　图 1.19　习题 1.4 2 的图

3. 一个 110V 8W 的指示灯，现在要接在 220V 的电源上，问要串多大阻值的电阻？该电阻应选多大的瓦数？

4. 为测量电源电动势 E 和内阻 R_0，采用如图 1.20 所示测量电路，图中，$R_1=2.5\Omega$，$R_2=5.5\Omega$，当 S_1 闭合、S_2 断开时，电流表读数为 2A；当 S_1 断开、S_2 闭合时，电流表读数为 1A。求电源电动势 E 和内阻 R_0（电流表内阻忽略不计）。

5. 为测量电源电动势 E 和内阻 R_0，采用如图 1.21 所示测量电路，R 为阻值适当的电阻，当开关断开时，电压表读数为 12V；当开关闭合时，电流表读数为 2A，电压表读数为 11V。求电源电动势 E 和内阻 R_0（电流表内阻非常小，电压表内阻非常大）。

6. 有一节未知参数的电池，想知道其电动势及内阻，给你一个电压表和一个 10Ω 电阻，应如何测量？说明方法并画出电路（电压表内阻非常大）。

7. 有一个未知参数的电流源，想知道其 I_S 及内阻 R_0，给你一个电压表、一个电流表和一个 10Ω 电阻，应如何测量？说明方法并画出电路（电流表内阻非常小，电压表内阻非常大）。

8. 利用例 1.5.3 的仿真图电子文档[1]验证求解【思考与练习 1.5.2】时，可直接将电阻 R_7 开路后求解的思路是否正确？

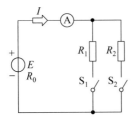

图 1.20　习题 1.4.4 的图

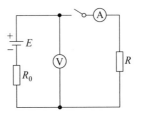

图 1.21　习题 1.4.5 的图

---

[1]　可到在线课程对应知识点，或在各章开始处扫描二维码，下载各章仿真源程序电子文档。

第 2 章

交流电路的基本分析方法

本章要点：

本章从直流电路能量传输上的不足引入交流电路，从交流电路频率不变角度引入正弦信号的相量描述及其 MATLAB 求解方法；从三种基本元件定义结合相量模型介绍三种基本元件的交流特性；从 Multisim 仿真分析、相量分析两个角度介绍 RLC 串联交流电路分析。在此基础上，进一步介绍 RLC 并联电路、功率因数、频率特性等内容。读者学习本章应深入理解正弦量的相量表示、三种基本元件的相量模型；理解阻抗、导纳的概念；初步掌握利用阻抗、导纳来分析简单交流电路的方法；结合仿真理解无功功率、有功功率、谐振、功率因数等交流电路基础概念。

仿真包

直流电路中的电压、电流的大小和方向不随时间而变化,是手电筒、门铃等小型家电常采用的电路形式。

从能量传输的角度,直流电压经长距离传输会有较大甚至很大程度的衰减,无法保证电路的应用要求。交流电路中的电压、电流的大小和方向都是随时间而变化的,可方便变压,有利于长距离传输。

2.1 正弦量及其相量表示

正弦交流电路的应用十分广泛,是本课程的重点教学内容之一。

2.1.1 正弦交流电的引入

交流电路中的电压、电流的大小和方向都是随时间而变化的,是工业用电的基本形式。交流电变压方便,有利于长距离传输。当然,由傅里叶级数可知,交流信号可能会产生谐波,产生的高次谐波电压频率高,不利于保护电器设备、降低能量损耗。

正弦波形对应有向线段绕原点以 ω 速度逆时针旋转后的投影,具体如图 2.1.1 所示。

正弦波变化平滑,不易产生高次谐波,有利于保护电器设备的绝缘性能和减少电器设备运行中的能量损耗,因此,交流电一般使用正弦交流电。正弦交流电中的电压或电流按正弦规律变化,称为正弦电压或正弦电流,统称为正弦量。

数学上,正弦量对应有向线段的匀速转动。生产实践中,正弦交流电来自线圈在磁场的匀速转动。因为不存在绝对的匀速转动,因此,理想的正弦交流电是不存在的。

当然,电路理论是研究由理想模型构成的电路的理论,大多数应用场合下,日常生产生活中的交流电也可以视为理想正弦交流电,因此,若不加说明,本课程中的交流电均为正弦交流电。此外,生产生活中电力工业标准频率是固定不变的。我国的电力工业标准频率为 50 Hz。

2.1.2 正弦量的三要素

以电流为例,正弦量的时间函数定义为

$$^{①}i(t) = I_{\mathrm{m}}\sin(\omega t + \theta) \tag{2.1.1}$$

当然,正弦量的表示式和波形都是对应于已选定的参考方向而言的。当正弦量的瞬时值为正时,其实际方向与所选的参考方向一致;反之,则相反。

对任一正弦量,当其幅值 I_{m}(或有效值)、角频率 ω(或频率或周期)和初相位 θ 确定以后,该正弦量就能完全确定下来。因此,幅值、角频率和初相位称为正弦量的三要素。

---

① 交流信号随时间发生变化,用相应小写字母表示;对应的直流信号用大写字母表示。

即式(2.1.1)中的三个常数 I_{m}、ω、θ 称为正弦电流的三要素。

1. 幅值、有效值

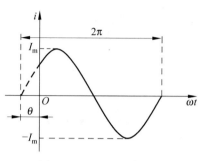

图 2.1.1 正弦电流波形

正弦量是一个等幅振荡的、正负交替变化的周期函数。正弦量在整个振荡过程中达到的最大值称为幅值。瞬时值为正弦量任一时刻的值,所以,前面所说的幅值事实上就是瞬时值中的最大值。幅值用下标 m 表示,如 I_{m} 表示电流的幅值。

周期量的幅值、瞬时值都不能确切反映它们在电路转换能量方面的效应。为此,工程中通常采用有效值表示周期量的大小,而不是用周期量的幅值。

周期量的有效值定义如下:

将一个周期量在一个周期内作用于电阻产生的热量换算为热效应与之相等的直流量,以衡量和比较周期量的效应,这一直流量的大小就称为周期量的有效值,用对应的大写字母表示。

设周期电流为 i,当其通过电阻 R 时,该电阻在一个周期内吸收的热量为 $\int_0^T i^2 R \, \mathrm{d}t$,设直流电流为 I,当其通过该电阻时,在同一周期内吸收的热量为 $I^2 R T$。据前面有效值的定义,令二者热量相等,即令

$$\int_0^T i^2 R \, \mathrm{d}t = I^2 R T$$

这就得到周期电流的有效值

$$I = \sqrt{\frac{1}{T} \int_0^T i^2 \, \mathrm{d}t} \qquad (2.1.2)$$

式(2.1.2)表示,周期量的有效值等于其瞬时值的平方在一个周期内积分的平均值再取平方根,因此,有效值又称为均方根值。

为了计算正弦电流的有效值,将正弦电流时间函数式

$$i(t) = I_{\mathrm{m}} \sin(\omega t + \theta)$$

代入式(2.1.2),得

$$I = \sqrt{\frac{1}{T} \int_0^T I_{\mathrm{m}}^2 \sin^2(\omega t + \theta) \, \mathrm{d}t} = \sqrt{\frac{I_{\mathrm{m}}^2}{T} \int_0^T \frac{1 - \cos 2(\omega t + \theta)}{2} \, \mathrm{d}t}$$

$$= \sqrt{\frac{I_{\mathrm{m}}^2}{2T} t \, \Big|_0^T} = \frac{I_{\mathrm{m}}}{\sqrt{2}} = 0.707 I_{\mathrm{m}} \qquad (2.1.3)$$

可见,正弦量的有效值等于其幅值除以 $\sqrt{2}$,即等于其幅值乘以 0.707。

在工程上,如不加说明,正弦电压、电流的大小一般皆指其有效值。如交流电气设备铭牌上所标的电压值、电流值,一般交流电压表(或电流表)的标尺刻度,白炽灯标印的额定电压等都是指有效值。

2. 角频率、频率与周期

设正弦电流随时间变化的周期为 T,其频率为 f,二者的关系为

$$f = \frac{1}{T}$$

在正弦电流 $i(t)$ 的表示式中,正弦量每经过一个周期 T 的时间,相应的相位增加 2π,即 $\omega T = 2\pi$,故得

$$\omega = \frac{2\pi}{T}$$

ω 表示每经过单位时间,瞬时相角所增加的角度,称为角频率。角频率的单位是弧度/秒(rad/s)。

正弦量的角频率 ω、频率 f 和周期 T 三者的关系为

$$\omega = \frac{2\pi}{T} = 2\pi f \qquad (2.1.4)$$

可见,ω、f、T 三个参数反映的都是正弦量变化的快慢。ω 越大,即 f 越大或 T 越小,正弦量循环变化越快;反之变化越慢。

我国电力工业标准频率是 50Hz,它的周期为

$$T = \frac{1}{f} = \frac{1}{50} = 0.02 = 20\text{ms}$$

它的角频率为

$$\omega = 2\pi f = 2\pi \times 50 = 100\pi = 314\text{rad/s}$$

世界上大多数国家电力工业标准频率都为 50Hz,有些国家(如日本)采用 60Hz。我国采用 50Hz 作为电力标准频率,习惯上也称为工频。工程中还常以频率的高低区分电路,如低频电路、高频电路、甚高频电路等。

3. 初相位

正弦量随时间变化的角度 $\omega t + \theta$ 称为正弦量的相位角,或称相位。θ 为 $t=0$ 时正弦量的相位,称为初相位。相位和初相位的单位为弧度(rad)或度(°)。初相位 θ 通常在主值范围内取值,即初相位的绝对值 $|\theta|$ 不超过 π。初相位反映了正弦量在 $t=0$(计时起点)时的状态。最大值为 I_m,初相位为 θ 的正弦电流在 $t=0$ 时的值 $i(0) = I_m \sin\theta$。当初相位为正时,电流在 $t=0$ 时的值为正,这表示正弦量的零值出现在起始时刻之前;初相位为负,电流在 $t=0$ 时的值为负,这表示正弦量的零值出现在起始时刻之后。

【例 2.1.1】 已知一正弦电压波形如图 2.1.2 所示。试求

(1)幅值、有效值。

(2)角频率、频率和周期。

(3)初相位。

(4)瞬时值的表示式。

解：

（1）由图 2.1.2 可知幅值

$$U_{\text{m}} = 311\text{V}$$

所以，有效值

$$U = \frac{U_{\text{m}}}{\sqrt{2}} = 220\text{V}$$

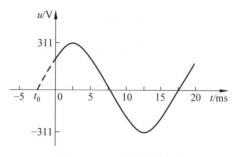

图 2.1.2 正弦电压波形

（2）周期

$$T = (17.5 + 2.5) \times 10^{-3} = 20\text{ms}$$

频率

$$f = \frac{1}{T} = \frac{1}{20 \times 10^{-3}} = 50\text{Hz}$$

角频率

$$\omega = \frac{2\pi}{T} = \frac{2\pi}{20 \times 10^{-3}} = 100\pi \text{ 或 } 314\text{rad/s}$$

（3）初相位的绝对值

$$|\theta| = \omega t_0 = 100\pi \times 2.5 \times 10^{-3} = \frac{\pi}{4}$$

由于正弦波的零值出现在坐标原点（计时起点）之前，所以初相位为正，故得初相位

$$\theta = \frac{\pi}{4}\text{rad}$$

（4）已求出三要素 U_{m}、ω、θ，所以正弦电压波形的瞬时值表示式为

$$u(t) = 311\sin\left(100\pi t + \frac{\pi}{4}\right)\text{V}$$

4. 两个同频率正弦量的相位差

在线性交流电路中，激励与响应都是同频率的正弦量，因此，在正弦交流电路中，经常遇到的是频率相同的正弦量。

常用相位差来描述两个同频率正弦量的区别。同频率的两个正弦量的相位差等于它们的相位相减，用符号 φ 表示。

设两个同频率的正弦量 u、i 分别为

$$u = U_{\text{m}}\sin(\omega t + \theta_{\text{u}})$$

$$i = I_{\text{m}}\sin(\omega t + \theta_{\text{i}})$$

它们的初相位分别为 θ_{u}、θ_{i}，则有

$$\varphi = (\omega t + \theta_{\text{u}}) - (\omega t + \theta_{\text{i}}) = \theta_{\text{u}} - \theta_{\text{i}} \tag{2.1.5}$$

上述结果表明，同频率两个正弦量的相位差等于它们的初相位之差，相位差是一个与时间无关的常数。

初相位相等的两个正弦量，它们的相位差为零，称两个正弦量同相。如图 2.1.3（a）所示电压 u 与电流 i 同相，u、i 同时达到零值，同时达到最大值，两个正弦波的波形在步

调上是一致的。

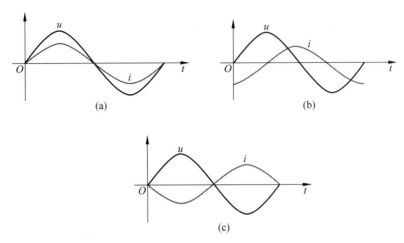

图 2.1.3　三种特殊相位差

两个正弦量的初相位不等,相位差就不等于零。当相位差不为零时,表示两个正弦量不同时达到零值、最大值、最小值,即两个正弦波步调不一致。常采用"超前"和"滞后"来说明同频率的两个正弦量相位比较的结果。

若相位差 φ 如式(2.1.5)所示,当 $\varphi > 0$ 时,称为 u 超前 i 一个角度 φ;当 $\varphi < 0$ 时,称为 u 滞后 i 一个角度 φ;当 $|\varphi| = \dfrac{\pi}{2}$ 时,称为 u 与 i 正交(如图 2.1.3(b)所示);当 $|\varphi| = \pi$ 时,称为 u 与 i 反相(如图 2.1.3(c)所示)。

相位差也是在主值范围内取值,即相位差的绝对值 $|\varphi| \leqslant \pi$。

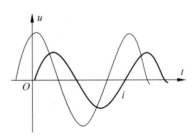

图 2.1.4　u 超前 i

如图 2.1.4 所示同频率的两个正弦波,其相位差 $\varphi = \theta_u - \theta_i > 0$,称为 u 超前 i,意为 u 先达到零值。也可以直接由波形确定它们的相位差。两个波形零值(或最大值)之间的角度值($\leqslant \pi$)为两者之间的相位差,先达到零值点的为超前波。可见,图 2.1.4 中,u 超前 i(或者说 i 滞后 u)。

2.1.3　什么是相量

正弦交流电路中的电压或电流均按正弦规律变化,可用正弦函数或余弦函数表示。

本书采用正弦函数描述正弦量,可利用正弦函数建立正弦交流电路的数学模型,通过三角函数运算求解电路。当然,利用三角函数运算求解电路非常复杂,可针对电路的自身规律寻找更简便的正弦量的表示方法。

一个正弦量是由它的幅值、角频率和初相位三个要素所决定的。工程中正弦交流电路中的输入一般都是同频率的正弦量,因此,每个电路的输出一般也是同频率的正弦量,只有幅值与初相位是未知的。

一个正弦量的幅值和初相位可用一个复数同时表示,简要解释如下。

如图 2.1.5 所示复数 A 具有三种表示形式:

$$A = a + \mathrm{j}b$$
$$A = r\cos\theta + \mathrm{j}r\sin\theta \tag{2.1.6}$$
$$A = r\mathrm{e}^{\mathrm{j}\theta}$$

式中,$\mathrm{j}=\sqrt{-1}$ 为虚数单位[①]。a 为复数 A 的实部,b 为复数 A 的虚部,r 为复数的模,θ 为复数 A 的幅角。

复数 A 的模 r、幅角 θ 与实部 a、虚部 b 之间的关系是

$$a = r\cos\theta, \quad b = r\sin\theta$$
$$r = \sqrt{a^2 + b^2}, \quad \theta = \arctan\frac{b}{a}$$

如图 2.1.5 所示复数可简写为

$$A = r\underline{/\theta} \tag{2.1.7}$$

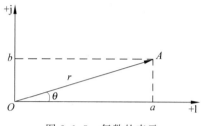

图 2.1.5 复数的表示

由图 2.1.5 可看出,可用一个复数同时表示一个正弦量的幅值(r)和初相位(θ),这个代表正弦量的复数,有一个特殊的名字,称为相量(用对应文字符号的大写字母上加小圆点表示),以区别于一般的复数。

常用相量图描述相量。在复平面上的相量的图形称为相量图,正弦电流 $i = I_\mathrm{m}\sin(\omega t + \theta_\mathrm{i})$ 的幅值、有效值相量如图 2.1.6 所示。

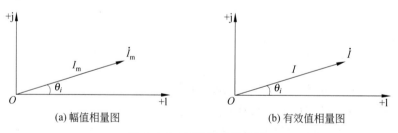

(a) 幅值相量图   (b) 有效值相量图

图 2.1.6 正弦量的相量图

注意:相量是代表正弦量的复数,描述了正弦量的幅值(r)和初相位(θ)2 个基本要素,未描述正弦量的频率要素,因此,相量不是正弦量。

如前所述,电力标准频率是固定不变的,因此,当使用相量分析工业交流电路时,其频率是固定不变且已知的,因此,相量与工业交流电路中的正弦量有一一对应关系,简要分析如下。

假定复数的幅角 $\theta_1 = \omega t + \theta$,则 A 就是一个复指数函数,即

---

① 虚数单位在数学上用 i 表示,在电工学中一般用 i 表示电流,所以改用 j 表示。

$$A = r\mathrm{e}^{\mathrm{j}\theta_1} = r\mathrm{e}^{\mathrm{j}(\omega t + \theta)} = r\cos(\omega t + \theta) + \mathrm{j}r\sin(\omega t + \theta)$$

对 A 取虚部,得

$$\mathrm{Im}[A] = r\sin(\omega t + \theta)$$

因此,正弦量可以用上述形式的复指数函数唯一描述,正弦量与其虚部对应。

例如正弦电流 $i = I_\mathrm{m}\sin(\omega t + \theta_i)$,它与复指数函数 $I_\mathrm{m}\mathrm{e}^{\mathrm{j}(\omega t + \theta_i)}$ 的虚部对应,即

$$i(t) = I_\mathrm{m}\sin(\omega t + \theta_i) = \mathrm{Im}[I_\mathrm{m}\mathrm{e}^{\mathrm{j}(\omega t + \theta_i)}] = \mathrm{Im}[I_\mathrm{m}\mathrm{e}^{\mathrm{j}\theta_i} \cdot \mathrm{e}^{\mathrm{j}\omega t}]$$

$$= \mathrm{Im}[\dot{I}_\mathrm{m}\mathrm{e}^{\mathrm{j}\omega t}] \tag{2.1.8}$$

式中

$$\dot{I}_\mathrm{m} = I_\mathrm{m}\mathrm{e}^{\mathrm{j}\theta_i} = I_\mathrm{m}\underline{/\theta_i} \tag{2.1.9}$$

$\dot{I}_\mathrm{m}$ 是一个复数,它与上述给定频率的正弦量有一一对应关系。这个用大写字母 I_m 上加小圆点的复数 $\dot{I}_\mathrm{m}$ 称为相量,以区别于幅值 I_m,也可区别于一般复数。

代表正弦电流的相量 $\dot{I}_\mathrm{m}$ 称为电流幅值相量(幅值为相量的模、初相为相量的幅角)。由于 $I = I_\mathrm{m}/\sqrt{2}$,故 $\dot{I} = I\underline{/\theta_i}$ 称为电流有效值相量(有效值为相量的模、初相为相量的幅角),常简称为电流相量。

正弦量与其相量之间的对应关系可直接表示为

$$I_\mathrm{m}\sin(\omega t + \theta_i) \Leftrightarrow I_\mathrm{m}\underline{/\theta_i}$$

2.1.4 相量的运算及其 MATLAB 求解方法

同频率的正弦量进行加、减,其结果仍为同一频率的正弦量,这些运算可转换为相应的相量运算。

设 $i_1 = I_\mathrm{m1}\sin(\omega t + \theta_1)$,$i_1$ 与其相量的关系为

$$i_1 \Leftrightarrow \dot{I}_\mathrm{m1}$$

又设 $i_2 = I_\mathrm{m2}\sin(\omega t + \theta_2)$,$i_2$ 与其相量的关系为

$$i_2 \Leftrightarrow \dot{I}_\mathrm{m2}$$

则两正弦电流的和为

$$i = i_1 + i_2 = \mathrm{Im}[\dot{I}_\mathrm{m1}\mathrm{e}^{\mathrm{j}\omega t}] + \mathrm{Im}[\dot{I}_\mathrm{m2}\mathrm{e}^{\mathrm{j}\omega t}] = \mathrm{Im}[(\dot{I}_\mathrm{m1} + \dot{I}_\mathrm{m2})\mathrm{e}^{\mathrm{j}\omega t}]$$

而

$$i = \mathrm{Im}[(\dot{I}_\mathrm{m})\mathrm{e}^{\mathrm{j}\omega t}]$$

i 与其相量的关系为

$$i \Leftrightarrow \dot{I}_\mathrm{m}$$

则

$$\dot{I}_\mathrm{m} = \dot{I}_\mathrm{m1} + \dot{I}_\mathrm{m2}$$

可见,正弦量的和的相量等于各正弦量的相量相加。

类似可得正弦量的差的相量等于各正弦量的相量相减,即

$$i = i_1 - i_2 \Leftrightarrow \dot{I}_m = \dot{I}_{m1} - \dot{I}_{m2}$$

说明:相量的加减不是简单的代数加减,而是对应复数的加减。

【例 2.1.2】 已知两个正弦量 $i_1 = 10\sqrt{2}\sin(10t + 150°)\text{A}$,$i_2 = 20\sqrt{2}\sin(10t - 60°)\text{A}$,试求 $i_1 + i_2$ 并画出相量图。

解法 1:复数运算法。

i_1 的有效值相量为

$$\dot{I}_1 = 10\underline{/150°}\,\text{A}$$

i_2 的有效值相量为 $\dot{I}_2 = 20\underline{/-60°}\,\text{A}$,则 $i_1 + i_2$ 对应的相量为

$$10\underline{/150°} + 20\underline{/-60°} = 10(-0.866 + \text{j}0.5) + 20(0.5 - \text{j}0.866)$$
$$= 1.34 - \text{j}12.32 = 12.39\underline{/-83.79°}\,\text{A}$$

所以

$$i_1 + i_2 = 12.39\sqrt{2}\sin(10t - 83.79°)\text{A}$$

其相量图如图 2.1.7 所示。

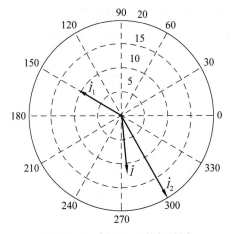

图 2.1.7 例 2.1.2 的相量图

解法 2:MATLAB 仿真求解法。

(1) 求 i_1、i_2 两个正弦量对应相量的输入。

i_1 的有效值相量为

$$\dot{I}_1 = 10\underline{/150°}\,\text{A}$$

i_2 的有效值相量为

$$\dot{I}_2 = 20\underline{/-60°}\,\text{A}$$

当然,MATLAB 不认识上述符号,因此,i_1、i_2 应写成指数形式,即

$$\dot{I}_1 = 10\text{e}^{\text{j}150°}, \quad \dot{I}_2 = 20\text{e}^{\text{j}(-60°)}$$

写成 MATLAB 语句如下：

```
i1 = 10 * exp(j *  150 * pi/180)
i2 = 20 * exp(j * ( - 60) * pi/180)
```

上面两条语句中，* 为乘法符号，i1、i2 为程序定义的两个变量，pi 为 MATLAB 系统定义的常量 π。exp 为指数函数，exp 函数括号中的参数为用弧度形式表示的相位角（必须用弧度形式表示）。

（2）求 $i_1 + i_2$ 并画出相量图。

实现程序如下：

```
i = i1 + i2    ;                                  % 实现相量加法
disp('    i1        i2        i') ;               % 打印最终结果的提示文字
disp('模值'),disp(abs([i1,i2,i]))     ;            % 显示 i1,i2,i 三个相量的模值
disp('相角'),disp(angle([i1,i2,i])/pi * 180) ;     % 显示 i1,i2,i 相量的相角
ha = compass([i1,i2,i])   ;                        % 绘制 i1,i2,i 的相量图
set(ha,'linewidth',3)    ;                         % 加粗相量图的线条
```

在上面的语句中，disp 为显示函数，abs 为求复数模值函数，angle 为求复数相角函数，angle([i1,i2,i])/pi * 180 的含义是求出复数相角并转换为角度形式。

（3）仿真求解。

启动 MATLAB，界面如图 2.1.8 所示。

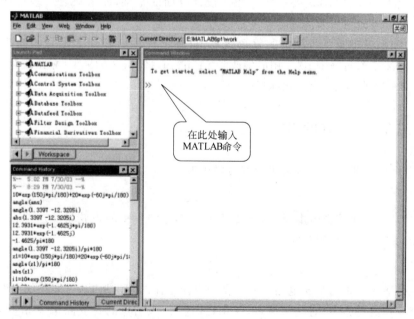

图 2.1.8 MATLAB 启动界面

若启动时界面与上图不一致，可选择 View->Desktop Layout->Default。

MATLAB 支持命令行、程序两种运行方式。可在命令窗口将上面介绍的八条语句输入命令行执行。也可将上面介绍的八条语句写成一个程序文件后直接执行，方法如下：

选择 File->New->M-file,将出现程序编辑窗口。将上面介绍的八条语句输入窗口中,选择 File->Save As,(如 L3_2_1,不可使用中文及 C 语言不支持的符号)并确认。

在程序编辑窗口选择 Debug->Run,若程序没有错误,将出现如图 2.1.7 所示相量图。可在命令窗口查看其运行过程,命令窗口内容如下:

```
i1 =
  -8.6603 + 5.0000i
i2 =
  10.0000 - 17.3205i
    i1        i2         i
模值
  10.0000   20.0000   12.3931
相角
150.0000  -60.0000  -83.7940
```

前四行为前两条语句运行结果。后五行为三条显示语句的运行结果。由命令窗口内容可写出

$$i = 12.39 \underline{/-83.79°}\,A$$

所以

$$i_1 + i_2 = 12.39\sqrt{2}\sin(10t - 83.79°)\,A$$

熟练应用 MATLAB 需要一定的程序设计方面的基础,如果缺乏这些基础,在实际调试程序时可能面临较大困难。

当然,如果只想做一些简单的复数运算,可在上述程序基础上做一些修改后运行。如想求习题 2.2.2,可将 i1、i2、i 相应地改为 u1、u2、u,将 i1、i2 的模值、相角改为题中的参数,将 i=i1+i2 改为 u=u1-u2 即可。

2.1.5　基尔霍夫定律的相量形式

基尔霍夫电流定律用方程表述为

$$\sum i = 0$$

在正弦交流电路中,各支路电流都是同频率的正弦量。这些正弦电流用其相量表示,得到相量形式为

$$\sum \dot{I} = 0$$

这就是适用于正弦交流电路中基尔霍夫电流定律的相量形式,可表述如下:

在正弦交流电路中,对任一结点,流出(或流入)该结点的各支路电流相量的代数和恒为零。

基尔霍夫电压定律用方程表述为

$$\sum u = 0$$

在正弦交流电路中,各支路电压都是同频率的正弦量。将这些正弦量用相量表示,

得到相量形式为

$$\sum \dot{U} = 0$$

这就是适用于正弦交流电路中基尔霍夫电压定律的相量形式。表述如下：在正弦交流电路中，沿任一回路各支路电压相量的代数和恒等于零。

思考与练习

2.1.1 求如图 2.1.9 所示周期电压的有效值，并指出其有效值与最大值的关系。

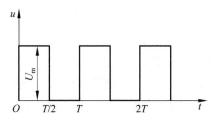

图 2.1.9 思考与练习 2.1.1 的图

2.1.2 下列几种情况，哪些可按相量进行加减运算？结果为何？

(1) $10\sin 100t + 5\sin(300t + 60°)$；

(2) $40\sin 1000t - 100\sin(1000t + 30°)$；

(3) $40\sin 314t - 10\sin(600t + 30°)$；

(4) $10\sin(1000t + 70°) + 5\cos(1000t - 70°)$。

2.1.3 已知几个同频率 $(f = 50\text{Hz})$ 的正弦量 $\dot{U} = 10\text{V}$，$\dot{I}_G = 1\text{A}$、$\dot{I}_C = \text{j}1.37\text{A}$、$\dot{I}_L = -\text{j}0.58\text{A}$，$\dot{I} = 0.127\underline{/38.3°}\ \text{A}$。(1) 分别写出各正弦量的表达式；(2) 作出电压、电流相量图。

2.1.4 已知一正弦电压的有效值为 10V，问写成 $U = 10\text{V}$，$\dot{U} = 10\text{V}$ 有什么区别？如果已知频率为 f，试写出后者随时间变化的三角函数式。

2.2 三种基本元件的定义及其交流特性

电阻元件、电容元件和电感元件是组成电路的三种基本无源电路元件。第 1 章介绍了直流电源激励下电阻电路的分析，本节介绍交流电源激励下三种基本元件的电压、电流、能量等基本电参数变化规律，理解三种基本电路元件的交流性质是分析各种具有不同参数的正弦交流电路的基础。

2.2.1 电阻元件

电阻元件如图 2.2.1 所示，文字符号 R，单位为欧[姆](Ω)，定义式如下：

$$u = Ri \tag{2.2.1}$$

电阻的倒数称为电导,用 G 表示,即

$$G = 1/R \tag{2.2.2}$$

电导的单位是西(S),R、G 都是电阻元件的参数。

当用电导时,欧姆定律可表示为

$$i = Gu \tag{2.2.3}$$

金属导体的电阻和它的几何尺寸、金属材料的导电性能有关,即

$$R = \rho \frac{l}{S} \tag{2.2.4}$$

式中,l 为导体长度,S 为导体的截面积,ρ 为电阻率。

电阻率反映了导体材料对电流的阻碍作用。电阻率的单位为欧·米($\Omega \cdot m$)。附录 A 中给出了几种常用导电材料的电阻率。例如铜在温度为 20℃时的电阻率 $\rho = 0.0169 \times 10^{-6}\Omega \cdot m$,表示截面积为 $1m^2$、长为 $1m$ 的铜导线在 20℃时的电阻为 $0.0169 \times 10^{-6}\Omega$。

电阻率的倒数称为电导率,用 σ 表示,σ 与 ρ 关系如下:

$$\sigma = 1/\rho$$

由电阻元件的定义式(2.2.1)可看出电阻元件的主要约束是电压和电流间的约束关系。电压和电流的单位是伏特(V)和安培(A),因此电阻元件特性称为伏安特性。在 $u\text{-}i$ 平面上,一个线性电阻元件的伏安关系是通过坐标原点的一条直线(如图 2.2.2 所示)。

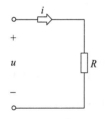
图 2.2.1 电阻元件

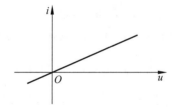
图 2.2.2 电阻元件的伏安特性

交流电源激励下电阻元件的伏安特性和直流电源激励下的伏安特性相近,消耗的功率为

$$p = ui = Ri^2 = u^2/R \tag{2.2.5}$$

如用电导 G 表示,电阻元件消耗的功率为

$$p = Gu^2 = i^2/G \tag{2.2.6}$$

电阻元件从 0 到 t 的时间吸收的电能为

$$W = \int_0^t Ri^2(\xi)d\xi \tag{2.2.7}$$

由式(2.2.7)可知,电阻元件吸收的电能与时间 t 紧密相关,t 越大,吸收的能量越多。

只要未被损坏,电阻元件可随时间的持续无限吸收能量,可见,电阻元件是一种耗能元件,通过把吸收的电能转换为其他的能量消耗掉了。

2.2.2 电容元件

1. 定义

如图 2.2.3 所示的电容元件(简称电容)是一个二端元件,任一时刻其所储电荷 q 和端电压 u 之间具有如下线性关系:

$$q = Cu \qquad (2.2.8)$$

式中,C 为电容元件的电容,它是电容元件的参数,电容的单位为法[拉](F)。由于法[拉]单位太大,工程上常采用微法(μF)或皮法(pF)。它们的关系为

$$1F = 10^6 \mu F, \quad 1\mu F = 10^6 pF$$

由于电荷和电压的单位是库[仑](C)和伏[特](V),因此,电容元件的特性称为库伏特性。电容元件的库伏特性是 q-u 平面上通过坐标原点的一条直线,如图 2.2.4 所示。直线的斜率为 C。库伏特性表明 q 与 u 的比值 C 是一个常数。

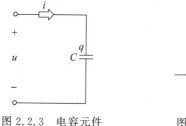

图 2.2.3　电容元件　　　　图 2.2.4　电容元件库伏特性

2. 伏安特性

虽然电容元件是按照库伏特性定义的,但应用中总是更为关心其伏安特性,由库伏特性,有

$$i = \frac{dq}{dt} = C\frac{du}{dt} \qquad (2.2.9)$$

式(2.2.9)表明,在任一时刻,电容元件的电流与电压的变化率呈正比。当 $\frac{du}{dt}$ 很大时,i 很大;$\frac{du}{dt}$ 很小时,i 很小,具有通高频(u 变化大,相应的电流也大,通过性能好)阻低频的电路性质。

当 $\frac{du}{dt}$ 为零(直流电压)时,i 为零,电容元件相当于开路,等于没接。可见,电容元件不是构成直流电路的基本电路元件。

3. 功率与能量

电容元件吸收的功率为

$$p = ui$$

电容元件吸收的电场能量是瞬时功率 p 在 $-\infty \sim t$ 时间的积分,即

$$W = \int_{-\infty}^{t} u(\xi)i(\xi)\mathrm{d}\xi = \int_{-\infty}^{t} u(\xi)\left[C\,\frac{\mathrm{d}u(\xi)}{\mathrm{d}\xi}\right] \cdot \mathrm{d}\xi$$

$$= C\int_{u(-\infty)}^{u(t)} u(\xi)\mathrm{d}u(\xi) = \frac{1}{2}Cu^2(t) - \frac{1}{2}Cu^2(-\infty)$$

电容元件吸收的能量以电场形式储存在元件的电场中。可以认为在 $t=-\infty$ 时,$u(-\infty)=0$,其电场能量必为零,则上式便可写为

$$W(t) = \frac{1}{2}Cu^2(t) \qquad (2.2.10)$$

由上式可知,电容元件吸收的电能与时间 t 并不直接相关,只与该时刻电容元件上的电压相关。

显然,电容上的电压是不可能无限增长的,因此,电容元件吸收的能量随时间的持续不可能无限增长,只能保持不变或变少。

可见,电容元件本身并不消耗能量,只是一种储能器件。电容元件在任一时刻的储能,只取决于该时刻电容元件的电压值,而与电容元件的电流值无关。

从时间 t_1 到 t_2,电容元件吸收的电能为

$$W = C\int_{u(t_1)}^{u(t_2)} u\,\mathrm{d}u = \frac{1}{2}Cu^2(t_2) - \frac{1}{2}Cu^2(t_1) = W(t_2) - W(t_1)$$

当电容元件充电时,$|u(t_2)| > |u(t_1)|$,$W(t_2)>W(t_1)$,故在这段时间内元件吸收能量;当电容元件放电时,$|u(t_2)| < |u(t_1)|$,$W(t_2)<W(t_1)$,在这段时间内元件释放能量。

2.2.3 电感元件

1. 定义

如图 2.2.5 所示的电感元件(简称电感)是线圈的理想化模型,是一个二端元件,任一时刻,其磁通链①ψ 与电流 i 之间具有如下线性关系:

$$\psi = Li \qquad (2.2.11)$$

式中,L 为电感元件的电感,它是电感元件的参数,电感的单位是亨[利](H)或毫亨[利](mH)。

由于磁通链和电流的单位是韦[伯](Wb)和安[培](A),因此,电感元件的特性称为韦安特性。电感元件的韦安特性是 ψ-i 平面上通过坐标原点的一条直线,如图 2.2.6 所示,直线的斜率为 L。

---

① 电感元件是线圈的理想化模型,一般由多匝线圈组成。磁通链是线圈各匝相链的磁通总和。

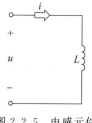

图 2.2.5　电感元件

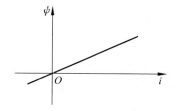

图 2.2.6　电感元件的韦安特性

2. 伏安特性

虽然电感元件是按照韦安特性定义的,但应用中总是更为关心其伏安特性。

当电流 i 随时间变化时,磁通链 ψ 也相应随时间变化,在电感元件中产生感应电压为

$$u = \frac{\mathrm{d}\Psi}{\mathrm{d}t}$$

代入电感元件定义式,则有

$$u = L\,\frac{\mathrm{d}i}{\mathrm{d}t} \tag{2.2.12}$$

式中,感应电压 u 和电流 i 取关联参考方向(如图 2.2.5 所示)。式(2.2.12)表明了在任一时刻,电感元件的感应电压与电流的变化率呈正比,具有通低频阻高频(i 变化大,相应的压降也大,电阻阻值大,通过性能差)的电路性质。

当 $\frac{\mathrm{d}i}{\mathrm{d}t}$ 很大时,u 很大;当 $\frac{\mathrm{d}i}{\mathrm{d}t}$ 很小时,u 很小;当 $\frac{\mathrm{d}i}{\mathrm{d}t}$ 为零(i 为直流电流情况时),u 为零,电感元件相当于短路,等于没接。

可见,电感元件也不是构成直流电路的基本电路元件。

3. 功率与能量

电感元件吸收的功率为

$$p = ui$$

电感元件吸收的磁场能量为其瞬时功率 p 对时间的积分,即

$$W = \int_{-\infty}^{t} u(\xi) i(\xi)\,\mathrm{d}\xi = \int_{-\infty}^{t} \left[L\,\frac{\mathrm{d}i(\xi)}{\mathrm{d}\xi} \right] i(\xi) \cdot \mathrm{d}\xi$$

$$= \int_{i(-\infty)}^{i(t)} L i(\xi)\,\mathrm{d}i(\xi) = \frac{1}{2} L i^2(t) - \frac{1}{2} L i^2(-\infty)$$

电感元件吸收的能量以磁场形式储存在元件的磁场中。可以认为在 $t = -\infty$ 时,$i(-\infty) = 0$,其磁场能量必为零,则上式便可写为

$$W(t) = \frac{1}{2} L i^2(t) \tag{2.2.13}$$

由式(2.2.13)可知,电感元件吸收的电能与时间 t 并不直接相关,只与该时刻电感元

件上的电流相关。

显然,电感元件上的电流是不可能无限增长的,因此,电感元件吸收的能量随时间的持续不可能无限增长,只能保持不变或变少。

可见,电感元件本身并不消耗能量,只是一种储能器件。电感元件在任一时刻的储能,只取决于该时刻电感元件上的电流值。

时间 $t_1 \sim t_2$ 电感元件吸收的磁能为

$$W = L \int_{i(t_1)}^{i(t_2)} i(\xi) \, \mathrm{d}i(\xi) = \frac{1}{2} Li^2(t_2) - \frac{1}{2} Li^2(t_1) = W(t_2) - W(t_1)$$

当电流 $|i|$ 增加时,$W(t_2) > W(t_1)$,故在这段时间内元件吸收能量;当电流 $|i|$ 减小时,$W(t_2) < W(t_1)$,元件释放能量。

三种基本元件的定义、电压电流关系及能量如表 2.2.1 所示。

表 2.2.1　三种基本元件的关系及能量

特征	元件		
	电阻元件	电容元件	电感元件
定义式	$R = u/i$	$C = q/u$	$L = \psi/i$
电压电流关系式	$u = Ri$ $i = Gu$	$i = C\dfrac{\mathrm{d}u}{\mathrm{d}t}$ $u = \dfrac{1}{C}\displaystyle\int_{-\infty}^{t} i(\xi)\mathrm{d}\xi$	$u = L\dfrac{\mathrm{d}i}{\mathrm{d}t}$ $i = \dfrac{1}{L}\displaystyle\int_{-\infty}^{t} u(\xi)\mathrm{d}\xi$
能量	$\displaystyle\int_{-\infty}^{t} Ri^2(\xi)\mathrm{d}\xi$	$\dfrac{1}{2}Cu^2$	$\dfrac{1}{2}Li^2$

由表 2.2.1 可以看出,电容元件与电感元件存在着对偶关系。在它们的电压电流关系式中,C 和 L、u 和 i 都是对偶元素;定义式中,q 和 ψ、u 和 i 也是对偶元素。

掌握了对偶关系后,如果导出了某一关系式,就等于解决了与它对偶的另一关系式,这将对在电路的分析计算时带来方便,得到"由此及彼"的效果。

思考与练习

2.2.1　一段直径为 0.2mm 的漆色铜线的电阻为 4Ω,如果改用一段直径为 0.8mm 的漆色铜线,线的长度相同,求导线的电阻。

2.2.2　试说明电容元件的电流为零时,其储能是否等于零。如果其电压为零,其储能是否也等于零?

2.2.3　已知电容元件的电压 $u = 10\sin\pi t$ V,$C = 2$F,试分别求 $t = 0$、0.25s、0.5s 时电容的电流和储存的电能。

2.2.4　已知一电感元件的电流 $i = 10\sin\pi t$ A,$L = 2$H,试分别求 $t = 0$、0.25s、0.5s

时电感的电压和储存的电能。

2.3 三种基本元件的能量模型

三种基本元件同频率的正弦电压电流关系的相量模型是分析计算正弦交流电路的基本依据,可用阻抗来描述。

阻抗的定义如下:

二端网络(或元件)上电压相量与电流相量之比,称为该网络(或元件)的阻抗,用大写字母 Z 表示。

2.3.1 电阻元件的相量模型

对于图 2.3.1 所示电阻元件,当有正弦电流 i 通过时,其电压 u 与电流 i 的关系式为

$$u = Ri$$

u 和 i 为同频率的两个正弦量,其相量形式为

$$\dot{U} = R \times \dot{I} \tag{2.3.1}$$

即

$$U\underline{/\theta_u} = RI\underline{/\theta_i}$$

所以

$$U = RI, \quad \theta_u = \theta_i$$

u 与 i 之间的相位差 $\varphi = \theta_u - \theta_i = 0$,表示电压 u 与电流 i 同相。

由阻抗的定义,电阻元件的阻抗为

$$Z_R = \frac{\dot{U}_m}{\dot{I}_m} = \frac{\dot{U}}{\dot{I}} = R \tag{2.3.2}$$

电阻元件相量模型如图 2.3.2 所示,电压、电流的相量图如图 2.3.3 所示。

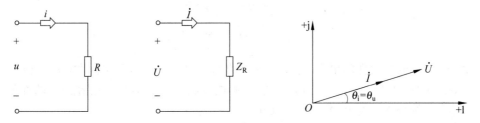

图 2.3.1 电阻元件　　图 2.3.2 电阻元件相量模型　　图 2.3.3 电阻元件的电压、电流相量

【例 2.3.1】 有一个 220V、48.4W 的白炽灯,求此白炽灯的电阻。若外加电压源为 $u = 220\sqrt{2}\sin(314t - 30°)\text{V}$,求其电流有效值。如保持电压值不变,改变电源频率,电流有何变化?

解：

(1) $R = U^2/P = 220^2/48.4 = 1000(\Omega)$。

(2) 电阻阻抗与频率无关，如保持电压值不变，则电流保持不变，有

$$I = U/R = 220/1000 = 0.22(A)$$

本例在 Multisim 中的仿真结果如图 2.3.4 所示。图中电源 V1 中右边的标注"pk"含义为峰值(有效值为 220V，峰值近似为 311V)，右边显示的数据为万用表的测量数据及设置。万用表等仪表测量的数据为有效值。

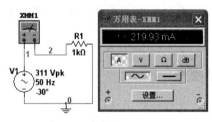

图 2.3.4 例 2.3.1 的仿真图

2.3.2 电容元件的相量模型

如图 2.3.5 所示电容元件，当外加正弦电压 u 时，其电流 i 为

$$i = C\frac{\mathrm{d}u}{\mathrm{d}t}$$

其相量形式为(正弦量的微分的相量等于对应相量乘以 $j\omega$)

$$\dot{I} = \mathrm{j}\omega C\dot{U} \quad \left(\text{或}\dot{U} = \frac{\dot{I}}{\mathrm{j}\omega C}\right) \qquad (2.3.3)$$

即(相量乘以 j 相位角正向旋转 90°)

$$I\underline{/\theta_i} = \omega CU\underline{/\theta_u + 90°}$$

所以

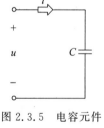

图 2.3.5 电容元件

$$I = \omega CU \quad \text{或} \quad \frac{U}{I} = \frac{1}{\omega C}$$

由此可知，电容元件的电压、电流有效值的比值为 $1/(\omega C)$，单位为欧(Ω)，当 U 一定时，$1/(\omega C)$ 越大，则电流越小；$1/(\omega C)$ 越小，则电流越大。它体现了电容元件的性质，故称为容抗，用符号 X_C 表示，$X_C = 1/(\omega C)$。

当 C 一定时，X_C 与 ω 呈反比，这表示高频电流容易通过电容元件；低频电流不容易通过电容元件；对直流($\omega = 0$)，$X_C \to \infty$，电容元件相当于开路。

由式(2.3.3)还可得出

$$\theta_i = \theta_u + 90°$$

u 与 i 的相位差 $\varphi = \theta_u - \theta_i = -90°$，表示在相位上，电容元件的电流超前电压 90°，或电压

滞后电流 90°。电容元件电压、电流的相量图如图 2.3.6 所示。

电容元件的阻抗为

$$Z_C = \dot{U}_m / \dot{I}_m = \dot{U} / \dot{I} = (U\underline{/\theta_u}) / (I\underline{/\theta_i}) = U/I\underline{/\theta_u - \theta_i}$$

$$= \frac{1}{\omega C}\underline{/-90°} = \frac{1}{j\omega C} = -j\frac{1}{\omega C} = -jX_C \tag{2.3.4}$$

电容元件的相量模型如图 2.3.7 所示。

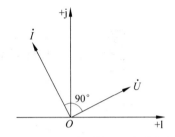

图 2.3.6　电容元件电压电流相量　　　　图 2.3.7　电容元件相量模型

【例 2.3.2】　一个电容元件的电容 $C = 1600\mu F$，接到有效值为 100V、初相位为 20° 的工频电压源上，求

（1）求电容元件的容抗。

（2）求电容电流 i。

（3）作出电压、电流的相量图。

（4）若保持电压值不变，将电源频率调高一倍，电容的电流及容抗有何变化？

解：

（1）写出电压源表达式及容抗。

$$u = 100\sqrt{2}\sin(314t + 20°)$$

$$\dot{U} = 100\underline{/20°}$$

$$Z = \frac{1}{\omega C}\underline{/-90°}$$

$$= \frac{1}{314 \times 1600 \times 10^{-6}}\underline{/-90°} \approx 2\underline{/-90°}$$

所以：$X_C = 1/(\omega C) = 2(\Omega)$

（2）求电流相量。

$$\dot{I} = \frac{\dot{U}}{Z} = \frac{100\underline{/20°}}{2\underline{/-90°}} = 50\underline{/110°}$$

由电流相量，可写出电流的表达式如下：

$$i = 50\sqrt{2}\sin(314t + 110°)$$

（3）作出电压、电流的相量图，如图 2.3.8 所示。

（4）保持电压值不变，将电源频率调高一倍，那么容抗将减少到原始值的一半，相应地,电容上的电流将增加一倍。

本例在 Multisim 中的仿真结果如图 2.3.9 所示。

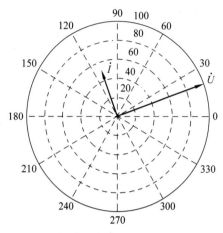

图 2.3.8　例 2.3.2 的相量图

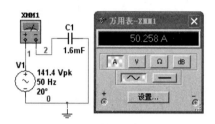

图 2.3.9　例 2.3.2 的仿真图

2.3.3　电感元件的相量模型

如图 2.3.10 所示电感元件,当正弦电流通过时,其正弦电压与电流的关系为

$$u = L \frac{\mathrm{d}i}{\mathrm{d}t}$$

其相量形式为

$$\dot{U} = \mathrm{j}\omega L \dot{I} \quad \left(或 \dot{I} = \frac{\dot{U}}{\mathrm{j}\omega L}\right) \qquad (2.3.5)$$

即

$$U\underline{/\theta_{\mathrm{u}}} = \omega L I \underline{/\theta_{\mathrm{i}} + 90°}$$

所以

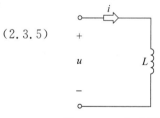

图 2.3.10　电感元件

$$U = \omega L I \quad 或 \quad \frac{U}{I} = \omega L$$

由此可知,电感元件电压和电流有效值的比值为 ωL,其单位为 Ω,当 U 一定时,ωL 越大,则 I 越小,它体现了电感元件阻碍交流电流的性质,故称为感抗,用符号 X_{L} 表示,$X_{\mathrm{L}} = \omega L$。当 L 一定时,X_{L} 与 ω 呈正比,表示高频电流不容易通过电感元件,低频电流容易通过电感元件。而对直流($\omega = 0$),$X_{\mathrm{L}} = 0$,电感元件相当于短路。

由式(2.3.5)还可得出

$$\theta_{\mathrm{u}} = \theta_{\mathrm{i}} + 90°$$

u 与 i 的相位差 $\varphi = \theta_{\mathrm{u}} - \theta_{\mathrm{i}} = 90°$,表示在相位上,电感元件的电压超前电流 $90°$,电压电流的相量图如图 2.3.11 所示。

电感元件的阻抗为

$$Z_{\mathrm{L}} = \frac{\dot{U}_{\mathrm{m}}}{\dot{I}_{\mathrm{m}}} = \frac{\dot{U}}{\dot{I}} = \frac{U}{I}\underline{/\theta_{\mathrm{u}} - \theta_{\mathrm{i}}} = \omega L\underline{/90^{\circ}} = \mathrm{j}\omega L = \mathrm{j}X_{\mathrm{L}} \qquad (2.3.6)$$

电感元件的相量模型,如图 2.3.12 所示。

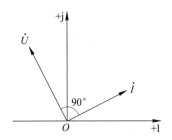
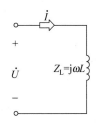

图 2.3.11　电感元件电压电流相量　　　　图 2.3.12　电感元件相量模型

【例 2.3.3】　一个电感元件的电感 $L = 8\mathrm{mH}$,接到有效值为 1V、初相位为 20° 的工频电压源上,求

(1) 求电感元件的感抗。

(2) 求电感电流 i。

(3) 作出电压、电流的相量图。

(4) 若保持电压值不变,将电源频率调高一倍,电感的电流及感抗有何变化?

解:

(1) 写出电压源相量及感抗。

$$u = \sqrt{2}\sin(314t + 20^{\circ})$$

$$\dot{U} = 1\underline{/20^{\circ}}$$

$$Z = \omega L\underline{/90^{\circ}} = 314 \times 8 \times 10^{-3}\underline{/90^{\circ}} \approx 2.5\underline{/90^{\circ}}$$

所以

$$X_{\mathrm{L}} = \omega L = 2.5\Omega$$

(2) 求电流相量。

$$\dot{I} = \frac{\dot{U}}{Z} = \frac{1\underline{/20^{\circ}}}{2.5\underline{/90^{\circ}}} = 0.4\underline{/-70^{\circ}}$$

由电流相量,可写出电流的表达式如下:

$$i = 0.4\sqrt{2}\sin(314t - 70^{\circ})$$

(3) 作出电压、电流的相量图,如图 2.3.13 所示。

(4) 保持电压值不变,将电源频率调高一倍,那么感抗将增加一倍,相应地,电感上的电流将减少到原始值的一半。

本例在 Multisim 中的仿真电路如图 2.3.14 所示。图中放置了一个安捷伦万用表,测量结果为"0.397827A"。

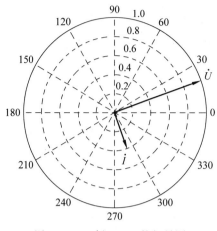

图 2.3.13 例 2.3.3 的相量图

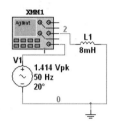

图 2.3.14 例 2.3.3 的仿真图

2.3.4 利用相量模型分析正弦交流电路

阻抗是电压相量与电流相量的比,数学上为复数的除法运算。两个复数相除的结果,大多数情况下也是复数。令

$$Z = R + jX$$

纯电阻的阻抗虚部为 0,只有实部有值,体现了对电流的阻碍作用。阻抗的实部 R 为"阻",反映了电阻元件对电流的阻碍特性。

纯电容或电感的阻抗实部为 0,只有虚部有值,体现了对电压或电流的抵抗作用。阻抗的虚部 X 为"抗",称为电抗,反映了电容、电感等对电压或电流变化的抵抗特性。如电感具有感应电流变化的性质,当电流发生变化时,产生感应电动势,抵消外电路的电动势,阻碍电流通过;又如电容具有容纳电荷的性质,当电压变化小时,利用器件本身的电动势抵消外电路的电动势,阻碍电流通过。

当正弦交流电路中的元件用其阻抗表示,元件的端电压、端电流等用相量表示时,这样的电路图称为正弦交流电路的相量模型。建立了正弦交流电路的相量模型以后,可利用直流电阻电路分析方法来分析正弦交流电路。即可通过合并串联、并联阻抗、戴维宁等效等手段来简化电路。三种基本元件的相量模型简表如表 2.3.1 所示。

显然,阻抗串联的等效阻抗等于各串联阻抗之和;阻抗并联的等效阻抗的倒数等于各并联阻抗倒数之和。由此可得出:

多个电容元件并联的等效电容值为多个电容元件的电容值的和。多个电容元件串联的等效电容值的倒数为多个电容元件的电容值倒数的和。多个电感元件的串并联关系与电阻元件类似。

表 2.3.1　三种基本元件的相量模型简表

特征	元件		
	电阻元件	电容元件	电感元件
阻抗	$Z_R = R$	$Z_C = \dfrac{1}{\mathrm{j}\omega C} = -\mathrm{j}X_C$	$Z_L = \mathrm{j}\omega L = \mathrm{j}X_L$
电压电流相位差	$\varphi = 0$	$\varphi = -90°$	$\varphi = 90°$
功率	$P = UI\cos\varphi = UI$ $Q = 0$	$Q = UI\sin\varphi = -X_C I^2$ $P = 0$	$Q = UI\sin\varphi = X_L I^2$ $P = 0$

【例 2.3.4】　如图 2.3.15 所示电路为电阻与电容元件组成的串联交流电路,试求 u_R 与 u_S 的相位差。

解:

用相量法解。

画出相量模型如图 2.3.16 所示,有

$$\dot{U}_S = U_S \underline{/\theta_u}$$

$$\dot{U}_R = \dot{U}_S \frac{R}{\dfrac{1}{\mathrm{j}\omega C} + R} = \frac{U_S \underline{/\theta_u} R}{\sqrt{R^2 + \left(\dfrac{1}{\omega C}\right)^2} \underline{\left/ -\arctan\left(\dfrac{1}{\omega C R}\right)\right.}}$$

$$= \frac{U_S R}{\sqrt{R^2 + \left(\dfrac{1}{\omega C}\right)^2}} \underline{\left/ \theta_u + \arctan\left(\dfrac{1}{\omega C R}\right)\right.} = U_R \underline{/\theta_R}$$

相位差

$$\varphi = \theta_R - \theta_u = \arctan\frac{1}{\omega R C}$$

由于 RC 为正实数,$0 < \dfrac{1}{\omega RC} < \infty$,故 $0 < \varphi < 90°$,u_R 超前 u_S 一个锐角,同时还可看出此电路实现了小于 $90°$ 的相移。

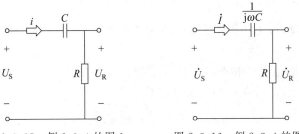

图 2.3.15　例 2.3.4 的图 1　　　　图 2.3.16　例 2.3.4 的图 2

【例 2.3.5】　电路如图 2.3.17 所示。已知 $Z_1 = 200 + \mathrm{j}1000\,\Omega$,$Z_2 = 500 + \mathrm{j}1500\,\Omega$,电

流 $\dot{I}_2$ 滞后外加电压源 $\dot{U}_S$90°,求阻抗 Z_3(假定 $Z_3 = R_3$)。

解:

先用结点电压法求出结点电压。由式(1.4.2),有

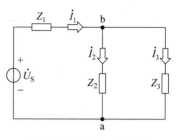

图 2.3.17 例 2.3.5 的图

$$\dot{U}_{ba} = \frac{\dfrac{\dot{U}_S}{Z_1}}{\dfrac{1}{Z_1} + \dfrac{1}{Z_2} + \dfrac{1}{Z_3}}$$

则电流

$$\dot{I}_2 = \frac{\dot{U}_{ba}}{Z_2} = \frac{\dot{U}_S}{Z_1 + Z_2 + \dfrac{Z_1 Z_2}{Z_3}} \quad \Rightarrow \quad Z' = Z_1 + Z_2 + \frac{Z_1 Z_2}{Z_3}$$

电流 $\dot{I}_2$ 滞后外加电压源 $\dot{U}_S$90°,Z' 的实部必然为零,即($Z_3 = R_3$)

$$R_1 + R_2 + \frac{R_1 R_2 - X_{L1} \times X_{L2}}{R_3} = 0$$

得

$$R_3 = \frac{X_{L1} \times X_{L2} - R_1 R_2}{R_1 + R_2} = \frac{1000 \times 1500 - 200 \times 500}{200 + 500} = 2000\Omega$$

由于实部为零,表示 $\dot{U}_S$ 与 $\dot{I}_2$ 正交,$|\varphi| = 90°$,Z' 的虚部表示式为

$$X_{L1} + X_{L2} + \frac{R_1 X_{L1} + R_2 X_{L2}}{R_3} > 0$$

表明电抗为正值,即 $\dot{I}_2$ 滞后 $\dot{U}_S$90°。

思考与练习

2.3.1 一个电容元件的电容 $C = 2000\mu F$,接到有效值为 2V、初相位为 20° 的工频电压源上。(1)求电容元件的容抗;(2)求电容电流 i;(3)求无功功率和平均储能。

2.3.2 已知 $L = 0.002H$ 的电感元件的电流 $i = 0.637\sin(1000t + 25°)$ A。(1)求电感元件的阻抗;(2)求电感电压相量 $\dot{U}$;(3)求电感元件的无功功率和平均储能。

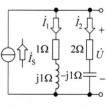

图 2.3.18 思考与练习 2.3.4 的图

2.3.3 一个电感元件和电容元件分别接到工频正弦电源时,电流都是 1A,已知 $L = 2H$,求电容 C。

2.3.4 求如图 2.3.18 所示电路的电流相量 $\dot{I}_1$、$\dot{I}_2$ 和电压相量 $\dot{U}$,假定 $\dot{I}_S = 5\underline{/0°}$A。

2.4 RLC 串联电路

理想的器件是不存在的,当然也不会存在理想的电阻、电容、电感。市场上的电阻元件只是其主要特性为电阻,在一般的应用条件下忽略了它的电感、电容特性而已。

任何电器设备严格来讲,总是同时具有电阻、电感、电容三种特性。当然,电感、电容不消耗能量,自然也不会对外做功。只有器件的电阻特性消耗能量,将能量转换为其他形式的能量并对外做功。如灯泡将电能转换为光能起照明作用,电动机将电能转换为机械能驱动马达转动等。对于复杂的电器设备,除电阻特性外,其电感或电容特性在大多数场合下也是不可完全忽略的,可利用 RLC 串联电路来建立电器设备的模型。

2.4.1 RLC 串联电路的初步认识

由电阻 R、电感 L 和电容 C 三个基本元件串联的电路便是 RLC 串联电路,是广泛应用的一类交流电路。

下面结合计算机仿真来初步认识 RLC 串联电路的交流特点。

Multisim 仿真分析包括建立电路的模型,定义输入、输出元件并设置输入元件参数,启动仿真功能,求出输出参数并分析三个步骤。

对交流电路进行仿真时,需要放置一个正弦电源并设置频率、幅值、初相位三个要素。当需要观察电路中流过的电流时,可放置一个万用表测量电流,一个参考实例如图 2.4.1 所示。

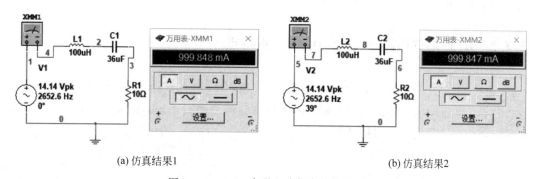

(a) 仿真结果1　　　　　　　　　　　　　　　　(b) 仿真结果2

图 2.4.1　RLC 串联电路仿真效果的图 1

在如图 2.4.1(a)所示仿真图中,正弦电源的电压有效值为 10V,电路中的电流近似为 1A,电阻上的压降近似为 10V,电源的效率得到了最大程度的利用。

调整电源的初相位为 39°,仿真结果如图 2.4.1(b)所示。仿真结果显示电路中的电流近似为 1A。可见,电源初相位的改变并不改变电源有效值,也不改变电路中其他元件的阻抗,因此,仿真结果没有变化。

将电源的初相位恢复为 0°,修改电感 L1 的值为 10mH,仿真结果如图 2.4.2(a)所示。仿真结果显示电路中的电流为 60.343mA。电阻 R1 上的压降近似为 0.6V,从器件的电阻特性角度,电源几乎没得到利用。

可得出对 RLC 串联电路的第 1 个初步认识:

合理选择电路参数,可使电源单纯为电阻元件服务,从而使电源的效率得到最大程度的利用。

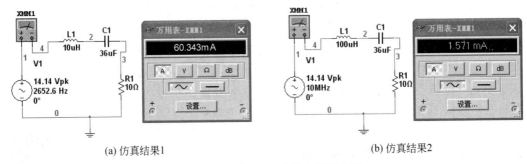

(a) 仿真结果1   (b) 仿真结果2

图 2.4.2   RLC 串联电路仿真效果的图 2

将电感 L1 的值恢复为 $100\mu H$。保持电源的峰值及初相位,修改电源的频率为 10MHz,仿真结果如图 2.4.2(b)所示。仿真结果显示电路中的电流为 1.571mA。尽管正弦电源的电压峰值也为 14.14V,但电路中的电流仅 1.571mA,电阻上只有 16mV 不到的压降,电源几乎未得到利用。

可得出对 RLC 串联电路的第 2 个初步认识:

对同一 RLC 串联电路,相同峰值、不同频率的电源工作效率是不同的。

理解上面的测试结果需要更多的电路基础知识,只有真正掌握了交流电路分析的理论基础,才能更好地设计、应用交流电路。

2.4.2   RLC 串联电路各元件的电压响应特点

设电流 $i=\sqrt{2}\,I\sin(\omega t+\theta_i)$,可利用相量模型求出 RLC 串联电路各元件的电压响应。如图 2.4.1 所示电路的相量模型如图 2.4.3 所示。

设电流 i 的相量为

$$\dot{I}=I\underline{/\theta_i}$$

由直流电阻电路理论,可知如图 2.4.3 所示电路的等效阻抗为

$$Z=Z_R+Z_L+Z_C=R+j\omega L-j\frac{1}{\omega C} \quad (2.4.1)$$

根据基尔霍夫电压定律,可求出电路总电压 u 的相量为

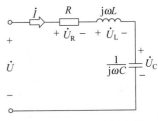

图 2.4.3   RLC 串联电路
的相量模型

$$\dot{U}=\dot{U}_R+\dot{U}_L+\dot{U}_C=R\dot{I}+j\omega L\dot{I}-j\frac{1}{\omega C}\dot{I}=Z\dot{I}$$

电阻元件的电压相量为

$$\dot{U}_R = Z_R \dot{I} = R\dot{I}$$

相应的时间函数式为

$$u_R = Ri = R\sqrt{2}\,I\sin(\omega t + \theta_i)$$

电感元件的电压相量为

$$\dot{U}_L = Z_L \dot{I} = j\omega L \dot{I} = (\omega L\,\underline{/90^\circ}) \times (I\,\underline{/\theta_i}) = \omega L I\,\underline{/\theta_i + 90^\circ}$$

其对应的时间函数式为

$$u_L = \omega L I \sqrt{2}\sin(\omega t + \theta_i + 90^\circ)$$

电容元件的电压相量为

$$\dot{U}_C = Z_C \dot{I} = \frac{1}{j\omega C}\dot{I} = \left(\frac{1}{\omega C}\,\underline{/-90^\circ}\right) \times I\,\underline{/\theta_i} = \frac{I}{\omega C}\,\underline{/\theta_i - 90^\circ}$$

其相应的时间函数式为

$$u_C = \frac{I}{\omega C}\sqrt{2}\sin(\omega t + \theta_i - 90^\circ)$$

RLC 串联电路的电压相量为

$$\dot{U} = \dot{U}_R + \dot{U}_L + \dot{U}_C = \left[R + j\left(\omega L - \frac{1}{\omega C}\right)\right]\dot{I}$$

$$= \sqrt{R^2 + \left(\omega L - \frac{1}{\omega C}\right)^2}\,I\,\underline{\bigg/\theta_i + \arctan\dfrac{\omega L - \dfrac{1}{\omega C}}{R}} \tag{2.4.2}$$

相应的时间函数式为

$$u = \sqrt{R^2 + \left(\omega L - \frac{1}{\omega C}\right)^2}\,I\sqrt{2}\sin\left(\omega t + \theta_i + \arctan\dfrac{\omega L - \dfrac{1}{\omega C}}{R}\right) \tag{2.4.3}$$

RLC 串联电路的电流及各电压相量图如图 2.4.4 所示。

为方便记忆,给出 RLC 串联电路的电压关系的结论:RLC 串联电路的电压相量 $\dot{U}$、$\dot{U}_R$、$\dot{U}_L + \dot{U}_C$ 三者之间组成一个直角三角形,称为电压三角形,具体如图 2.4.5 所示。

由式(2.4.1)可知,阻抗 Z 的实部为电阻 R,虚部为电抗 $X = X_L - X_C$,电抗为感抗与容抗的差。实部为"阻",虚部为"抗",阻抗体现了此串联交流电路的性质,表示了电路电压相量与电流相量之间的关系。

根据上述性质,在计算阻抗时,可分别求出电阻、感抗、容抗,从而直接写出电路的阻抗。

可写出 RLC 串联电路的阻抗相量:

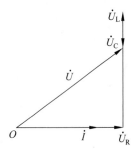

图 2.4.4 RCL 电路相量图

$$Z = \sqrt{R^2 + \left(\omega L - \frac{1}{\omega C}\right)^2} \left| \arctan \frac{\omega L - \dfrac{1}{\omega C}}{R} = | Z | \underline{/\varphi} \right.$$

由上式可见,阻抗的模 $|Z|$ 表示大小关系,阻抗的幅角 φ 表示相位关系。
阻抗的模

$$| Z | = \sqrt{R^2 + \left(\omega L - \frac{1}{\omega C}\right)^2} = \sqrt{R^2 + (X_L - X_C)^2} = \sqrt{R^2 + X^2}$$

为方便记忆,给出 RLC 串联电路的阻抗关系的结论:RLC 串联电路的阻抗的模 $|Z|$、电阻 R、电抗 X 三者之间的关系可用阻抗三角形表示,如图 2.4.6 所示。

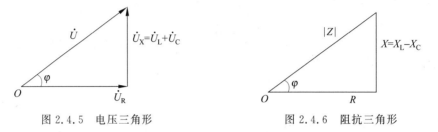

图 2.4.5　电压三角形　　　　　　　　　图 2.4.6　阻抗三角形

阻抗的幅角称为阻抗角,与电路性质有关。对感性电路,阻抗角 φ 为正。对容性电路,阻抗角 φ 为负。

【例 2.4.1】　某 RLC 串联电路的相量图如图 2.4.7 所示,求该 RLC 电路的阻抗角 φ 并说明电路的性质。

解: $\dot{U}_L + \dot{U}_C$ 的幅角为负值,因此,阻抗角 φ 为负,有

$$\varphi = -\arctan \frac{80}{60} = \underline{/-53.13°}$$

$\Phi < 0$,因此,该 RLC 电路为容性电路。

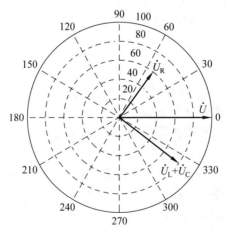

图 2.4.7　相量图

【**例 2.4.2**】 在由电阻、电感和电容元件所组成的串联电路中,已知 $R=7.5\Omega$, $L=6\text{mH}$, $C=5\mu\text{F}$,外加电压源电压 $u=100\sqrt{2}\sin 5000t\,\text{V}$。

(1) 求电流的有效值与瞬时值表示式。

(2) 求各元件上电压有效值与瞬时值表示式。

(3) 作出电压、电流的相量图。

解:

(1) 计算 RLC 串联电路的阻抗。

感抗

$$X_L=\omega L=5000\times 6\times 10^{-3}=30\Omega$$

容抗

$$X_C=\frac{1}{\omega C}=\frac{1}{5000\times 5\times 10^{-6}}=40\Omega$$

电抗

$$X=X_L-X_C=30-40=-10\Omega$$

电路阻抗

$$Z=R+\text{j}X=7.5-\text{j}10=12.5\underline{/-53.13°}$$

(2) 计算有效值与瞬时值。

外加电压源电压有效值相量

$$\dot{U}=100\underline{/0°}\,\text{V}$$

电流有效值相量

$$\dot{I}=\dot{U}/Z=100\underline{/0°}/12.5\underline{/-53.13°}=8\underline{/53.13°}\,\text{A}$$

所以,电流的有效值

$$I=8\text{A}$$

电流瞬时值

$$i=8\sqrt{2}\sin(5000t+53.13°)\text{A}$$

(3) 求各元件电压有效值相量。

电阻电压有效值相量

$$\dot{U}_R=R\dot{I}=7.5\times 8\underline{/53.13°}=60\underline{/53.13°}\,\text{V}$$

电感电压有效值相量

$$\dot{U}_L=\text{j}X_L\dot{I}=\text{j}30\times 8\underline{/53.13°}=240\underline{/143.13°}$$

电容电压有效值相量

$$\dot{U}_C=-\text{j}X_C\dot{I}=-\text{j}40\times 8\underline{/53.13°}=320\underline{/-36.87°}$$

各元件电压的有效值、瞬时值分别为

$$U_R=60\text{V},\quad u_R=60\sqrt{2}\sin(5000t+53.13°)\text{V}$$

$$U_L=240\text{V},\quad u_L=240\sqrt{2}\sin(5000t+143.13°)\text{V}$$

$$U_C = 320\text{V}, \quad u_C = 320\sqrt{2}\sin(5000t - 36.87°)\text{V}$$

(4) 作出 $\dot{U}$、$\dot{U}_R$、$\dot{U}_L + \dot{U}_C$ 的相量图,如图 2.4.7 所示。可知,它们构成一个直角三角形。

本例的仿真结果如图 2.4.8 所示。

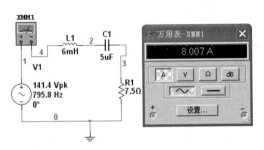

图 2.4.8　例 2.4.2 的仿真图

2.4.3　RLC 串联电路中的功率分析

电路的功率等于电压乘以电流。对直流电路而言,电压、电流的大小和方向均不随时间发生变化,其功率

$$P = UI$$

对交流电路而言,其中电压、电流的大小和方向均随时间发生变化,因此,电路某一时刻的功率总是随时间发生变化的,称为瞬时功率:

$$p(t) = u(t)i(t)$$

正弦交流电路中电压、电流按照正弦规律发生变化,其有效值恒定,因此,瞬时功率的平均值(平均功率)是恒定的。

可通过如图 2.4.9 所示的 RLC 串联电路仿真图来进一步理解平均功率。

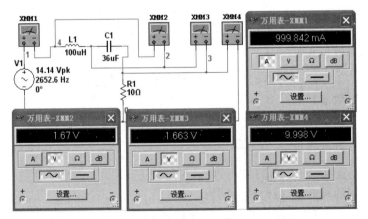

图 2.4.9　RLC 串联交流电路中的电压、电流有效值的图 1

在如图 2.4.9 所示 RLC 串联电路仿真图中,电源 V1 的有效值为 10V,电流有效值近似为 1A(XMM1 读数),产生的平均功率近似为 10W。

电阻吸收的平均功率也近似为 10W。电感、电容表面上吸收的平均功率近似为 1.7W。

按照功率平衡的理论,电源应该产生接近 13.4W 的功率才平衡,为什么仅仅产生了 10W 的功率呢?

根据三种基本元件的交流特性,电感、电容不消耗能量,只是将从电源中获得的能量以电压或电流形式储存起来,而不会将从电源中获得的能量转换成动能驱动机械设备或转换为光能照明。可见,电感、电容吸收的功率并不对外做功,称为无功功率,用 Q 表示,单位为乏(var)[①],含义为二端网络与外部交换能量的最大速率,定义式如下:

$$Q = UI\sin\varphi \tag{2.4.4}$$

式中,φ 为电压与电流的相位差,值为 $-90°\sim 90°$。

显然,无功功率有正有负。

电阻元件吸收的功率将转换成动能驱动机械设备、转换为光能照明或转换成其他形式的能量对外做功,称为有功功率,用 P 表示,定义如下:

$$P = UI\cos\varphi \tag{2.4.5}$$

显然,有功功率恒为正(纯电感、电容电路除外)。

在如图 2.4.9 所示 RLC 串联电路中,电感的无功功率近似为 1.7W,电容的无功功率近似为 $-1.7W$,电路稳定时,二者相互交换能量并维持稳定,电源产生的功率几乎全部为电阻吸收,电路设计较合理。

必须指出的是,电感、电容的初始能量来自电源,当稳定后二者相互间能量交换不能维持相互间的稳定时,则依旧需要分享电源的功率来维持自身的稳定,从而导致电路中的电阻元件得不到所需要的功率,参考实例如图 2.4.10 所示。

电源 V1 表面上的功率为 10×1.571mW,电感上无功功率为 9.998×1.571mW,电阻吸收的平均功率仅有 0.00157×1.571mW。

可见,在如图 2.4.10 所示 RLC 串联交流电路中,电源产生功率的能力只有不到千分之二为电阻所用,几乎全部的功率容量都被电感占用。

在电工电子技术中,将正弦交流电路的端电压与端电流有效值的乘积称为视在功率,用于表示交流电气设备的容量,用大写字母 S 表示,单位是伏安(VA),即

$$S = UI \tag{2.4.6}$$

视在功率 S、有功功率 P 与无功功率 Q 之间的关系为

$$S = \sqrt{P^2 + Q^2} \tag{2.4.7}$$

可见,S、P 与 Q 三者之间的关系也可用直角三角形表示,称为功率三角形,如图 2.4.11 所示。

---

① 最新标准将有功功率、无功功率单位统一用 W(瓦)表示,为使读者能读懂传统电工书籍,此处沿用传统单位乏(var)。

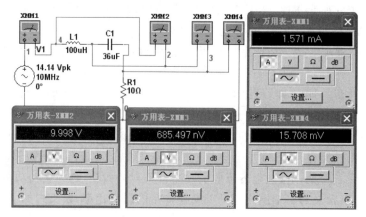

图 2.4.10　RLC 串联交流电路中的电压、电流有效值的图 2

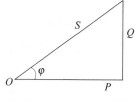

图 2.4.11　功率三角形

必须指出的是,如图 2.4.10 所示 RLC 串联交流电路中,稳定时电源 V1 并没有产生 10×1.571mW 的功率,电路吸收的平均功率仅为电阻吸收的平均功率 0.00157×1.571mW。

可见,视在功率不是电路吸收的平均功率,只是一个假想的功率。

当然,式(2.4.4)、式(2.4.5)定义的无功功率、有功功率可从正弦量的定义出发结合三角函数运算规则推导求出,具体请参考相关书籍。

注意:无功功率是客观存在的,对主要以输出功率对外做功的电器设备而言,设备占用的无功功率造成了电力资源的浪费,应尽可能地避免。

【例 2.4.3】　某 RLC 串联电路的相量图如图 2.4.7 所示,电流 i 的有效值为 8A,求该电路的有功功率及无功功率。

解:由例 2.4.1,有

$$\varphi = \underline{/-53.13°}$$

电路的平均功率

$$P = UI\cos\varphi = 100 \times 8 \times \cos(-53.13°) = 480\text{W}$$

电路的无功功率

$$Q = UI\sin\varphi = 100 \times 8 \times \sin(-53.13°) = -640\text{var}$$

也可根据功率的性质求解:

有功功率为电阻元件消耗的功率,$\dot{U}_{\text{R}}$ 幅值为 60,有

$$P = 60 \times 8 = 480\text{W}$$

无功功率为电容、电感元件占用的功率,$\dot{U}_{\text{L}} + \dot{U}_{\text{C}}$ 幅值为 80V,幅角为负,有

$$Q = -80 \times 8 = -640\text{var}$$

2.4.4　RLC 串联电路的应用

当 RLC 串联电路中的 C 为无穷大时,RLC 串联电路演变为 RL 串联电路;当 RLC 串联电路中的 L 为 0 时,RLC 串联电路演变为 RC 串联电路,可引用 RLC 串联电路的结论求解 RL、RC 串联电路。

【例 2.4.4】 如图 2.4.12 所示电路中,$R = 11\mathrm{k}\Omega$,$f = 1000\mathrm{Hz}$,欲使 u_2 滞后 u_1 $30°$,求电容 C 的值。

解:

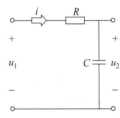

设电流 i 的相量 $\dot{I} = I\underline{/\theta_i}$,由式 (2.4.2)($L = 0$),有

$$\dot{U}_1 = \sqrt{R^2 + \left(\frac{1}{\omega C}\right)^2}\, I\,\underline{\bigg/\theta_i - \arctan\frac{1}{\omega RC}}$$

$$\dot{U}_2 = \frac{I}{\omega C}\underline{/\theta_i - 90°}$$

图 2.4.12　例 2.4.4 的图

u_2 滞后 u_1 $30°$,有

$$\arctan\frac{1}{\omega RC} = 60°$$

所以

$$C = \frac{1}{\omega R \times \tan 60°} = 0.0084\mu\mathrm{F}$$

2.4.5　交流电路的频率特性

在电力系统中,电源频率一般是固定的,这与前面几节所讨论的正弦交流电路是一致的。在电子技术及控制系统中,常需研究电路在不同频率信号激励下响应随频率变化的情况,研究响应与频率的关系,把电路响应与频率的关系称为电路的频率特性或频率响应。

对电容、电感元件而言,当激励频率改变时,其电抗值(容抗、感抗)将随着改变。RC、RL 电路接相同幅值、不同频率的输入信号(激励)时,将产生不同幅值的输出信号(响应)。可见,RC、RL 电路具有让某一频带内的信号容易通过,而不需要的其他频率的信号不容易通过的特点,具有这样特点的电路称为滤波器。

滤波器通常可分为低通、高通、带通等多种。就 RC 滤波器而言,有 RC 串联、并联和混联组成的各种滤波器。RL 滤波器的组成也有不同联接方式。

电容具有通高频、阻低频的性质。如图 2.4.13 所示 RC 串联电路,低频信号经过该滤波器时,电容 C 具有很高的电抗,输出 u_2 幅值大,信号的衰减小;高频信号经过该滤波器时,电容 C 的电抗小,u_2 幅值小,信号的衰减大。因此,该 RC 串联电路为低通滤波器。

电感具有通低频、阻高频的性质。如图 2.4.14 所示 RL 串联电路,低频信号经过该滤波器时,电感 L 具有很低的电抗,输出 u_2 幅值小,信号的衰减大;高频信号经过该滤波器时,电感 L 的电抗大,u_2 幅值大,信号的衰减小。因此,该 RL 串联电路为高通滤波器。

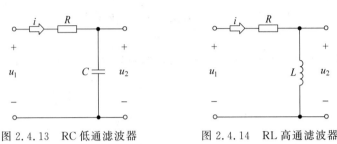

图 2.4.13　RC 低通滤波器　　　　图 2.4.14　RL 高通滤波器

常用传递函数来描述如图 2.4.13、图 2.4.14 所示滤波器的频率特性。如图 2.4.15 所示 RC 串联电路,输入 $U_1(j\omega)$、输出 $U_2(j\omega)$ 均为频率的函数,把电路的输出电压与输入电压的比值称为电路的传递函数或转移函数,用 $T(j\omega)$ 表示,是一个复数,有

$$T(j\omega) = \frac{U_2(j\omega)}{U_1(j\omega)} = \frac{\frac{1}{j\omega C}}{R + \frac{1}{j\omega C}} = \frac{1}{1 + j\omega RC} = \frac{1}{\sqrt{1 + (\omega RC)^2}} \underline{/-\arctan(\omega RC)}$$

$$= |T(j\omega)| \underline{/\varphi(\omega)} \tag{2.4.8}$$

式中,$|T(j\omega)| = \dfrac{1}{\sqrt{1 + (\omega RC)^2}}$ 是传递函数的幅值,称为幅频特性函数,是角频率 ω 的函数;$\varphi(\omega) = -\arctan(\omega RC)$,为传递函数的幅角,称为相频特性函数,也是角频率 ω 的函数。

由式(2.4.8)可作出电路的幅频特性曲线和相频特性曲线。

分析 $|T(j\omega)|$,可知:

当 $\omega = 0$(直流)时,$|T(j\omega)| = 1$;

当 $\omega \to \infty$ 时,$|T(j\omega)| \to 0$;

当 $\omega = \omega_0 = \dfrac{1}{RC}$ 时,$|T(j\omega)| = \dfrac{1}{\sqrt{2}} = 0.707$。

如果计算出其他若干 ω 的 $|T(j\omega)|$ 值,便可得幅频特性如图 2.4.16(a)所示。这一特性表明,对同样大小的输入电压来说,频率越高,输出电压就越小。

在直流时,输出电压最大,恰等于输入电压。因此,低频正弦信号要比高频正弦信号更容易通过这一电路,这一电路称为 RC 低通滤波器。

分析 $\varphi(\omega)$,可知:

当 $\omega = 0$(直流)时,$\varphi(\omega) = 0$;

当 $\omega \to \infty$ 时,$\varphi(\omega) \to -\dfrac{\pi}{2}$;

当 $\omega=\omega_0=\dfrac{1}{RC}$ 时，$\varphi(\omega)=-\dfrac{\pi}{4}$。

如果计算出其他若干 ω 的 $\varphi(\omega)$ 值，便可得出相频特性如图 2.4.16(b)所示。这一特性表明，随着 ω 由 0 向 ∞ 趋近，$\varphi(\omega)$ 单调地趋向于 $-\dfrac{\pi}{2}$，$\varphi(\omega)$ 总为负，输出电压总是滞后于输入电压。其滞后角为 $0\sim\dfrac{\pi}{2}$，具体数值取决于 ω，从相频特性来看，这一电路称为滞后网络。

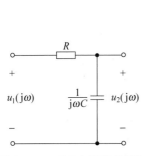

图 2.4.15　RC 电路相量模型

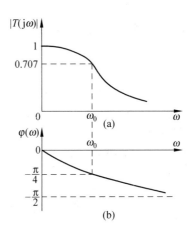

(a)

(b)

图 2.4.16　RC 低通幅频、相频特性

当 $\omega=\omega_0=\dfrac{1}{RC}$ 时，$|T(\mathrm{j}\omega)|=\dfrac{1}{\sqrt{2}}$，即输出电压降低到输入电压的 $\dfrac{1}{\sqrt{2}}$。由于功率与电压的平方呈正比，功率为原始值的一半，因此，ω_0 称为半功率点角频率(也称为截止角频率)。角频率从 0 到 ω_0 的范围称为 RC 低通滤波器的通频带。

可参考上面的分析方法，利用传递函数进一步分析如图 2.4.14 所示 RL 高通滤波器电路。限于篇幅，关于滤波器的更多知识，请参考相关图书。

2.4.6　RLC 串联电路中的谐振问题

由三种基本元件组成串联电路时，电路可能呈感性(或容性)，还可能呈电阻性。如图 2.4.9 所示 RLC 串联电路中，电流的有效值等于电源 V1 的有效值除以电阻的值，为纯电阻电路。此时，电路的阻抗角为零，即阻抗的虚部为零，端电压与端电流同相，称为谐振。

【例 2.4.5】 请分析如图 2.4.9 所示 RLC 串联电路中是否发生了谐振。

解：

电路的仿真结果已验证该电路发生的谐振现象。理论验证如下：

串联谐振的条件是阻抗的虚部为零，感抗与容抗相等。由此可求出 RLC 串联电路

发生谐振时的角频率 ω_0,有

$$X_{L0}(\omega_0 L) = X_{C0}\left(\frac{1}{\omega_0 C}\right) \Rightarrow \omega_0 = \frac{1}{\sqrt{LC}} \tag{2.4.9}$$

用频率 f_0 表示,有

$$f_0 = \frac{1}{2\pi\sqrt{LC}} \tag{2.4.10}$$

$$f_0 = \frac{1}{2\pi\sqrt{100\times10^{-6}\times36\times10^{-6}}} = \frac{10^{-6}}{120\pi} = 2652.6\,\text{Hz}$$

电源 V1 的频率等于电路的谐振频率,电路发生了谐振。

由式(2.4.10)可知,谐振角频率 ω_0(或谐振频率 f_0)仅取决于电路的电感和电容,为电路的固有角频率(或固有频率),改变电路中的 L 或 C 都可以改变电路的固有频率。可见,谐振特性是 RLC 串联电路的固有特性。

为了利用谐振现象,以线圈和电容器组成的 RLC 串联电路称为 RLC 串联谐振电路,具有以下特点:

(1) 谐振时电路的阻抗最小,电压一定时,电流最大。

谐振时电路的阻抗为

$$Z(\text{j}\omega_0) = Z_0 = R + \text{j}\left(\omega_0 L - \frac{1}{\omega_0 C}\right) = R$$

最大电流

$$\dot{I}_0 = \frac{\dot{U}}{Z_0} = U\underline{/\theta_u}/R = I\underline{/\theta_u}$$

(2) 谐振时电感电压 U_{L0} 等于电容电压 U_{C0},可能大大超过电压 U。解释如下:

谐振时的感抗等于容抗,引入特性阻抗 ρ,有

$$\rho = \omega_0 L = \frac{1}{\omega_0 C} = \sqrt{\frac{\omega_0 L}{\omega_0 C}} = \sqrt{\frac{L}{C}} \tag{2.4.11}$$

谐振时的电感、电容上的电压分别为

$$\left.\begin{array}{l} U_{L0} = \omega_0 L I_0 = \dfrac{\rho}{R}U = QU \\[3mm] U_{C0} = \dfrac{1}{\omega_0 C}I_0 = \dfrac{\rho}{R}U = QU \end{array}\right\} \tag{2.4.12}$$

式中,符号 Q 为谐振时电感电压或电容电压与电源电压的比值,称为串联谐振电路的品质因数,有

$$Q = \frac{U_{L0}}{U} = \frac{U_{C0}}{U} = \frac{\omega_0 L}{R} = \frac{1}{\omega_0 CR} = \frac{1}{R}\sqrt{\frac{L}{C}} = \frac{\rho}{R} \tag{2.4.13}$$

由于 ρ 可能远大于 R,所以,Q 可能远大于1(实际谐振电路的 Q 值是远大于1的),故 $U_{L0} = U_{C0}$,可能远大于 U,因此,串联谐振也称为电压谐振。

【例 2.4.6】 已知 RLC 串联电路中 $R=10\,\Omega$,$L=10\,\text{mH}$,$C=400\,\text{pF}$,电源电压的有

效值 $U=10\text{V}$。(1)求电路的谐振角频率;(2)求谐振时电流、电压的有效值 I、U_{L0}、U_{C0}。

(1) 由式(2.4.10),有

$$\omega_0 = \frac{1}{\sqrt{LC}} = \frac{1}{\sqrt{10 \times 10^{-3} \times 400 \times 10^{-12}}} = 500 \times 10^3 \text{rad/s}$$

(2) 由式(2.4.13)可求电路的品质因数,即

$$Q = \frac{\rho}{R} = \sqrt{\frac{L}{C}} \cdot \frac{1}{R} = \sqrt{\frac{10 \times 10^{-3}}{400 \times 10^{-12}}} \times \frac{1}{10} = 500$$

(3) 求电流、电压的有效值,即

$$I = \frac{U}{R} = \frac{10}{10} = 1\text{A}, \quad U_{L0} = U_{C0} = QU = 500 \times 10 = 5000\text{V}$$

谐振现象在电子技术等领域得到广泛应用,在无线电技术和通信工程中,利用串联电路的谐振,可使微弱的输入信号在电容上产生比输入电压大得多的电压。在电力工程中,则应避免发生或接近发生串联谐振现象,防止出现过压,以免造成元件的损坏。

思考与练习

2.4.1 RLC 串联交流电路的总电压为 u,当 $L>C$ 时,u 超前于电路电流 i;当 $L<C$ 时,u 滞后于 i。这种说法对不对?

2.4.2 已知一电感线圈的参数为 R 和 L。已知 $R=30\Omega$,$L=127\text{mH}$,接在频率为 50Hz 的电压源上。求电路的感抗,并求电压与电流之间的相位差。

2.4.3 根据电抗的频率关系说明如图 2.4.17 所示 RC 串联电路是高通滤波器。

2.4.4 求如图 2.4.18 所示电路的传递函数并作出电路的频率特性曲线。

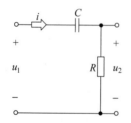

图 2.4.17 思考与练习 2.4.3 的图　　图 2.4.18 思考与练习 2.4.4 的图

2.5 基本元件并联的正弦交流电路

由电阻、电容和电感元件组成的并联交流电路如图 2.5.1 所示。

设输入电压 $u=\sqrt{2}U\sin(\omega t + \theta_u)$,可利用相量模型求出各电流。

为分析方便,引入导纳。所谓导纳是指电路的电流相量与电压相量之比,用符号 Y 表示,单位为西门子(S)。显然,导纳为阻抗的导数。由基本元件的阻抗可写出它们的导

纳如下:

电阻的导纳为

$$Y_{\mathrm{G}} = \frac{1}{R} = G$$

电容的导纳为

$$Y_{\mathrm{C}} = \mathrm{j}\omega C$$

电感的导纳为

$$Y_{\mathrm{L}} = \frac{1}{\mathrm{j}\omega L}$$

如图 2.5.1 所示电路的相量模型如图 2.5.2 所示(图中参数为基本元件的导纳)。

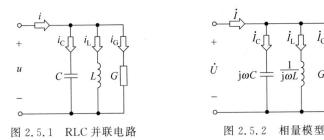

图 2.5.1　RLC 并联电路　　　　图 2.5.2　相量模型

由基尔霍夫电流定律,有

$$\dot{I} = \dot{I}_{\mathrm{G}} + \dot{I}_{\mathrm{C}} + \dot{I}_{\mathrm{L}} = G\dot{U} + \mathrm{j}\omega C\dot{U} + \frac{1}{\mathrm{j}\omega L}\dot{U}$$

$$= \left[G + \mathrm{j}\left(\omega C - \frac{1}{\omega L} \right) \right] \dot{U} \tag{2.5.1}$$

由式(2.5.1)可求出电路的导纳。

$$Y = \frac{\dot{I}_{\mathrm{m}}}{\dot{U}_{\mathrm{m}}} = \frac{\dot{I}}{\dot{U}} = G + \mathrm{j}\omega C + \frac{1}{\mathrm{j}\omega L} = Y_{\mathrm{G}} + Y_{\mathrm{C}} + Y_{\mathrm{L}} \tag{2.5.2}$$

由式(2.5.2)可得出如下结论:

并联电路的总导纳等于各支路导纳的和。

由相量模型,电阻元件的电流相量及电流的时间函数式为

$$\dot{I}_{\mathrm{G}} = Y_{\mathrm{G}}\dot{U} = G\dot{U}$$

所以

$$i_{\mathrm{G}} = GU\sqrt{2}\sin(\omega t + \theta_{\mathrm{u}})$$

电容元件的电流相量及电流的时间函数式为

$$\dot{I}_{\mathrm{C}} = Y_{\mathrm{C}}\dot{U} = \mathrm{j}\omega C\dot{U} = \omega CU \underline{/\theta_{\mathrm{u}} + 90°}$$

$$i_{\mathrm{C}} = \omega CU\sqrt{2}\sin(\omega t + \theta_{\mathrm{u}} + 90°)$$

电感元件的电流相量及电流的时间函数式分别为

$$\dot{I}_L = Y_L \dot{U} = \frac{\dot{U}}{j\omega L} = \frac{U}{\omega L} \underline{/\theta_u - 90°}$$

$$i_L = \frac{U}{\omega L}\sqrt{2}\sin(\omega t + \theta_u - 90°)$$

端电流相量为

$$\dot{I} = \dot{I}_G + \dot{I}_C + \dot{I}_L = Y\dot{U} = (Y_G + Y_C + Y_L)\dot{U} = \left[G + j\left(\omega C - \frac{1}{\omega L}\right)\right]\dot{U}$$

$$= \sqrt{G^2 + \left(\omega C - \frac{1}{\omega L}\right)^2}\, U \underline{/\theta_u + \arctan\dfrac{\omega C - \dfrac{1}{\omega L}}{G}}$$

$$= |Y|U\underline{/\theta_u + \varphi'}$$

式中，导纳的模、辐角分别为

$$\begin{cases} |Y| = \sqrt{G^2 + \left(\omega C - \dfrac{1}{\omega L}\right)^2} \\ \varphi' = \arctan\dfrac{\omega C - \dfrac{1}{\omega L}}{G} \end{cases} \qquad (2.5.3)$$

由端电流相量可写出其时间函数式

$$i = |Y|U\sqrt{2}\sin(\omega t + \theta_u + \varphi')$$

显然，端电流的有效值为$|Y|U$，初相位为$\theta_u + \varphi'$。

RLC 并联交流电路电压、电流相量图（设电路是容性）如图 2.5.3 所示。图中选电压为参考相量。$\dot{I}$、$\dot{I}_G$、$\dot{I}_C + \dot{I}_L$ 三者组成一个电流三角形（直角三角形），如图 2.5.4 所示。

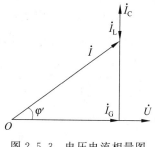

图 2.5.3 电压电流相量图

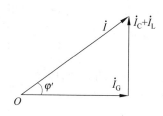

图 2.5.4 电流三角形

RLC 并联电路的导纳还可写为

$$Y = G + j\left(\omega C - \frac{1}{\omega L}\right) = G + j(B_C - B_L) \qquad (2.5.4)$$

式中，B_C 称为电容元件的电纳，简称容纳，$B_C = \omega C$；B_L 称为电感元件的电纳，简称感纳，$B_L = \dfrac{1}{\omega L}$。

可见,导纳的实部为电导 G,虚部为电纳 $B=B_C-B_L$,电纳为容纳与感纳之差。实部为"导",虚部为"纳",导纳体现了并联交流电路的性质,表示电路的电流相量与电压相量之间的关系,导纳的模表示了大小关系,导纳的角 φ' 表示了相位关系。

根据上述性质,在计算导纳时,可分别求出电纳、感纳、容纳,从而直接写出电路的导纳(参见例 2.5.1)。

由式(2.5.3)知,导纳的模可用电导与电纳表示,即

$$|Y|=\sqrt{G^2+\left(\omega C-\frac{1}{\omega L}\right)^2}=\sqrt{G^2+(B_C-B_L)^2}=\sqrt{G^2+B^2}$$

可知,$|Y|$、G 与 B 三者之间可用导纳三角形表示,如图 2.5.5 所示。

同一 RLC 并联电路既可用导纳表示电路的性质,也可以用阻抗表示该电路的性质。据阻抗的定义

$$Z=\frac{\dot{U}}{\dot{I}}=\frac{1}{\dfrac{\dot{I}}{\dot{U}}}=\frac{1}{Y}$$

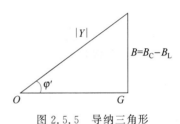

图 2.5.5 导纳三角形

即

$$ZY=1$$
$$|Z|\times|Y|\underline{/\varphi+\varphi'}=1$$

可得导纳角:$\varphi'=-\varphi$。

下面直接给出 RLC 并联电路在正弦激励下的功率表达式:

$$P=UI\cos\varphi=UI\cos(-\varphi')$$
$$Q=UI\sin\varphi=UI\sin(-\varphi')$$
$$S=UI$$

【例 2.5.1】 在电阻、电容与电感元件组成的并联电路中,已知 $R=10\Omega$,$C=12\mu F$,$L=20mH$,电路的端电流 $I=0.56A$,外加电压源的角频率 $\omega=5000rad/s$。(1)求端电压相量;(2)求各元件电流相量;(3)求电路的平均功率和无功功率。

解:

(1) 先计算电路的导纳,即

电导为

$$G=\frac{1}{R}=\frac{1}{10}=0.1\text{S}$$

容纳为

$$B_C=\omega C=5000\times12\times10^{-6}=0.06\text{S}$$

感纳为

$$B_L=\frac{1}{\omega L}=\frac{1}{5000\times20\times10^{-3}}=0.01\text{S}$$

所以,电路的导纳为

$$Y = G + j(B_C - B_L)$$
$$= 0.1 + j(0.06 - 0.01) = 0.1 + j0.05 = 0.112 \underline{/26.57°} S$$

所以,端电压相量为

$$\dot{U} = \frac{\dot{I}}{Y} = 0.56 \underline{/0°} / 0.112 \underline{/26.57°} = 5 \underline{/-26.57°} V$$

(2) 电阻元件的电流相量为

$$\dot{I}_G = G\dot{U} = 0.1 \times 5 \underline{/-26.57°} = 0.5 \underline{/-26.57°} A$$

电容元件的电流相量为

$$\dot{I}_C = jB_C\dot{U} = j0.06 \times 5 \underline{/-26.57°} = 0.3 \underline{/63.43°} A$$

电感元件的电流相量为

$$\dot{I}_L = -jB_L\dot{U} = -j0.01 \times 5 \underline{/-26.57°} = 0.05 \underline{/-116.57°} A$$

作出 $\dot{I}$、$\dot{I}_G$、$\dot{I}_C + \dot{I}_L$ 相量图,如图 2.5.6 所示。可知,它们构成直角三角形。

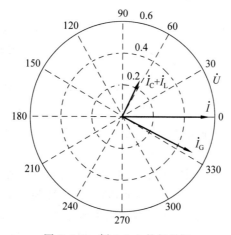

图 2.5.6 例 2.5.1 的相量图

(3) 电路的平均功率为

$$P = UI\cos\varphi = UI\cos(-\varphi') = 5 \times 0.56 \times \cos(-26.57°) = 2.5W$$

电路的无功功率为

$$Q = UI\sin\varphi = UI\sin(-\varphi') = 5 \times 0.56 \times \sin(-26.57°) = -1.25W$$

思考与练习

2.5.1 已知 10Ω 的电阻、$127\mathrm{mH}$ 的电感与 $160\mu F$ 的电容元件并联,设电路的工作频率为 $50\mathrm{Hz}$,求该电路的等效导纳,并说明其性质。

2.5.2 解答下列各题。

(1) 已知 $\dot{I} = 18 - j24A$,$\dot{U} = 4 + j3V$,求 Y。

（2）已知 $\dot{I}=5\sin(\omega t+30°)\text{A},Y=2.5+\text{j}4.33\text{S}$，求 u。

2.5.3　求下列情况下的负载的导纳，并说明电路的性质。已知负载的电压、电流相量分别为：（1）$\dot{U}=220\underline{/120°}\text{V},\dot{I}=11\underline{/30°}\text{A}$；（2）$\dot{U}=10\underline{/-57°}\text{V},\dot{I}=4\underline{/-20°}\text{A}$。

2.5.4　RC 串联电路中，已知 $R=120\Omega,C=10\mu\text{F}$，电路的工作频率为 50Hz，试求并联等效电路的电阻值和电容值。

2.6　功率因数的提高

平均功率与视在功率的比值称为功率因数，用符号 λ 表示，即

$$\lambda=\frac{P}{S}=\frac{UI\cos\varphi}{UI}=\cos\varphi \tag{2.6.1}$$

式中，φ 为阻抗角，又称为功率因数角。

功率因数角反映了电路的性质。电路呈感性，$\varphi>0$；电路呈容性，$\varphi<0$；纯电抗电路，$|\varphi|=90°$；纯电阻电路，$\varphi=0$。

功率因数等于阻抗角的余弦，功率因数 λ 总为正值，因此，在标明电器设备功率因数时习惯上还注明设备的电路性质或电压电流相位关系。如电路呈感性时功率因数为 0.6，写为 $\lambda=0.6$（感性或电压超前电流）。

实际电力电路中，作为动力的异步电动机是感性负载，功率因数为 $0.7\sim0.85$，日光灯电路的功率因数为 $0.3\sim0.5$，感应加热装置的功率因数也小于 1。这表明感性负载从电源吸收的能量中有一部分是交换（因为功率因数不等于 1）而不是消耗的。功率因数越低，交换部分所占比例越大。

视在功率表示电气设备的额定容量。例如一台发电机的容量为 75000kVA，若功率因数为 1，发电机输出有功功率为 75000kW，若功率因数为 0.7，则发电机输出有功功率为 $75000\times0.7=52500\text{kW}$。可见，当负载的功率因数为 0.7 时，电源设备输出功率的能力没被完全利用。因此，为了充分利用电源设备容量，应尽量提高功率因数。

此外，提高功率因数还能减少输电线路的损失。因为发电厂在一定的电压 U 向负载输送一定的有功功率 P 时，负载的功率因数 λ 越高，通过输电线的电流 $I(I=P/u\lambda)$ 就越小，导线电阻的能量损耗和导线阻抗的电压越小。可见，提高功率因数对国民经济的发展有极其重要的意义。

提高功率因数的常用方法就是与感性负载并联电容器。在保证感性负载获得的有功功率不变情况下，减小与电源相接的电路的阻抗角（即功率因数角），从而提高功率因数。

【例 2.6.1】　图 2.6.1 所示电路外加电源电压 $U=380\text{V},f=50\text{Hz}$。感性负载吸收的功率 $P=20\text{kW}$，功率因数 $\lambda=0.6$，为将功率因数提高到 0.9，求负载两端并联的电容器的值。

解：

方法一　通过求无功功率求解。

（1）求并联电容器后电路总无功功率。

由于

$$I = \frac{P}{U \times 0.9} = \frac{20 \times 10^3}{380 \times 0.9} = 58.48\text{A}$$

$$\varphi = \arccos 0.9 = 25.84°$$

故得

$$Q = 380 \times 58.48 \times \sin 25.84° = 9.69\text{kvar}$$

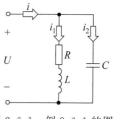

图 2.6.1 例 2.6.1 的图 1

（2）求电感的无功功率。

由于

$$I_1 = \frac{P}{U\lambda} = \frac{20 \times 10^3}{380 \times 0.6} = 87.7\text{A}$$

$$\varphi_1 = \arccos\lambda = \arccos 0.6 = 53.1°$$

故得

$$Q_\text{L} = UI\sin\varphi_1 = 380 \times 87.7 \times \sin 53.1° = 26.65\text{kvar}$$

所以，电容的无功功率为

$$Q_\text{C} = Q - Q_\text{L} = (9.69 - 26.65) \times 10^3 = -16.96\text{kvar}$$

所需并联电容值为

$$C = \frac{Q_\text{C}}{-\omega U^2} = \frac{-16.96}{-314 \times 380^2} = 374\mu\text{F}$$

方法二 相量法。

设 $\dot{U}$ 为参考相量，$\dot{U} = 380\underline{/0°}$。

（1）求 $\dot{I}$。

$$I = \frac{P}{U \times 0.9} = \frac{20 \times 10^3}{380 \times 0.9} = 58.48\text{A}$$

$$\varphi = \arccos 0.9 = 25.84°$$

电路为感性负载，电压超前电流，所以

$$\dot{I} = 58.48\underline{/-25.84°}$$

（2）求 $\dot{I}_1$。

$$I_1 = \frac{P}{U\lambda} = \frac{20 \times 10^3}{380 \times 0.6} = 87.7\text{A}$$

$$\varphi_1 = \arccos\lambda = \arccos 0.6 = 53.1°$$

所以

$$\dot{I}_1 = 87.7\underline{/-53.1°}$$

（3）求 $\dot{I}_2$。

$$\dot{I}_2 = \dot{I} - \dot{I}_1 = 58.48\underline{/-25.84°} - 87.7\underline{/-53.1°} = 44.64\underline{/90°}$$

所以，$I_2 = 44.64\text{A}$。故可得并联电容值为

$$C = \frac{I_2}{\omega U} = \frac{44.64}{314 \times 380} = 374 \mu F$$

各电流相量如图 2.6.2 所示。

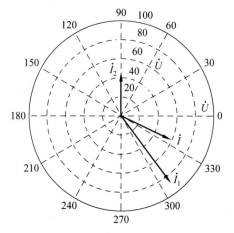

图 2.6.2　例 2.6.2 的图 2

方法三　通用计算公式。

可推导出本例的通用计算公式。

$$\dot{I}_2 = \dot{I} - \dot{I}_1$$

电容为纯容性,所以

$$I_2 = I \sin\theta - I_1 \sin\theta_1 = I \sin(-\varphi) - I_1 \sin(-\varphi_1) = I_1 \sin\varphi_1 - I \sin\varphi \quad (2.6.2)$$

式中,θ 为电流的初相位,φ 为电压与电流的相位差。

电容为储能元件,不消耗功率,有功功率为 0,所以,有

$$UI_1 \cos\varphi_1 = UI \cos\varphi = P$$

将式(2.6.2)两边乘以 U,并用有功功率 P 表示,有

$$UI_2 \sin(90°) = UI_1 \sin\varphi_1 - UI \sin\varphi$$

即

$$UI_2 = UI_1 \sin\varphi_1 - UI \sin\varphi = P \frac{\sin\varphi_1}{\cos\varphi_1} - P \frac{\sin\varphi}{\cos\varphi} = P(\tan\varphi_1 - \tan\varphi)$$

又

$$I_2 = \omega C U$$

故得

$$C = \frac{P}{\omega U^2}(\tan\varphi_1 - \tan\varphi) \quad (2.6.3)$$

所以

$$C = \frac{20 \times 10^3}{314 \times 380^2}(\tan 53.1° - \tan 25.84°) \approx 374 \mu F$$

思考与练习

2.6.1 已知一用电设备的 $|Z|=70.7\Omega$，$R=50\Omega$，求该设备的功率因数。

2.6.2 已知一感性负载的功率因数为 0.5，若用同样的感性负载与它并联时，其总功率因数是多大？若用电阻与它并联，总功率因数是增大还是减小？

习题

2.1 填空题

1. 正弦交流电路的激励信号为随时间按正弦规律变化的电压或电流，称为_____，统称为_____。对任一正弦量，当其_____（或_____）、_____（或_____）和_____确定以后，该正弦量就能完全确定下来。

2. 正弦量在整个振荡过程中达到的最大值称为_____，正弦量任一时刻的值称为_____。_____、_____都不能确切反映它们在电路转换能量方面的效应，因此工程中通常采用_____表示周期量的大小。其含义为将一个_____在_____作用于电阻产生的热量换算为热效应与之相等的直流量，以衡量和比较周期量的效应，这一直流量的大小就称为周期量的_____，用_____表示。如不加说明，交流电气设备铭牌上所标的电压值、电流值一般皆指其_____。

3. 正弦量随时间变化的角度 $\omega t+\theta$ 称为正弦量的_____，$t=0$ 时正弦量的相位，称为_____。当_____为正时，表示正弦量的零值出现在计时起点_____；当初相位为负时，表示正弦量的零值出现在起始时刻_____。

4. 常用_____来描述两个同频率正弦量的区别。同频率的两个正弦量的_____等于它们的_____，用文字符号_____表示。同频率两个正弦量的相位差等于它们的_____，是一个与_____无关的常数。

5. 线性交流电路中的激励与响应都是_____的正弦量，因此，每个电路的全部稳态响应都是_____的正弦量，只有_____与_____是未知的。而一个正弦量的_____和_____可用_____同时表示，这个代表正弦量的_____，有一个特殊的名字，称为_____。_____不是_____，但对于给定频率的_____，_____与这个_____有一一对应关系。

6. 电容元件是一个_____元件，任一时刻其所储电荷 q 和端电压 u 之间满足_____的约束关系。虽然电容元件是按照_____特性定义的，但应用中总是更为关心其_____特性。在任一时刻，电容元件的电流与电压的_____成正比，具有通高频_____的作用。

7. _____是一个二端元件，任一时刻，其磁通链 ψ 与电流 i 之间满足_____的约束关系。虽然_____是按照_____定义的，但应用中总是更为关心其_____。

在任一时刻,电感元件的_____呈正比,具有_____的作用。

8. 二端网络(或元件)上_____与_____之比,称为该网络(或元件)的_____。当正弦交流电路中的元件用其_____表示,元件的端电压、端电流用_____表示时,这样的电路图称为正弦交流电路的_____。建立了正弦交流电路的_____以后,可利用_____来分析正弦交流电路。

9. _____用于表示交流电气设备的容量,不是电路吸收的_____,是一个_____的功率。二端网络的_____为二端网络与外部交换能量的_____。相对于_____,平均功率又称为_____、_____、_____与_____之间的关系可用一_____表示,称为_____。

10. 在具有电感和电容的不含独立源的电路中,在一定条件下,形成端电压与端电流同相的现象,称为_____。RLC 串联电路发生_____时电路的_____最小,_____等于_____,可能大大超过_____。把谐振时_____或_____与_____的比值,称为串联谐振电路的_____。可利用串联电路的_____,可使微弱的输入信号在电容上产生比输入电压大得多的电压。

11. _____等于阻抗角的余弦,总为_____。为了充分利用电源设备容量,减少输电线路的损失,应尽量_____功率因数,常用方法是与_____并联电容器。

12. 在电力系统中,电源频率一般是_____。在电子技术及控制系统中,常需研究电路在不同频率信号激励下响应随频率变化的情况,把电路响应与频率的关系称为电路的_____或_____。可用电路的_____来表征电路的频率特性,含义为电路的输出电压与输入电压的_____。

2.2 分析计算题(基础部分)

1. 试求下列各正弦波的幅值、有效值、周期、角频率、频率与初相位。
(1) $i_1=10\sin314t\,\text{A}$;(2) $i_2=5\cos(5t+27°)\,\text{A}$;

(3) $i_3=10\sin2\pi t\,\text{A}$;(4) $i_4=\sin\left(2t+\dfrac{3}{4}\pi\right)+\cos\left(2t+\dfrac{\pi}{3}\right)\text{A}$。

2. 分别求出下列各组正弦量的相位差,并指出它们之间相位的关系。

(1) $u_1=4\sin(1000t+60°)\,\text{V}$,$u_2=5\sin\left(1000t+\dfrac{\pi}{3}\right)\text{V}$;

(2) $u_1=-10\sin(1000t-120°)\,\text{V}$,$u_2=5\sin(1000t-30°)\,\text{V}$;

(3) $i_1=10\sin(1000t+135°)\,\text{A}$,$i_2=5\sin(100t-30°)\,\text{A}$;

(4) $i_1=10\sin(1000t+135°)\,\text{A}$,$i_2=15\sin(1000t+30°)\,\text{A}$。

3. 下列各正弦量的表达式中,哪些对?哪些不对?

(1) $\dot{I}=10\underline{/40°}\,\text{A}$;(2) $I=6\text{A}$;(3) $I=5e^{j30°}\text{A}$;

(4) $i=10\sin\pi t\,\text{A}$;(5) $i=4-j5\text{A}$;

(6) $u=U_m\sin(\omega t+\theta)=U_m e^{j\omega t}$;(7) $\dot{I}=5e^{30°}\text{A}$;

(8) $\dot{I}=\sqrt{2}\sin(\omega t-45°)$;(9) $I=\sin10t$。

4. 如图 2.1 所示为正弦交流电路中的一个结点。已知 $\dot{I}_1=8+j2A$，$\dot{I}_2=4+j2A$，$\dot{I}_3=-6-j6A$，求电流有效值相量 $\dot{I}$ 和电流 i。

5. 如图 2.2 所示为正弦交流电路中的一个回路。已知 $\dot{U}_1=10\underline{/-120°}V$，$\dot{U}_2=4+j\sqrt{3}V$，求电压有效值相量 $\dot{U}$ 和电压 u。

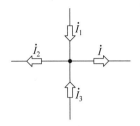

图 2.1　习题 2.2.4 的图

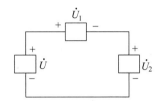

图 2.2　习题 2.2.5 的图

6. 已知 $\dot{I}=8+j6A$，$f=50Hz$，写出正弦量 i 的表达式、画出相量图和波形图。如果 i 的参考方向选得相反，其表示式、相量图和波形图如何改变？

7. 已知一正弦电压的有效值为 220V，频率为 50Hz，初相位为零。

（1）写出正弦电压时间函数表示式。

（2）分别计算 $t=T/6$、$T/4$、$T/2$ 时电压的值。

8. 电流 i 的波形如图 2.3 所示，写出其用 sin 函数形式和 cos 函数形式的瞬时值表示式。

9. 已知 $u_1=100\sin100\pi t\,V$，若同频率的正弦电压 u_2 超前 u 的时间为 2ms，其幅值为 u_1 的 2 倍，试写出正弦电压 u_2 的表示式。

10. 将下列各正弦量表示成有效值相量，并画出相量图。

（1）$u_1=220\sqrt{2}\sin\left(100\pi t+\dfrac{3\pi}{4}\right)V$，$u_2=110\sin100\pi t\,V$；

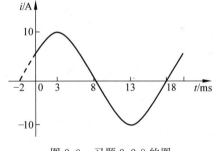

图 2.3　习题 2.2.8 的图

（2）$i_1=5\sin(314t-15°)A$，$i_2=10\sin\left(314t+\dfrac{\pi}{4}\right)A$。

11. 已知正弦量的有效值相量 $\dot{I}_1=16+j12A$，$\dot{I}_2=5\underline{/60°}A$，试分别用三角函数式、波形图和相量图表示。

12. 已知 $u_1=10\sqrt{2}\sin(10t+60°)V$，$u_2=20\sqrt{2}\sin(10t-150°)V$。写出 u_1、u_2 的相量并画出相量图。求出它们的相位差。

13. 已知 $u_1=10\sqrt{2}\sin100\pi t\,V$，$u_2=15\sqrt{2}\sin(100\pi t-120°)V$，$u_3=12\sqrt{2}\sin(100\pi t$

$+120°)$V,试求:(1)$\dot{U}_2+\dot{U}_3$;(2)$\dot{U}_3-\dot{U}_1$;(3)$\dot{U}_1+\dot{U}_2+\dot{U}_3$;(4)$\dot{U}_1-\dot{U}_2-\dot{U}_3$。并画出相量图。

14. 在下列阻抗表示式中,哪些对,哪些不对。

(1) 电阻元件 $Z=R\underline{/0°}$,$Z=R\underline{/10°}$,$Z=R\underline{/-10°}$,$Z=jR$;

(2) 电容元件 $Z=j\omega C$,$Z=\dfrac{1}{j\omega C}$,$Z=\dfrac{1}{\omega C}$,$Z=\omega C$;

(3) 电感元件 $Z=\omega L$,$Z=\dfrac{1}{j\omega L}$,$Z=\omega L\underline{/90°}$,$Z=j\omega L$。

15. 流过 $100\mu F$ 电容元件的电流 $i=\sqrt{2}\sin(100t-30°)A$。(1)求电容元件的阻抗 Z;(2)电容元件的电压 u。

16. 已知电感元件的电流 $i=10\sqrt{2}\sin314t\,A$,$L=50mH$。(1)求电感元件的阻抗;(2)求电感元件的电压 u;(3)分别计算 $t=T/6$、$T/4$、$T/2$ 时电感元件电流和电压的值。

17. 已知 5Ω 电阻元件的电压为 $220\sqrt{2}\sin(314t-120°)V$。(1)求元件的阻抗;(2)求元件的电流 i;(3)画出元件电压、电流的相量图;(4)求元件吸收的平均功率与瞬时功率。

18. 已知电容元件的电压 $u=20\sin314t\,V$,$C=1200\mu F$。(1)求电容元件的阻抗;(2)求电容元件的电流 i;(3)画出电容元件的电压、电流相量图;(4)求电容元件吸收的有功功率和无功功率。

19. 已知电感元件的电压 $u=20\sin314t\,V$,$L=20mH$。(1)求元件的阻抗;(2)求元件的电流 i;(3)画出元件的电压、电流相量图;(4)求元件的有功功率与无功功率。

20. 已知 RLC 串联交流电路的 $R=10\Omega$,$X_L=17.32\Omega$,$X_C=7.32\Omega$,电压 u 的有效值 $U=220V$。(1)求电路的阻抗;(2)求电流的有效值;(3)求电压 u 与电流之间的相位差。

21. RL 串联电路中,已知 $i=5\sqrt{2}\sin(10^6 t+30°)A$,$R=40\Omega$,$L=30\mu H$。(1)求电路的阻抗;(2)求电路端电压的有效值;(3)求电路吸收的有功功率和无功功率。

22. 已知 RC 串联电路的电阻为 3Ω,容抗为 4Ω,电路端电压有效值为 $10V$。试求电流、电压有效值 I、U_R 和 U_C。

23. 指出在 RL 串联交流电路中,下列各式哪些对,哪些不对。

(1) $Z=L$;(2) $Z=\sqrt{R^2+(\omega L)^2}\underline{/-\arctan(\omega L/R)}$;

(3) $Z=\dfrac{U_m\sin(\omega t+\theta_u)}{I_m\sin(\omega t+\theta_i)}$;(4) $Z=\sqrt{R^2+(\omega L)^2}\underline{/\arctan(\omega L/R)}$。

24. 指出在 RC 串联交流电路中,下列各式哪些对,哪些不对。

(1) $Z=R+\dfrac{1}{\omega C}$;(2) $Z=R-j\omega C$;(3) $Z=R-j\dfrac{1}{\omega C}$;

(4) $R+jX_C=\dfrac{\dot{U}}{\dot{I}}$;(5) $R-jX_C=\dfrac{\dot{U}}{\dot{I}}$。

25.指出在 RLC 串联交流电路中,下列各式哪些对,哪些不对。

(1) $Z = R + \mathrm{j}(\omega L - \omega C)$; (2) $Z = R + \mathrm{j}\left(\omega L + \dfrac{1}{\omega C}\right)$;

(3) $Z = R + \mathrm{j}\left(\omega L - \dfrac{1}{\omega C}\right)$; (4) $|Z| = \sqrt{(\omega L)^2 - \left(\dfrac{1}{\omega C}\right)^2}$。

2.3 分析计算题(提高部分)

1. 求如图 2.4 所示各电路中电压表 V 的读数。

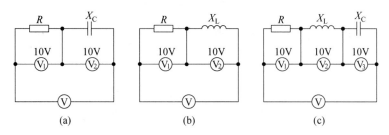

图 2.4 习题 2.3.1 的图

2. 如图 2.5 所示电路中 $\dot{I}_{\mathrm{S}} = 10\underline{/0^\circ}\mathrm{A}$,求电压相量 $\dot{U}$,并作电流、电压的相量图。

3. 在如图 2.6 所示电路中,电路的工作频率 $f = 50\mathrm{Hz}$,电流表读数为 1A,各电压表读数 100V,求 R、L 和 C 的值。

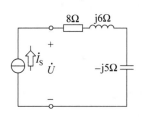

图 2.5 习题 2.3.2 的图

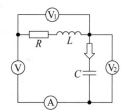

图 2.6 习题 2.3.3 的图

4. 求如图 2.7 所示电路中的电压相量 $\dot{U}$,并画出电压、电流的相量图。图中,$\dot{I}_{\mathrm{S}} = 4\underline{/0^\circ}\mathrm{A}$。

5. 求如图 2.8 所示电路中电流表 A 的读数,图中 A_1、A_2、A_3 的读数分别为 8A、16A、10A。

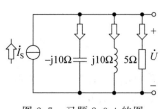

图 2.7 习题 2.3.4 的图

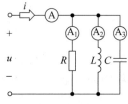

图 2.8 习题 2.3.5 的图

6. 求如图 2.9 所示各电路中电流表 A 的读数。

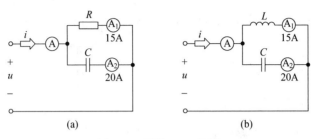

图 2.9　习题 2.3 6 的图

7. 图 2.10 各图中,电流表 A_1、A_2 的读数都为 10A,试分别求各电路中电流表 A 的读数。

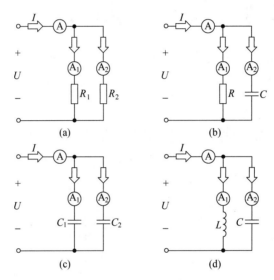

图 2.10　习题 2.3 7 的图

8. 求如图 2.11 所示电路的输入阻抗 Z_{ab}。

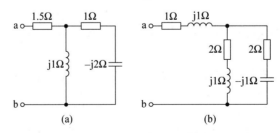

图 2.11　习题 2.3 8 的图

9. 求如图 2.12 所示电路的输入阻抗 Z_{ab}。

10. 已知线圈的电阻为 6Ω,感抗为 8Ω,该线圈与电容器串联接到正弦电压源。如果外接电压源电压的有效值恰好等于线圈电压的有效值,求容抗。

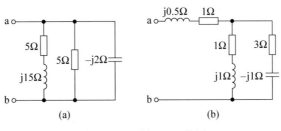

图 2.12 习题 2.3 9 的图

11. 求如图 2.13 所示电路中的输入阻抗 Z_i 和 $\dot{U}_{ab}$。已知外加电流源电流相量 $\dot{I}_S = 1\underline{/45°}$ A。

12. 在如图 2.14 所示电路中，若 $X_L = X_C = R = 100\Omega$，求电路的输入阻抗 Z_{ab}。

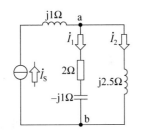

图 2.13 习题 2.3 11 的图

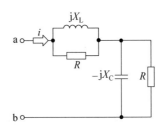

图 2.14 习题 2.3 12 的图

13. 如图 2.15 所示电路为一日光灯电路模型。外加 $f = 50\text{Hz}, U = 220\text{V}$ 的电源,负载的电流 $I_1 = 0.4\text{A}$,功率 $P = 40\text{W}$。(1)求电路吸收的无功功率 Q 及功率因数 λ；(2)如要求把功率因数提高到 0.95,求所需并联的电容值。

14. 试求如图 2.16 所示正弦交流电路吸收的有功功率 P、无功功率及其功率因数,图中,$\dot{U}_S = 220\underline{/0°}$。

15. 已知电压源 $u = 150 + 100\sin 1000t + 5\sin 3000t$ V 分别作用于 $R = 100\Omega$ 的电阻元件和 $C = 100\mu\text{F}$ 的电容元件。求电阻元件电流 i_R 和电容元件电流 i_C。

16. 求如图 2.17 所示电路的传递函数。若要求输出电压 $\dot{U}_2$ 超前输入电压 $\dot{U}_1$ $30°$,如何选取电路的参数？

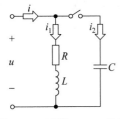

图 2.15 习题 2.3 13 的图

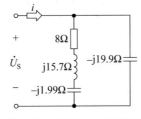

图 2.16 习题 2.3 14 的图

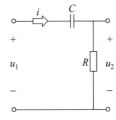

图 2.17 习题 2.3 16 的图

17. 如图 2.18 所示电路为一正弦交流电路,若电压 u_C 滞后电路 u_S60°,应如何选择电路的参数?

18. 求如图 2.19 所示电路的电压转移函数,画出其频率特性曲线,说明电路的低通及相位滞后性质。

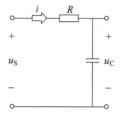

图 2.18 习题 2.3 17 的图

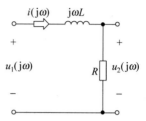

图 2.19 习题 2.3 18 的图

2.4 应用题

1. 如图 2.20 所示电路中有一感性负载,外加电源电压的 $U_S=380\text{V}$,$f=50\text{Hz}$,负载吸收的功率 $P=10\text{kW}$,$\lambda=0.5$,为将功率因数提高到 0.9,求所需与此感性负载并联的电容值。

2. 有一个 220V、40W 的白炽灯,接在 380V 电压、频率为 50Hz 的电压源上使用。如果用一个电阻与它串联,求所需的电阻值。

3. 收音机天线调谐回路的模型如图 2.21 所示,已知等效电感 $L=250\mu\text{H}$,等效电阻 $R=20\Omega$,若接收频率 $f=1\text{MHz}$,电压 $U_S=10\mu\text{V}$ 的信号。(1)求调谐回路的电容值;(2)求谐振阻抗 Z_0、谐振电流 I_0 及谐振电容电压 U_{C0}。

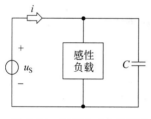

图 2.20 习题 2.4 1 的图

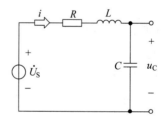

图 2.21 习题 2.4 3 的图

4. 求解例 2.4.1 所示电路的谐振频率并利用例 2.4.1 的仿真图电子文档验证求解结果是否正确。

第 **3** 章

三相电路及其应用

本章要点：

本章从三相电压的特点出发，首先介绍三相电源的星形、三角形联接；其次介绍对称三相电路的构成及分析方法；最后介绍工业企业配电、高压输电及安全用电知识。读者学习本章应重点理解三相电压的形式及其特点、三相电路星形联接、三角形联接的特点，能对简单的三相电路进行计算，了解工业企业配电及安全用电知识。

仿真包

在应用实践中,一般将多个正弦电源组合应用。世界各国电力系统中电能的生产、传输和供电方式一般采用三相制。三相电路是电力工业电子电路的基本形式,日常生活用的单相电路只是三相电路的一部分。

3.1 三相电路概述

三相电路主要由三相电源和三相负载两部分组成。三相电源由三相交流发电机产生,以电压的形式输出。三相负载则可根据应用需要选择合适的联接方式。

3.1.1 三相电压的形式及其特点

三相电压由三相交流发电机产生,理解三相交流发电机是理解三相电压的基础。

三相交流发电机的原理如图 3.1.1 所示。从图中可看出,三相交流发电机主要由定子与转子两部分组成。转子是一个磁极,它以角速度 ω 旋转。定子是不动的,在定子的槽中嵌有三组同样的绕阻(线圈),即 AX、BY、CZ,每组称为一相,分别称为 A 相、B 相和 C 相。它们的始端标以 A、B、C,末端标以 X、Y、Z,要求绕组的始端之间或末端之间彼此相隔 120°。同时,工艺上保证定子与转子之间磁感应强度沿定子内表面按正弦规律分布。最大值在转子磁极的北极 N 和南极 S 处。这样,当转子以角速度 ω 顺时针旋转时,将在各相绕组的始端和末端间产生随时间按正弦规律变化的感应电压。

这些电压的频率、幅值均相同,彼此间的相位相差 120°,相当于三个独立的正弦电源。三相电源的各相电压分别为

$$\left. \begin{array}{l} u_A = \sqrt{2}U\sin\omega t \\ u_B = \sqrt{2}U\sin(\omega t - 120°) \\ u_C = \sqrt{2}U\sin(\omega t + 120°) \end{array} \right\} \qquad (3.1.1)$$

在式(3.1.1)中,以 A 相电压 u_A 作为参考相量,则它们相量为

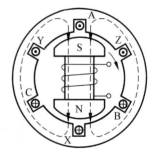

图 3.1.1 三相交流发电机的原理图

$$\left. \begin{array}{l} \dot{U}_A = U\underline{/0°} \\ \dot{U}_B = U\underline{/-120°} = U\left(-\dfrac{1}{2} - j\dfrac{\sqrt{3}}{2}\right) \\ \dot{U}_C = U\underline{/120°} = U\left(-\dfrac{1}{2} + j\dfrac{\sqrt{3}}{2}\right) \end{array} \right\} \qquad (3.1.2)$$

三个频率、幅值相同,彼此间相位相差 120°的电压,称为对称三相电压。其相量图及波形如图 3.1.2、图 3.1.3 所示。

上述三相电压到达正幅值(或相应零值)的先后次序称为相序。图 3.1.2 所示三相

电压的相序为 A→B→C,称为正序或顺序。与此相反,如 B 相超前 A 相 120°,C 相超前 B 相 120°,这种相序称为负序或逆序。今后如无特殊声明,均按正序处理。

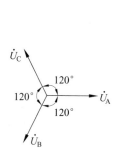
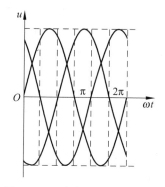

图 3.1.2　对称三相电压相量图　　　　图 3.1.3　对称三相电压的波形

对称三相电压的一个特点是

$$\left.\begin{array}{l} u_A + u_B + u_C = 0 \\ \dot{U}_A + \dot{U}_B + \dot{U}_C = 0 \end{array}\right\} \qquad (3.1.3)$$

3.1.2　三相电源的联接方式

直流电路常使用单电源为电路提供动力,可通过串接直流电压源提高电路的工作电源电压。

三相电路中的电源有 3 个,可当作三个独立的正弦电源使用。为更好地满足应用要求,在实践应用中,一般将三相发电机的三相绕组按某种方式联接成一个整体后再对外供电。三相绕组有星形联接(简称Y形联接)与三角形联接(简称△形联接)的两种联接方式。

1. 星形联接

如果把发电机的三个定子绕组的末端联接在一起,对外形成 A、B、C、N 四个端,称为星形联接。中点 N 引出的导线称为中线或零线。A、B、C 三端分别向外引出三根导线,这三根导线称为端线,俗称火线。如图 3.1.4 所示。

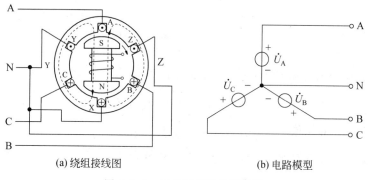

(a) 绕组接线图　　　　　　　　(b) 电路模型

图 3.1.4　三相绕组的星形联接

星形联接的三相电源(简称星形电源)的每相电压(火线与零线间的电压)称为相电压,其有效值用 U_A、U_B、U_C 表示,一般通用 U_P 表示。相电压的定义见式(3.1.1),相量图如图 3.1.2 所示。端线 A、B、C 之间的电压(火线与火线之间的电压)称为线电压,其有效值用 U_{AB}、U_{BC}、U_{CA} 表示,一般通用 U_1 表示。

根据基尔霍夫电压定律的相量形式,有

$$\left.\begin{array}{l} \dot{U}_{AB} = \dot{U}_A - \dot{U}_B \\ \dot{U}_{BC} = \dot{U}_B - \dot{U}_C \\ \dot{U}_{CA} = \dot{U}_C - \dot{U}_A \end{array}\right\} \tag{3.1.4}$$

由式(3.1.4),可做出星形联接三相电源的相量图如图 3.1.5(a)所示(MATLAB 仿真分析图,图中假定相电压有效值为 220V)。从相量图可得出

$$\frac{U_{AB}}{2} = U_A \cos 30° = \frac{\sqrt{3}}{2} U_A,$$

又 $\dot{U}_{AB}$ 超前 $\dot{U}_A$ 30°,由此得

$$\left.\begin{array}{l} \dot{U}_{AB} = \sqrt{3}\dot{U}_A \underline{/30°} \\ \dot{U}_{BC} = \sqrt{3}\dot{U}_B \underline{/30°} \\ \dot{U}_{CA} = \sqrt{3}\dot{U}_C \underline{/30°} \end{array}\right\} \tag{3.1.5}$$

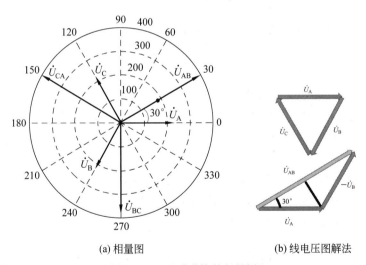

(a) 相量图   (b) 线电压图解法

图 3.1.5 星形联接的相量图

可用图形法求出线电压 $\dot{U}_{AB}$。三相电压 $\dot{U}_A$、$\dot{U}_B$、$\dot{U}_C$ 构成一个等边三角形。基于 $\dot{U}_A$ 的末端点绘制 $-\dot{U}_B$,从 $\dot{U}_A$ 的始端点向 $\dot{U}_B$ 的末端点绘制的相量即为 $\dot{U}_{AB}$。

(1) 先求 $\dot{U}_{AB}$ 的相位。

等边三角形的夹角为 60°,可见 $\dot{U}_A$、$-\dot{U}_B$ 夹角为 120°。$\dot{U}_A$、$-\dot{U}_B$ 模值相等,因此,

$\dot{U}_A$、$-\dot{U}_B$、$\dot{U}_{AB}$ 为等腰三角形,$\dot{U}_A$、$\dot{U}_{AB}$ 的夹角和 $-\dot{U}_B$、$\dot{U}_{AB}$ 的夹角相等。因此,$\dot{U}_A$、$\dot{U}_{AB}$ 夹角为 $30°$。可见,相位上,$\dot{U}_{AB}$ 超前 $\dot{U}_A$ $30°$。

(2) 继续求 $\dot{U}_{AB}$ 的模值。

从 $\dot{U}_A$ 的末端点向底边做一条垂直线,对应点底边中点,因此,有

$$\frac{U_{AB}}{2} = U_A\cos 30° = \frac{\sqrt{3}}{2}U_A$$

由上式可见,三相线电压也是一组对称正弦量,线电压超前相电压 $30°$,线电压的有效值为相电压的有效值的 $\sqrt{3}$ 倍,即

$$U_1 = \sqrt{3}U_P \tag{3.1.6}$$

式中,U_1、U_P 分别代表线电压、相电压的有效值。

星形电源向外引出了四根导线,可给负载提供线电压、相电压两种电压。通常低压配电系统中的相电压为 220V,线电压为 380V。

2. 三角形联接

如果将发电机的三个定子绕组的始端,末端顺次相接再从各联接点向外引出三根导线,称为三角形联接。三角形接法没有中点,对外只有三个端子,如图 3.1.6 所示。

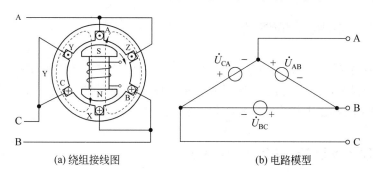

(a) 绕组接线图   (b) 电路模型

图 3.1.6 三角形联接

三相交流发电机产生的三相电压总是对称的(不对称时找厂家退货即可),所以,回路电压相量之和为零,即

$$\dot{U}_{AB} + \dot{U}_{BC} + \dot{U}_{CA} = 0 \tag{3.1.7}$$

当然,三相电源各绕组作三角形联接时,若联接不正确,则会改变某相电压的方向,使三个相电压之和不为零,在回路内将形成很大的电流,从而烧坏绕组。

三角形联接下三相电压相量图如图 3.1.7 所示,其线电压有效值等于相电压的有效值,而且相位相同,即

$$\dot{U}_1 = \dot{U}_P \tag{3.1.8}$$

若三相电源的相电压为 220V,则其线电压也为 220V。

综上所述,三相电源做星形联接时,线电压为相电压的 $\sqrt{3}$ 倍,可通过星形联接提高三

相电源的驱动电压;三相电源做三角形联接时,三相电源的电压驱动能力不变,其电流驱动能力却能得到很大的提高。

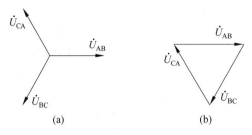

图 3.1.7　三角形联接相量图

思考与练习

3.1.1　对称三相电源做三角形联接时,若未接负载,电源回路中是否有电流? 如果一相电源电压极性接反,电源回路中是否有电流通过?

3.1.2　已知对称三相电源每相电压为 220V,请分别求出三相绕组做星形联接、三角形联接两种情况下的线电压。

3.2　对称三相电路的特点

三相电源与负载之间的联接方式有 Y-Y、△-△、Y-△、△-Y 联接方式。若每相负载都相同,称为对称负载。三相电源和对称三相负载相联接,称为对称三相电路(一般情况下,三相电源由三相发电机产生,总是对称的)。

3.2.1　对称Y-Y联接三相电路的特点

对称Y-Y联接三相电路包括三相四线制(有中线)与三相三线制(无中线)两种类型。对称Y-Y联接的三相四线制电路如图 3.2.1 所示。

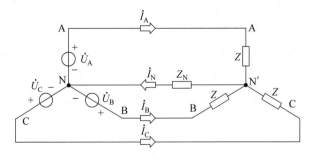

图 3.2.1　对称Y-Y联接的三相电路

设每相负载阻抗都为 $Z = |Z| \underline{/\varphi}$，电源中点 N 与负载中点 N′的联接线称为中线，图中电源中点与负载中点之间接入中线阻抗 Z_N。各相负载的电流称为相电流，端线中的电流称为线电流。显然 Y-Y 三相电路中，每根端线的线电流就是该线所联接的电源或负载的相电流，即

$$\dot{I}_1 = \dot{I}_P \tag{3.2.1}$$

三相电路实际上是正弦交流电路的一种特殊类型。因此，前面对正弦电路的分析方法完全适用于三相电路。也就是先画出相量模型，然后应用电路的基本定律和分析方法求出电压和电流，再确定三相功率。对于对称三相电路来说还可使分析计算得以简化。

先用结点电压法求出负载中点 N′与电源中点 N 之间的电压 $\dot{U}_{N'N}$，根据结点电压公式(1.5.2)，可列出下面结点电压方程

$$\dot{U}_{N'N} = \frac{\dfrac{1}{Z}(\dot{U}_A + \dot{U}_B + \dot{U}_C)}{\dfrac{1}{Z_N} + \dfrac{3}{Z}}$$

由于 $\dot{U}_A + \dot{U}_B + \dot{U}_C = 0$，所以 $\dot{U}_{N'N} = 0$。即负载中点与电源中点是等电位点，因此，每相电源及负载与其他各相电源及负载相互独立的。各相电源和负载中的电流等于线电流，它们是

$$\dot{I}_A = \frac{\dot{U}_A}{Z}$$

$$\dot{I}_B = \frac{\dot{U}_B}{Z} = \frac{\dot{U}_A \underline{/-120°}}{Z} = \dot{I}_A \underline{/-120°}$$

$$\dot{I}_C = \frac{\dot{U}_C}{Z} = \frac{\dot{U}_A \underline{/120°}}{Z} = \dot{I}_A \underline{/120°}$$

中线的电流为

$$\dot{I}_A + \dot{I}_B + \dot{I}_C = 0 \tag{3.2.2}$$

所以，在对称 Y-Y 电路中，中线如同开路。

由以上看出，由于 $\dot{U}_{N'N} = 0$，各相电路相互独立；又由于三相电源与负载对称，所以三相电流也对称。因此，对称 Y-Y 三相电路可归结为单相(通常为 A 相)计算的方法。算出 $\dot{I}_A$ 后，根据对称性可推知其他两相电流 $\dot{I}_B$ 和 $\dot{I}_C$。注意在单相计算电路中，$\dot{U}_{N'N} = 0$ 且与中线阻抗无关。

由于 $\dot{U}_{N'N} = 0$，所以负载的线电压、相电压的关系与电源的线电压、相电压关系相同。

综上所述，在对称 Y-Y 三相电路中，负载中点与电源中点是等电位点，流过中线的电流为零，每相电路相互独立，对称 Y-Y 三相电路可归结为单相的计算。线电流、相电流、线电压和相电压都分别是一组对称量。线电流等于相电流；线电压超前相电压 30°，有效值为相电压的 $\sqrt{3}$ 倍。

中性线中既然没有电流通过,中性线在许多场合下可以不要。电路如图 3.2.2 所示。从图中可以看出:对称的三相发电机与对称的三相负载之间只有三根线相联,这就是三相三线制电路。

三相三线制电路在生产上应用极为广泛,因为生产上的三相负载(通常所见的是三相电动机)一般都是对称的。

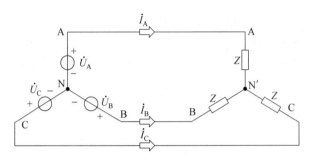

图 3.2.2　三相三线制的三相电路

对于对称△-Y联接三相电路,只要把三角形电源等效为星形电源;对称Y-△联接三相电路,只要把三角形负载等效为星形负载,化成对称Y-Y联接电路,然后用归结为单相的计算方法计算。

3.2.2　对称△-△联接三相电路的特点

对称△-△联接三相电路如图 3.2.3 所示。每相负载阻抗为 $Z = |Z| \underline{/\varphi}$。由于每相负载直接联接在每相电源的两端线之间,所以三角形联接的线电压等于相电压,即

$$\dot{U}_l = \dot{U}_P$$

但线电流并不等于相电流。根据基尔霍夫电流定律的相量形式可以写出

$$\left.\begin{aligned}
\dot{I}_A &= \dot{I}_{AB} - \dot{I}_{CA} \\
\dot{I}_B &= \dot{I}_{BC} - \dot{I}_{AB} \\
\dot{I}_C &= \dot{I}_{CA} - \dot{I}_{BC}
\end{aligned}\right\} \tag{3.2.3}$$

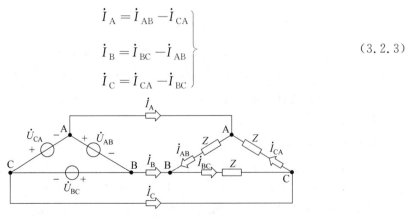

图 3.2.3　对称△-△联接三相电路

相电流相量可由相电压相量求出,由式(3.2.3),可做出相量图如图 3.2.4 所示。

从相量图 3.2.4 可得出

$$\frac{I_A}{2}=I_{AB}\cos30°=\frac{\sqrt{3}}{2}I_{AB},又\ \dot{I}_A\ 滞后\ \dot{I}_{AB}30°。由此得$$

$$\left.\begin{matrix}\dot{I}_A=\sqrt{3}\dot{I}_{AB}\underline{/-30°}\\\dot{I}_B=\sqrt{3}\dot{I}_{BC}\underline{/-30°}\\\dot{I}_C=\sqrt{3}\dot{I}_{CA}\underline{/-30°}\end{matrix}\right\}\qquad(3.2.4)$$

由式(3.2.4)可以看出,三个线电流也是一组对称正弦量。线电流滞后相电流 30°,线电流的有效值为相电流有效值的 $\sqrt{3}$ 倍。即

$$I_1=\sqrt{3}I_P\qquad(3.2.5)$$

式中,I_1、I_P 分别代表线电流、相电流的有效值。

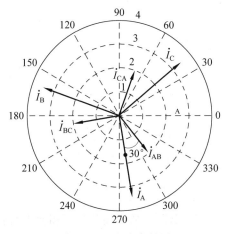

图 3.2.4　电流向量图

综上所述,对称△-△三相电路中,线电压等于相电压,线电流滞后相电流 30°,线电流的有效值等于相电流的 $\sqrt{3}$ 倍。线电压、相电压、线电流和相电流都是一组对称正弦量。

注意:在三相电路中,三相负载的联接方式取决于负载每相的额定电压和电源的线电压。例如,三相电动机的额定相电压等于三相电源的线电压,应接成三角形。如果二者不相等,额定相电压为 220V 的三相电动机与线电压为 380V 的三相电源联接,应接成星形。

3.2.3　对称三相电路的平均功率

正弦交流电路中功率的守恒性也适用于三相交流电路。即:一个三相负载吸收的有功功率应等于其各相所吸收的有功功率之和,一个三相电源发出的有功功率等于其各相所发出的有功功率之和,即

$$P = P_A + P_B + P_C$$

由于对称三相电路中每组响应都是与激励同相序的对称量,所以,每相不但相电压有效值相等,相电流有效值相等,而且每相电压与电流的相位差也相等,从而每相的有功功率相等,三相总有功功率就是一相有功功率的三倍,则三相总有功功率

$$P = 3P_P = 3U_P I_P \cos\varphi \tag{3.2.6}$$

在实际应用中,式(3.2.6)通常用线电压 U_1 和线电流 I_1 的乘积形式来表示。

对于对称星形接法,有

$$U_P = \frac{1}{\sqrt{3}} U_1, \quad I_P = I_1$$

对于对称三角形接法,有

$$U_1 = U_P, \quad I_P = \frac{1}{\sqrt{3}} I_1$$

因此,无论对称星形接法或对称三角形接法,三相电路总有功功率为

$$P = \sqrt{3} U_1 I_1 \cos\varphi \tag{3.2.7}$$

必须注意,φ 是某相电压与相电流间的相位差。

无功功率、视在功率守恒性也适用于三相电路。无功功率可表示为

$$Q = 3U_P I_P \sin\varphi = \sqrt{3} U_1 I_1 \sin\varphi \tag{3.2.8}$$

视在功率可表达为

$$S = 3U_P I_P = \sqrt{3} U_1 I_1 \tag{3.2.9}$$

思考与练习

3.2.1　三相四线制电路中,电源线的中线规定不得加装保险丝,这是为什么?

3.3　三相电路的计算

对于对称三相电路,可取一相来计算。单相的计算电路图,就是基本元件组成的串联交流电路。

【例 3.3.1】　有一星形负载接到线电压为 380V 的三相星形电源上,如图 3.3.1 所示。每相负载阻抗 $Z = 8 + j6\Omega$。分别求有中线、无中线情况下各相电流相量、中线电流相量和三相负载吸收的有功功率。

解:

(1) 有中线时,每相负载相电压为

$$U_P = \frac{U_1}{\sqrt{3}} = \frac{380}{\sqrt{3}} = 220\text{V}$$

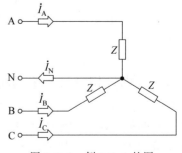

图 3.3.1　例 3.3.1 的图

（2）设参考相量

$$\dot{U}_A = U_P\underline{/0°} = 220\underline{/0°}\text{V}$$

则

$$\dot{U}_B = \dot{U}_A\underline{/-120°} = 220\underline{/-120°}\text{V},\dot{U}_C = \dot{U}_A\underline{/-120°} = 220\underline{/-120°}\text{V}$$

（3）计算电流相量。显然，A 相电流相量为

$$\dot{I}_A = \frac{\dot{U}_A}{Z} = \frac{220\underline{/0°}}{8+\text{j}6} = \frac{220\underline{/0°}}{10\underline{/36.87°}} = 22\underline{/-36.87°}\text{A}$$

由于阻抗相等，据 A 相电流相量，可推算出其余两相电流相量为

$$\dot{I}_B = \dot{I}_A\underline{/-120°} = 22\underline{/-156.87°}\text{A}$$

$$\dot{I}_C = \dot{I}_A\underline{/120°} = 22\underline{/83.13°}\text{A}$$

中线电流相量为

$$\dot{I}_N = \dot{I}_A + \dot{I}_B + \dot{I}_C = 0 \quad （因为各相电流对称）$$

（4）负载吸收的有功功率

$$P = \sqrt{3}U_1 I_1\cos\varphi = \sqrt{3}\times 380\times 22\times\cos[0°-(-36.87°)] = 11.6\text{kW}$$

仿真结果如图 3.3.2 所示。

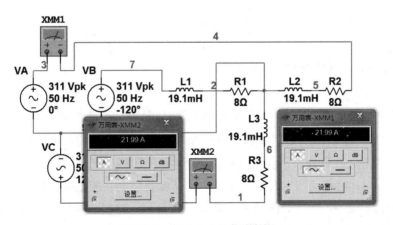

图 3.3.2　例 3.3.1 的仿真结果

（5）无中线时的计算。由于对称三相电路的线电流相电流对称，中线电流为零，所以中线断开后，整个电路不受影响，各电流、有功功率与有中线时相同。

【**例 3.3.2**】　有一三角形负载接到电压对称的三角形电源上，电路如图 3.3.3 所示。每相负载阻抗 $Z = 8+\text{j}6\Omega$，设 $u_{AB} = 380\sqrt{2}\sin(314t+30°)\text{V}$。（1）求各相电流、线电流相量；（2）求三相负载吸收的功率。

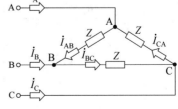

图 3.3.3　例 3.3.2 的图

解:

(1) 对△-△电路,各负载相电压即各负载线电压,有

$$\dot{U}_{AB}=380\underline{/30°}\text{V}$$

$$\dot{U}_{BC}=\dot{U}_{AB}\underline{/-120°}=380\underline{/-90°}\text{V}$$

$$\dot{U}_{CA}=\dot{U}_{AB}\underline{/120°}=380\underline{/150°}\text{V}$$

(2) 各相电流相量为

$$\dot{I}_{AB}=\frac{\dot{U}_{AB}}{Z}=\frac{380\underline{/30°}}{8+\text{j}6}=\frac{380\underline{/30°}}{10\underline{/36.87°}}=38\underline{/-6.87°}\text{A}$$

$$\dot{I}_{BC}=\frac{\dot{U}_{BC}}{Z}=\frac{\dot{U}_{AB}\underline{/-120°}}{Z}=\frac{380\underline{/-90°}}{10\underline{/36.87°}}=38\underline{/-126.87°}\text{A}$$

$$\dot{I}_{CA}=\frac{\dot{U}_{CA}}{Z}=\frac{\dot{U}_{AB}\underline{/120°}}{Z}=\frac{380\underline{/150°}}{10\underline{/36.87°}}=38\underline{/113.13°}\text{A}$$

(3) 求线电流。由于电路对称,各线电流相量为

$$\dot{I}_{A}=\sqrt{3}\,\dot{I}_{AB}\underline{/-30°}=\sqrt{3}\times38\underline{/-6.87°}\times\underline{/-30°}=65.82\underline{/-36.87°}\text{A}$$

$$\dot{I}_{B}=\sqrt{3}\,\dot{I}_{BC}\underline{/-30°}=\sqrt{3}\times38\underline{/-126.87°}\times\underline{/-30°}=65.82\underline{/-156.87°}\text{A}$$

$$\dot{I}_{C}=\sqrt{3}\,\dot{I}_{CA}\underline{/-30°}=\sqrt{3}\times38\times\underline{/113.13°}\times\underline{/-30°}=65.82\underline{/83.13°}\text{A}$$

(4) 求三相负载吸收的功率,即

$$P=\sqrt{3}U_{1}I_{1}\cos\varphi=\sqrt{3}\times380\times65.82\times\cos[30°-(-6.87°)]=34.66\text{kW}$$

本例与例 3.3.1 比较可见,在三相电源不变、负载阻抗不变的条件下,负载由星形接法改为三角形接法时,三角形接法的相电压增加为星形接法时的 $\sqrt{3}$ 倍,相电流也增加为星形接法的 $\sqrt{3}$ 倍;线电流则增加为星形接法的三倍,功率也增加为星形接法的三倍。

【例 3.3.3】 对称三相电路如图 3.3.4(a)所示。已知三相电源的线电压为 380V,丫形负载每相阻抗 $Z_{1}=30+\text{j}40\Omega$,△形负载每相阻抗 $Z_{2}=120+\text{j}90\Omega$。(1)求负载端的相电流和线电流相量;(2)求每组负载的功率、三相电源的总功率。

解:

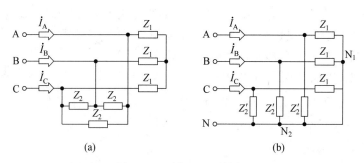

图 3.3.4　例 3.3.3 的图 1

（1）把三相电源看成星形电源，△形负载化为等效丫形负载，该电路可变换为对称的丫-丫电路，如图 3.3.4(b)所示（虚设了中线三个联接点 N、N_1、N_2）。

（2）求等效丫形负载。下面不加证明地给出△形负载化为等效丫形负载的阻抗关系：

$$Z_丫 = \frac{1}{3} Z_\triangle \tag{3.3.1}$$

由式(3.3.1)，有

$$Z_2' = \frac{Z_2}{3} = \frac{120 + j90}{3} = 40 + j30\,\Omega$$

（3）单相计算。

• 求丫形负载相电流和线电流。

由对称三相电路性质，计算一相即可。A 相电路如图 3.3.5 所示。

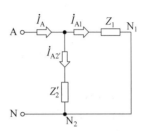

图 3.3.5 例 3.3.3 的图 2

先求相电压

$$U_A = \frac{U_1}{\sqrt{3}} = \frac{380}{\sqrt{3}} = 220\text{V}$$

Z_1 与 Z_2' 并联的等效阻抗 Z_{12} 为

$$Z_{12} = \frac{Z_1 Z_2'}{Z_1 + Z_2'} = \frac{(30 + j40)(40 + j30)}{(30 + j40) + (40 + j30)} = 25.25\underline{/45°}\,\Omega$$

$$\dot{I}_A = \frac{\dot{U}_A}{Z_{12}} = \frac{220\underline{/0°}}{25.25\underline{/45°}} = 8.71\underline{/-45°}\text{A}$$

根据并联分流公式

$$\dot{I}_{A1} = \dot{I}_A \times \frac{Z_2'}{Z_1 + Z_2'} = 8.71\underline{/-45°} \times \frac{40 + j30}{30 + j40 + 40 + j30} = 4.4\underline{/-53.1°}\text{A}$$

根据对称性可写出

$$\dot{I}_B = \dot{I}_A\underline{/-120°} = 8.71\underline{/-165°}\text{A}, \quad \dot{I}_C = \dot{I}_A\underline{/120°} = 8.71\underline{/75°}\text{A}$$

$$\dot{I}_{B1} = \dot{I}_{A1}\underline{/-120°} = 4.4\underline{/-173.1°}\text{A}, \quad \dot{I}_{C1} = \dot{I}_{A1}\underline{/120°} = 4.4\underline{/66.9°}\text{A}$$

丫形负载相电流和线电流求解完毕。

• 求△形负载相电流和线电流。

等效丫形负载阻抗 Z_2' 的相电流为

$$\dot{I}_{A2}' = \dot{I}_A \frac{Z_1}{Z_2' + Z_1} = 8.71\underline{/-45°} \times \frac{30 + j40}{40 + j30 + 30 + j40} = 4.4\underline{/-36.9°}\text{A}$$

△形负载阻抗 Z_2 的相电流（等效丫形负载的相电流事实上等同于△形负载的线电流）

$$\dot{I}_{AB} = \frac{\dot{I}_{A2}'}{\sqrt{3}\underline{/-30°}} = \frac{4.4\underline{/-36.9°}}{\sqrt{3}\underline{/-30°}} = 2.54\underline{/-6.9°}\text{A}$$

根据对称性可得

$$\dot{I}_{BC} = \dot{I}_{AB}\underline{/-120°} = 2.54\underline{/-126.9°}\,A$$

$$\dot{I}_{CA} = \dot{I}_{AB}\underline{/120°} = 2.54\underline{/113.1°}\,A$$

（4）功率计算。

丫形负载吸收的功率（也可用式（3.2.6）求解）

$$P = 3P_{P1} = 3I_{A1}^2 R_1 = 3 \times 4.4^2 \times 30 = 1742\,W$$

△形负载吸收的功率

$$P_2 = 3P_{P2} = 3I_{AB}^2 R_2 = 3 \times 2.54^2 \times 120 = 2323\,W$$

三相电源的总有功功率

$$P = 3P_P = 3U_P I_P \cos\varphi = 3 \times 220 \times 8.71 \times \cos45° = 4064\,W$$

或

$$P = P_1 + P_2 = 1742 + 2323 = 4065\,W$$

当三相电路的电源或负载不对称时，称为不对称三相电路。一般而言，三相电源总是对称的，不对称是指负载不对称。限于篇幅，有兴趣的读者请参考专门的书籍学习负载不对称时三相电路的计算。

思考与练习

3.3.1　三相四线制电路中，中线阻抗为零。若星形负载不对称，则负载相电压是否对称？如果中线断开，负载电压是否对称？

3.3.2　对称三相电路的线电压为380V，线电流为6.1A，三相负载吸收的功率为3.31kW，求每相负载阻抗。

3.4　发电、输电、变压器及工业企业配电

三相电路在工业生产、日常生活中应用十分广泛，了解发电、输电及工业企业配电的基本知识有利于更好地理解三相电路及其应用。

3.4.1　发电与输电概述

目前，世界各国建造的水力发电厂和火力发电厂十分普遍，建造的核电站也不断增多。除了水力、火力、核能发电厂外，还有用风力、太阳能、沼气为能源的风力、太阳能和沼气发电厂。

各种发电机一般都是三相同步发电机。图3.4.1是同步发电机的示意图。从图可看出，一台发电机主要由定子与转子两部分组成。图中转子是一个磁极，它可以由永久磁铁或电磁铁加工而成，以一定的角速度旋转。磁极有显极与隐极两种。显

极式磁极凸出,显而易见,在磁极上绕有励磁绕组。隐极式磁极呈圆柱形,其大半个表面的槽中分布励磁绕组。励磁电流经电刷和滑环流入励磁绕组。目前已采用半导体励磁系统,该系统是用三相发电机产生三相交流电经三相半导体整流器整流变换为直流作为励磁之用。同步发电机的定子是不动的,常称为电枢。在定子的槽中嵌有绕组,定子由机座、铁芯和三相绕组等组成。

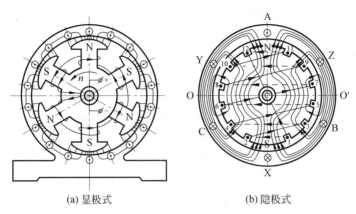

(a) 显极式   (b) 隐极式

图 3.4.1 同步发电机示意图

同步发电机的转速在 1000r/min 以下的称为低速,用于低速的发电机是显极式发电机,这因为它的机械强度不高。用于高速的发电机是隐极式发电机。因其机械强度较高,其转速为 3000r/min 或 1500r/min。

同步发电机产生三相对称电压,国产三相同步发电机的电压等级有 400/230V 和 3.15、6.3、10.5、11.8、15.75 和 18kV 等多种。

发电厂生产的电能往往需通过电力网(输电导线系统)输送到远距离的用电地区。例如,黄河三门峡水电站的电能,长江三峡水电站的电能都需输送到远距离的用电地区(如上海市)。发电厂生产的电能要用高压输电线输送到用电地区,然后再降压分配到用户。之所以采用这种方式输电,是因为在同输电功率的情况下,电压越高电流就越小,这样高压输电就能减少输电时的电流,从而降低因电流产生的热损耗。

根据输送电能距离的远近,一般采用不同的高电压。从我国的电力情况来看,送电距离在 200～300km 时采用 220kV 的电压输电;在 100km 左右时采用 110kV 的电压输电;在 50km 左右时采用 35kV 或 66kV 的电压输电;在 15～20km 时采用 10kV 或 12kV 的电压输电,有时也采用 6300V 的电压输电。输电电压为 110kV、220kV 的线路,称为高压输电线路;输电电压为 330kV、550kV 以及 750kV 的线路,称为超高压输电线路;而输电电压为 1000kV 的线路,则称为特高压输电线路。

必须指出的是,生产生活中的绝大多数设备均无法承受数十千伏、数百千伏的高压。一般情况下,发电机也无法直接产生数十千伏、数百千伏的高压。高压输电是用变压器将发电机输出的电压升压后传输的一种输电方式。电能输送到各变电站后,再利用变压器将高压降压后送给各用户。

3.4.2 变压器

电机是一种利用电磁感应原理进行机电能量转换或信号传递的电气设备(或机电元件),包括发电机、变压器、电动机三种类型。发动机在前面做过简要介绍,电动机将在后面的章节介绍,本节介绍变压器。

变压器是一种将一种形式的电能转换为另一种形式的电能的电气设备,具有变换电压、变换电流和变换阻抗的功能,在电工电子技术中获得广泛应用。实际变压器种类较多,按照铁芯与绕组的相互配置形式,可分为芯式变压器和壳式变压器;按照相数可分为单相变压器和多相变压器;按照绕组数可分为二绕组变压器和多绕组变压器;按照绝缘散热方式可分为油浸式变压器、气体绝缘变压器和干式变压器等。

不管何种类型变压器,其主体结构是相似的,它主要由构成磁路的铁芯以及绕在铁芯上的构成电路的原绕组(也叫初级绕组、一次绕组)和副绕组(也叫次级绕组、二次绕组)组成(不包括空心变压器)。铁芯是变压器磁路的主体部分,担负着变压器原、副边的电磁耦合任务。绕组是变压器电路的主体部分,与电源相连的绕组称为原绕组,与负载相连的绕组称为副绕组。通常,原、副绕组匝数不同,匝数多的绕组电压较高,因此也称为高压绕组;匝数少的绕组电压较低,因此也称为低压绕组。另外,变压器运行时绕组和铁芯中要分别产生铜损和铁损,使它们发热。为防止变压器因过热损坏,变压器必须采用一定的冷却方式和散热装置。

理想变压器模型如图 3.4.2 所示,主要的理想化条件如下:

- 绕组的电阻可以忽略;
- 磁通全部通过铁芯,不存在铁芯外的漏磁通;
- 产生初始磁通的励磁电流、铁损、铜损均可忽略。

图 3.4.2 中,e_1、e_2 为磁通 Φ 在初级绕组和次级绕组上产生的感应电动势,N_1、N_2 为初级、次级绕组匝数。根据理想变压器的特点,在初级,电能全部转换为磁能,将在初级绕组产生感应电动势,有

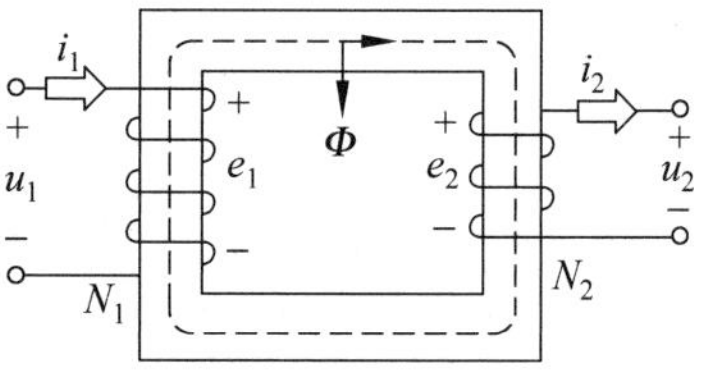

图 3.4.2 理想变压器模型

$$e_1 = N_1 \frac{\mathrm{d}\Phi}{\mathrm{d}t} = u_1$$

在次级,磁能全部转换为电能,有

$$e_2 = N_2 \frac{\mathrm{d}\Phi}{\mathrm{d}t} = u_2$$

所以,有

$$\frac{u_1}{u_2} = \frac{e_1}{e_2} = \frac{N_1}{N_2} = K \tag{3.4.1}$$

即理想变压器的输入、输出电压比等于初级、次级绕组匝数比。

理想变压器铁芯中主磁通 Φ_{m} 基本保持不变,具有恒磁通特性,其磁通 Φ 由输入电压 u_1 确定。下面,不加证明地给出磁通 Φ 与输入电压 u_1 的关系:

$$U_1 = 4.44 f N_1 \phi_{\mathrm{m}} = 4.44 f N_1 B_{\mathrm{m}} S \tag{3.4.2}$$

式中,U_1 为 u_1 的有效值(V);Φ_{m} 为磁通 Φ 的最大值(Wb);S 为铁芯的截面积;f 为电源频率;B_{m} 为磁通密度的最大值(T),通常,在采用热轧硅钢片时取 $1.1\sim1.475\mathrm{T}$,在采用冷轧硅钢片时取 $1.5\sim1.7\mathrm{T}$。

式(3.4.2)也可改写为

$$N_1 = \frac{U_1}{4.44 f B_{\mathrm{m}} S} \tag{3.4.3}$$

通常在设计制作变压器时,电源电压 U_1、电源频率 f 为已知,根据铁系芯材料可决定 B_{m},再选取一定的铁芯的截面积 S,可根据上式计算出初级绕组的匝数;再根据变压器应用要求,可确定次级匝数,从而最终设计出变压器。

也可这样初步理解理想变压器的恒磁通特性。

理想变压器是理想的电磁感应设备,可用参数为无穷大的电感模型来模拟初次、次级及 2 个绕组相互间的感应特性。对于无穷大的电感,微小的励磁电流将产生无穷大的磁通。当然,任何设备不可能具有无穷大的磁通,励磁电流产生的磁通将是设备可达到的极限值,这个值由式(3.4.2)确定。

由变压器的恒磁通特性,可进一步推导出初级、次级间的电流关系。

当次级绕组联接有负载时将产生负载电流 i_2,因此,将产生新的磁通势 $N_2 i_2$,使铁芯中磁通 Φ 发生变化。但磁通 Φ 由 U_1 决定,为了克服磁通势 $N_2 i_2$ 的作用,将在初级产生一个新的磁通势 $N_1 i_1$,以保持磁通 Φ 的不变,故有

$$N_2 i_2 = N_1 i_1$$

或

$$\frac{i_1}{i_2} = \frac{N_2}{N_1} = \frac{1}{K} \tag{3.4.4}$$

即理想变压器有载工作的输入、输出电流比等于初级、次级绕组匝数比的反比。

显然,上面假设的理想变压器是不存在的。实际变压器总是存在绕组电阻、漏磁通和励磁电流。

在绝大多数情况下,由于铁芯材料的磁导率远远大于周边空气的磁导率,励磁电流产生的磁通几乎全部由铁芯中通过,漏磁通总是可以忽略;虽然励磁电流不为零,但有载工作时,它与变压器的输入电流相比(励磁电流不是变压器输入电流),它总是非常小,在大多数场合下是可以忽略的。同理,绕组电阻在大多数场合下也是可以忽略的。因此,对于实际变压器,在大多数场合下,可以比照理想变压器分析。

变压器应用十分广泛,可完成电压变换、电流变换及阻抗变换等作用。对于变压器的电压、电流变换作用,实际变压器可以比照理想变压器分析,即:输入、输出电压比近似等于初级、次级绕组匝数比;有载工作时的输入、输出电流比近似等于初级、次级绕组匝数比的反比。对于变压器的阻抗变换功能,可结合图 3.4.3 理解。

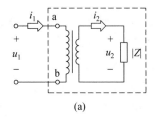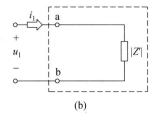

(a)   (b)

图 3.4.3   变压器的阻抗变换作用

图 3.4.3 中,图(a)为变压器有载工作的模型,将虚框内部视为二端网络,若图(a)、(b)中 u_1、i_1 相同,则两个二端网络等效。对图(b)应用欧姆定律,并将变压器变压、变流关系代入式中,有

$$| Z' |=\frac{U_1}{I_1}=\frac{\frac{n_1}{n_2}U_2}{\frac{n_2}{n_1}I_2}=\left(\frac{n_1}{n_2}\right)^2\frac{U_2}{I_2}=\left(\frac{n_1}{n_2}\right)^2| Z |=K^2| Z | \qquad (3.4.5)$$

即对变压器的输入电路来说,变压器的负载阻抗的模折算到输入电路的等效阻抗的模为其原始值的匝数比的平方。因此,可选择合适的匝数比将负载变换到所需要的、比较合适的数值,这便是变压器的阻抗变换功能,这种做法通常称为阻抗匹配。

【例 3.4.1】   如图 3.4.4 所示电路中,交流信号源电动势 $E=128\text{V}$,内阻 $R_0=640\Omega$,负载电阻 $R_L=10\Omega$。(1)当负载电阻 R_L 折算到初级的等效电阻 R_L' 为信号源内阻 R_0 时,求变压器的匝数比和信号源输出功率。(2)当将负载直接与信号源联接时,信号源输出功率为多少?

解:

(1)先求匝数比,由式(3.4.5),有

$$\frac{N_1}{N_2}=\sqrt{\frac{R_L'}{R_L}}=\sqrt{\frac{640}{10}}=8$$

信号源输出功率为

$$P=\left(\frac{E}{R_L'+R_0}\right)^2 R_L'=\left(\frac{128}{640+640}\right)^2 640=6.4\text{W}$$

(2)负载直接与信号源联接时

$$P=\left(\frac{E}{R_L+R_0}\right)^2 R_L=\left(\frac{128}{640+10}\right)^2 10=0.388\text{W}$$

变压器是高压输电线路中的核心设备,正确联接与使用变压器首先应理解变压器绕组的极性。变压器绕组的极性是指绕组在任意瞬时两端产生的感应电动势的极性,它总是从绕组的相对瞬时电位的低电位端(用符号"－"表示),指向高电位端(用符号"＋"表示)。两个磁耦合联系起来的绕组(如变压器的初级、次级绕组),当某一瞬时初级绕组某一端点的瞬时电位为正时,次级绕组必定有一个对应的端点,其瞬时电位也为正。把初级、次级绕组中瞬时极性相同的端点称为同名端,也称为同极性端,用符号"·"表示,具体如图 3.4.5 所示。图中,AX 表示初级绕组,ax 表示次级绕组。

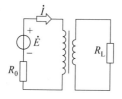

图 3.4.4　例 3.4.1 的图

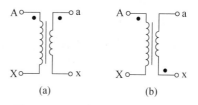

图 3.4.5　变压器绕组极性的表示

变压器绕组极性与绕组绕向有关。图 3.4.6(a)所示绕组绕向相同,绕在同一铁柱上。当磁通 Φ 变化时,将在初级、次级绕组中感应出电动势,A 与 a 或 X 与 x 的瞬时电位必然相同,为同名端。图中感应电动势极性为某一瞬时磁通 Φ 按图中方向正向增大时的感应电动势极性。图 3.4.6(b)所示绕组绕向相反,则 A 与 x(或 X 与 a)为同名端。

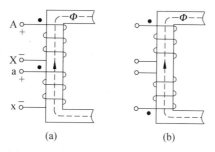

图 3.4.6　绕组极性与绕组绕向的关系

当从外观上无法看出绕组绕向时,可通过实验方法测定同名端。通过实验测定变压器绕组极性有直流感应法和交流感应法两种方法。

直流感应法测定变压器绕组极性实验电路如图 3.4.7 所示。图中,将变压器一个绕组通过开关接电池,一个绕组接毫安表。在开关接通瞬间,若毫安表正偏,则其在两边绕组感应电动势实际方向如图所示,由感应电动势方向可知,A 与 a 为同名端;可类似分析出毫安表反偏时,A 与 x 为同名端。

交流感应法测定变压器绕组极性实验电路如图 3.4.8 所示,方法如下:将变压器两个绕组中的任一对端点相互联接(图示电路为 Xx),在一个绕组两端加上一个较低的、适合于测量的交流电压 U_1,再用交流电压表测量 U_2、U_3 的值。如果 $U_3 = |U_1 - U_2|$,则被相互联接的端点 X 与 x 为同名端;如果 $U_3 = |U_1 + U_2|$,则被相互联接的端点 X 与 x 为非同名端。

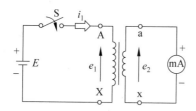

图 3.4.7　绕组极性测定一个
直流感应法实验电路

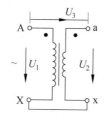

图 3.4.8　绕组极性测定一个
交流感应法实验电路

如图 3.4.2 所示模型中画出了绕组的绕向,可通过绕组绕向判断出变压器绕组的极性。实际变压器绕组的绕向一般是不可见的,一般通过标注同名端来表示变压器的极性。理解变压器的同名端是正确联接与使用变压器的基础。

此外,变压器作为一个实际电工设备,其工作电压、电流、功率都是有一定限度的。用户在使用电气设备时,应以其额定值为依据。

变压器的额定值标注在铭牌上或书写在使用说明书中,主要有

(1) 额定电压。额定电压是根据变压器的绝缘强度和允许温升而规定的电压值,以伏或千伏为单位,变压器的额定电压有初级额定电压 U_{1N} 和次级额定电压 U_{2N}。U_{1N} 是指初级应加的电源电压,U_{2N} 是指初级加上 U_{1N} 以后次级的空载输出电压[①]。对三相变压器而言,额定电压都指线电压。

(2) 额定电流。额定电流是根据变压器允许温升而规定的电流值。变压器的额定电流有初级额定电流 I_{1N} 和次级额定电流 I_{2N}。对三相变压器而言,额定电流都指线电流。

(3) 额定容量。变压器额定容量是指变压器次级的额定视在功率 S_N。变压器额定容量反映了变压器传送电功率的能力。S_N、U_{2N}、I_{2N} 间的关系,对单相变压器为

$$S_N = U_{2N} I_{2N} \tag{3.4.6}$$

对三相变压器为

$$S_N = \sqrt{3} U_{2N} I_{2N} \tag{3.4.7}$$

【例 3.4.2】 有一三相变压器,其额定值为 $S_N = 120\text{kVA}$,$U_{1N} = 10\text{kV}$,$U_{2N} = 400\text{V}$,计算初级、次级额定电流。

解:

$$I_2 = \frac{S_N}{\sqrt{3} U_{2N}} = \frac{120 \times 10^3}{\sqrt{3} \times 0.4 \times 10^3} = 173\text{A}$$

$$I_1 \approx \frac{S_N}{\sqrt{3} U_{1N}} = \frac{120 \times 10^3}{\sqrt{3} \times 10 \times 10^3} = 6.9\text{A} \quad (\text{也可通过变压器的变压变流关系求得类似结果})$$

【例 3.4.3】 有一机床照明变压器,其额定值为 $B_{mN} = 1.1\text{T}$,$S_N = 50\text{VA}$,$U_{1N} = 380\text{V}$,$U_{2N} = 36\text{V}$,其绕组现已毁坏,需要重绕,测得铁芯截面积为 $21\text{mm} \times 41\text{mm}$,铁芯叠片存在间隙(有效系数为 0.94),计算初级、次级绕组匝数及导线直径(电压变化率取 5%)。

解:

(1) 计算有效截面积,即

$$S = 2.1 \times 4.1 \times 0.94 = 8.1\text{cm}^2$$

(2) 由式(3.4.3)可求初级绕组匝数,即

$$N_1 = \frac{U_1}{4.44 f B_m S} = \frac{380}{4.44 \times 50 \times 1.1 \times 8.1 \times 10^{-4}} \approx 1921$$

---

① 许多应用场合下,U_{2N} 也用于表示额定负载下的输出电压。

（3）求次级绕组匝数，即

$$N_2 = N_1 \frac{1.05U_{2N}}{U_1} = 1921 \times \frac{1.05 \times 36}{380} \approx 191$$

（4）求导线直径。先求初级、次级电流，即

$$I_2 = \frac{S_N}{U_{2N}} = \frac{50}{36} = 1.39\text{A} \quad I_1 \approx \frac{S_N}{U_{1N}} = \frac{50}{380} = 0.13\text{A}$$

导线直径可按下式确定：

$$d = \sqrt{\frac{4I}{\pi J}}$$

式中，J 为电流密度，一般取 $J = 2.5\text{A/mm}^2$，所以

$$d_1 = \sqrt{\frac{4 \times 0.13}{3.14 \times 2.5}} = 0.257\text{mm} \quad （取 0.25\text{mm}）$$

$$d_2 = \sqrt{\frac{4 \times 1.39}{3.14 \times 2.5}} = 0.84\text{mm} \quad （取 0.9\text{mm}）$$

3.4.3　工业企业配电的基本知识

工业企业设有中央变电所和车间变电所。中央变电所将输电线末端的变电所送来的电能分配到各车间。车间变电所（或配电箱）将电能分配给各用电设备。车间配电箱一般是地面上靠墙的一个金属柜，柜中装有闸刀开关和管状熔断器等，可配出 4 个或 5 个线路。

从车间配电所（或配电箱）到各用电设备一般采用低压配电线路。低压配电线的额定电压是 380/220V。低压配电线路常用联接方式有树干式与放射式两种。

1.　树干式配电线路

（1）如图 3.4.9 所示为树干式配电线路，干线一般采用母线槽直接从变电所经开关到车间。支线再从干线经过出线盒到用电设备。这种配电线路适用于比较均匀地分布在一条线上的负载。

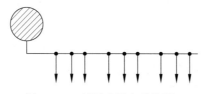

图 3.4.9　树干式配电线路图 1

（2）如图 3.4.10 所示为树干式的另一种配电线路。通过总配电箱或分配电箱联接各组用电设备。用电设备既可独立接到配电箱上，也可联接成链状接到配电箱，如图 3.4.11 所示。

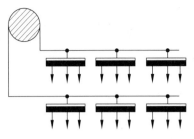
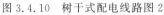

图 3.4.10　树干式配电线路图 2

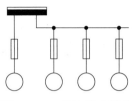

图 3.4.11　用电设备接在
配电箱上

同一链条上用电设备一般不得超过三个。

2. 放射式配电线路

如图 3.4.12 所示为放射式配电线路。常通过总配电箱或分配电箱联接到各用电设备。用电设备可独立或联成链状接配电箱。这种线路适用于负载点比较分散而各负载点又具有相当大的集中负载的线路。

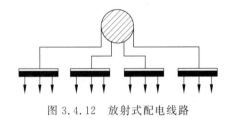

图 3.4.12　放射式配电线路

放射式供电线路的供电可靠、总线路长,导线细,但敷设投资较高。

思考与练习

3.4.1　为什么远距离输电要采用高电压?

3.4.2　在例 3.4.3 中,如果直接用额定次级电压计算次级绕组匝数,与原题中设计的变压器有何不同?

3.5　安全用电

三相电压幅值相对较高,若直接作用于人体将对人体产生伤害,应树立良好的安全用电意识。

3.5.1　触电

人体因触电可能受到不同程度的伤害,这种伤害可分为电击和电伤两种。

电击造成的伤害程度最严重,使内部器官受伤,甚至造成死亡。分析与研究证实,人体因触电造成的伤害程度与以下几个主要因素有关。

(1)人体电阻的大小。人体电阻越大,伤害程度就越轻。电阻越小,在一定电压作用下其电流就越大。大量实验表明,完好干燥的皮肤的角质外层人体电阻为 $10\sim100\mathrm{k}\Omega$,受破坏的皮质外层人体电阻为 $0.8\sim11\mathrm{k}\Omega$。

(2)电流的大小。当通过人体的电流大于 $50\mathrm{mA}$ 时,将会有生命危险。一般情况下,人体接触 36V 电压时,通过人体的电流不会超过 $50\mathrm{mA}$。把 36V 及以下的电压称为安全电压。如果环境潮湿,其安全电压值规定为正常环境安全电压的 2/3 或 1/3。达到或超过安全电压,人体就会有危险。

(3)通过人体电流的时间越长,伤害程度就越大。

另一种伤害是在电弧作用下或熔丝熔断时,人体外部受到的伤害,称为电伤。如烧伤、金属溅伤等。

人体触电方式常见为单相触电,有以下两种情况。

(1)接触正常带电体的单相触电。

一种情况是电源中点未接地。人手触及电源任一根端线引起的触电。表面上看,电源中点未接地,似乎不能构成电流通过人体的回路。其实不然,由于端线与地面间可能绝缘不良,形成绝缘电阻;或交流情况下导线与地面间形成分布电容。当人站在地面时,人体电阻与绝缘电阻并联而组成并联回路,使人体通过电流,对人体造成危害。

另一种情况是电源中点接地,人站在地面上当手触及端线时,有电流通过人体到达中点。

(2)接触正常不带电的金属体的触电。如电机绕组绝缘损坏而使外壳带电,人手触及外壳,相当于单相触电而造成的事故。这种事故最为常见,为防止这种事故,对电气设备常采用保护接地和接零。

3.5.2　接地

将与电力系统的中点或电气设备金属外壳联接的金属导体埋入地中,并直接与大地接触,称为接地。

在中点不接地的低压系统中,将电气设备不带电的金属外壳接地,称为保护接地,具体如图 3.5.1 所示。

人体接触不带电金属而触电时,因存在保护接地,人体电阻与接地电阻并联,而通常人体电阻远大于接地电阻,所以通过人体的电流很小,不会有危险。

若没有实施保护接地,那么人体触及外壳时,人体电阻与绝缘电阻串联,故障点流入地的电流大小决定于这一串联电路。当绝缘下降时,其绝缘电阻减小,就有触电的危险。

出于运行及安全的需要,常将电力系统的中点接地,这种接地方式称为工作接地,具体如图 3.5.2 所示。

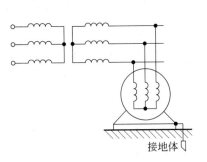

图 3.5.1　保护接地

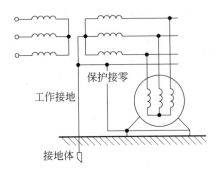

图 3.5.2　工作接地

工作接地的目的是当一相接地而人体接触另一相时,触电电压降低到相电压(不接地的系统中是相电压的$\sqrt{3}$倍),从而可降低电气设备和输电线的绝缘水平。当单相短路时,接地电流较大,保险装置断开。

在中点接地的系统中,不宜采用保护接地,其理由如下：当电气设备绝缘损坏时,接地电流

$$I_e = \frac{U_P}{R_0 + R_0'} \qquad (3.5.1)$$

式中,U_P 为系统的相电压；$R_0 + R_0'$ 分别为保护接地、工作接地的接地电阻。

为了保证保护装置可靠地动作,接地电流应为保护装置动作电流的 1.5 倍,或熔丝电流的三倍。由式(3.5.1)知,采用保护接地后,当电气设备绝缘损坏时,将增大接地电阻,若电气设备功率较大,可能使电气设备得不到保护。

由式(3.5.1)知,外壳对地电压为

$$U_e = \frac{U_P}{R_0 + R_0'} R_0$$

如果 $U_P = 220\mathrm{V}$,$R_0 = R_0' = 4\Omega$,则 $U_e = 110\mathrm{V}$,大于人体安全电压,对人体是不安全的。

3.5.3　保护接零

在低压系统中,将电气设备的金属外壳接到零线(中线)上,称为保护接零。如图 3.5.3 所示。

当正常不带电的电气设备金属外壳带电时,将形成单相短路将熔丝熔断,因而外壳不带电。即使熔丝熔断前人体触及外壳前,流过人体电流很微弱(这因为人体电阻远大于线路电阻)。

此外,在工作接地系统中还常常同时采用保护接零与重复接地(将零线相隔一定距离多处进行接地),具体如图 3.5.3 所示。由于多处重复接地的重复接地电阻并联,使外壳对地电压大大降低,更加安全。在三相四线制系统中为了确保设备外壳对地电压为零而专设一根保护零线。工作零线在进入建筑物入口处要接地,进户后再另专设一根保护零线。这样三相四线制就成为三相五线制,以确保设备外壳不带电,如图 3.5.4 所示。

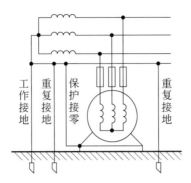

图 3.5.3　工作接地、保护接零和重复接地

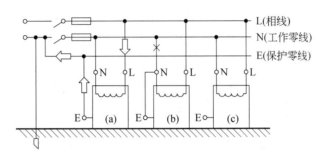

图 3.5.4　工作零线与保护零线

　　图 3.5.4 中画出了三种保护接零情况。图（a）为正确联接，当因绝缘损坏引起外壳带电时，保护零线流过短路电流，将熔丝熔断，切断电源，消除触电事故。图（b）是不正确联接，如在×处断开，绝缘损坏后外壳带电，将会发生触电事故。图（c）外壳不接零，绝缘损坏后外壳带电，十分不安全，容易发生触电事故。

思考与练习

　　3.5.1　为什么机床、金属工作台上的照明灯规定 36V 为额定电压？

　　3.5.2　保护接地和保护接零有什么作用？它们有什么区别？为什么同一供电系统中只采用一种保护措施？

　　3.5.3　（1）在三相三线制低压供电系统中，应采取哪种保护接线措施？（2）在三相四线制低压供电系统中，应采取哪种接线措施？

　　3.5.4　为什么在中点接地系统中，除采用保护接零外，还要采用重复接地？

　　3.5.5　图 3.5.5 所示系统中，导线和地的电阻可忽略不计，当电动机 M 的机壳与 C 相接触时，中线对地电压是多少？

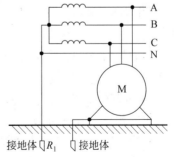

图 3.5.5　思考题 3.5.5 的图

习题

3.1 填空题

1. 三相电压一般由三相交流发电机产生,这些电压的频率、幅值均相同,彼此间的相位相差120°,相当于_____,称为_____。

2. 在实践应用中,三相发电机的三相绕组一般都要按某种方式联接成一个_____后再对外供电,有_____与_____两种联接方式。如果把发电机的三个定子绕组的_____联接在一起,对外形成 A、B、C、N 四个端,称为_____。将发电机的三个定子绕组的_____顺次相接再从各联接点向外引出三根导线,称为_____。

3. 星形联接的三相电源的每相电压(_____)称为_____,其有效值用 U_A、U_B、U_C 表示,一般通用_____表示。端线 A、B、C 之间的电压(_____)称为_____,其有效值用 U_{AB}、U_{BC}、U_{CA} 表示,一般通用_____表示。

4. 在对称丫-丫三相电路中,负载中点与电源中点是_____,流过中线的电流为_____,每相电路_____。在对称丫-丫三相电路中,线电流_____相电流,线电压_____相电压 30°,有效值为相电压的_____倍。在对称△-△三相电路中,线电压_____相电压,线电流_____相电流 30°,线电流的有效值等于相电流的_____倍。

5. 在如图 3.1 所示变压器的示意图中,左边为_____,右边为_____,中间部分为用磁性材料制作的闭合铁芯,磁通的绝大部分经过铁芯而形成一个闭合的通路称为_____,产生磁场的电流 i 称为_____。

6. 在如图 3.1 所示变压器的示意图中,若_____的电阻可以忽略,磁通全部通过_____,励磁电流很小,可以忽略,_____和_____可以忽略,则该变压器称为_____。

7. 如图 3.2 所示理想变压器的输入、输出_____等于初级、次级绕组匝数比;有载工作的输入、输出_____等于初级、次级绕组匝数比的反比;负载阻抗的模折算到输入电路的等效阻抗的模为其_____的平方。

8. 当如图 3.2 所示变压器的次级绕组联接有负载时将产生负载电流 i_2,同时将产生新的_____,并使铁芯中_____发生变化。但_____由 U_1 决定,为了克服_____的作用,将在初级产生一个新的_____,以保持_____的不变,这种性质称为变压器的_____特性。

9. 变压器绕组的_____是指绕组在任意瞬时两端产生的感应电动势的极性,它总是从绕组的相对瞬时电位的_____,指向_____。两个磁耦合联系起来的绕组,当某一瞬时初级绕组某一端点的瞬时电位为正时,次级绕组必定有一个对应的端点,其瞬时电位也为_____。把初级、次级绕组中瞬时极性相同的端点称为_____,用符号"•"表示。

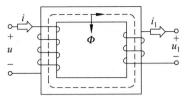

图 3.1 磁路示意图

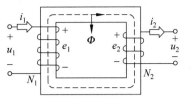

图 3.2 理想变压器模型

10. 将与电力系统的中点或电气设备金属外壳联接的金属导体埋入地中,并直接与大地接触,称为_____。在_____的低压系统中,将电气设备不带电的金属外壳接地,称为_____。出于运行及安全的需要,常将电力系统的中点接地,这种接地方式称为_____。将电气设备的金属外壳接到零线(中线)上,称为_____。

3.2 分析计算题(基础部分)

1. 对称三相电源的三相绕组做星形联接时,设线电压 $u_{AB} = 380\sin(\omega t + 30°)$,试写出相电压 u_B 的三角函数式。

2. 已知对称 Y-Y 三相电路的线电压为 380V,相电流为 4.4A,负载为纯电阻,求每相负载的电阻值。

3. 已知对称三角形联接三相电路 A 相负载线电流 $\dot{I}_A = 3\underline{/0°}$A,试写出其余各相线电流与相电流。

4. 已知对称 △-△ 联接三相电路每相电源有效值为 220V,每相负载阻抗角为 50°,试写出各相电压、线电流及相电流相量。

5. 对称三相电路的相电压 $u_A = 220\sqrt{2}\sin(314t + 60°)$V,相电流 $i_A = 5\sqrt{2}\sin(314t + 60°)$A,求三相负载的有功功率和无功功率。

6. 已知 $P = 1.25$kW,$\lambda = 0.6$ 的对称三相感性负载与线电压 380V 的电源相接。(1)求线电流。(2)求负载星形联接时的每相阻抗。(3)求负载三角形联接时的每相阻抗。

7. 三相四线制电路的 A 相电压 $\dot{U}_A = 220\underline{/0°}$V,负载阻抗 $Z_A = 10\Omega$,$Z_B = 5 + j5\Omega$,$Z_C = 5 - j5\Omega$,求各电流相量 $\dot{I}_A$、$\dot{I}_B$、$\dot{I}_C$ 和 $\dot{I}_N$。

8. 对称三相电路的线电压为 380V,每相负载阻抗为电阻,其阻值为 8.68Ω,求负载分别为 Y 形和 △ 形接法时吸收的功率。

9. 有一台空载变压器,测得初级绕组电阻为 11Ω,初级加额定电压 220V,问初级电流是否为 20A?

10. 在如图 3.2 所示理想变压器中初级绕组为 500 匝,次级为 100 匝,测得初级电流 $i_1 = \sqrt{2} \times 20\sin(\omega t - 30°)$mA,求 i_2。

11. 某理想变压器,初级绕组为 500 匝,具有两个次级绕组,绕组 1 为 50 匝,绕组 2 为 25 匝,初级加上 220V 市电,变压器未接负载,求初级电流和次级电压。

12. 如图 3.4.4 所示变压器中,交流信号源电动势 $E = 10$V,内阻 $R_0 = 200\Omega$,负载电

阻 $R_L=8\Omega$,变压器的初级、次级绕组匝数比为 $500/100$。求:

(1) 求负载电阻 R_L 折算到初级的等效电阻 R'_L 和信号源输出功率。

(2) 当将负载直接与信号源联接时,信号源输出功率为多少?

13. 某单相变压器额定容量为 $50\mathrm{VA}$,额定电压为 $220\mathrm{V}/36\mathrm{V}$,求初级、次级绕组的额定电流。

3.3 分析计算题(提高部分)

1. 如图 3.3 所示电路中,三相电源线电压为 $6000\mathrm{V}$,线路阻抗 $Z_1=1+\mathrm{j}1.5\Omega$,每相负载阻抗 $Z=30+\mathrm{j}20\Omega$,求每相负载线电压及每相负载吸收的功率。

2. 在如图 3.4 所示电路中,已知三相电源线电压 $U_1=380\mathrm{V}$,星形负载有功功率 $P_1=10\mathrm{kW}$,功率因数 $\lambda_1=0.85$,三角形负载有功功率 $P_2=20\mathrm{kW}$,功率因数 $\lambda_2=0.8$,求负载总的线电流的有效值。

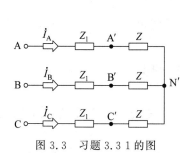
图 3.3 习题 3.3 1 的图

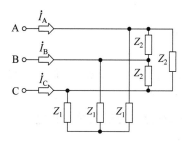
图 3.4 习题 3.3 2 的图

3. 在如图 3.5 所示电路中,已知三相电源线电压为 $380\mathrm{V}$,线路阻抗 $Z_1=1+\mathrm{j}1\Omega$,Y 形负载阻抗 $Z_Y=4-\mathrm{j}3\Omega$,$\triangle$ 负载阻抗 $Z_\triangle=12+\mathrm{j}9\Omega$,中线阻抗 $Z_N=3+\mathrm{j}1\Omega$,求线电流 $\dot{I}_A$、$\dot{I}_B$ 和 $\dot{I}_C$(A 相相电压初相位为零)。

4. 如图 3.6 所示电路中,已知线电压为 $380\mathrm{V}$,每相负载阻抗 $Z=3.\mathrm{j}4\Omega$,求下列情况下三相负载吸收的总功率。(1)线路电阻 $R_1=0$。(2)线路电阻 $R_1=0.2\Omega$。

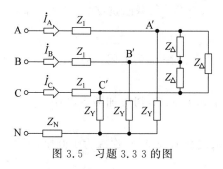
图 3.5 习题 3.3 3 的图

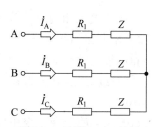
图 3.6 习题 3.3 4 的图

5. 如图 3.7 所示电路中负载线电压为 $380\mathrm{V}$。三角形负载有功功率 $P=10\mathrm{kW}$,$\lambda=0.8$;星形负载有功功率 $P=5.25\mathrm{kW}$,$\lambda=0.855$,线路阻抗 $Z_1=0.1+\mathrm{j}0.2\Omega$,试求电源的线电压的有效值。

6. 如图 3.8 所示电路接在线电压为 380V 的工频三相四线制电源上。(1)求各相负载相电流和中线电流。(2)求三相负载的平均功率。

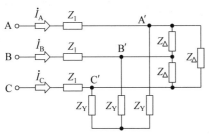

图 3.7 习题 3.3 5 的图

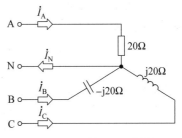

图 3.8 习题 3.3 6 的图

7. 对称 Y-Y 三相电路中,电源线电压为 380V,每相负载阻抗 $Z = 38.5\underline{/36.8°}\ \Omega$,求三相负载的视在功率 S、平均功率 P、无功功率 Q 和功率因数 λ。

8. 已知三角形负载电路的线电压为 380V,负载阻抗 $Z = 15\underline{/36.8°}\Omega$,求每相负载的视在功率和平均功率。

9. 如图 3.9 所示变压器次级绕组中间有抽头,当 1、3 间接 16Ω 喇叭时阻抗匹配,1、2 间接 4Ω 喇叭时阻抗也匹配,求次级线圈两部分匝数比。

10. 如图 3.10 所示电路已达稳态,变压器非理想,求电流表读数。若开关断开瞬间电流表正偏,请判断变压器绕组同名端。

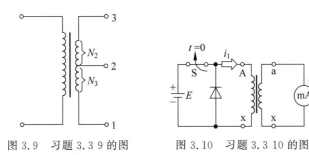

图 3.9 习题 3.3 9 的图   图 3.10 习题 3.3 10 的图

3.4 应用题

1. 对称三相电路的相电压为 220V,感性负载电流为 10A,功率因数为 0.6。为使功率因数提高到 0.9,需接入星形联接电容电路或三角形联接电容电路。试分别求星形联接和三角形联接时的电容值。

2. 有人为了安全,将电炉烤箱的外壳接在 220V 交流电源进线的中线上,这样安全吗?

3. 某单位要选用一台 Y/Y。—12 型三相电力变压器,将 10kV 交流电压变换到 400V,供动力和照明。已知该单位三相负载总功率为 320kW,额定功率因数为 0.8。(1)请计算所需三相变压器的额定容量和初级、次级的额定电流。(2)该变压器可带

100W 的灯泡多少个?

4. 有两台变压器正在运行,测得第一台变压器初级电流为 16A,第二台变压器的初级电流为 12A,由此可以得出,第一台变压器的励磁电流大于第二台变压器。这种说法是否正确? 为什么?

5. 变压器的电压比等于匝数比,现有一台 2000/500 匝的变压器需要重绕,根据上面的理论,为节省成本,改绕为 200/50 匝,它能取代原先的变压器吗? 为什么?

6. 某单相变压器,其额定容量为 50VA,额定电压为 220/36V,若运行时接反,会出现什么情况?

第 4 章

电路的暂态分析

本章要点：

本章从动态电路初始值的计算出发，介绍时间常数、零输入响应、零状态响应、全响应等动态电路分析基本概念；RC 电路、RL 电路的零输入响应、零状态响应及全响应的计算；一阶电路动态分析三要素法；暂态过程的利用及预防。读者应深入理解动态电路初始值、时间常数、零输入响应、零状态响应、全响应等动态电路分析基本概念，掌握初始值计算、RC 电路、RL 电路零输入响应、零状态响应及全响应的计算，能熟练运用三要素法求解电路。

本书第 2 章指出,电容、电感不是构成直流电路的常见元件,一般不在直流激励下使用。

在日常生活中,电容还是常在直流环境下使用,如电池充电应用。另外,理想的电阻元件是不存在的,因此,常见电器设备均具有电容、电感特性,掌握电容、电感在直流激励下的暂态响应特点具有重要的应用意义。

4.1 暂态过程中的电压电流的初始值

本节介绍暂态过程中的电压电流的初始值。

4.1.1 什么是暂态

含有电容或电感的电路具有动态特性。当含有电容或电感的电路状态发生改变时,将使电路改变原来的工作状态,这种转变需要经历一个过程,称为暂态过程,可通过如图 4.1.1 所示一阶 RC 电路来理解。

如图 4.1.1 所示一阶 RC 电路中,电容元件初始没有储能,电容电压为 0。$t=0$ 瞬间,直流电源 U_S 接通,电路中的电压等参数发生变化,电容元件两端的电压变化率不为 0,电容元件两端有电流流过。之后,在直流电源 U_S 的作用下,电路中的电压等参数将逐渐稳定,电容元件两端的电压变化率将逐渐变为 0,电路进入稳定状态。

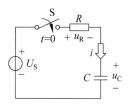

图 4.1.1　一阶 RC 电路

可见,电路从一种稳定状态转到另一种新的稳定状态往往不能跃变,而是需要一定的过程(时间),这个过渡过程称为暂态过程(简称暂态),相应的响应称为暂态响应。

与暂态相对应的概念是稳态。在直流激励或正弦激励下,含动态元件的电路经过一段时间,最终将处于稳定工作状态(简称稳态),相应的响应称为稳态响应。

4.1.2 换路定则

电路分析中把电路的结构或参数发生的突然变化统称为换路,且认为换路是即刻完成的。

当电路发生换路时,如果通过电容元件的电流为有限值,则电容电压不能跃变。如果电感元件两端的电压为有限值,则电感电流不能跃变。这一结论称为换路定则。

电容电压不能跃变的简要解释如下:

设换路在 $t=0$ 时刻进行,并把换路前的最终时刻记作 $t=0_-$,换路后的最初时刻记作 $t=0_+$,换路经历的时间为 0_- 到 0_+。0_+ 与 0、0 与 0_- 之间的间隔都趋于零。初始时刻($t=0_+$)电路响应(电压、电流)及其导数在 $t=0_+$ 的值,称为初始值。

电容元件积分形式的电压电流关系为

$$u_C(t) = u_C(t_0) + \frac{1}{C}\int_{t_0}^{t} i_C(\xi)\mathrm{d}\xi$$

如果电容元件在 $t=0_-$ 的电压为 $u_C(0_-)$，则 $t=0_+$ 时的电压为

$$u_C(0_+) = u_C(0_-) + \frac{1}{C}\int_{0_-}^{0} i_C(\xi)\mathrm{d}\xi$$

如果 $t=0_-$ 到 $t=0_+$ 瞬间电容电流 i_C 的值是有限的，则

$$\int_{0_-}^{0_+} i_C(\xi)\mathrm{d}\xi = 0$$

所以

$$u_C(0_+) = u_C(0_-) \tag{4.1.1}$$

类似地，有

$$i_L(0_+) = i_L(0_-) \tag{4.1.2}$$

除了电容电压和电感电流不能跃变外，其余电压电流都是可以跃变的。

4.1.3 电压电流初始值的计算

含电容或电感的电路具有动态特性，称为动态电路。电容电压和电感电流的初始值称为独立的初始条件，其余的称为非独立初始条件。

独立初始条件 $u_C(0_+)$ 和 $i_L(0_+)$，一般可以根据它们在 $t=0_-$ 时的值 $u_C(0_-)$ 和 $i_L(0_-)$ 确定。$u_C(0_-)$ 和 $i_L(0_-)$ 可通过作出 $t=0_-$ 时刻的等效电路，由基尔霍夫电压、电流定律和欧姆定律等电路基本定律来解出。

若换路前电路处于直流稳态，则在求解 $u_C(0_-)$ 和 $i_L(0_-)$ 的等效电路中，电容相当于开路，电感相当于短路；若换路前电路处于正弦稳态，则在作 $t=0_-$ 等效电路时，电容电感用相应的阻抗表示，用相量法求出相量 $\dot{U}_C$、$\dot{I}_L$，再求出相应的 u_C、i_L 在 $t=0_-$ 时刻的值。

动态电路中的非独立初始条件由于换路前后都可以跃变，因此不能直接由换路定则求出，而需要作出 $t=0_+$ 时刻的等效电路，用电路分析的方法求出。作 $t=0_+$ 等效电路时，可将电容元件用电压为 $u_C(0_+)$ 的电压源代替，如 $u_C(0_+)=0$，则用短路线代替，将电感元件用电流为 $i_L(0_+)$ 的电流源代替，如 $i_L(0_+)=0$，则用开路线代替。

【例 4.1.1】 如图 4.1.2 所示电路中，电源电压 $U_S=10\text{V}$，$R_1=6\Omega$，$R_2=4\Omega$，$L=2\text{H}$，$t=0$ 时开关 S 闭合，S 闭合前电路处于稳态。求 $t=0_+$ 时刻的 i、i_L、i_1、u_L、$\dfrac{\mathrm{d}i_L}{\mathrm{d}t}$。

解：

(1) 动态元件为电感，应先求 $i_L(0_+)$。

由于换路前电路处于稳态，电感相当于短路，由如图 4.1.2 所示电路可得

$$i_L(0_+) = i_L(0_-) = \frac{U_S}{R_1+R_2} = \frac{10}{6+4} = 1\text{A}$$

（2）求其他初始值。

画出 $t=0_+$ 等效电路（L 用电流源 $i_L(0_+)$ 代替）如图 4.1.3 所示。

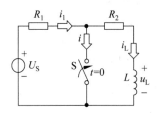
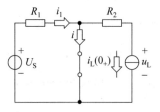

图 4.1.2　例 4.1.1 的图 1　　　　图 4.1.3　例 4.1.1 的图 2

求解右边回路，有

$$u_L(0_+)=-R_2 i_L(0_+)=-4\times 1=-4V$$

求解左边回路，有

$$R_1 i_1(0_+)=U_S$$

故

$$i_1(0_+)=\frac{U_S}{R_1}=\frac{10}{6}=\frac{5}{3}A$$

所以

$$i(0_+)=i_1(0_+)-i_L(0_+)=\frac{5}{3}-1=\frac{2}{3}A$$

$$\frac{\mathrm{d}}{\mathrm{d}t}i_L\bigg|_{0_+}=\frac{u_L(0_+)}{L}=\frac{-4}{2}=-2A/s$$

【例 4.1.2】　如图 4.1.4 所示电路中，电压源的电压 $U_S=20V$，$R_1=4k\Omega$，$R_2=2k\Omega$，$R_3=4k\Omega$，$C=2\mu F$，在 $t=0$ 时开关闭合，S 闭合前电路已达稳态，求 $t=0_+$ 时刻 u_C、i_C、i_1、i_3、$\dfrac{\mathrm{d}u_C}{\mathrm{d}t}$。

解：

（1）动态元件为电容，应先求 $u_C(0_+)$。

由于换路前电路处于稳态，电容相当于开路，由如图 4.1.4 所示电路，有

$$u_C(0_+)=u_C(0_-)=U_S=20V$$

画出 $t=0_+$ 时刻的等效电路（电容元件用电压源 $u_C(0_+)$ 代替）如图 4.1.5 所示。

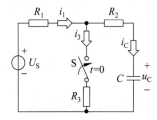
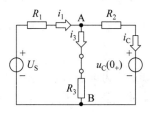

图 4.1.4　例 4.1.2 的图 1　　　　图 4.1.5　例 4.1.2 的图 2

（2）求其他初始值。

先用结点电压法求如图 4.1.5 所示电路中 A、B 结点间的电压。由式(1.7.2)，有

$$u_{AB} = \frac{\dfrac{U_S}{R_1} + \dfrac{U_C(0_+)}{R_2}}{\dfrac{1}{R_1} + \dfrac{1}{R_2} + \dfrac{1}{R_3}} = 15V$$

所以

$$i_C(0_+) = \frac{[u_{AB} - u_C(0_+)]}{R_2} = -2.5mA$$

$$\frac{d}{dt}u_C\bigg|_{0_+} = \frac{i_C(0_+)}{C} = \frac{-2.5 \times 10^{-3}}{2 \times 10^{-6}} = -1.25 \times 10^3 V/s$$

$$i_1(0_+) = \frac{(U_S - u_{AB})}{R_1} = 1.25mA \quad i_3(0_+) = \frac{u_{AB}}{R_3} = 3.75mA$$

【例 4.1.3】　如图 4.1.6 所示电路中，电源电压 $U_S = 10V$，$R_1 = 4\Omega$，$R_2 = 6\Omega$，在 $t = 0$ 时打开开关 S，求 $t = 0_+$ 时刻的 u_C、i_L、i_C、u_C 和 u_{R2}。

解：

（1）动态元件为电容、电感，应先求 $u_C(0_+)$ 和 $i_L(0_+)$。

电路换路前处于稳态，电感相当于短路，电容相当于开路，得

$$u_C(0_+) = u_C(0_-) = \frac{R_2 U_S}{R_1 + R_2} = \frac{6 \times 10}{4 + 6} = 6V$$

$$i_L(0_+) = i_L(0_-) = \frac{U_S}{R_1 + R_2} = \frac{10}{4 + 6} = 1A$$

（2）求其他初始值。

画出 $t = 0_+$ 时刻的等效电路(图 4.1.6 中电容用电压源 $u_C(0_+)$ 代替，电感用电流源 $i_L(0_+)$ 代替)如图 4.1.7 所示。求解电路，有

$$i_C(0_+) = -i_L(0_-) = -1A \quad u_{R2}(0_+) = R_2 i_L(0_+) = 6 \times 1 = 6V$$

$$u_L(0_+) = -u_{R2}(0_+) + u_C(0_+) = -6 + 6 = 0$$

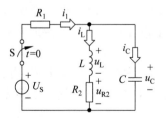
图 4.1.6　例 4.1.3 的图 1

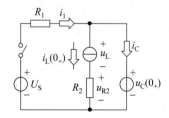
图 4.1.7　例 4.1.3 的图 2

思考与练习

4.1.1　如图 4.1.8 所示电路换路前已达稳态，求开关 S 闭合后的初始值 $i_L(0_+)$、

$u_L(0_+)$。

4.1.2　如图 4.1.9 所示电路换路前已处于稳态。求开关 S 断开后的初始值 $i_C(0_+)$ 和 $u_C(0_+)$。

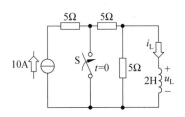 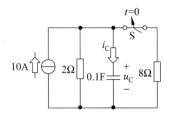

图 4.1.8　思考与练习 4.1.1 的图　　　　图 4.1.9　思考与练习 4.1.2 的图

4.2　一阶动态电路暂态响应的分类与求解思路

只具有一个动态元件的电路称为一阶动态电路,包括一阶 RC、一阶 RL 等多种类型。这里介绍一阶动态电路暂态响应的分类与求解思路。

4.2.1　一阶动态电路暂态响应的分类及其求解思路

动态电路在没有电源作用的情况下,由电路的初始储能所产生的响应,称为零输入响应。

如图 4.2.1 所示电路中,开关 S 位于位置"1",电容电压 $u_C(0_-)=U_0$。在 $t=0$ 时刻开关拨向位置"2",电容与电源断开,RC 电路处于零输入状态,相应的响应称为零输入响应。

开关拨向位置"2"前电容已充电,其电压 $u_C(0_-)=U_0$。开关动作后电容放电,在放电过程中电容储能将通过电阻以热能形式释放出来,最后电容储能消耗殆尽,放电过程结束,电路进入稳态。

动态电路中所有动态元件的初始储能为零,或在 $t=0_+$ 时刻电路中所有电容电压、电感电流都为零称为零状态。动态电路在零状态下由外加激励所产生的响应,称为零状态响应。

图 4.2.2 所示一阶 RC 电路中,开关 S 闭合前,电路与直流电源断开,电容电压初始状态为零,处于零状态;当 $t=0$ 时开关闭合,电路与电源接通,电源向电容充电,产生的响应为零状态响应。

开关闭合后,电源将对电容充电,电容将从电源获得的能量以电压的形式储存,最后,电容充电完成,电容上的电压等于电源的电动势,电路进入稳态。

零输入响应、零状态响应具有非常实际的现实意义。严格上讲,所有电器设备断电后将进入暂态,相应的响应为零输入响应。类似地,所有电器设备初始上电时也将进入暂态,相应的响应为零状态响应。

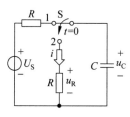
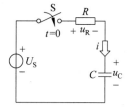

图 4.2.1　零输入响应　　　　图 4.2.2　零状态响应的图

当动态电路处于在非零状态时,在外加激励作用下的响应称为全响应。全响应为外部输入不为 0,动态元件的初始储能不为零的电路响应。由叠加原理可知,全响应＝零输入响应＋零状态响应。

全响应也具有非常实际的现实意义。如正在工作的电子设备突然受到外部能量干扰,电路将进入暂态,相应的响应为全响应。

只含一个动态元件的线性电路可用一阶常微分方程来描述。

如图 4.2.2 所示一阶 RC 电路,开关闭合后,有

$$i = C \frac{\mathrm{d}u_\mathrm{C}}{\mathrm{d}t}$$

可写出电阻上的电压

$$u_\mathrm{R} = Ri = RC \frac{\mathrm{d}u_\mathrm{C}}{\mathrm{d}t}$$

将 u_C 用 u_R 表示,有

$$u_\mathrm{R} = RC \frac{\mathrm{d}(U_\mathrm{S} - u_\mathrm{R})}{\mathrm{d}t}$$

整理后,有:

$$u_\mathrm{R} + RC \frac{\mathrm{d}u_\mathrm{R}}{\mathrm{d}t} = 0 \tag{4.2.1}$$

求解式(4.2.1),可求出电阻上的电压 u_R 的响应表达式,基于上面的分析,可总结一阶动态电路各响应的初步求解思路如下:

列出代求参数的常微分方程,通过求解常微分方程解出电路的响应。

当然,式(4.2.1)只可求出电压 u_R 的响应表达式,若要利用上面的方法求出其他电路变量的响应表达式,则还需进一步列出其他电路变量的常微分方程,求解该常微分方程从而求出该电路变量的响应。

4.2.2　一阶 RC 电路的零输入响应

一阶 RC 电路零输入响应的参考电路如图 4.2.1 所示,下面介绍如何利用微分方程求解该电路上的电容上的电压 u_C 的响应表达式。

列换路后的基尔霍夫电压方程,有

$$u_R - u_C = 0$$

将元件的电压电流关系

$$u_R = Ri \quad i = -C\frac{\mathrm{d}u_C}{\mathrm{d}t} \quad （请注意参考方向）$$

代入上述方程,得

$$RC\frac{\mathrm{d}u_C}{\mathrm{d}t} + u_C = 0 \tag{4.2.2}$$

这是一阶齐次微分方程,初始条件 $u_C(0_+) = u_C(0_-) = U_0$,此方程的通解为

$$u_C = A\mathrm{e}^{pt}$$

式中,A 为积分常数,p 为特征根。将通解代入微分方程后,有

$$(RCp + 1)A\mathrm{e}^{pt} = 0$$

相应特征方程为

$$RCp + 1 = 0$$

所以,特征根为

$$p = -\frac{1}{RC}$$

将电路的初始条件 $u_C(0_+) = u_C(0_-) = U_0$ 代入式(4.2.2),并命 $t = 0_+$,则求得积分常数 A 为

$$A = U_0$$

这样,求得 RC 电路的零输入响应电压

$$u_C = U_0\mathrm{e}^{-\frac{1}{RC}t} \quad (t > 0) \tag{4.2.3}$$

电路的电流

$$i = -C\frac{\mathrm{d}u_C}{\mathrm{d}t} = -C\frac{\mathrm{d}}{\mathrm{d}t}(U_0\mathrm{e}^{-\frac{t}{RC}}) = -C\left(-\frac{1}{RC}U_0\mathrm{e}^{-\frac{t}{RC}}\right)$$

$$= \frac{U_0}{R}\mathrm{e}^{-\frac{t}{RC}} \quad (t > 0) \tag{4.2.4}$$

可见,电压 u_C 和电流 i 都是按照同样的指数规律衰减的。u_C 和 i 的波形如图 4.2.3 所示,它们都是一条指数衰减曲线。i 是放电电流随时间变化的波形图,在 $t = 0$ 时刻电流由零值跃变为初始值 $\frac{U_0}{R}$,然后按指数规律衰减,最后为零值。

电阻上的电压

$$u_R = u_C = U_0\mathrm{e}^{-\frac{t}{RC}} \quad (t > 0) \tag{4.2.5}$$

可见,电阻上的电压表示式在图 4.2.1 所示的电压电流参考向下,与电容电压的表示式完全相同。以上的电压电流表示式,都适用于 $t > 0$,为了简便,一般不再说明 $t > 0$。

从式(4.2.3)、式(4.2.4)和式(4.2.5)可以看出,u_C、u_R 和 i 都是按同样指数规律衰减的。其衰减的快慢取决于指数中 $1/RC$ 的大小,其值由分母 RC 的乘积来确定。RC

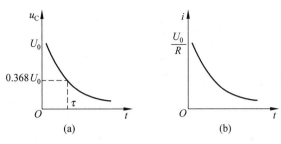

图 4.2.3　零输入响应的波形

乘积的单位为

$$\Omega \cdot F = \Omega \cdot \frac{C}{V} = \Omega \cdot \frac{A \cdot s}{V} = s$$

与时间的单位相同,因此把 RC 的乘积用 τ 表示,称为时间常数。时间常数 τ 只取决于 RC 电路的参数 R 和 C,与电路的初始储能无关,它反映了电路本身的固有性质。

引入时间常数 τ 后,电压 u_C、u_R 和 i 可分别表示为

$$\left.\begin{array}{l} u_C = U_0 e^{-\frac{t}{\tau}} \\[2mm] u_R = U_0 e^{-\frac{t}{\tau}} \\[2mm] i = \frac{U_0}{R} e^{-\frac{t}{\tau}} \end{array}\right\} \tag{4.2.6}$$

显然,u_C、u_R 和 i 的衰减快慢取决于时间常数 τ 的大小。若 τ 越小,则电压、电流衰减就越快;τ 越大,则衰减就越慢。经过计算。

$$t = 0_+ \text{ 时 } \quad u_C(0_+) = U_0$$

$$t = \tau \text{ 时 } \quad u_C(\tau) = U_0 e^{-\tau} = 0.368 U_0$$

这表明 u_C 经过一个时间常数 τ 的时间,u_C 衰减到它的初始值 $u_C(0)$ 的 36.8%,还可以算出 $t = 2\tau$、3τ、4τ、5τ…时间 u_C 的值。具体如表 4.2.1 所示。

表 4.2.1　不同时间 u_C 的值（表中参数为初始值 U_0 的倍数）

t	0_+	τ	2τ	3τ	4τ	5τ	$\cdots$	∞
$u_C(t)$	1	0.368	0.135	0.05	0.018	0.007	$\cdots$	0

由表 4.2.1 可见,理论上要经过无限长的时间才能衰减到零值,但实际上经过 $3\tau \sim 5\tau$ 的时间,u_C 已衰减到初始值 $u_C(0)$ 的 5%～0.7%,可以认为暂态过程已经结束了。可见,时间常数 τ 的大小,反映了一阶电路暂态过程进展的快慢,时间常数越小,暂态过程进展越快,持续时间越短。

时间常数的大小,还可以从 u_C 曲线上用几何方法求得。在图 4.2.4(b) 中,在 u_C 曲线上取一点 $A(t_0$ 时刻),通过 A 点作切线 AC,则图中的次切距为

$$BC = \frac{AB}{\tan x} = \frac{u_C(t_0)}{-\dfrac{\mathrm{d}}{\mathrm{d}t}u\Big|_{t_0}} = \frac{U_0 \mathrm{e}^{-\frac{t_0}{\tau}}}{\dfrac{1}{\tau}U_0 \mathrm{e}^{-t_0/\tau}} = \tau$$

即在时间坐标上次切距长度等于时间常数 τ。

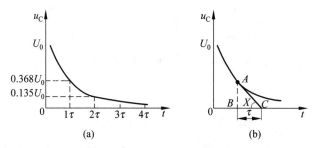

图 4.2.4 时间常数 τ 的意义

注意:(1)RC 电路的时间常数反映了电路本身的固有性质,特征根 p 与时间常数 τ 的关系是 $p = -\dfrac{1}{\tau}$,p 的单位是 s^{-1}[秒$^{-1}$],是频率的量纲,因此 p 又称为固有频率,它也反映了电路本身的固有性质。(2)RC 电路放电过程中,电容初始储能 $W(0_+) = \dfrac{1}{2}Cu_C^2$ $(0_+) = \dfrac{1}{2}CU_0^2$,在放电过程中此初始储能全部为电阻所吸收,变换为热能而散失,所以电阻在放电过程中消耗的能量正好等于初始储能。

【例 4.2.1】 在如图 4.2.5 所示电路中,开关 S 在位置 1 时电路处于稳态。在 $t=0$ 时开关由位置 1 换在位置 2,求电压 u_C 和电流 $i(t > 0)$。

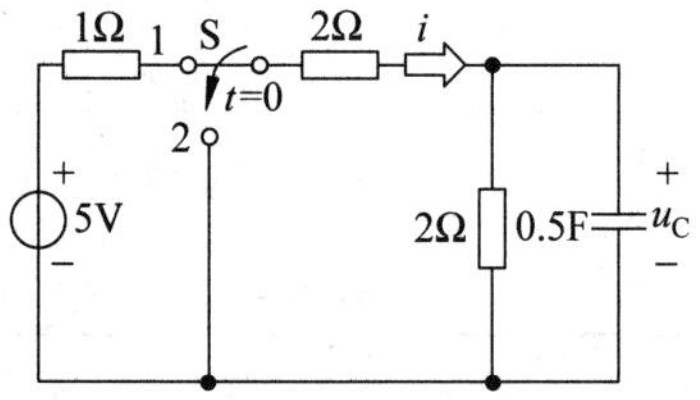

解:

(1)先求初始值

$t = 0_-$,电容视为开路,$u_C(0_+) = u_C(0_-) = $

$\dfrac{5 \times 2}{1+2+2} = 2\mathrm{V}$

(2)再求换路后电路的响应

换路后,电路等效电阻为

图 4.2.5 例 4.2.1 的图

$$R_0 = \frac{2 \times 2}{2+2} = 1\Omega$$

时间常数

$$\tau = R_0 C = 1 \times 0.5 = 0.5\mathrm{s}$$

由式(4.2.3),有(注意电流 i 的方向)

$$u_C = u_C(0_+)\mathrm{e}^{-\frac{t}{\tau}} = 2\mathrm{e}^{-2t}\,\mathrm{V} \qquad i = \frac{-u_C}{2} = -\mathrm{e}^{-2t}\,\mathrm{A}$$

4.2.3 一阶 RC 电路的零状态响应

一阶 RC 电路零状态响应的参考电路如图 4.2.2 所示,下面介绍如何利用微分方程求解该电路上的电容上的电压 u_C 的响应表达式。

列出换路后的回路方程,有

$$u_R + u_C = U_S$$

把元件电压电流关系

$$u_R = Ri \quad i = C\frac{du_C}{dt}$$

代入上式,得

$$RC\frac{du_C}{dt} + u_C = U_S \tag{4.2.7}$$

式(4.2.7)是一阶线性非齐次微分方程。它的解可以表示为

$$u_C = u'_C + u''_C$$

式中,u'_C、u''_C 分别为微分方程的特解和通解。u'_C 与外加激励的形式相同,又称强制分量,其特解形式为

$$u'_C = K$$

代入非齐次微分方程,得

$$K = U_S,\text{所以特解 } u'_C = U_S$$

由上式知,特解 u'_C 反映了电路的稳态特性,所以又称为稳态分量。

u''_C 为对应齐次微分方程的通解。对应的齐次方程为

$$RC\frac{du''_C}{dt} + u''_C = 0$$

通解形式如下

$$u''_C = Ae^{-\frac{t}{RC}} = Ae^{-\frac{t}{\tau}} = Ae^{pt}$$

它取决于特征根,又称为自由分量(另外,u''_C 反映了电路的暂态特性,所以又称为暂态分量)。所以,电容电压为

$$u_C = U_S + Ae^{-\frac{t}{\tau}}$$

据 $u_C(0_+) = u_C(0_-) = 0$,代入上式得

$$u_C(0_+) = U_S + A = 0$$

故得积分常数

$$A = -U_S$$

于是得出电容电压的零状态响应

$$u_C = U_S - U_S e^{-\frac{t}{\tau}} = U_S(1 - e^{-\frac{t}{\tau}}) \tag{4.2.8}$$

式(4.2.7)就是电容在充电过程中电容电压随时间变化的表示式,其波形如图4.2.6所示。由波形图可见,电容电压 u_C 是从起始零值按指数规律上升的,最终趋于稳态值 U_S。当 $t=\tau$ 时,电容电压值为

$$u_C(\tau)=U_S(1-e^{-\frac{t}{\tau}})=U_S(1-0.368)=0.632U_S$$

当 $t=3\tau$ 时

$$u_C(3\tau)=U_S(1-0.05)=0.95U_S$$

当 $t=5\tau$ 时

$$u_C(5\tau)=U_S(1-0.007)=0.993U_S$$

充电过程的快慢决定于 τ 的大小,一般经过 $3\tau\sim5\tau$ 的时间可认为充电结束。

直接写出电阻上的电压及电流,有

$$u_R=U_S-u_C=U_S e^{-\frac{t}{\tau}} \tag{4.2.9}$$

$$i=\frac{u_R}{R}=\frac{U_S}{R}e^{-\frac{t}{\tau}} \tag{4.2.10}$$

可作出 u_C、u_R 和 i 的波形如图4.2.6所示。

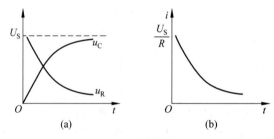

图 4.2.6　电压电流的波形图

RC电路的零状态响应过程,实质上就是电容储能从无到有的增长过程。电路达稳态时,电容储能为

$$W_C=\frac{1}{2}CU_S^2$$

在充电过程中电源提供的能量,一部分储存在电容的电场中,另一部分则被电阻消耗。

【例4.2.2】　如图4.2.7所示电路中,开关S闭合前电路处于零状态 $[u_C(0_-)=0]$,$t=0$ 开关闭合,求开关闭合后电容电压 u_C。

解:

(1) 先求初始值

$$u_C(0_+)=u_C(0_-)=0$$

(2) 再求换路后的电路的响应

开关闭合后,对电容支路,其戴维宁等效电路如图4.2.8所示。电路的等效电阻 R_0 为

$$R_0=4+2=6\Omega$$

开路电压 U_{OC} 为

$$U_{\text{OC}} = 4 \times 2 = 8\text{V}$$

如图 4.2.8 所示电路的时间常数 τ 为

$$\tau = R_0 C = 6 \times 0.5 = 3\text{s}$$

所以，

$$u_{\text{C}} = U_{\text{OC}}(1 - \text{e}^{-\frac{t}{\tau}}) = 8(1 - \text{e}^{-\frac{t}{3}})\text{V}$$

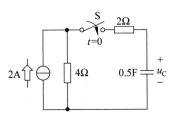
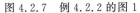

图 4.2.7　例 4.2.2 的图 1

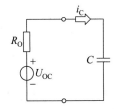

图 4.2.8　例 4.2.2 的图 2

4.2.4　一阶 RC 电路的全响应

当如图 4.2.2 所示电路的初始状态为 $u_{\text{C}}(0_+) = U_0$（不为 0），该电路的输入、电容上的初始储能均不为 0，相应的响应称为全响应。

依照叠加原理，该电路上的响应为 $u_{\text{C}}(0_+)$、U_{S} 单独作用下的响应的叠加，有

全响应＝零输入响应＋零状态响应

$u_{\text{C}}(0_+)$ 单独作用下电容上的电压 u_{C} 的响应表达式如式（4.2.5）所示，U_{S} 单独作用下电容上的电压 u_{C} 的响应表达式如式（4.2.7）所示，因此，有

$$u_{\text{C}} = U_0 \text{e}^{-\frac{t}{\tau}} + U_{\text{S}}(1 - \text{e}^{-\frac{t}{\tau}})$$

整理后，有

$$u_{\text{C}} = U_{\text{S}} + (U_0 - U_{\text{S}})\text{e}^{-\frac{t}{\tau}} \tag{4.2.11}$$

等式右边第一项是稳态分量，又是强制分量，它等于直流电压源电压。第二项是暂态分量，又是自由分量，它随着时间增长而按指数规律衰减为零。所以全响应还可表示为

全响应＝稳态分量＋暂态分量

或

全响应＝强制分量＋自由分量

电阻电压

$$u_{\text{R}} = U_{\text{S}} - u_{\text{C}} = (U_{\text{S}} - U_0)\text{e}^{-\frac{t}{\tau}}$$

电路电流

$$i = \frac{u_{\text{R}}}{R} = \frac{U_{\text{S}} - U_0}{R}\text{e}^{-\frac{t}{\tau}}$$

$U_0 < U_{\text{S}}$ 情况下，u_{C}、u_{R} 和 i 的波形图如图 4.2.9 所示。

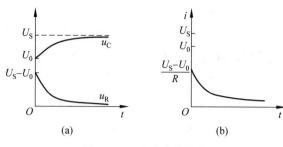

图 4.2.9 全响应的波形

思考与练习

4.2.1 为什么如图 4.2.1 所示电路中流过电阻的电流为正值而例 4.2.1 中流过电阻的电流为负值?

4.2.2 什么是自由响应、强制响应、零输入响应、零状态响应、暂态响应、稳态响应与全响应?

4.2.3 电路如图 4.2.10(a)所示,图(b)为 C 分别为 $10\mu F$、$20\mu F$、$30\mu F$、$40\mu F$ 时所得四根 u_R 曲线,问 $30\mu F$ 对应哪根曲线?

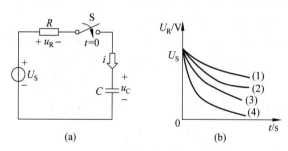

图 4.2.10 思考与练习 4.2.1 的图

4.2.4 什么是 RC 电路的时间常数?试说明它的物理意义和计算方法。为什么时间常数 τ 和固有频率 p 都是反映电路本身性质的物理量?它们之间有什么关系?

4.2.5 如图 4.2.11 所示电路中电容为 $2\mu F$,$u_C(0_-)=5V$,$R=1k\Omega$,求换路后电容的电压和电流。

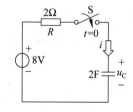

图 4.2.11 思考与练习 4.2.5 的图

4.3 一阶动态电路暂态分析的三要素法

只含一个动态元件(或可以等效为一个动态元件)的线性电路可用一阶常微分方程来描述,电路的全响应为强制分量(稳态分量)与自由分量(暂态分量)的叠加。

直流激励下,一阶 RC 电路电容电压的全响应为(式(4.2.10))

$$u_C(t) = U_S + (U_0 - U_S)e^{-\frac{t}{\tau}} \text{ V}$$

分析上式,有

$$U_0 = U_C(0_+) \quad U_S = U_C(\infty)$$

因此,有

$$u_C(t) = U_C(\infty) + [U_C(0_+) - U_C(\infty)]e^{-\frac{t}{\tau}} \text{ V}$$

写成通用表达式,具体为

$$f(t) = f(\infty) + [f(0_+) - f(\infty)]e^{-\frac{t}{\tau}} \tag{4.3.1}$$

式中,$f(\infty)$ 为电容电压的稳态值,$f(0_+)$ 为电容电压的初始值,τ 为一阶动态电路的时间常数。

可见,对一阶 RC 电路电容电压响应的求解,只要求得 $f(\infty)$、$f(0_+)$ 和 τ 这三个要素,便可直接由式(4.3.1)写出电路的响应。

对于 $f(\infty)$、$f(0_+)$、τ 三要素的计算做以下说明。

(1) 直流激励下,$f(\infty)$ 是电路的稳态值。在具体计算时,电容用开路线代替,按电阻电路计算出相应的开路电压即为 $f(\infty)$。

(2) 初始值 $f(0_+)$ 的计算按照 4.1 节介绍的方法进行计算。

(3) RC 电路的时间常数 $\tau = R_0 C_0$;其中,C_0 为等效电容,R_0 为对储能元件以外的部分做戴维宁(或诺顿)等效的等效电阻。

当然,也可利用三要素法求出一阶 RC 电路的其余电压电流。具体计算时可先用三要素法求出电容电压,然后按变换后的电路求出该参数的三要素并由式(4.3.1)直接写出该参数的响应。

三要素法是按全响应等于强制分量与自由分量得出的,但也可用三要素法计算零输入响应与零状态响应。显然,零输入响应、零状态响应是全响应的特殊形式。零输入响应对应稳态值为零的全响应,零状态响应对应初始值为零的全响应。

即当 $f(0_+) = 0$ 时依三要素法计算出的全响应为零状态响应,当 $f(\infty) = 0$ 时依三要素法计算出的全响应为零输入响应。

【例 4.3.1】 请用三要素法计算例 4.2.1。

解:

(1) 先求换路后的稳态值

电路换路后输入为 0,因此,换路后的稳态值 $u_C(\infty) = 0\text{V}$

(2) 再求初始值

$t = 0_-$,电容视为开路,$u_C(0_+) = u_C(0_-) = \dfrac{5 \times 2}{1 + 2 + 2} = 2\text{V}$

(3) 求时间常数

$$\tau = R_0 C_0 = (2//2) \times 0.5 = 0.5$$

由式(4.3.1)可直接写出电容电压的响应如下：

$$u_C = u_C(\infty) + [u_C(0_+) - u_C(\infty)]e^{-\frac{t}{\tau}} = u_C(0_+)e^{-\frac{t}{\tau}} = 2e^{-2t} \text{ V}$$

(4) 继续用三要素法求电流 i

$$i(0_+) = -u_C(0_+)/2 = -1\text{A} \quad i(\infty) = -u_C(\infty)/2 = 0\text{A}$$

由式(4.3.1)可直接写出电流 i 的响应如下：

$$i = i(\infty) + [i(0_+) - i(\infty)]e^{-\frac{t}{\tau}} = i(0_+)e^{-\frac{t}{\tau}} = -1e^{-2t} \text{ A}$$

【例 4.3.2】 用三要素法计算例 4.2.2。

解：

(1) 先求换路后的稳态值

将如图 4.2.7 所示电路中的电流源及其并联电阻等效变换为电压源后可得电路如图 4.2.8 所示。由图 4.2.8 所示电路可求出换路后的稳态值 $u_C(\infty) = u_{OC} = 8\text{V}$

(2) 再求初始值

初始电源未接通，所以 $u_C(0_+) = u_C(0_-) = 0\text{V}$。

(3) 求时间常数

由例 4.2.2 得，$\tau = R_0 C = 6 \times 0.5 = 3\text{s}$

由式(4.3.1)可直接写出电容电压的响应如下：

$$u_C = u_C(\infty) + [u_C(0_+) - u_C(\infty)]e^{-\frac{t}{\tau}} = u_C(\infty)(1 - e^{-\frac{t}{\tau}}) = 8(1 - e^{-\frac{t}{3}})\text{V}$$

【例 4.3.3】 如图 4.3.1 所示电路中，电流源电流 $I_S = 1\text{mA}$，$R_1 = R_2 = 10\text{k}\Omega$，$R_3 = 30\text{k}\Omega$，$C = 10\mu\text{F}$，开关 S 断开电路已达稳态，$t = 0$ 时开关断开，求开关断开后的 u_C、u 和 i_C。

解 1：

先用三要素法求 u_C，再利用 u_C、u 和 i_C 间的关系求出 u 和 i_C。

(1) 先求 u_C 的三要素

$$u_C(0_+) = u_C(0_-) = R_1 I_S = 10 \times 10^3 \times 10^{-3} = 10\text{V}$$

$$u_C(\infty) = (R_1 + R_2)I_S = (10 + 10) \times 10^3 \times 10^{-3} = 20\text{V}$$

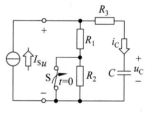

图 4.3.1 例 4.3.3 的图 1

对电容元件做戴维宁等效，其戴维宁等效电阻为

$$R_0 = R_1 + R_2 + R_3 = (10 + 10 + 30) \times 10^3 = 50\text{k}\Omega$$

$$\tau = R_0 C = 50 \times 10^3 \times 10 \times 10^{-6} = 0.5\text{s}$$

(2) 由三要素公式(4.3.1)写出 u_C，有

$$u_C(t) = u_C(\infty) + [u_C(0_+) - u_C(\infty)]e^{-\frac{t}{\tau}} = 20 + (10 - 20)e^{-2t}$$

$$= 20 - 10e^{-2t} \text{ V}$$

(3) 再求 u、i_C

换路后的电路如图 4.3.2 所示(图中，电容被视为电动势为 $u_C(t)$ 的电压源)。利用叠加定理，有

$$u = u' + u'' = \frac{(R_1 + R_2)R_3}{R_1 + R_2 + R_3}I_S + u_C(t)\frac{R_1 + R_2}{R_1 + R_2 + R_3} = 12 + \frac{2}{5}u_C(t)$$

将 u_C 代入上式,有

$$u = 20 - 4e^{-2t} \text{ V}$$

求解如图 4.3.2 所示电路的右边回路,有

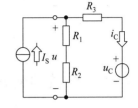

图 4.3.2　例 4.3.3 的图 2

$$i_C = C\frac{\mathrm{d}u_C}{\mathrm{d}t} = 10 \times 10^{-6} \times \frac{\mathrm{d}(20 - 10e^{-2t})}{\mathrm{d}t}$$

$$= 10 \times 10^{-6} \times 20e^{-2t} = 0.2e^{-2t} \text{ mA}$$

解 2:

直接用三要素法求出 u_C、u 和 i_C。

(1) u_C 求解如解 1

(2) 可利用 $u_C(0_+)$ 求出 $u(0_+)$ 及 $i_C(0_+)$

将如图 4.3.2 所示电路中的电压源视为电动势为 $u_C(0_+)$ 的电压源,利用叠加定理,可求 $u(0_+)$,有

$$u(0_+) = u'(0_+) + u''(0_+) = \frac{(R_1 + R_2)R_3}{R_1 + R_2 + R_3}I_S + u_C(0_+)\frac{R_1 + R_2}{R_1 + R_2 + R_3}$$

$$= \frac{(10 + 10)30 \times 10^3}{10 + 10 + 30} \times 10^{-3} + 10 \times \frac{10 + 10}{10 + 10 + 30} = 16\text{V}$$

由 $u_C(0_+)$、$u(0_+)$ 可求 $i_C(0_+)$,有

$$i_C(0_+) = \frac{u(0_+) - u_C(0_-)}{R_3} = \frac{16 - 10}{30 \times 10^3} = 0.2\text{mA}$$

(3) 再求 $u(\infty)$ 及 $i_C(\infty)$

将如图 4.3.2 所示电路中的电压源开路,有

$$u(\infty) = I_S \times (R_1 + R_2) = 20\text{V} \quad i_C(\infty) = 0$$

时间常数在解 1 中已求出,用三要素法写出 u、i_C,有

$$u = u(\infty) + [u(0_+) - u(\infty)]e^{-\frac{t}{\tau}} = 20 + (16 - 20)e^{-2t}$$

$$= 20 - 4e^{-2t} \text{ V}$$

$$i_C = i_C(\infty) + [i_C(0_+) - i_C(\infty)]e^{-\frac{t}{\tau}} = i_C(0_+)e^{-\frac{t}{\tau}} = 0.2e^{-2t} \text{ mA}$$

思考与练习

4.3.1　电路如图 4.3.3 所示,$t = 0$ 时换路,在换路前 $u_C(0_-) = 2\text{V}$,试用三要素法求换路后的 u_C 和 i。

4.3.2　如图 4.3.4 所示电路中开关 S 在 $t = 0$ 时闭合。闭合前 $u_C(0_-) = 0$,试用三要素法求开关闭合后的 u_C 和 i。

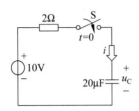

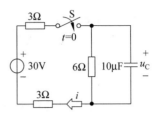

图 4.3.3 题 4.3.1 的图 　　　　　　　　图 4.3.4 题 4.3.2 的图

4.4　RL 电路的暂态分析

4.3 节介绍了运用三要素分析一阶 RC 电路，三要素法同样适应一阶 RL 电路的计算，具体应用时应注意以下几点区别：

（1）直流激励下，具体计算 $i(\infty)$ 时，电感用短路线代替，按电阻电路计算出的短路电流即为 $i(\infty)$。

（2）初始值 $i(0_+)$ 的计算按照 4.1 节介绍的方法进行。

（3）时间常数 $\tau = \dfrac{L_0}{R_0}$。其中，L_0 为等效电感，R_0 为对储能元件以外的部分做戴维宁等效的等效电阻。

4.4.1　零输入响应

如图 4.4.1 所示电路中，换路前 $i(0_-) = I_0$，换路后的响应即为 RL 电路的零输入响应。

换路前，电感电流

$$i_L(0_+) = i_L(0_-) = \frac{U_S}{R_S + R} = I_0$$

稳态时，电感等同于短路，由于输入为 0，因此，有 $i_L(\infty) = 0\text{A}$。

由换路后的电路可计算出时间常数

$$\tau = \frac{L}{R}$$

图 4.4.1　RL 电路的零输入响应

所以电感电流为

$$i_L = i_L(\infty) + [i_L(0_+) - i_L(\infty)]e^{-\frac{t}{\tau}} = i_L(0_+)e^{-\frac{t}{\tau}} = I_0 e^{-\frac{R}{L}t} \text{A} \qquad (4.4.1)$$

电阻 R 上的电压响应三要素为

$$u_R(0_+) = I_0 R \quad u_R(\infty) = 0$$

所以电阻 R 上的电压响应

$$u_R = R I_0 e^{-\frac{R}{L}t} \qquad (4.4.2)$$

利用电感电压与电流的关系，有

$$u_L = L \frac{\mathrm{d}i_L}{\mathrm{d}t} = -RI_0 \mathrm{e}^{-\frac{R}{L}t} \qquad (4.4.3)$$

如图 4.4.2 所示为 i_L、u_R、u_L 随时间变化的曲线。i_L、u_R、u_L 都是按同样指数规律变化的。由于电流在不断减小，所以电感电压的方向与电流相反。

$\dfrac{L}{R}$ 的单位为

$$\frac{\mathrm{H}}{\Omega} = \frac{\Omega \mathrm{s}}{\Omega} = \mathrm{s}$$

即为时间的单位,令

$$\tau = \frac{L}{R}$$

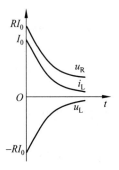

图 4.4.2 RL 电路的波形

τ 称为 RL 电路的时间常数,其意义与 RC 电路相同。i_L 经过一个时间常数 τ 后,其值由初值 I_0 衰减到 $0.368I_0$。

【**例 4.4.1**】 图 4.4.3 所示为一台发电机的励磁回路。已知励磁绕组的电感 $L = 0.4\mathrm{H}$,电阻 $R = 2\Omega$,直流电源电压 $U_S = 36\mathrm{V}$,电压表的量程为 50V,其内阻 R_V 为 $10\mathrm{k}\Omega$。开关 S 断开前电路已达稳态,S 在 $t = 0$ 时断开。(1)求电流的初始值。(2)求换路后的电流 i。(3)电压表承受的最高电压。

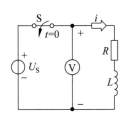

图 4.4.3 例 4.4.1 的图

解:

(1) 先求初始值

在 $t = 0_-$ 时刻,电路处于稳态,电感相当于短路,所以

$$i(0_+) = i(0_-) = \frac{U_S}{R} = \frac{36}{2} = 18\mathrm{A}$$

(2) 开关断开后,电路的时间常数

$$\tau = \frac{L}{R_0} = \frac{L}{R + R_V} = \frac{0.4}{2 + 10^4} \approx 4 \times 10^{-5}\mathrm{s}$$

由式(4.4.1),电流为

$$i = i(0_+) \mathrm{e}^{-\frac{t}{\tau}} = 18 \mathrm{e}^{-\frac{10^5}{4}t} \mathrm{A}$$

(3) 电压表两端的电压为

$$u_V = -R_V i = -18 \times 10^4 \mathrm{e}^{-\frac{10^5}{4}t} \mathrm{V}$$

所以,电压表承受的最高电压在 $t = 0_+$ 时刻

$$u_V(0_+) = -18 \times 10^4 = -180\mathrm{kV}$$

可见,在此时刻电压表承受了很高的电压,其绝对值远超过电压表的量程,将使电压表损坏,绕阻的绝缘也将被击坏。为此在开关断开前,应先把电压表取下。考虑到切断电源时因电感电流导致磁能的释放,可并入一个适当阻值的电阻,使磁能经过一定时间释放完毕。如果磁能较大,而又必须在短时间内切断电流,则应考虑如何熄灭因此种原因而出现的电弧(一般出现在开关触点)问题。

4.4.2 零状态响应与全响应

如图 4.4.4 所示电路中,开关闭合前电路中电感电流为零。$t=0$ 时开关闭合,产生的响应为 RL 电路的零状态响应。

换路前,电路处于零状态,有

$$i_L(0_+) = i_L(0_-) = 0$$

稳态时,电感等同于短路,因此,有

$$i_L(\infty) = I_S$$

由换路后的电路可计算出时间常数

$$\tau = \frac{L}{R}$$

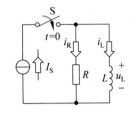

图 4.4.4　RL 电路的零状态响应

所以电感电流为

$$i_L = i_L(\infty) + [i_L(0_+) - i_L(\infty)]e^{-\frac{t}{\tau}} = I_S(1 - e^{-\frac{R}{L}t})\text{A} \qquad (4.4.4)$$

进一步求出 i_R、u_L 如下:

$$i_R = I_S - i_L = I_S e^{-\frac{t}{\tau}} \qquad (4.4.5)$$

$$u_L = u_R = Ri_R = RI_S e^{-\frac{t}{\tau}} \qquad (4.4.6)$$

【例 4.4.2】　电路如图 4.4.5 所示。已知 $I_S = 6\text{A}, R = 10\Omega, L_1 = 3\text{H}, L_2 = 6\text{H}$,求开关 S 闭合后的电流 i_{L2}。

解:

先求等效电感

$$L = \frac{L_1 L_2}{L_1 + L_2} = \frac{3 \times 6}{3 + 6} = 2\text{H}$$

等效电路如图 4.4.6 所示。

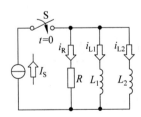
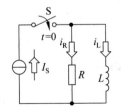

图 4.4.5　例 4.2.2 的图 1　　　　图 4.4.6　例 4.2.2 的图 2

图 4.4.6 所示的响应 i_L 的三要素如下:

$$i_L(0_+) = i_L(0_-) = 0$$

$$i_L(\infty) = I_S \quad \tau = \frac{L}{R} = \frac{2}{10} = 0.2\text{s}$$

所以等效电感的电流为

$$i_L = i_L(\infty) + [i_L(0_+) - i_L(\infty)]e^{-\frac{t}{\tau}}$$

$$= I_S(1 - e^{-\frac{R}{L}t}) = 6(1 - e^{-\frac{R}{L}t})A$$

所以

$$i_{L2} = \frac{L_1}{L_1 + L_2}i_L = \frac{3}{3+6} \times 6(1 - e^{-5t}) = 2(1 - e^{-5t})A$$

对于 RL 电路的全响应,它等于零输入响应与零状态响应的叠加。由式(4.4.1)、式(4.4.4),可求得直流激励下 RL 电路全响应表达式如下:

$$i_L = I_S e^{-\frac{t}{\tau}} + I_S(1 - e^{-\frac{t}{\tau}}) = I_S + (I_0 - I_S)e^{-\frac{t}{\tau}}A \qquad (4.4.7)$$

式(4.4.7)与式(4.3.1)描述的三要素公式一致。

【**例 4.4.3**】 如图 4.4.7 所示电路,当 $t=0$ 时开关 S 闭合,开关闭合前 $i_L(0_-) = 2A$,求开关闭合后的电流 i。

解:

(1) 先求零状态响应

换路后所有电阻和电源对电感而言可看成一个有源二端网络,其戴维宁等效电路如图 4.4.8 所示,由戴维宁定理,有

$$U_{OC} = 6 \times \frac{4}{4+4} = 3V, \qquad R_0 = \frac{4 \times 4}{4+4} + 3 = 5\Omega$$

所以,时间常数

$$\tau = \frac{L}{R_0} = \frac{0.5}{5} = 0.1s$$

电流的稳态值

$$i_L = \frac{U_{OC}}{R_0} = \frac{3}{5} = 0.6A$$

于是,零状态响应

$$i_{L1} = i_L(\infty)(1 - e^{-\frac{t}{\tau}}) = 0.6(1 - e^{-10t})A$$

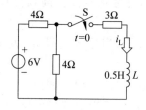

图 4.4.7 例 4.4.3 的图 1

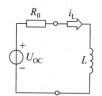

图 4.4.8 例 4.4.3 的图 2

(2) 求零输入响应

已知 $i_L(0_-) = 2A$,则 $i_L(0_+) = i_L(0_-) = 2A$,零输入响应

$$i_{L2} = i_L(0_+)e^{-\frac{t}{\tau}} = 2e^{-10t}A$$

（3）求全响应

全响应为零输入响应 i_{L2} 与零状态响应 i_{L1} 的叠加，全响应 i_L 为

$$i_L = 2e^{-10t} + 0.6(1 - e^{-10t})A$$

i_L 可写为

$$i_L = 0.6 + (2 - 0.6)e^{-10t} = 0.6 + 1.4e^{-10t}A$$

式中，右边第一项 $i_L' = 0.6A$ 为稳态分量（又是强制分量），右边第二项 $i_L'' = 1.4e^{-10t}A$ 为暂态分量（又是自由分量）。

思考与练习

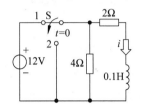

4.4.1　如图 4.4.9 所示电路在 $t = 0$ 时开关进行换路，换路前电路已达稳态，求换路后的电流 i。

图 4.4.9　思考与练习 4.4.1 的图

4.5　暂态过程的利用及预防

前面讲过，电路从一种稳定状态转到另一种新的稳定状态往往不能跃变，而是需要一定过程（时间）的，这个过渡过程称为暂态过程。

暂态过程是由于物质所具有的能量不能跃变而产生的。自然界的任何物质在一定的稳定状态下，都具有一定的或一定变化形式的能量，当条件改变时，能量随着改变，但是能量的积累或衰减需要一定时间，这便是暂态过程产生的原因。因为能量的积累或衰减需要时间，因此，严格意义上讲，电路中任何形式的能量改变必然导致电路进入暂态过程。暂态过程是一种客观存在，只是当暂态时间相对实际要求可以忽略时，认为电路的能量改变没有导致电路进入暂态，这便是理想电阻电路的基本特征。

暂态过程是电路系统启动运行中的一种客观存在，可利用电路中的暂态实现一些特殊的要求。可通过如图 4.5.1 所示电路来理解。

图 4.5.1 所示电路为 RC 低通滤波器电路，低频信号要比高频信号更容易通过这一电路。

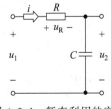

图 4.5.1　暂态利用的实例

由本章内容知，当输入信号 u_1 发生改变时，电路将进入暂态。

在电路的输入端 u_1 加上如图 4.5.2(a)所示矩形脉冲，脉冲宽度为 t_p。适当地选择电路参数，使电容元件的充放电时间 $\tau \gg t_p$（即在正脉冲作用期间，电容几乎没有充电），则有

$$u_R \approx u_1 \Rightarrow i = \frac{u_1}{R}$$

由电容元件伏安关系的积分式，有

$$u_2 = \frac{1}{C}\int i\mathrm{d}t = \frac{1}{RC}\int u_1 \mathrm{d}t \tag{4.5.1}$$

由式(4.5.1)知,输出信号 u_2 与输入信号 u_1 满足近似积分关系,称它为积分电路。图 4.5.2(a)所示输入波形的输出波形如图 4.5.2(b)所示。由输出波形可以看出输出与输入信号的积分关系。

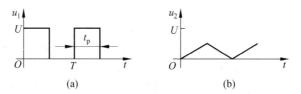

图 4.5.2 积分电路波形实例

在电子技术中,存在着很多利用电路中的暂态实现应用要求的实用电路。本书第 8 章的脉冲单元电路节的多谐振荡器便是电路中的暂态的典型应用之一。

注意:在如图 4.5.1 所示电路中,若将电容元件与电阻元件位置交换一下(如图 4.5.3 所示),便构成另一种应用十分广泛的电路。

简要说明如下:

在如图 4.5.3 所示电路中加上图 4.5.4(a)所示输入波形,适当地选择电路参数,使电容元件的充放电时间(τ)与输入信号 u_1 的脉冲宽度(t_p)相比忽略不计,即 $\tau \ll t_p$(电容充放电几乎不需要时间),则有

$$u_C \approx u_1 \Rightarrow u_2 = Ri = RC\frac{\mathrm{d}u_C}{\mathrm{d}t} = RC\frac{\mathrm{d}u_1}{\mathrm{d}t} \tag{4.5.2}$$

由式(4.5.2)知,输出信号 u_2 与输入信号 u_1 近似满足微分关系,称它为微分电路。图 4.5.4(a)所示输入波形的输出波形如图 4.5.4(b)所示。由输入、输出波形可看出输出与输入间的微分关系。

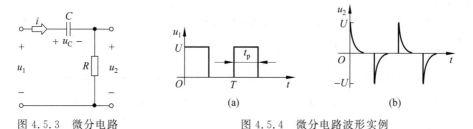

图 4.5.3 微分电路   图 4.5.4 微分电路波形实例

电路的暂态过程也有其有害的一面。如例 4.4.1 所示的一阶 RL 电路,开关断开后,电路将进入暂态。在开关断开的瞬间将产生十几万伏的高压,这将给电路带来致命的破坏,必须设法避免上述情况的发生(如在线圈两端并接二极管,参见思考题 4.4.2)。

因此,在实际应用中,既要充分利用暂态过程的特性,也必须预防它所产生的危害。

习题

4.1 填空题

1. 电路从一种稳定状态转到另一种新的稳定状态往往不能跃变,而是需要一定过程(时间)的,这个过渡过程称为_____。严格意义上讲,电路中任何形式的能量改变必然导致电路进入_____,_____是一种客观存在,只是当暂态时间_____时,认为电路的能量改变没有导致电路进入_____,这便是_____的基本特征。

2. 如果通过电容元件的_____为有限值,则_____不能跃变。如果电感元件两端的_____为有限值,则_____不能跃变,含电容或电感的电路具有动态特性,称为_____。

3. _____只取决于电路的参数,与电路的_____无关,反映了电路_____。_____的大小反映了_____,_____越小,_____进展越快,_____越短。

4. 电路分析中把电路的结构或参数发生的突然变化统称为_____,且认为_____是即刻完成的。换路前的最终时刻记作_____,换路后的最初时刻记作_____,初始时刻电路响应(电压、电流)及其导数的值,称为_____,其中_____和_____为初始值计算时的独立初始条件。

5. 动态电路在非零状态下,外加激励作用下的响应称为_____,零输入响应与_____都属于其特殊情况,除可表示为零输入响应 + _____外,还可表示为_____ + _____,或_____ + _____。

4.2 分析计算题(基础部分)

1. 如图 4.1 所示电路换路前已达稳态,$t=0$ 时开关 S 闭合,求 $t=0_+$ 时刻各电压和电流的初始值。

2. 如图 4.2 所示电路换路前已达稳态,开关在 $t=0$ 时打开,试求 $t=0_+$ 时刻各电压和电流。

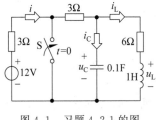
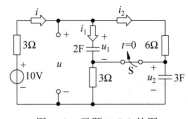

图 4.1 习题 4.2.1 的图　　　　　　图 4.2 习题 4.2.2 的图

3. 如图 4.3 所示电路在开关 S 未动作前已处于稳态,$t=0$ 时开关打开,求 $t=0_+$ 时刻各电压和电流。

4. 已知 RC 串联电路的电阻 $R=20\text{k}\Omega$,当 $t=0$ 时接入电压为 4V 的直流电源,经 1s

时间电容充电到 2V 电压,求电容值。

5. 电路如图 4.4 所示。开关 S 闭合前电路处于稳态,$t=0$ 时开关闭合,求 $t>0$ 时的 u_C 和 i_C。

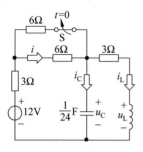

图 4.3 习题 4.2 3 的图

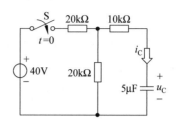

图 4.4 习题 4.2 5 的图

6. 如图 4.5 所示电路在开关动作前处于稳态,求开关在 $t=0$ 动作后的电压 u_C。

7. 如图 4.6 所示电路当开关接在位置 1 时已达稳态,$t=0$ 时开关由位置 1 换至位置 2,求换路后的 u_L 和 i_L。

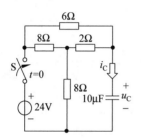

图 4.5 习题 4.2 6 的图

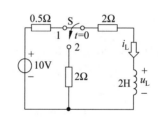

图 4.6 习题 4.2 7 的图

8. 如图 4.7 所示电路在 $t=0$ 时换路,换路前电路处于稳态,求换路后的电流 i。

9. 如图 4.8 所示电路中 $i_L(0_-)=1$A,求换路后的电流 i_L 及电压源产生的功率。

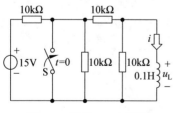

图 4.7 习题 4.2 8 的图

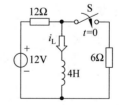

图 4.8 习题 4.2 9 的图

10. 如图 4.9 所示电路换路前已达稳态,求开关 S 打开后的电压 u_L。

11. 如图 4.10 所示电路在 $t=0$ 时开关动作,$i_L(0_-)=1$A,求开关动作后的电流 i_L 的零输入响应、零状态响应、强制分量、自由分量和全响应。

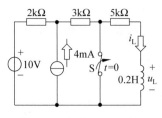

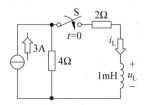

图 4.9　习题 4.2 10 的图　　　　　图 4.10　习题 4.2 11 的图

4.3　分析计算题(提高部分)

1. 如图 4.11 所示电路,开关 S 在 $t=0$ 时闭合,闭合前电路已处于稳态,求开关 S 闭合后 $t=0_+$ 的时刻 u_C 和 i_C。已知 $R=10\Omega,C=80\mu F$,电源电流 $i_S=10\sin(100\pi t+60°)$A。

2. 电路如图 4.12 所示,当电路中的电压电流恒定不变时打开开关 S,求 $t=0_+$ 时刻各电压和电流。

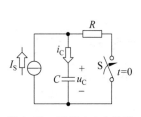

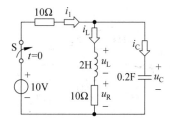

图 4.11　习题 4.3 1 的图　　　　　图 4.12　习题 4.3 2 的图

3. 电路如图 4.13 所示,电压源电压 $u_S=100\sin(\omega t+30°)$V,开关闭合前 $u_C(0_-)=10$V,$t=0$ 时开关闭合,求 $t=0_+$ 时刻各电压和电流。

4. 电路如图 4.14 所示,求换路后电路的零状态响应 i_L,已知电源电压 $u_S=200\sqrt{2}\times\sin(314t+30°)$V。

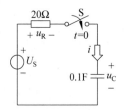

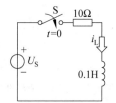

图 4.13　习题 4.3 3 的图　　　　图 4.14　习题 4.3 4 的图

5. 如图 4.15 所示电路在 $t=0$ 时换路,换路前电路处于稳态,求换路后的电容电压 u_C 及 i。

6. 如图 4.16 所示电路在开关 S 闭合前已建立稳态,求开关闭合后的响应 u_C。

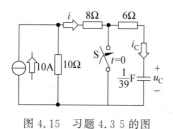

图 4.15　习题 4.3 5 的图

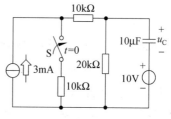

图 4.16　习题 4.3 6 的图

7. 如图 4.17(a) 所示电路 $u_C(0_-)=0$,电源电压 u_S 波形如图 4.17(b)所示,求电容电压 u_C。

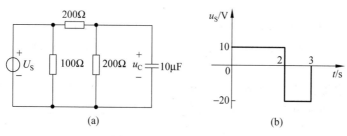

(a)　　　　　　　　　(b)

图 4.17　习题 4.3 7 的图

8. 如图 4.18 所示 RL 电路换路前无储能。求换路后的电流 i。

9. 如图 4.19(a) 所示电路的外加电源电压的波形如图 4.19(b)所示,求电流 i_L。

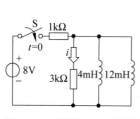

图 4.18　习题 4.3 8 的图

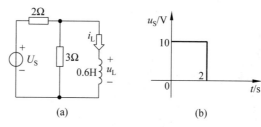

(a)　　　　　　　　　(b)

图 4.19　习题 4.3 9 的图

10. 如图 4.20 所示电路换路前已达稳态,求换路后的各电流。

11. 电路如图 4.21 所示。已知 $R=2.5\Omega$,$L=0.25H$,$C=0.25F$,$U_0=6V$、$I_0=-1.5A$,求 $t=0$ 时 u_C 和 i。

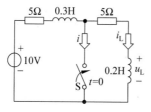

图 4.20　习题 4.3 10 的图

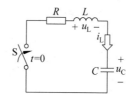

图 4.21　习题 4.3 11 的图

4.4　应用题

1. 电路如图 4.22 所示,说明换路瞬间二极管的作用。

2. 电路如图 4.23 所示,已知换路后 $i = 12e^{-2.5 \times 10^3 t}$ A,$u_V = -120e^{-2.5 \times 10^3 t}$ kV,若在换路前用续流电阻代替电压表。(1)要求开关打开后电压不超过 500V,求此电阻值。(2)如果还要求实际线圈磁能在半秒内接近放完,求此电阻值。

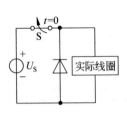
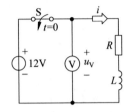

图 4.22　习题 4.4 1 的图　　　　图 4.23　习题 4.4 2 的图

3. 某手机电池参数为 900mAh,额定电压 3.7V,说明书上注明首次使用应充电 12 小时,求其原配恒流充电器的充电电流并估算该电池的电容容量值。

4. 对习题 4.4 3 中的手机电池,现有 1 个 4V 的电压源及电阻若干,请针对该电池设计 1 个用 2～4 小时完成充电的充电电路并说明设计依据。

第5章

放大器基础

本章要点：

本章从电子流动角度引出半导体二极管及其模型；基于电流控制特性结合仿真介绍晶体管及其直流、交流小信号模型；基于三极管介绍小信号放大器构成的一般原则、三种基本组态、工程实用放大器电路组成原理及特点；最后介绍场效应管、模型及其放大电路。读者学完本章，应重点理解 PN 结的单向导电性、三极管的电流控制特点；理解半导体二极管、三极管的模型；了解利用三极管的直流、交流小信号模型分析简单的三极管应用电路的方法；理解放大的实质及利用三极管构成小信号放大器的一般原则；初步理解三极管放大电路的三种基本组态及其特性，进而理解工程实用放大器电路组成原理及特点；理解场效应管的电压控制特点，对照三极管理解场效应管的外特性、模型及其应用。

仿真包

放大现象在生活中到处可见,种类很多,包括光学放大、力学放大、电子学放大等。电工电子技术中的放大现象是电子学放大。

5.1 电子技术的引入

主要以硅为材料的半导体器件是组成各种电子电路的基础,研究电子器件及其应用是电工电子技术课程的核心内容之一。

5.1.1 强电线路中的电流流动特点

电路是指电流的通路。电力系统实践中,一般通过电网高压输电,在终端建立变电所,变成常用的 380V 动力电或 220V 照明电,使用最多的设备是电线、电缆(对应的电路模型为导线),实践中常用"线路"一词来形象地描述这种主要通过导线构建的电路。

电力系统中的线路均流过很大的电流(安培级),可用于驱动生产机械或照明设备。电力线路中电子的流动是一种能量的流动,在带给人们光明与动力的同时推动了时代的进步,随着电气化时代的兴旺与繁荣,电力工业也成为国民经济发展的重要支柱产业之一。电力线路中的电压电流值均很大,把这样的应用称为强电,把强电领域中的技术统称为电工技术。

在强电线路中,电子流动的大小在额定范围内主要取决于负载的需要,主要原因是因为构成线路的主要设备——导线在额定范围内对电流不具有阻碍作用,能在额定范围内流过任意大小的电流。

5.1.2 本征半导体的微弱导电性能

孙悟空有一根金箍棒,具有巨大的能量,类似强电线路中的电流。孙悟空的金箍棒还有一个特点:能大能小,其能量的释放可以控制,而强电线路中的电流大小主要取决于负载,基本上是不可以控制的。

强电线路的构建方法主要是导线(含配电设备)+终端负载,要实现电子流动的控制应用,应寻找其他的导电材料,半导体材料应运而生。

导电能力介于导体和绝缘体之间的物质称为半导体。用于制造半导体器件的材料主要是硅(Si)、锗(Ge)、砷化镓(GaAs)。其中硅用得最多,而砷化镓主要用来制作高频高速器件。

在半导体工业中,将硅(锗)高度提纯并制成单晶体,称为单晶硅(锗),这种纯净的具有单晶体结构的半导体称为本征半导体,在热力学零度(-273.16℃)时,本征半导体没有自由电子,如图 5.1.1 所示,因此不能导电。

常温下,本征半导体中的少量价电子可能获得足够的能量,摆脱共价键的束缚,成为自由电子,这种现象称为本征激发,如图 5.1.2 所示。少量的价电子成为自由电子后,同时在原来的共价键中留下一个空位,称为"空穴"。

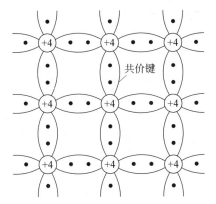

图 5.1.1　本征半导体结构示意图

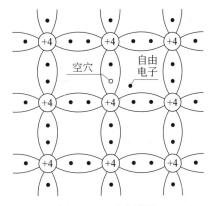

图 5.1.2　本征激发

本征激发使本征半导体具有微弱的导电性。

5.1.3　杂质半导体的导电性能

在本征半导体中,掺入少量的杂质元素,便成为杂质半导体。按掺入杂质的不同,可分为 N 型半导体和 P 型半导体。

在硅(或锗)晶体中掺入少量五价元素原子,杂质原子就替代原来晶格中某些硅原子的位置,它的五个价电子中有四个与周围的硅原子形成共价键,而余下的一个不受共价键的束缚。在常温下,它所获得的能量就足以使它摆脱原子核的吸引而变成自由电子,如图 5.1.3 所示。一个杂质原子就可提供一个自由电子,这种杂质半导体中电子浓度大大高于空穴浓度,主要依靠电子导电,故称为电子半导体或 N 型半导体。电子为多数载流子(简称多子),空穴为少数载流子(简称少子)。

在硅(或锗)晶体中掺入三价元素原子,杂质原子的三个价电子与周围的四个硅原子形成共价键时,因缺少一个价电子,必然产生一个"空穴",如图 5.1.4 所示。这种杂质半导体中空穴浓度大大高于电子浓度,主要依靠空穴导电,故称为空穴半导体或 P 型半导体。空穴是多数载流子,电子是少数载流子。

主要以硅为材料的本征半导体只有在本征激发条件下才可获得自由电子,导电性能十分微弱。添加了杂质的半导体,如 N 型杂质半导体,其中的 5 个价电子中的 1 个不受共价键的束缚,在常温下就可成为自由电子,导电性能大大改善。可通过控制杂质半导体的掺杂浓度控制其载流子浓度,从而控制杂质半导体的导电性能;可通过将不同类型的杂质半导体组合,实现电流可控制的半导体器件。

如将 P 型、N 型半导体组合,可制作出二极管、三极管等构成集成电路的基础器件。将集成电路组合,可实现各种复杂的应用。

晶体硅的半导体特性被发现后,随着以晶体硅材料为基础的超大规模集成电路的进一步应用,几乎改变了一切,甚至人类的思维。

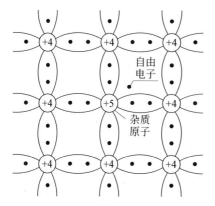

图 5.1.3　N 型半导体结构示意图

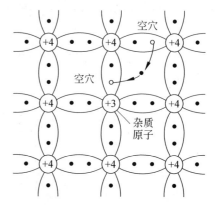

图 5.1.4　P 型半导体结构示意图

此外,尽管以硅为材料的本征半导体导电性能非常微弱,但其可吸收光能,并将光能转换为电子的流动,千万个单晶硅组合,在满足一定照度条件的光照下,瞬间就可输出电压并在有回路的情况下产生电流,单晶硅太阳能电池也成为当前开发得最快的一种太阳能电池,广泛用于宇宙空间和地面设施。

地壳中硅元素的含量为 26.30%,为单晶硅的生产提供了取之不尽的原料。尽管单晶硅生产线对环境影响严重,但硅元素是地壳的主要组成元素之一,堆积如山的硅碎片直接扔到野外,可以称之为回"硅"自然。

随着主要以硅为材料的半导体器件的深入应用,最早研究和生产以硅为基础的半导体芯片的地方被冠名为"硅谷",[①]之后,"硅谷"也逐渐演变成为高科技的代名词。超大规模集成电路走进了千家万户,几乎改变了一切。随着人工智能应用不断深入,5G 网络已经开始应用,所有的这些成果已经在很大程度上影响人类的生活,正在改变着人类的思维。

伴随着半导体芯片的进一步应用,以研究电子器件及其应用为主要内容的电子技术学科诞生并蓬勃发展,掌握电子技术的基础知识成为新时代非电类工科学生的基本技能要求。

思考与练习

5.1.1　在本征半导体中,自由电子浓度与空穴浓度有什么关系?

5.1.2　在同一温度下,N 型半导体中少子空穴浓度与本征半导体中空穴浓度是否一样?

---

　　① 　硅谷(Silicon Valley),位于美国加利福尼亚州旧金山湾区,是高科技产业云集的圣塔克拉拉谷(Santa clara valley)的别称。

5.2 半导体二极管

二极管是本课程重点研究的半导体器件之一,是电子技术应用的基础。

5.2.1 PN 结的形成及其特点

二极管的主体是 PN 结。先学习什么是 PN 结。

对一块半导体采用不同的掺杂工艺,使其一侧成为 P 型半导体,而另一侧成为 N 型半导体,这样,在它们的交界面将形成 PN 结。可通过如图 5.2.1 所示模型来理解。

P 型半导体的多数载流子是空穴,N 型半导体的多数载流子是电子。当把 P 型半导体和 N 型半导体有机结合在一起时,由于它们的交界面两种载流子的浓度差很大,因此出现多数载流子的扩散运动:P 区的空穴向 N 区扩散,且与 N 区的电子复合;N 区的电子向 P 区扩散,且与 P 区的空穴复合。这样在交界面两侧将形成了一个由不能移动的正、负离子组成的空间电荷区,也就是 PN 结,又称为耗尽层。

空间电荷区建立的内电场阻止多数载流子继续扩散,同时有利于少数载流子漂移。当多子扩散运动和少子漂移运动达到动态平衡时,空间电荷区的宽度基本上稳定下来,PN 结就处于相对稳定的状态,流过 PN 结结面的电流为零。

根据上面的分析,不难发现,多数载流子扩散运动形成的结,将阻止电流的通过,只有外加反向电场,内部电场被外加反向电场抵消,结被解开,才能有较大的电流通过,可见,PN 结具有单向导电性,解释如下。

当 PN 结外加正向电压(简称正偏),即外电源的正极接 P 区,负极接 N 区时,外电场与内电场的方向相反,空间电荷区将变窄,内电场被削弱,多子扩散得到加强,少子漂移将被削弱,扩散电流大大超过漂移电流,形成较大的正向电流,PN 结导通,如图 5.2.2 所示。

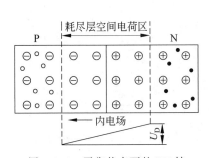

图 5.2.1 平衡状态下的 PN 结

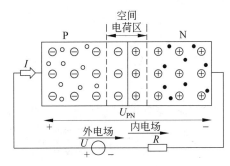

图 5.2.2 PN 结正偏导通

由于 PN 结导通压降只有零点几伏,因此在回路中串联电阻 R 以限制回路电流,防止结电流过大而导致 PN 结损坏。

当 PN 结外加反向电压(简称反偏),即外电源的正极接 N 区,负极接 P 区时,外电场与内电场方向一致,空间电荷区将变宽,内电场得到增强,阻止多子扩散,而有利于少子漂移。在电路中形成了基于少子漂移的反向电流。由于少子数量很少,因此形成很小的反向饱和电流,记为 I_S,常将它忽略不计,认为 PN 结截止,如图 5.2.3 所示。

当 PN 结反偏电压超过某一数值($U_{(BR)}$)后,反向电流会急剧增加,这种现象称为反向击穿。$U_{(BR)}$ 称为反向击穿电压。PN 结反向击穿时,必须对其电流加以限制,以免 PN 结因过热而永久性损坏。当反向电压降低时,PN 结恢复正常。

可用如图 5.2.4 所示曲线描述 PN 结的伏安特性曲线。

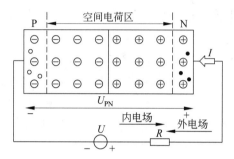

空间电荷区
P
N
I
U_PN
−
+
内电场
外电场
U
R
−
+

图 5.2.3　PN 结反偏截止

i
U(BR)
O
u_D

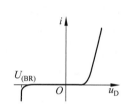

图 5.2.4　PN 结的伏安特性

5.2.2　二极管的主要性能参数

将 PN 结用外壳封装起来,再引出两个电极,就构成了半导体二极管,简称二极管,图形符号如图 5.2.5 所示,文字符号为 D。

二极管的主体是 PN 结,因此二极管的伏安特性与 PN 结的伏安特性类似,但由于管壳、引线等因素的影响,两者特性仍有区别。

典型二极管在常温时的伏安特性如图 5.2.6 所示,包括三个区:正向工作区、反向工作区和击穿区。

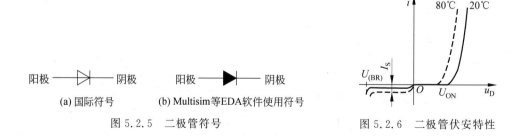

阳极
阴极
(a) 国际符号
阳极
阴极
(b) Multisim等EDA软件使用符号

图 5.2.5　二极管符号

i
80℃
20℃
I_S
U(BR)
O
U_ON
u_D

图 5.2.6　二极管伏安特性

• 正向工作区

$u_D > 0$ 的区域是正向工作区。当正向电压比较小时,正向电流几乎等于零。只有当正向电压超过某一数值后,正向电流才明显增大(mA 量级),这一电压值称为导通电压,用 U_{ON} 表示。硅管的导通压降 U_{ON} 为 0.6～0.8V,一般取 0.7V。锗管的 U_{ON} 为 0.2～

0.3V，一般取 0.3V。

　　• 反向工作区

$U_{(BR)} < u_D < 0$ 的区域是反向工作区。二极管反向电流很小，硅管的反向电流在 nA 量级，锗管的反向电流在 μA 量级，因此一般认为二极管反向截止。

　　• 击穿区

$u_D < U_{(BR)}$ 的区域是击穿区。反向击穿电压 $U_{(BR)}$ 一般在几十伏以上。

二极管的主要参数如下。

1. 最大整流电流 I_F

I_F 是指二极管长时间稳定工作允许流过的最大正向平均电流，它的值决定于 PN 结的面积和外界散热状况。实际应用时，在规定散热条件下，正向平均电流必须小于 I_F，否则二极管将因 PN 结温升得过高而损坏。

2. 最大反向工作电压 U_R

U_R 是指二极管使用时所允许外加的最大反向电压，超过此值二极管就可能被击穿。因此 U_R 在数值上必须小于反向击穿电压 $U_{(BR)}$，一般取 $U_R = 1/2 U_{(BR)}$ 或 $U_R = 2/3 U_{(BR)}$。

3. 反向电流 I_R

I_R 是指二极管未击穿时的反向电流。I_R 越小，二极管的单向导电性越好。理论上 $I_R = I_S$，所以 I_R 受温度影响大。

5.2.3　二极管的应用

二极管具有单向导电性和反向击穿特性，在电路中有着广泛的应用。

1. 整流电路

把交流电压转换成直流电压的过程称为整流，把主要用于整流应用的二极管称为整流二极管，如图 5.2.7(a)所示是半波整流电路。

交流电压是大小和方向均发生变化的物理量，二极管具有单向导电性，电流只可从一个方向通过二极管，因此，图 5.2.7(a)中输出电压 u_o 的实际方向为图示参考方向，不会发生变化，是一种含有直流电压和交流电压的混合电压。习惯上称为单向脉动性直流电压。

下面具体分析其工作原理。

硅管的导通电压 U_{ON} 为 0.7V，我国的照明线路电压为 220V，输入正弦电压 u_i 的幅度远大于二极管的导通电压 U_{ON}，可视 D 为理想二极管。

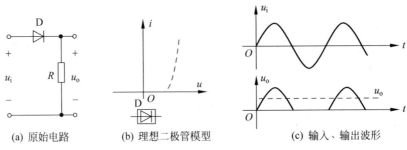

(a) 原始电路　　　　(b) 理想二极管模型　　　　(c) 输入、输出波形

图 5.2.7　半波整流电路

理想二极管伏安特性及模型如图 5.2.7(b)所示。正向导通时,导通电压 $U_{ON}=0$,导通电阻 $R=0$;反向截止时,反向电流等于 0。

当 u_i 为正半周时,二极管正偏导通,$u_o=u_i$;当 u_i 为负半周时,二极管反偏截止,$u_o=0$。因此,输出为半个周期的正弦脉冲电压,波形如图 5.2.7(c)所示。

显然,半波整流电路损失了半个周期的交流电的能量,可使用 4 个二极管组成全波整流电路,实际器件连接图如图 5.2.8 所示。图中,变压器将输入电压变换到二极管的额定电压范围,电容滤除电路中的交流成分。

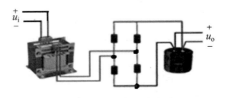

图 5.2.8　全波整流电路

2. 稳压电路

二极管反向击穿后的伏安特性十分陡峭,击穿电压 U_Z 在较大电流范围内几乎不变,利用这种特性可以构成稳压电路,如图 5.2.9 所示。当输入电压 U_I 或负载 R_L 发生变化时,稳压管中的电流 I_Z 发生变化,但输出电压 U_O(稳压管两端电压)几乎恒定(U_Z)。这种二极管又称为稳压管,符号如图 5.2.10 所示。

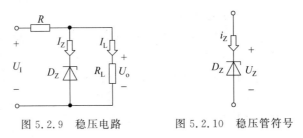

图 5.2.9　稳压电路　　　　　　图 5.2.10　稳压管符号

将合适参数的稳压管接入上面的全波整流电路的输出端,则该电路的输出电压 U_O 几乎恒定,可作为直流电路的工作电源使用。

3. 限幅电路

当二极管导通时,导通电压 U_{ON} 在较大的电流范围内变化幅度非常小,硅管的导通电压 U_{ON} 一般取 $0.7V$。根据这个特点,二极管常用于防止输出电压超过给定值的电路,称为限幅电路或削波电路。图 5.2.11 是单向削波电路,限制输出电压不超过 $U + U_{ON}$。当 $u_i < U + U_{ON}$ 时,D 截止,$u_o = u_i$;当 $u_i \geqslant U + U_{ON}$ 时,D 导通,$u_o = U + U_{ON}$。

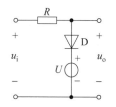

图 5.2.11 单向削波电路

另外,二极管还具有温敏特性,相应的二极管称为温敏二极管,常用于测量温度;此外,二极管还可以发光,相应的二极管称为发光二极管。

5.2.4 二极管电路模型的深入探讨

一个实际器件的物理特性是非常复杂的。在分析电路时,实际器件都必须用相应的模型来表示。模型的种类有多种:曲线模型适用于图解分析;建立在器件物理原理基础上复杂的电路模型适用于计算机辅助分析;根据器件外特性构造的简化电路模型适用于工程近似分析。这里只讨论二极管简化电路模型。

理想二极管的模型前面做过介绍。当忽略二极管的导通压降所求得的分析结果误差较大时,可采用如图 5.2.12(a)所示的由理想二极管串联电压源 U_{ON} 构成的简化模型分析求解电路。

二极管正向导通以后,二极管上的导通压降随流过二极管的电流变化不大。当忽略这种变化所求得的分析结果误差较大时,可采用如图 5.2.12(b)所示的由理想二极管串联电压源 U_{ON} 和电阻 r_D 构成的简化模型分析求解电路。

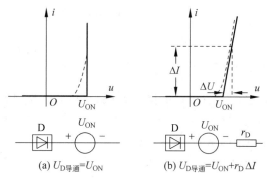

图 5.2.12 二极管电路模型

二极管正向导通以后,其电流的变化量与电压的变化量近似呈线性关系,有

$$r_D = \Delta U / \Delta I$$

【例 5.2.1】 图 5.2.13(a)所示电路中,二极管的 $U_{ON}=0.7V$,$R=1k\Omega$,试计算当 U_D 分别为 0V、1V 和 10V 时,I 的数值各是多大。

解:

将图 5.2.13(a)中二极管用图 5.2.12(b)简化电路模型替代,可得到图 5.2.4(b)所示简化等效电路。

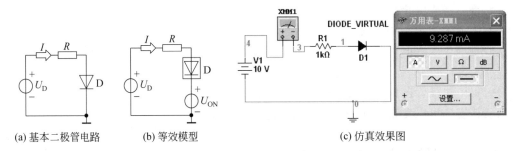

(a) 基本二极管电路　　(b) 等效模型　　(c) 仿真效果图

图 5.2.13　例 5.1.1 的图

由图 5.2.13 可见,当 $U_D < U_{ON}$ 时,理想二极管截止,回路无电流流过;当 $U_D > U_{ON}$ 时,理想二极管导通,回路电流可由下式求得。

$$I \approx \frac{U_D - U_{ON}}{R}$$

由前面的分析可知:

当 $U_D = 0V$ 时,二极管截止,$I = 0$;

当 $U_D = 1V$ 时,二极管导通,$I \approx \dfrac{U_D - U_{ON}}{R} = \dfrac{1 - 0.7}{1} = 0.3(mA)$;

当 $U_D = 10V$ 时,$I \approx \dfrac{U_D - U_{ON}}{R} = \dfrac{10 - 0.7}{1} = 9.3mA \approx 10(mA)$,仿真结果如图 5.2.13(c)所示。

由此可见,当 $U_D \gg U_{ON}$ 时,可忽略二极管的导通压降,视二极管为理想二极管。

5.2.5　晶闸管

晶闸管是晶体闸流管(Thyristor)的简称,俗称可控硅。晶闸管不是二极管,但在应用中具有与二极管相似的一些特性,可通过如图 5.2.14 所示实验电路来理解。

图 5.2.14 中的 T 即为晶闸管,具有阳极、阴极、门极(控制极)3 个极。图 5.2.14(a)中,虽然晶闸管阳极与阴极间加上了正向电压,但由于门极电路中的开关 S 处于断开状态,灯泡不亮,晶闸管不导通。图 5.2.14(b)中,虽然晶闸管门极电路中的开关 S 处于闭合状态,门极与阴极间加上了正向电压,但由于晶闸管阳极与阴极间加上了反向电压,灯泡不亮,晶闸管不导通。图 5.2.14(c)中,晶闸管阳极与阴极间加上正向电压,晶闸管门极电路中的开关 S 首先处于闭合状态,门极与阴极间加上了正向电压,灯泡发光,晶闸管导通。之后,虽然开关 S 断开,但由于晶闸管内部导电通路已经形成,灯泡继续发光,晶

闸管保持导通状态不变。

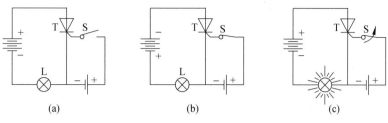

图 5.2.14　晶闸管实验电路

可总结晶闸管的应用特点如下。

(1) 当晶闸管阳极与阴极间加上了反向电压时,不管门极与阴极间加上了何种电压,晶闸管都不导通。

(2) 当晶闸管阳极与阴极间加上正向电压时,且门极与阴极间也加上正向电压时,晶闸管导通。

(3) 晶闸管在导通情况下,只要晶闸管阳极与阴极间有一定的正向电压,不论门极电压如何,晶闸管均保持导通,即晶闸管导通后,门极失去作用。

(4) 晶闸管在导通情况下,当晶闸管阳极与阴极间的正向电压减小到接近于零时,晶闸管关断。

晶闸管是一种大功率的开关型半导体器件,晶闸管的出现,使半导体器件从弱电领域进入了强电领域,在可控整流、交流调压、无触点电子开关等电子电路中得到广泛应用。

思考与练习

5.2.1　欲使二极管具有良好的单向导电性,管子的正向电阻和反向电阻分别是大一些好,还是小一些好?

5.2.2　在例 5.2.1 中,若二极管类型为稳压二极管,击穿电压为 6V,接法不变,问电流 I 有无明显变化?

5.2.3　画出如图 5.2.8 所示的全波整流电路实际器件连接图的电路模型。

5.3　半导体三极管

半导体晶体管又称为晶体三极管,简称三极管、晶体管。它由两块相同类型半导体中间夹一块异型半导体构成。根据半导体排列方式的不同,三极管又分 NPN、PNP 两种类型,如图 5.3.1 所示,文字符号为 T。

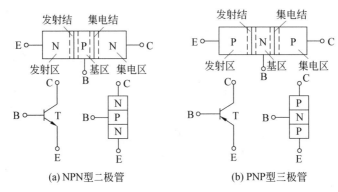

(a) NPN型二极管　　　　　　　　　　(b) PNP型三极管

图 5.3.1　三极管结构示意图及符号

5.3.1　三极管的 3 个工作区

三极管有三个区：发射区、基区、集电区；三个极：发射极(E 极)、基极(B 极)、集电极(C 极)；两个结：发射结、集电结。

从工艺上看，晶体管有这样的特点：发射区是高浓度掺杂区，基区很薄且杂质浓度低，集电结面积大。

三极管是一个电流控制器件，其内部结构是非常复杂的，可通过如图 5.3.2 所示仿真图来理解三极管的电流控制特性。

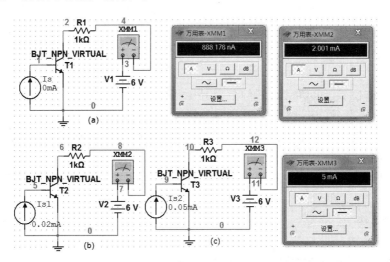

图 5.3.2　三极管电流控制特性仿真图 1

图 5.3.2(a)中，将三极管 B 极悬空(输出为 0mA 的电流源等同于悬空)，C、E 两极通过电阻接在 6V 电源上，测量结果显示流过的电流不到 $1\mu A$。分析电路，三极管 C、E 两极相当于两个背靠背的二极管(如图 5.3.3 所示)，由二极管的单向导电性，C、E 两极没有电流流过。

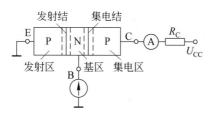

图 5.3.3　三极管电流控制特性实验电路

图 5.3.2(b)中,将三极管 B 极接 0.02mA 的电流源,C、E 两极有电流流过,大小为 2mA。

把流过 B 极的电流称为基极电流,流过 C 极的电流称为集电极电流,流过 E 极的电流称为发电极电流。在三极管电路中,基极电流相当于 1 个控制信号,当基极电流流过基区时,改变了三极管内部导电载流子的分布,在发射结、集电结间形成了 1 个导电通路,C、E 两极有电流流过,这便是三极管的电流控制特性。

下面,结合仿真进一步研究三极管的电流控制特性。

在上面的电路中,将三极管 B 极改接 0.05mA 的电流源,仿真结果如图 5.3.2(c)所示。仿真结果显示,C、E 两极有电流流过,流过 C 极的电流大小为 5mA。

由图 5.3.2(b)、(c)仿真结果可知,当控制电流大小适中时,控制电流 i_B 可有效控制输出电流 i_C,输出电流与控制电流保持线性比例关系,三极管工作在放大区。

把集电极电流与基极电流的直流量之比称为直流电流放大系数,记为 $\overline{\beta}$,即

$$\overline{\beta} = \frac{I_C}{I_B} \tag{5.3.1}$$

三极管的电流放大系数 $\overline{\beta}$ 为三极管的核心参数,如图 5.3.2 所示电路三极管的 $\overline{\beta} = 100$。

当控制电流在直流量基础上叠加 1 个交流小信号依然满足大小适中时,输出电流将在直流量的基础上叠加 1 个与控制端叠加的交流小信号成线性比例关系的交流信号,可见,三极管可实现交流小信号的放大,把集电极电流与基极电流的变化量之比称为交流电流放大系数,记为 β,即

$$\beta = \frac{\Delta i_C}{\Delta i_B} \tag{5.3.2}$$

显然,输出电流不可能无限上升,当控制电流超过临界值时,输出电流将不再与控制电流保持比例关系。

在上面的电路中,将三极管 B 极改接 0.06mA 的电流源,仿真结果如图 5.3.4(a)所示。仿真结果显示,C、E 两极有电流流过,流过 C 极的电流大小为 5.794mA,近似保持线性关系。

将三极管 B 极改接 0.12mA 的电流源,仿真结果如图 5.3.4(b)所示。仿真结果显示,C、E 两极有电流流过,但流过 C 极的电流大小为 5.882mA。输入电流增加 1 倍,输出电流却几乎保持不变,称三极管工作在饱和区。

基于上面的仿真实验,可知三极管具有 3 个工作区:

当 B 极接 0mA 电流源时,C、E 两极没有电流流过,三极管工作在截止区。

当 i_B 大小适中时,三极管工作在放大区,有

$$i_C = \beta i_B$$

当 i_B 超过临界值时,输出电流几乎保持不变,称三极管工作在饱和区。

在模拟电子电路中,三极管工作在放大区。本章及第 6 章主要讨论三极管在放大区的应用。

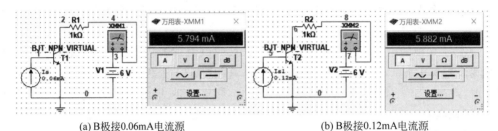

(a) B极接0.06mA电流源　　　　　　　　　　(b) B极接0.12mA电流源

图 5.3.4　三极管电流控制特性仿真图 2

5.3.2　三极管的伏安特性及其主要参数

三极管的伏安特性全面地描述了各电极电流和电压之间的关系,是分析三极管电路的基础。这里以 NPN 管为例介绍三极管的共射伏安特性曲线。所谓共射是指输入回路与输出回路的公共端是射极的连接方式,如图 5.3.5 所示。下面,从输入回路、输出回路两个方面介绍三极管的伏安特性曲线。

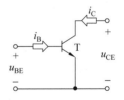

图 5.3.5　三极管共射连接方式

1. 输入特性曲线

输入特性曲线是以三极管输出端压降 u_{CE} 为参变量,描述输入回路电流 i_B 与电压 u_{BE} 之间关系的曲线,定义如下:

$$i_B = f(u_{BE})\big|_{u_{CE}=常数} \tag{5.3.3}$$

忽略三极管集电结的影响,其输入回路是一个二极管,可见,三极管输入特性主要表现为二极管伏安特性,三极管输出端压降 u_{CE} 将对其输入特性构成影响,参考实例如图 5.3.6(a)所示。

当 $u_{CE}=0$ 时,输入回路相当于两个二极管并联;当 u_{CE} 增大,集电结正偏电压减小,曲线右移;$u_{CE} \geqslant 1V$ 后,集电结反偏,输入特性曲线基本上是重合的。

2. 输出特性曲线

输出特性曲线是以 i_B 为参变量,描述输出回路电流 i_C 与电压 u_{CE} 之间关系的曲

线,定义如下:

$$i_C = f(u_{CE}) \,|_{i_B=\text{常数}} \tag{5.3.4}$$

参考实例如图 5.3.6(b) 所示。

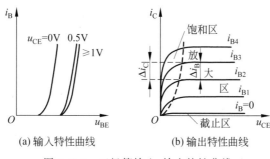

(a) 输入特性曲线　　(b) 输出特性曲线

图 5.3.6　三极管输入、输出特性曲线

注意,无论是输入特性曲线还是输出特性曲线,均有一个参变量,究其原因,三极管是一个电流控制器件,必须合理产生控制信号,才能使三极管正常工作。

可结合三极管的输出特性曲线进一步理解三极管的三个工作区,三个工作区相应的工作条件及特性如下:

(1) 截止区($i_B \leqslant 0$ 的区域)

工作条件:发射结反偏,集电结反偏。

主要特性: $i_B \leqslant 0, i_C \approx 0$。

(2) 放大区(输出特性曲线中近似水平的部分)

工作条件:发射结正偏,集电结反偏。

主要特性: $I_C = \bar{\beta} I_B, \Delta i_C = \beta \Delta i_B$。

(3) 饱和区(输出特性曲线中靠近纵坐标的附近区域)

工作条件:发射结正偏,集电结正偏。

主要特性: $i_C < \beta i_B, u_{CE} < u_{BE}$。深度饱和时, $U_{CES} = 0.3V$。

还常用共基直流、交流电流放大系数 $\bar{\alpha}, \alpha$ 描述共基(输入回路与输出回路的公共端是基极)接法下三极管的电流放大作用。

集电极电流与发射极电流的直流量之比称为共基直流电流放大系数,即

$$\bar{\alpha} = \frac{I_C}{I_E} \tag{5.3.5}$$

集电极电流与发射极电流的变化量之比称为共基交流电流放大系数,记为 α,即

$$\alpha = \frac{\Delta i_C}{\Delta i_E} \tag{5.3.6}$$

$\beta(\alpha)$ 体现共射(共基)接法三极管的电流放大作用。β 与 $\bar{\beta}$(α 与 $\bar{\alpha}$)有交、直流的区别,但在放大区两者数值近似相等,因此在估算时一般不再区分。

三极管的其他主要参数还有:集-基极、集-射极反向截止电流 I_{CBO}、I_{CEO},集电极最大允许电流 I_{CM},集-射极反向击穿电压 $U_{(BR)CEO}$,集电极最大允许耗散功率 P_{CM} 等。

I_{CBO} 表示当发射极开路时,集电极与基极之间的反向截止电流。

I_{CEO} 表示当基极开路时,集电极和发射极之间的反向截止电流,又称为穿透电流。它们的关系是

$$I_{CEO} = (1 + \bar{\beta})I_{CBO} \tag{5.3.7}$$

$I_{CBO}(I_{CEO})$ 是少数载流子漂移运动形成的,因此受温度影响很大,是反映晶体管优劣的主要指标。

当集电极电流 I_C 过大时,三极管的 β 值要下降。当 β 值下降到正常数值的 $\frac{2}{3}$ 时的集电极电流,称为集电极最大允许电流 I_{CM}。

基极开路时,加在集电极和发射极之间的最大允许电压,称为集-射极反向击穿电压 $U_{(BR)CEO}$。u_{CE} 超过此值时管子会击穿。

关于这些参数的更多阐述,请参考其他书籍。

5.3.3 三极管工作在放大区的简化模型

电子电路中的放大电路主要用于交流信号的放大。当基极电流 i_B 在直流量基础上叠加一个交流小信号依然满足大小适中时,三极管可实现交流小信号的放大。可见,用三极管实现交流小信号的放大的原理如下。

合理选择器件参数,使基极电流的直流量 I_B 等参数适合于叠加交流小信号。

交流信号正、负交替,选择 I_B 等参数位于输出特性曲线的中心区域附近时最佳。当然,I_B 等参数反映在三极管特性曲线上是对应的一个点,称为直流工作点,记为 Q 点,常用三极管简化直流电路模型来分析三极管电路的 Q 点。

三极管的输入特性与二极管非常类似,在正常放大工作情况下,硅管的发射结电压 $U_{BE} = 0.6 \sim 0.7V$,锗管的 $U_{BE} = 0.2 \sim 0.3V$(一般硅管取 $U_{BE(ON)} = 0.7V$,锗管取 $U_{BE(ON)} = 0.3V$)。

三极管主要用于小信号放大,其工作电压与发射结导通压降量级差别不大,在近似分析时,U_{BE} 不可忽略,可视 U_{BE} 基本不变,可使用如图 5.2.12(a)所示的二极管模型代替如图 5.3.5 所示共射放大电路的输入回路。

从输出特性看,在放大区,$I_C = \bar{\beta}I_B$,即输出电流 I_C 受输入电流 I_B 控制。因此在放大模式下,三极管输入端可近似用直流电压源 $U_{BE(ON)}$ 等效,输出端用电流控制电流源等效,得到三极管简化直流电路模型如图 5.3.7 所示。

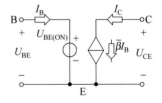

图 5.3.7　简化直流电路模型

当 I_B 等参数已位于输出特性曲线的中心区域附近时,可在输入端叠加一个小信号变化量,此时,这个小信号变化量将引起输出信号的变化。当这个小信号变化量大小适中时,$\Delta i_C = \beta \Delta i_B$。

因为叠加的小信号非常小,输入回路二极管上的导通压降随流过二极管的电流引起

的变化不可忽略,可使用如图 5.2.12(b)所示的二极管模型代替如图 5.3.5 所示共射放大电路的输入回路。分析三极管电路时,直流量、交流量单独分析,依照叠加原理,分析三极管电路交流特性时,$U_{BE(ON)}$ 置零,三极管的输入电路可用三极管的输入特性 r_{be} 等效。

$$r_{be} = \frac{\Delta u_{BE}}{\Delta i_B}\bigg|_{U_{CE}} \tag{5.3.8}$$

r_{be} 称为三极管的输入电阻,它表示三极管的输入特性。在 Q 点附近小范围内,r_{be} 可根据式(5.3.8)从输入特性曲线求得。

对于低频小功率三极管,r_{be} 常用下式估算

$$r_{be} \approx 200(\Omega) + (1+\beta)\frac{26(mV)}{I_{EQ}(mA)} \tag{5.3.9}$$

在输出特性曲线上,当 U_{CE} 为常数时,Δi_C 和 Δi_B 之比为三极管的电流放大系数。在 Q 点附近小范围内(小信号条件),β 是一个常数,由它确定 Δi_C 受 Δi_B 的控制关系。因此,三极管的输出电路可用受控电流源来等效。β 可根据式(5.3.2),从输出特性曲线求得;在三极管手册中 β 常用 h_{fe} 表示。

表 5.3.1　二极管、三极管的特性及其简化模型

符号及描述	特性曲线	简化模型
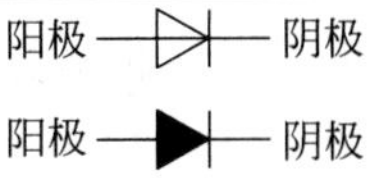 二极管 阳极 ▷⊢ 阴极 阳极 ▶⊢ 阴极 电流方程 $i = I_S(e^{u/u_T} - 1)$ U_{ON}: 硅:$0.7V$　锗:$0.3V$	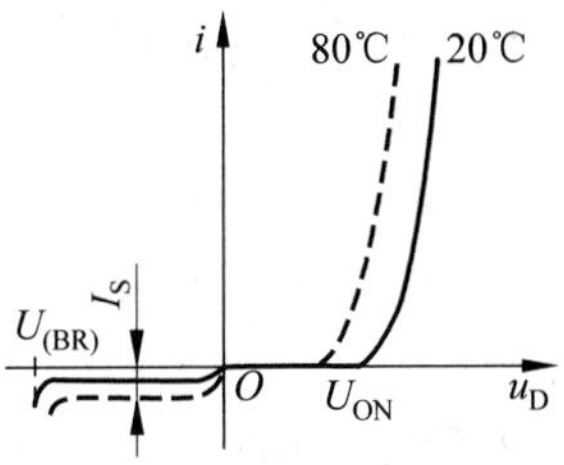	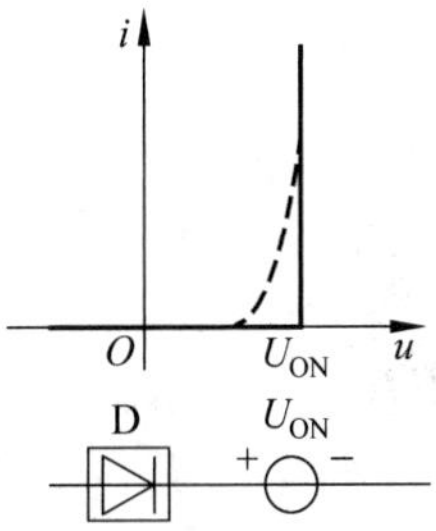
三极管 (NPN / PNP 符号图)	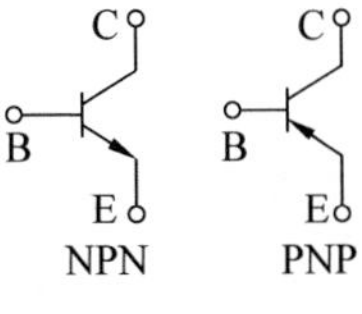 输入特性 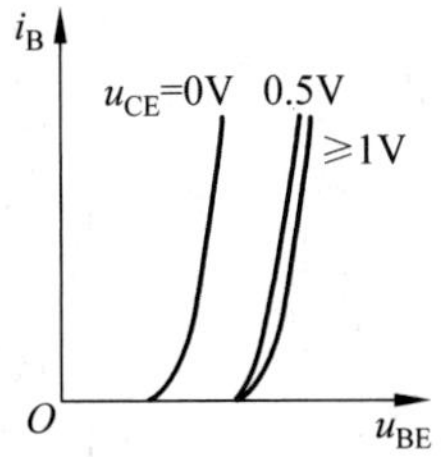 (图)	直流模型 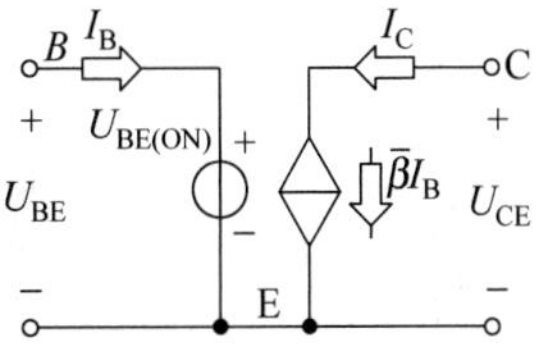 (图)
输入电阻 r_{be}: $r_{be} \approx 200(\Omega) + (1+\beta)\frac{26(mV)}{I_{EQ}(mA)}$ 输出电阻 r_{CE} 一般很大,在分析时忽略	输出特性 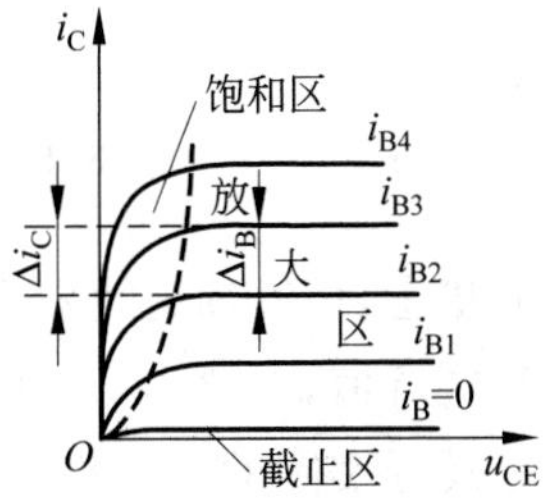 (图)	小信号模型 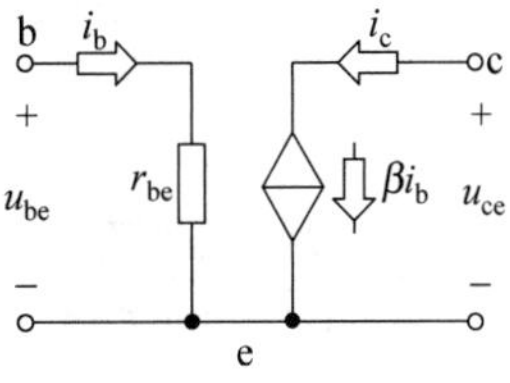 (图)
	以 NPN 管共射连接方式为参考	

在输出特性曲线上还可以看到,当 I_B 为常数时,Δi_C 将随 Δu_{CE} 增加而略有增加,Δu_{CE} 和 Δi_C 之比

$$r_{ce} = \frac{\Delta u_{CE}}{\Delta i_C}\bigg|_{I_B} \tag{5.3.10}$$

称为三极管的输出电阻。在小信号条件下,r_{ce} 也是一个常数。因此,三极管输出电流,除了受输入控制的部分外,还应包括反映 Δu_{CE} 影响的流过 r_{ce} 的部分,其输出电路可用受控电流源与输出电阻并联来等效。r_{ce} 可根据式(5.3.10),从输出特性曲线求得。

由于 r_{ce} 很大,约为几十千欧到几百千欧,一般忽略不计,在小信号条件下,可构造三极管的简化小信号电路模型如图 5.3.8 所示。图中 Δi_B 用 i_b 表示,Δu_{BE} 用 u_{be} 表示,其他与此类似。在近似分析时,常用简化模型。

当然,有读者可能说,如图 5.2.12 所示的二极管模型中有理想二极管的电路符号,如图 5.3.7、图 5.3.8 所示模型中没有理想二极管的符号,为什么呢?

读者不要忘记,上面的直流及小信号模型是基于三极管工作在放大区建立的模型,此时,发射结导通,理想二极管导通时相当于短路,因此,模型中没有理想二极管的符号。

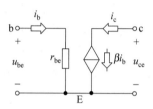

图 5.3.8 简化小信号电路模型

基于上面的分析,不难发现,三极管电路分析包括直流分析、交流分析两个部分,可通过下面的例题来初步理解。

【例 5.3.1】 电路如图 5.3.9(a)所示,已知 $\beta = 100$,其他元件参数已在图中标出,试分析三极管各极的电压和电流值,并确定三极管的工作状态。

解:

题中要求确定三极管的工作状态,应对该电路进行直流分析。在工程上,常用三极管简化直流电路模型替代三极管进行近似分析,其基本步骤如下:

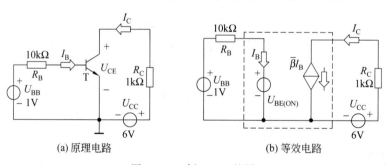

(a) 原理电路   (b) 等效电路

图 5.3.9 例 5.3.1 的图

- 假设三极管工作在放大状态,用其简化直流电路模型代替三极管;
- 确定三极管各极电压和电流值,主要指 I_B、I_C、U_{CE};
- 根据结果验证或确定三极管实际的工作模式,必要时再作分析。

(1) 三极管工作在放大状态的条件是三极管发射结正偏,集电结反偏。U_{BB} 使三极

管发射结正偏,假设三极管工作在放大状态,将简化直流电路模型代替三极管,得到等效电路如图 5.3.9(b)所示。

（2）由输入回路求 I_B 得

$$I_B = \frac{U_{BB} - U_{BE(ON)}}{R_B} = \left(\frac{1-0.7}{10}\right) \text{mA} = 30\mu\text{A}$$

$$I_C = \beta I_B = 100 \times 30 = 3(\text{mA})$$

由输出回路求 U_{CE} 得

$$U_{CE} = U_{CC} - I_C R_C = (6 - 3 \times 1)\text{V} = 3\text{V}$$

（3）分析表明,$U_{CE} = 3\text{V} > 0.7\text{V}$,使集电结反偏,因此可以确定三极管工作在放大状态。

【**例 5.3.2**】　在例 5.3.1 中,若将 R_C 增大到 2kΩ,其他元件参数不变,试判断这时三极管的工作状态;如果 R_C 仍为 1kΩ 不变,将 R_B 减小为 3kΩ,三极管的工作状态又将如何?

解：

（1）当 R_C 增大到 2kΩ 时,仍假设三极管工作在放大状态,按例 5.3.1 的分析,I_B、I_C 不变,U_{CE} 变化为

$$U_{CE} = U_{CC} - I_C R_C = (6 - 3 \times 2)\text{V} = 0\text{V} < U_{BE} = 0.7\text{V}$$

这时集电结正偏,因此三极管工作在饱和状态。在饱和条件下

$$U_{CES} = 0.3\text{V}$$

$$I_C = \frac{U_{CC} - U_{CES}}{R_C} = \left(\frac{6-0.3}{2}\right)\text{mA} = 2.85\text{mA}$$

（2）如果 R_C 仍为 1kΩ 不变,将 R_B 减小为 3kΩ,仍假设三极管工作在放大状态,按例 5.3.1 的分析

$$I_B = \frac{U_{BB} - U_{BE(ON)}}{R_B} = \left(\frac{1-0.7}{3}\right)\text{mA} = 100\mu\text{A}$$

$$I_C = \beta I_B = (100 \times 100)\mu\text{A} = 10\text{mA}$$

由输出回路求 U_{CE} 得

$$U_{CE} = U_{CC} - I_C R_C = (6 - 10 \times 1)\text{V} = -4\text{V} < U_{BE} = 0.7\text{V}$$

这时集电结正偏,因此三极管工作在饱和状态。在饱和条件下

$$U_{CES} = 0.3\text{V}$$

$$I_C = \frac{U_{CC} - U_{CES}}{R_C} = \left(\frac{6-0.3}{1}\right)\text{mA} = 5.7\text{mA}$$

限于篇幅,三极管电路的交流分析请参考其他书籍。

5.3.4　三极管在电子技术领域中的重要作用

在电子管、三极管出现以前,电路的主要应用模式是电源＋导线＋终端设备。在这

样的应用模式下,电路中的电子流动是一种能量的流动。电力工业也成为各国的基础支柱行业之一。

大发明家爱迪生在研究白炽灯的寿命时,在灯泡的碳丝附近焊上一小块金属片,发现了一个奇怪的现象:金属片虽然没有与灯丝接触,但如果在它们之间加上电压,灯丝就会产生一股电流,趋向附近的金属片。已经证明,电流的产生原因是因为炽热的金属能向周围发射电子。

基于上面的原理,1904 年,英国物理学家弗莱明研制了世界上第一只电子管。此后不久,美国发明家德福雷斯特在二极管的灯丝和板极之间巧妙地加了一个栅板,发明了第一只真空三极管,推动了无线电电子学的蓬勃发展,世界从此进入了电子时代。一门根据电子学的原理,运用电子器件设计和制造某种特定功能的电路以解决实际问题的新型技术:电子技术诞生,传统电路由电工领域拓展到了电子技术领域。

电子管的参考结构如图 5.3.10 所示。

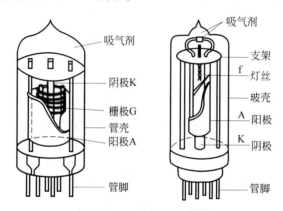

图 5.3.10　电子管示意图

电子管体积大、功耗大、发热量大、寿命短、电源利用效率低,臭虫(Bug)钻入电子管电路被烫死后可能因接触问题导致电路故障,找臭虫(Debug)成为调试、排除故障的代名词,基于电子管的应用电路主要在某些专门领域中应用。

三极管可在一小片半导体材料(如硅片)上通过掺杂制作而成,随着制作工艺的提高,可在一小片半导体硅片上制作成百上千万个三极管。三极管体积小、功耗小、性能可靠,具有电子管无法比拟的优越性。

三极管的出现是电子技术发展史上的一座里程碑,是电子技术之树上绽开的一朵绚丽多彩的"奇葩",使电子技术走进了千家万户,成为人们日常生活不可分割的一部分。

电子技术包括信息电子技术和电力电子技术两大分支。信息电子技术包括模拟(Analog)电子技术和数字(Digital)电子技术。

模拟电子技术典型应用电路有:

- 放大电路

增加电信号幅度或功率的电子电路称为放大电路,应用放大电路实现放大的装置称为放大器,典型电路如音响中的功放电路。

在对小信号进行放大时,根据人们对电压、电流、功率各物理量关心的不同,分别称为电压放大、电流放大、功率放大。但不管是什么放大,其实质都是对功率进行了放大。这是电子学放大与其他类型放大的根本区别。

- 振荡电路

用来产生重复电子信号(通常是正弦波或方波)的电子电路称为振荡电路,能将直流电转换为具有一定频率交流电信号输出,典型电路如计算机系统中的工作脉冲电路。

振荡电路种类很多,按振荡激励方式可分为自激振荡器、他激振荡器;按电路结构可分为阻容振荡器、电感电容振荡器、晶体振荡器、音叉振荡器等;按输出波形可分为正弦波、方波、锯齿波等振荡器。振荡电路广泛用于电子工业、医疗、科学研究等方面。

- 滤波电路

滤波电路用于消除电信号中的干扰,让有用信号尽可能无衰减地通过,对无用信号尽可能大地衰减,典型电路如收音机的调谐接收电路。

思考与练习

5.3.1 三极管从结构上看可以分成哪两种类型,两者的特性有什么异同?

5.3.2 三极管可以有几种工作模式?它们有哪些典型的应用?

5.3.3 在设计三极管开关电路时,哪些工作区是有用的?

5.4 用三极管构成小信号放大器的一般原则

利用三极管工作在放大、截止、饱和三种状态下的不同特性,可构成放大、恒流、开关等功能的电路。放大器是电子电路中最基础、应用最广泛的一种电路。

5.4.1 小信号放大器的一般结构

从前面的分析知道,在小信号时,三极管可用线性电路来等效,因此小信号放大器可以看成一个线性有源两端口网络。对于输入信号源,放大器可视为它的负载,因此放大器输入口可等效成一个电阻与信号源相连;对于负载,放大器可视为它的信号源,因此放大器输出口可等效成一个电压源与负载相连。这样构成如图 5.4.1 所示的小信号放大器的结构示意图。

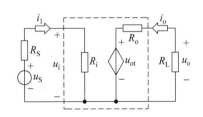

图 5.4.1 小信号放大器的结构示意图

5.4.2 放大器的基本性能指标

描述放大器性能的指标很多,这里仅介绍在信号频率适中的范围内,反映小信号放大器最基本的性能的几个指标。

1. 输入电阻 R_i

放大器在输入端口的等效电阻称为输入电阻,定义为输入电压与输入电流的比,即

$$R_i = \frac{u_i}{i_i} \tag{5.4.1}$$

由图 5.4.1 写出输入电压与信号源电压的关系为

$$u_i = \frac{R_i}{R_i + R_S} u_S \tag{5.4.2}$$

式(5.4.2)表明,R_i 越大,放大器获取输入电压的能力越强。因此输入电阻是衡量放大器从信号源获取信号能力的指标。

2. 输出电阻 R_o

放大器在输出端口可等效为一个电源,等效电源的内阻 R_o 称为输出电阻。由图 5.4.1 可以看出,当负载开路、信号源为零时,在输出端加电压 u_o,u_o 与产生的电流 i_o 的比,就是定义的输出电阻。即

$$R_o = \frac{u_o}{i_o} \bigg|_{R_L = \infty, u_S = 0} \tag{5.4.3}$$

由图 5.4.1 写出放大器带负载的输出电压 u_o 与负载开路时的输出电压 u_{ot} 的关系

$$u_o = \frac{R_L}{R_L + R_o} u_{ot} \tag{5.4.4}$$

式(5.4.4)表明,R_o 越小,负载对 u_o 的影响就越小。因此输出电阻是衡量放大器带负载能力的指标。

3. 增益 A

增益 A 又称为放大倍数。定义为放大器输出量与输入量的比,即

$$A = \frac{x_o}{x_i} \tag{5.4.5}$$

是衡量放大器放大能力的指标。根据输出、输入电量的不同,又分

$$A_u = \frac{u_o}{u_i} \quad 电压增益;\quad A_i = \frac{i_o}{i_i} \quad 电流增益$$

$$A_g = \frac{i_o}{u_i} \quad 互导增益;\quad A_r = \frac{u_o}{i_i} \quad 互阻增益$$

它们分别是衡量电压放大、电流放大、互导放大、互阻放大四种放大器的放大能力的指标。

4. 源增益 A_S

定义为放大器输出量与信号源电量的比,即

$$A_S = \frac{x_o}{x_S} \tag{5.4.6}$$

与增益的定义类似,根据输出、输入电量的不同,也分四种源增益 A_{uS}、A_{iS}、A_{gS}、A_{rS}。源增益 A_S 与增益 A 之间存在一定的关系,如:

$$A_{uS} = \frac{u_o}{u_S} = \frac{u_o}{u_i} \frac{u_i}{u_S} = A_u \frac{\dfrac{R_i}{R_i + R_S} u_S}{u_S} = A_u \frac{R_i}{R_i + R_S} \tag{5.4.7}$$

式(5.4.7)表明,R_i 越大,放大器性能越稳定。

5.4.3 基本放大器的工作原理及组成原则

图 5.4.2 是基本共射放大器,它由 NPN 三极管 T,电阻 R_B、R_C,直流电压源 U_{CC}、U_{BB},输入电压源 u_i 组成。现以该电路为例说明放大器的工作原理和组成原则。

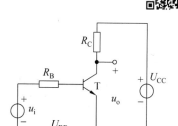

图 5.4.2 基本共射放大器

1. 工作原理

当 $u_i = 0$ 时,放大器处于直流工作状态,称为静态。在输入回路中,直流电源 U_{BB} 使三极管发射结正偏,并与 R_B 共同决定基极电流

$$I_{BQ} = (U_{BB} - U_{BE(ON)})/R_B$$

在输出回路中,足够大的 U_{CC} 使三极管集电结反偏,保证三极管工作在放大状态,有

$$I_{CQ} = \beta I_{BQ}, \quad U_{CEQ} = U_{CC} - I_{CQ} R_C$$

这样建立起合适的直流工作点 I_{BQ}、U_{BEQ}、I_{CQ}、U_{CEQ},又称为静态工作点。

当 $u_i \neq 0$ 时,放大器处于交流工作状态,称为动态。在输入回路中,输入电压源 u_i 叠加在 U_{BB} 上,使三极管基极电流在 I_{BQ} 的基础上也叠加了一个变化量 i_b,即 $i_B = I_{BQ} + i_b$,进而使 $u_{BE} = U_{BEQ} + u_{be}$,$i_C = I_{CQ} + i_c$,$u_{CE} = U_{CEQ} + u_{ce}$,$u_{ce}$ 就是在输出端产生的随 u_i 变化而变化的输出电压 u_o。当电路参数选择合适时,可以使输出电压 u_o 比输入电压 u_i 大得多,从而实现了对电压的放大。

2. 组成原则

从上面的分析可以知道,在组成放大器时必须遵循以下几个原则。

(1)放大器外加直流电源的极性必须保证放大管工作在放大状态。对于晶体管,即须保证发射结正偏,集电结反偏。

(2)输入回路的接法应该使放大器的输入电压 u_i 能够传送到放大管的输入回路,并使放大管产生输入电流变化量(i_b)或输入电压变化量(u_{be}、u_{gs})。

(3)输出回路的接法应使放大管输出电流的变化量(i_c、i_d)能够转化为输出电压的变化量(u_{ce}、u_{ds}),并传送到放大器的输出端。

(4) 选择合适的电路元器件参数,使输出信号不产生明显的失真。

只要满足上述几项原则,即使电路的形式有所变化,仍然能够实现放大的作用。

【例 5.4.1】 试分析图 5.4.3 所示的电路是否可能实现放大。

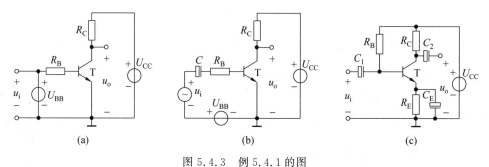

(a)　　　　　　　　(b)　　　　　　　　(c)

图 5.4.3　例 5.4.1 的图

解:

图 5.4.3(a)在电路参数选择合适的情况下,U_{BB}、U_{CC} 可以使三极管发射结正偏,集电结反偏,保证三极管工作在放大状态。但是,电路的输入信号 u_i 被 U_{BB} 短路,不能使三极管的输入电流或电压产生变化,即上述原则(2)不能满足,故电路不能实现放大。

图 5.4.3(b)也不能实现放大,因为电容 C 有隔直的作用,将 U_{BB} 与晶体管隔开,三极管发射结没有正向的偏置电压,$I_B=0$。

图 5.4.3(c)是单电源供电的共射放大器,可以实现放大。U_{CC} 通过 R_B 使三极管发射结正偏,在电路参数选择合适的情况下,U_{CC} 能够保证集电结反偏,使三极管工作在放大状态;输入信号 u_i 通过 C_1 加到 VT 发射结,产生变化的 u_{be}、i_b;$i_c=\beta i_b$,i_c 流过 R_C 产生变化的 u_{R_C},进而产生变化的 u_{ce},并通过 C_2 加到负载上,实现了电压放大。

思考与练习

5.4.1　放大器的基本性能指标增益 A、输入电阻 R_i、输出电阻 R_o 分别用来衡量放大器的什么能力?

5.4.2　放大器为什么必须建立合适的静态工作点?

5.4.3　在放大器中,如果要计算小信号的响应,为什么必须先知道其电流工作点?

5.5　放大器的三种组态及其典型电路

三极管有三个极,在构成放大器输入、输出两个端口时,必然有一个极是公共端。将发射极、集电极、基极分别作为输入输出端口的公共端,依照放大器的组成原则,可构成放大器的三种基本组态。

5.5.1 放大器三种组态的基本电路

放大器三种组态的基本电路如图 5.5.1 所示。工程上不管多么复杂的放大器,都是在这三种基本组态电路基础上演变而来的,简要解释如下:

图 5.5.1(a)为基本共射放大器。放大器输入、输出公共端为发射极,U_{BB} 保证发射结正偏,U_{CC} 保证集电结反偏,三极管工作在放大状态,输入电压 u_i 通过电阻 R_B 传送到放大管的输入回路。图 5.5.1(b)为基本共基放大器。放大器输入、输出公共端为基极,U_{BB} 保证发射结正偏,U_{CC} 保证集电结反偏,三极管工作在放大状态,输入电压 u_i 通过电阻 R_E 传送到放大管的输入回路。图 5.5.1(c)为基本共集放大器。放大器输入、输出公共端为集电极,U_{BB} 保证发射结正偏,U_{CC} 保证集电结反偏,三极管工作在放大状态,输入电压 u_i 通过电阻 R_B 传送到放大管的输入回路。

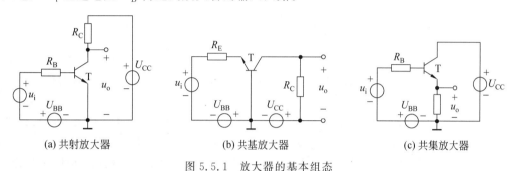

(a) 共射放大器　　　　　(b) 共基放大器　　　　　(c) 共集放大器

图 5.5.1　放大器的基本组态

5.5.2 放大器三种组态的典型电路

放大器三种组态的基本电路特性较差,放大器三种组态的典型电路如图 5.5.2 所示。

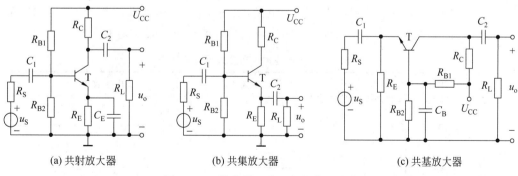

(a) 共射放大器　　　　　(b) 共集放大器　　　　　(c) 共基放大器

图 5.5.2　放大器三种组态的典型电路

如图 5.5.2 所示电路采用 U_{CC} 单电源供电,U_{CC} 通过 R_{B1}、R_{B2} 的分压使发射结正偏,只要 R_C、R_E 参数合理,就能使集电结反偏,保证三极管工作在放大状态;R_E 的作用是稳定静态工作点；C_1、C_2 用来隔断放大器与信号源和负载的直流通路，使放大器的工作状态与信号源和负载之间互不影响，同时交流信号又能顺利通过放大器并传递到负载。这样的结构既符合放大器的组成原则，同时又提高了电路的稳定性。因此，该电路在实际中经常被采用。

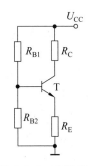

图 5.5.3　直流通路

将如图 5.5.2 所示各电路的输入电压源短路，电容开路，可以画出各电路的直流通路，具体如图 5.5.3 所示（典型的共射、共集、共基三个放大器的直流通路相同）。

通常实际电路满足 $I_B \ll I_{RB2}$、$I_B \ll I_C$，因此

$$U_B \approx \frac{R_{B2}}{R_{B2} + R_{B1}} U_{CC} \tag{5.5.1}$$

$$I_{CQ} \approx I_E = \frac{U_B - U_{BE(ON)}}{R_E} = \frac{\dfrac{R_{B2}}{R_{B2} + R_{B1}} U_{CC} - U_{BE(ON)}}{R_E} \tag{5.5.2}$$

$$U_{CEQ} = U_{CC} - I_{CQ}(R_C + R_E) \tag{5.5.3}$$

将如图 5.5.2 所示各电路中的直流电压源短路，电容也短路时，可以画出各电路的交流通路如表 5.5.1 所示，表中 $R_B = R_{B1} // R_{B2}$。

对于交流信号，由于三极管的接法不同，交流通路也就不同，因此它们有着不同的性能特点。

共集放大器的电压增益恒小于1，且约等于1，即 $u_o \approx u_i$，可以认为射极输出电压几乎跟随基极输入变化而变化，因此共集放大器又称为射极跟随器。虽然共集放大器不能实现电压放大（$A_u < 1$），但它的输出电流（I_e）比输入电流（I_b）大得多，所以仍然有功率放大作用。

共基放大器输入电阻较共射放大器小，输出电阻与共射放大器相当，但共基放大器的电压增益为正，是同相放大。

共射放大器各项指标较为适中，在低频电压放大时用得最多；共集放大器是三种基本组态中输入电阻最大、输出电阻最小的电路，多用作输入、输出级；共基放大器的频率特性最好，常用于宽带放大。三种基本组态放大器性能比较如表 5.5.1 所示。

表 5.5.1　三种基本组态放大器性能比较

	共射放大器	共集放大器	共基放大器
电路形式	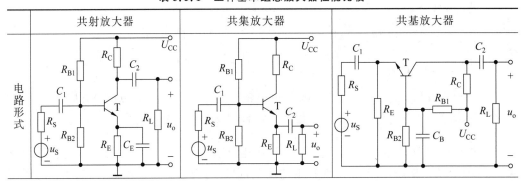		

	共射放大器	共集放大器	共基放大器
直流分析	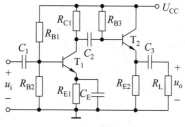	上面所示三种基本组态放大器具有相同的直流通道: $$I_{CQ} \approx I_E = \frac{U_B - U_{BE(ON)}}{R_E} = \frac{\dfrac{R_{B2}}{R_{B2}+R_{B1}}U_{CC} - U_{BE(ON)}}{R_E}$$ $$U_{CEQ} = U_{CC} - I_{CQ}(R_C + R_E)$$ $$r_{be} \approx 200(\Omega) + (1+\beta)\frac{26(mV)}{I_{EQ}(mA)}$$	
交流通道			
交流小信号参数	$R_i = R_{B1}//R_{B2}//r_{be}$ $R_o = R_C$ $A_u = \dfrac{-\beta(R_C//R_L)}{r_{be}}$	$R_i = R_B//[r_{be}+(1+\beta)R_L']$ $R_L' = R_E//R_L$ $R_o = R_E//\dfrac{R_S//R_B+r_{be}}{(1+\beta)}$ $A_u = \dfrac{(1+\beta)(R_E//R_L)}{r_{be}+(1+\beta)(R_E//R_L)}$	$R_i = R_E//\dfrac{r_{be}}{1+\beta}$ $R_o = R_C$ $A_u = \dfrac{\beta(R_C//R_L)}{r_{be}}$
用途	指标较为适中,常用作低频电压放大	输入电阻最大、输出电阻最小,多用作输入、输出级	频率特性最好,常用作宽带放大

【例 5.5.1】　试分析如图 5.5.4 所示电路的特点并估算其放大倍数。

解:

图 5.5.4 所示电路包括两级放大器,放大器级与级之间通过电容连接,称为阻容耦合。

由于电容的隔直作用,各级直流通路相互独立,静态工作点互不影响。此外,电容对低频信号呈现的电抗大,传递低频信号的能力弱,所以不能反映直流成分的变化,不适合放大缓慢变化的信号。

图 5.5.4　例 5.5.1 的图

图 5.5.4 中第 1 级放大器为典型共射放大电路,第 2 级具有与前面介绍的典型共集放大器相同的特性,可近似认为该电路的电压放大倍数为第 1 级典型共射放大电路的电压放大倍数。

在上面的电路中,增加 1 级共集放大器(输出电阻小)的目的是为了改善电路的输出特性。此外,为了减小耦合电容对信号的衰减,耦合电容一般选取为几十微法到几百微法,这样大的电容是不适合于集成化的,所以,如图 5.5.4 所示电路主要适用于用分立元件组成的交流放大器。

【例 5.5.2】 试分析如图 5.5.5 所示电路的特点。

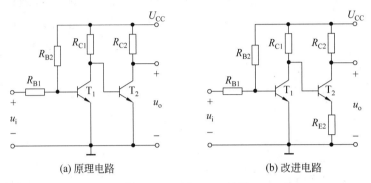

(a) 原理电路 (b) 改进电路

图 5.5.5　例 5.5.2 的图

解:

图 5.5.5 所示电路包括两级放大器,放大器级与级之间不通过任何元件就直接相连,称为直接耦合。

图 5.5.5 所示电路由于没有耦合电容的存在,具有良好的低频特性,可以对缓慢信号进行放大,适合于直流(零频)放大器,也容易将电路集成在一块硅片上,构成集成放大器。

当然,电路采用直接耦合方式相连也存在不足。

在图 5.5.5(a)中,R_{C1} 既是第一级的集电极电阻,又可作为第二级的基极电阻,所以省去了 R_{B2}。在静态时,T_1 管的 U_{CEQ1} 等于 T_2 管的 U_{BEQ2},一般情况下,$U_{BEQ2}=0.7V$,所以 T_1 管处于临界饱和的状态,显然信号容易失真。这说明前后级的相互影响导致了工作点的不合理,需要采取措施,对前后级之间的电平进行配置。

图 5.5.5(b)所示电路在 T_2 管的射极加电阻 R_{E2},以提高 T_2 管的基极电位,进而使 U_{CEQ1} 满足要求,$U_{CEQ1}=U_{BQ2}=U_{BEQ2}+U_{RE2}$,是图 5.5.5(a)的一种改进方法。

如图 5.5.5 所示电路称为多级共射放大电路,常用作集成运算放大器的中间级。

思考与练习

5.5.1　在如图 5.5.2(a)所示电路中,已知 $R_{B1}=50k\Omega$,$R_{B2}=25k\Omega$,$R_E=3.3k\Omega$,$R_C=R_L=2k\Omega$,$\beta=100$,$U_{CC}=12V$,$U_{BE(ON)}=0.7V$,请求 R_i、R_o、A_u 的值并计算 R_S 分别为 100Ω、$1k\Omega$ 时的 A_{uS}。

5.5.2　如图 5.5.2(b)的电路参数同上题,$R_S=1k\Omega$,试求性能参数 R_i、R_o、A_u、A_{uS} 的值和当 $R_L=500\Omega$,其他参数不变时的 A_u。

5.6 工程实用放大器的电路构成原理及特点

显然,5.5节介绍的基本组态放大器难以满足工程应用实践的要求。主要有以下几点:
- 基本组态放大器采集信号的能力有限;
- 基本组态放大器的放大能力有限;
- 基本组态放大器的负载能力有限。

下面以集成运算放大器的组成框图为例介绍工程实用放大器的电路构成原理及特点。

5.6.1 组成框图

集成运算放大器的基本组成如图5.6.1所示。

图 5.6.1 集成运算放大器的组成框图

从图5.6.1可以看出,工程实用放大器一般包括四个基本部分:
- 输入级

输入级提供与输出端成同相关系和反相关系的两个输入端,电路形式为差动放大电路,要求输入电阻高,可较好改善基本组态放大器采集信号能力弱的缺陷,是提高运算放大器质量的关键部分。
- 中间级

中间级主要完成对输入电压信号的放大,一般采用多级共射放大电路实现,可较好改善基本组态放大器放大能力有限的不足。
- 输出级

输出级提供较高的功率输出、较低的输出电阻,一般由互补对称电路或射极输出器构成,可较好改善基本组态放大器负载能力有限的不足。
- 偏置电路

偏置电路提供各级静态工作电流,一般由各种恒流源电路组成。

5.6.2 差动输入电路

工程应用实践中的原始信号往往十分微弱,容易被温度等外部因素干扰,因此,工程实用放大器的输入电路应具有尽量高的输入阻抗且能较好地抑制温度等外部因素引起的干扰。为实现上面的目标,工程中的放大电路的输入电路一般采用差动放大器,称为差动输入电路。

可通过如图5.6.2(a)所示的基本差动放大电路来理解差动放大器。

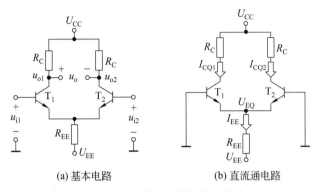

(a) 基本电路　　　　　　(b) 直流通电路

图 5.6.2　差动放大器的基本电路

图5.6.2(a)所示基本差动放大电路具有以下特点:

- 电路是由两个结构、参数左右对称的共射放大器组成。
- 它有两个输入端,存在两个输入信号 u_{i1}、u_{i2}。
- 它有两个输出端,可以从任何一个集电极输出(称为单端输出),也可从两个集电极之间输出(称为双端输出)。

图5.6.2(a)所示基本差动放大电路的直流通路如图5.6.2(b)所示。由图5.6.2(b),可知:

- 当差动放大器双端输出时,能保证在零信号输入时,零信号输出;
- 差动放大器能够有效地放大差模信号和强有力地抑制共模信号、抑制温漂,可从以下几个方面理解。

1. 差模信号与共模信号

作用在差动放大器两输入端的一对数值相等、极性相反的输入信号,即 $u_{i1} = -u_{i2}$,称为差模输入信号,表示为

$$u_{i1} = -u_{i2} = u_{id}/2, \quad u_{id} = u_{i1} - u_{i2}$$

作用在差动放大器两输入端的一对数值相等、极性相同的输入信号,即 $u_{i1} = u_{i2}$,称为共模输入信号,表示为

$$u_{i1} = u_{i2} = u_{ic}$$

当然,加到差动放大器两输入端的信号,通常既不是单纯的差模信号,又不是单纯的共模信号,而是任意信号 u_{i1}、u_{i2}。对它们进行改写,有

$$u_{i1} = \frac{u_{i1} + u_{i2}}{2} + \frac{u_{i1} - u_{i2}}{2} \tag{5.6.1}$$

$$u_{i2} = \frac{u_{i1} + u_{i2}}{2} - \frac{u_{i1} - u_{i2}}{2} \qquad (5.6.2)$$

可以看到,差动放大器两输入端的任意信号都可以分解为一对共模信号和一对差模信号。

$$u_{i1} = u_{ic} + \frac{u_{id}}{2}$$

$$u_{i2} = u_{ic} - \frac{u_{id}}{2}$$

其中

$$u_{ic} = \frac{u_{i1} + u_{i2}}{2}$$

$$u_{id} = u_{i1} - u_{i2}$$

2. 对共模信号的抑制作用

当电路输入共模信号 $u_{i1} = u_{i2} = u_{ic}$ 时(如图 5.6.3 所示),由于电路两边对称,$i_{b1} = i_{b2}$,$i_{c1} = i_{c2}$,所以 $u_{c1} = u_{c2}$,这样输出电压 $u_{oc} = u_{c1} - u_{c2} = (U_{CQ1} + u_{c1}) - (U_{CQ2} + u_{c2}) = 0$,即共模输入条件下差动输出为 0。可见,差动放大器能较好地抑制共模信号。

差动放大器利用其电路结构、参数上的对称性实现了对共模信号的抑制。另外,射极电阻 R_{EE} 的接入将降低共射放大电路的电压放大倍数,对共模信号的抑制也起着积极的作用。R_{EE} 越大,抑制共模信号的能力就越强(差模输入条件下 R_{EE} 被短路,见后文)。因此,即便是单端输出,差动放大器仍然有抑制共模信号的作用。

由于电路参数的对称性,温度变化引起管子电流变化完全相同,可以将温漂等效成共模信号。因此,差动放大器能较好地抑制温漂。

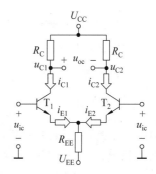

图 5.6.3　差动放大器输入共模信号

3. 对差模信号的放大作用

当差动放大器输入一对差模信号 $u_{i1} = -u_{i2} = u_{id}/2$ 时(如图 5.6.4 所示),由于电路参数对称,T_1、T_2 所产生的电流的变化大小相等、方向相反,即 $i_{b1} = -i_{b2}$,$i_{c1} = -i_{c2}$,所以 $u_{c1} = -u_{c2}$,这样输出电压 $u_{od} = u_{c1} - u_{c2} = 2u_{c1}$,实现了电压放大。并且,当极性相反、幅度相同的电流 i_{c1}、i_{c2} 共同流过 R_{EE} 时,两管的变化电流相抵消,流过 R_{EE} 电流保持不变,因此,对差模信号而言,R_{EE} 可视为短路,这样画出差动放大器的差模交流通路如图 5.6.5 所示。由此电路,可以分析差动放大器在差模输入信号作用下的性能——差模性能。

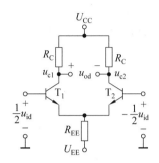
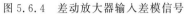
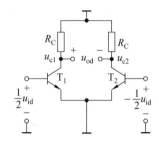

图 5.6.4　差动放大器输入差模信号　　　图 5.6.5　差模交流通路

差动放大器在输入差模信号时的电压增益称为差模电压增益,记为 A_d,定义

$$A_d = \frac{u_{od}}{u_{id}} \tag{5.6.3}$$

式中,u_{od} 是在 u_{id} 作用下的输出电压。由图 5.6.5 可知

$$A_d = \frac{u_{od}}{u_{id}} = \frac{u_{C1} - u_{C2}}{u_{id}} = \frac{2u_{C1}}{2\frac{u_{id}}{2}} = A_{u1} = -\frac{\beta R_C}{r_{be}} \tag{5.6.4}$$

式中,A_{u1} 表示单管共射放大器的增益,又称为半电路增益。式(5.6.4)表明,差动放大器双端输出时的电压增益等于半电路增益。可以认为:

差动放大器是以牺牲一个管子的增益为代价,换取了低漂移的效果。

4. 共模抑制比

对于一个差动放大器,共模电压增益越小,抑制温漂(共模信号)的效果就越好;差模电压增益越大,放大有用信号(差模信号)的能力就越强。为了综合衡量差动放大器对差模信号的放大能力和对共模信号的抑制能力,特别引入一个性能指标——共模抑制比,记作 K_{CMRR},定义为

$$K_{CMRR} = \left| \frac{A_d}{A_c} \right| \tag{5.6.5}$$

式中,A_d 为差模电压增益,A_c 为共模电压增益。

工程中,式(5.6.5)常用对数形式表示,记作 K_{CMR},单位为分贝(dB)。

$$K_{CMR} = 20\lg \left| \frac{A_d}{A_c} \right| \tag{5.6.6}$$

共模抑制比越大,电路的性能越好。对于电路参数理想对称的双端输出情况,共模抑制比无穷大,实际差放电路约为 60dB,性能较好的差放电路可达 120dB。

从前面的分析知道,为了使差动放大器有强的抑制共模信号的能力,R_{EE} 选得越大越好。但是,若 R_{EE} 选得过大,不仅在集成电路中难以实现,而且对电源 U_{EE} 有更高的

要求。

　　电流源具有非常大的内阻,对工作电压源要求不高(实际电流源电路参见 5.6.5 节),所以在实际的差动放大器中,常采用电流源代替 R_{EE},如图 5.6.6 所示。由于要做到参数理想对称几乎不可能,因此,一般在两管发射极之间加一个很小的电位器 R_W,通过调节电位器使 $u_{i1}=u_{i2}=0$ 时 $u_o=0$,所以 R_W 称为调零电位器。

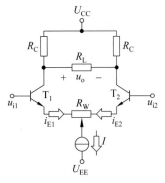

图 5.6.6　改进的差动放大器

5.6.3　多级共射放大电路

　　为实现高的电压放大倍数,中间级一般采用多级共射放大电路来实现。

　　将多个基本共射放大电路连接起来,便构成多级共射放大电路。当然,这将不可避免地产生一个新的问题:级与级之间如何连接的问题,称为耦合问题。

　　1. 阻容耦合

　　放大器级与级之间通过电容连接,称为阻容耦合,典型电路及其分析见例 5.5.1。

　　2. 直接耦合

　　放大器级与级之间不通过任何元件就直接相连,称为直接耦合,典型电路及其分析见例 5.5.2。

　　直接耦合方式由于没有耦合电容的存在,其优点显而易见。

　　• 具有良好的低频特性,可以对缓慢信号进行放大,适合于直流(零频)放大器。

　　• 容易将电路集成在一块硅片上,构成集成放大器。

　　但是由于直接耦合方式前后级直接相连,工作点必然相互影响,这不仅使 Q 点的分析复杂化,同时还带来两个需要解决的问题:一是级间电平的配置;二是克服零点漂移。

　　• 级间电平的配置

　　图 5.5.5(a)所示为两级共射放大器直接耦合的电路。图中 R_{C1} 既是第一级的集电极电阻,又可作为第二级的基极电阻,所以省去了 R_{B2}。在静态时,T_1 管的 U_{CEQ1} 等于 T_2 管的 U_{BEQ2},一般情况下,$U_{BEQ2}=0.7V$,所以 T_1 管处于临界饱和的状态,显然信号容易失真。这说明前后级的相互影响导致了工作点的不合理,需要采取措施,对前后级之间的电平进行配置。图 5.5.5(b)所示电路是一种简单的电平配置方法,在 T_2 管的射极加电阻 R_{E2},以提高 T_2 管的基极电位,进而使 U_{CEQ1} 满足要求,$U_{CEQ1}=U_{BQ2}=U_{BEQ2}+U_{RE}$。

　　• 零点漂移

　　一个理想的直接耦合放大器,当输入信号为零时,其输出电压应保持不变。但实际上,它却忽大忽小、忽快忽慢地无规则变化,这种现象称为零点漂移。当放大器有信号输入时,漂移与信号混在一起,相当于放大器引入了干扰,严重时,放大器无法工作。

在放大器中,任何参数的变化,如半导体材料的热不稳定性使半导体元件参数随温度变化而变化、电源电压的波动、元件的老化等,都将产生零点漂移。其中温度的影响最为严重,因而零点漂移又称为温度漂移,简称温漂。

在多级放大器的各级漂移当中,第一级产生的漂移信号将受到后面各级的放大,所以危害最大。因此,在要求较高的直接耦合放大器中,输入级一般采用抑制零点漂移最有效的差动放大器。

5.6.4　互补输出级

放大器的输出级将直接与负载相连,所以要求带负载能力要强,对电压放大器来讲,就是输出电阻要低。为了解决上述问题,工程中的放大电路一般采用双向跟随的互补输出级。

互补输出级的基本电路如图5.6.7所示。电路中的两个三极管 T_1、T_2 类型不同,但在理想情况下要求参数相同。

由电路图可知,静态时,$u_i = 0$,$u_o = 0$,两个三极管处于截止状态,负载上也无电流流过。所以,静态时电路无功率损耗。

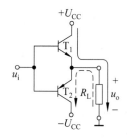

图5.6.7　互补输出级基本电路

电路加上输入信号,当 $u_i > 0$ 时,T_1 管导通,T_2 管截止,电流从 U_{CC} 经过 T_1 流过负载,如图5.6.7中实线所标注,T_1 管以射极跟随形式将正向信号传输到负载,最大正向输出电压 $U_{om+} = U_{CC} - U_{CES}$。当 $u_i < 0$ 时,T_1 管截止,T_2 管导通,电流从 $-U_{CC}$ 经过 T_2 流过负载,如图5.6.7中虚线所标注,T_2 管以射极跟随形式将负向信号传输到负载,最大负向输出电压 $U_{om-} = -U_{CC} + |U_{CES}|$。$U_{CES}$ 为饱和管压降。这样,T_1、T_2 以互补的方式交替工作,实现了双向跟随,并且正负跟随能力相同。

通过上面的分析,可以得出互补输出级基本电路具有以下特点:

- 电路的静态输出为零,即保证了零入零出,负载的接入不会对电路的 Q 点产生影响,这对直接耦合放大器非常重要。
- 静态时,管子和负载都无电流流过,电路无静态损耗。
- 管子在工作时,保持了射极跟随器输出的电路特点,输出电阻很小。
- 两个管子交替互补工作的方式,使得输出幅度较大,且正负跟随的能力一样,电路最大输出电压的幅度 $U_{om} = U_{CC} - |U_{CES}|$。
- 但是,当 $|u_i| < U_{BE(ON)}$ 时,T_1、T_2 均截止。所以,当输入信号的幅度较小的时候,电路将出现失真。如果输入为正弦波,则输出波形在正负交界的部分将出现失真,称为交越失真,如图5.6.8所示。

为了克服交越失真,可以采取措施提高 Q 点,使 T_1、T_2 在静态处于临界导通状态,当有输入信号作用时,就能保证一个管子导通,实现双向跟随,参考电路如图5.6.9所示。

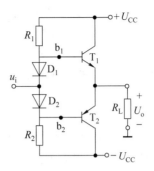

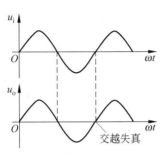

图 5.6.8　交越失真波形　　　　图 5.6.9　克服交越失真的互被输出级

5.6.5　恒流偏置电路

前面指出,为了使差动放大器有强的抑制共模信号的能力,R_{EE} 选得越大越好。在实际的差动放大器中,常采用电流源代替 R_{EE},称为恒流偏置电路。

三极管工作在放大状态不仅具有放大的特性,而且具有恒流的特性。所以,利用三极管不仅可以构成放大器,而且还可以构成电流源电路。电流源能提供恒定的电流,可作为放大器的静态恒流偏置;利用电流源交流电阻很大的特点,可代替大电阻(如图 5.6.6 所示)。特别是在集成电路中,由于集成工艺的限制,很难做大电阻,所以大量采用电流源电路代替大电阻。

1. 镜像电流源电路

图 5.6.10 所示为镜像电流源电路。图中 T_1、T_2 的特性要求完全相同,设 $\beta_1 = \beta_2 = \beta$。由于 T_1 的集电极与基极相连,$U_{CE1} = U_{BE1}$,所以 T_1 工作在放大状态,因此 $I_{C1} = \beta I_{B1}$。又因为 T_1、T_2 的基极回路对称,特性相同,所以 $I_{B1} = I_{B2}$,$I_{C1} = I_{C2}$。I_{C2} 是输出电流,与 I_{C1} 成镜像关系,电路的名称便由此而得。

输出电流是电流源电路的重要参数,由电路分析输出电流 I_{C2} 和参考电流 I_R 的关系

$$I_{C2} = I_{C1} = I_R - 2I_{B1} = I_R - 2\frac{I_{C1}}{\beta} = I_R - 2\frac{I_{C2}}{\beta}$$

所以

$$I_{C2} = \frac{\beta}{\beta+2}I_R \qquad (5.6.7)$$

当 $\beta \gg 2$ 时,有

$$I_{C2} \approx I_R = \frac{U_{CC} - U_{BE(ON)}}{R} \qquad (5.6.8)$$

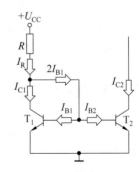

图 5.6.10　镜像电流源

在集成电路中,$\beta \gg 2$ 的条件很容易满足。当 U_{CC} 和 R 一定时,输出电流也就随之确定。

镜像电流源电路简单,在精度要求不是很高、输出电流大小适中的时候经常采用。如果输出电流要求很小,那么 I_R 也就要求很小,R 的取值必然很大,这在集成电路中是难以做到的,这时可以采用微电流源。

2. 微电流源

为了在 R 不是很大的时候得到微小的输出电流,可在 T_2 管的射极接一电阻,得到如图 5.6.11 所示的微电流源。由电路,$U_{BE2} = U_{BE1} - I_{E2}R_E$,所以 $U_{BE2} < U_{BE1}$,故 $I_{C2} < (I_{C1} \approx I_R)$。下面,不加证明地给出输出电流满足的表达式

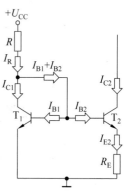

$$I_{C2}R_E \approx U_T \ln \frac{I_R}{I_{C2}} \qquad (5.6.9)$$

这是一个超越方程,一般可用图解法或累试法来求解。但在设计电路时,应该根据 I_{C2} 的要求,先选定 I_R 的数值,然后求出 R 和 R_E 的数值,这个求解过程很简单。

图 5.6.11 微电流源

思考与练习

5.6.1 你认为差动放大电路单端输出有无共模抑制功能?说明理由。

5.6.2 互补输出级相对于简单共集放大器作输出级的优点是什么?

5.6.3 电流源电路的主要用途是什么?

5.6.4 放大器产生零点漂移的主要原因是什么?

5.7 场效应管放大电路

场效应晶体管简称场效应管(FET)。场效应管是利用控制输入回路的电场效应来控制输出回路电流的一种半导体器件,并以此命名。由于它仅靠半导体中的多数载流子导电,又称单极型晶体管。

5.7.1 场效应管的电压控制特性及其核心参数

下面以 N 沟道增强型 MOS 管(NEMOS)为例,介绍场效应管的特点。NEMOS 的结构及实验电路如图 5.7.1 所示。

在 P 型硅基片(称为衬底)基础上制成两个高掺杂浓度的源扩散区 N+ 和漏扩散区 N+。在金属栅极与沟道之间形成一层二氧化硅绝缘氧化层,对外引出栅极 G。再从源扩散区和漏扩散区分别引出源极 S 和漏极 D,从衬底引出 B 极便制

作出了 MOS 型场效应管。

可见,MOS 管由金属、氧化物和半导体等组成,所以又称为金属-氧化物-半导体场效应管,简称 MOS 管。

当然,MOS 管的栅极使用金属作为材料是早期的制作方法,随着半导体技术的进步,现代 MOS 管的栅极已用多晶硅取代了金属。

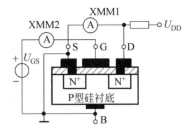

图 5.7.1   NEMOS 的结构及实电路

工程实践中,MOS 管的衬底(B)一般和源极 S 相连。三个与外部连接的电极,分别为源极(S)(类似三极管的发射极)、栅极(G)(类似三极管的基极)、漏极(D)(类似三极管的集电极)。与三极管不同的是,大多数情况下,MOS 管的源极和漏极是可以互换的。

下面结合计算机仿真来介绍 N 沟道增强型 MOS 管的电压控制特性。

计算机仿真实验电路如图 5.7.1 所示,图中,U_{GS} 为可调电源,可从 $-U_{DD}$ 到 $-U_{DD}$ 连续调节。电流表 XMM1 用于测量漏-源极间的电流,电流表 XMM2 用于测量输入回路的电流。

当 U_{GS} 为 $-U_{DD}$ 时,电流表指示为 0,基本没有电流流过,继续调大 U_{GS},电流表指示依旧为 0。当 U_{GS} 为 1V,U_{DD} 为 12V 时,Multisim 中的仿真参考效果如图 5.7.2(a)所示。仿真结果显示,当 U_{GS} 为 1V 时,电流表 XMM2 的读数为 0,电流表 XMM1 读数近似为 0。

可见,当 U_{GS} 较小时,MOS 管截止,漏极没有电流流过。分析如图 5.7.1 所示的实验电路,D,S 之间是两个背靠背的二极管。中间为 P,两边为 N。当 U_{GS} 的值为负或较小时,无法形成导电通路,漏极没有电流流过。

继续调大 U_{GS},当 U_{GS} 大于某个值时,电流表 XMM1 有明显指示,继续调大 U_{GS},电流表上流过的电流相应增长,这便是场效应管输入回路电压控制输出回路电流的控制特性。

将 U_{GS} 调为 4V,Multisim 中的仿真参考效果如图 5.7.2(b)所示。

仿真结果显示,当 U_{GS} 为 4V 时,电流表 XMM2 的读数为 0。电流表 XMM1 读数为 $202.505\mu A$,电流表有明显指示。

当 U_{GS} 加上正的电压达到一定值时,在电动势的作用下,改变内部载流子的分布,在 D,S 之间形成 1 个导电通路,场效应管导通,因此,电流表有明显指示。

继续调整 U_{GS} 的值,以进一步观察 MOS 管的电压控制特性。

将 U_{GS} 调为 8V,Multisim 中的仿真参考效果如图 5.7.2(c)所示。

仿真结果显示,当 U_{GS} 为 8V 时,电流表 XMM2 的读数为 0。电流表 XMM1 读数为 1mA。

将 U_{GS} 调为 10V,Multisim 中的仿真参考效果如图 5.7.2(d)所示。仿真结果显示,当 U_{GS} 为 10V 时,电流表 XMM2 的读数为 0,电流表 XMM1 读数为 1.055mA,基本不变。

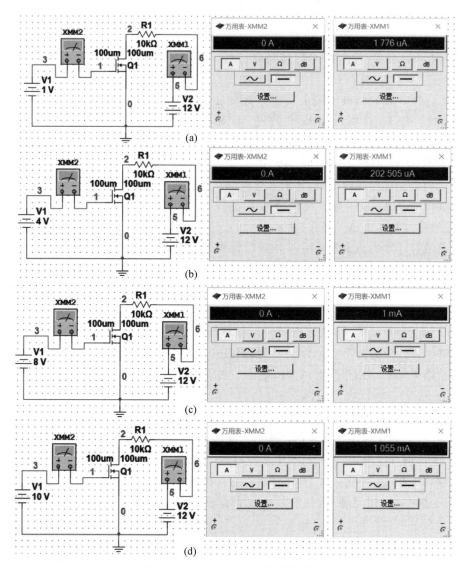

图 5.7.2　Multisim 中的仿真效果图

可见,当 U_{GS} 的值超过一定大小时,U_{GS} 增长,电流表上流过的电流基本不变。

既然半导体有 N 型、P 型两种类型,当然也就存在 P 沟道增强型 MOS 管(PEMOS)。场效应管主要有两种类型:结型场效应管(JFET)和金属氧化物半导体场效应管(MOSFET)。MOS 管又可分为耗尽型、增强型两种。场效应管的系列树如图 5.7.3 所示,不同类型场效应管的符号如图 5.7.4 所示。

由上面的仿真实验可知,场效应管的电压控制特性具体体现为输入回路电压 u_{GS} 对输出回路电流 i_D 的控制特性,常用跨导来描述场效应管的这种特性。

跨导用符号 g_m 表示,具体定义式如下:

定义:

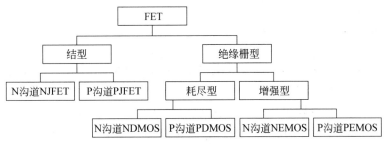

图 5.7.3　场效应管的系列树

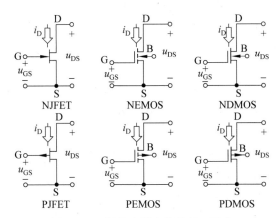

图 5.7.4　场效应管电路符号一览表

$$g_m = \frac{\Delta i_D}{\Delta u_{GS}}\bigg|_{U_{DS}=常数} \tag{5.7.1}$$

其单位是 S(西门子)或 mS,体现了 Δu_{GS} 对 Δi_D 的控制作用,类似三极管的电流放大系数 β,是体现场效应管放大能力的核心参数。

由上面的仿真实验可总结出增强型 MOS 管的另外两个核心参数:开启电压 $U_{GS(th)}$、饱和漏极电流 I_{D0}。

开启电压 $U_{GS(th)}$ 指 u_{DS} 不变时,D、S 间形成导电通道(使 $|i_D|>0$)所需的最小 $|u_{GS}|$ 值。

$U_{GS(th)}$ 的值为正值。正常情况下($U_{GS}=0$),具有该参数的场效应管处于不导通状态,只有当 $U_{GS}>U_{GS(th)}$ 时,场效应管才可能导通,故称 $U_{GS(th)}$ 为开启电压。

根据前面的仿真实验,当 u_{GS} 的值超过一定大小时,u_{GS} 增长,漏极电流基本不变,这个电流便是饱和漏极电流 I_{D0}。

对增强型 MOS 管而言,饱和漏极电流 I_{D0} 定义为 $u_{GS}=2U_{GS(th)}$ 时的漏极电流,是计算增强型 MOS 管 Q 点的必须参数。

注意:$U_{GS(th)}$、I_{D0} 是增强型 MOS 管的参数,并不是结型管和耗尽型 MOS 管的参数。结型管和耗尽型 MOS 管相对应的参数为夹断电压 $U_{GS(off)}$、饱和漏极电流 I_{DSS},有兴趣的读者请参考相关书籍进一步了解这两个参数及更多场效应管的参数。

5.7.2　场效应管的三个工作区

如图5.7.1所示的实验电路中,场效应管导通时G、S间经过绝缘栅后相互连接,输入电流$i_G \approx 0$,输入特性显而易见。

场效应管输出特性常用输出特性曲线描述。场效应管输出特性曲线是以栅-源电压u_{GS}为参变量,描述漏极电流i_D与漏-源电压u_{DS}之间关系的曲线,即:

$$i_D = f(u_{DS})\big|_{u_{GS}=常数}$$

N沟道增强型MOS管输出特性参考实例如图5.7.5(a)所示。

转移特性曲线是以漏-源电压u_{DS}为参变量,描述漏极电流i_D与栅-源电压u_{GS}之间关系的曲线,即

$$i_D = f(u_{GS})\big|_{u_{DS}=常数}$$

在恒流区,忽略u_{DS}对i_D的影响,转移特性可近似用一条曲线来代替,N沟道增强型MOS管转移特性参考实例如图5.7.5(b)所示。

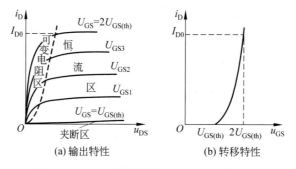

图5.7.5　N沟道增强型MOS场效应管特性

可以看出,转移特性曲线与输出特性曲线有严格的对应关系,转移特性能更好地体现栅-源电压u_{GS}对漏极电流i_D的控制作用。

转移特性也可近似用电流方程表示,增强型MOS管转移特性方程如下:

$$i_D = I_{D0}\left(\frac{u_{GS}}{U_{GS(th)}}-1\right)^2 \quad (u_{GS}>u_{GS(th)},\ u_{DS}>u_{GS}-u_{GS(th)}) \qquad (5.7.2)$$

场效应管具有多种类型,其电路结构和工作原理上有很大的区别,但它们的输出特性曲线却非常相似,可分为三个工作区。

1. 可变电阻区

如图5.7.5(a)所示的虚线以左的区域为可变电阻区。可变电阻区类似三极管的饱和区。当u_{GS}的值超过一定大小时,u_{GS}增长,漏极电流基本不变,输入回路电压不再具有对漏极电流的控制能力,漏极电流呈现出饱和的特点。如图5.7.2(c)、(d)所示仿真结果显示,当$u_{GS}=8V$时,电流表XMM1读数为1mA;当$u_{GS}=10V$时,电流表XMM1读数为1.055mA,i_D几乎不随u_{GS}增大而变化,MOS管工作在可变电阻区。

当然,有读者可能说,为什么 MOS 的这个工作区不叫饱和区,却叫可变电阻区呢?因为此时,尽管 i_D 不受 u_{GS} 控制,但 i_D 受 u_{DS} 控制。当 u_{GS} 一定时,i_D 与 u_{DS} 几乎呈线性关系,斜率为 $1/R_{DS}\left(R_{DS}=\dfrac{u_{DS}}{i_D}\bigg|_{u_{GS}=常数}\right)$。

直线的斜率受 u_{GS} 控制,因此 R_{DS} 是一个受电压控制的可变电阻,可变电阻区由此得名。

2. 恒流区

如图 5.7.5(a)所示的虚线以右的大部分区域为恒流区,其特点如下。

- 当 u_{GS} 不变时,i_D 几乎不随 u_{DS} 增大而变化,体现恒流特性。
- u_{GS} 增大,i_D 增大,体现电压控制电流的特性。

可见,场效应管在恒流区是一个电压控制的电流源。当 u_{GS} 不变时,漏极电流恒定,恒流区也因此而得名。

3. 截止区

当 $u_{GS} < U_{GS(th)}$ 时,D,S 间没有导电通道,$i_D \approx 0$,即图 5.7.5(a)中靠近横轴的区域,称为截止区。如图 5.7.2(a)所示仿真结果显示,$u_{GS}=1V$,小于开启电压 $U_{GS(th)}$,MOS 管不导通,漏极电流 $i_D \approx 0$,MOS 管工作在截止区。

由图 5.7.5 可知,场效应管具有与三极管相近的输出特性,其中,可变电阻区对应三极管的饱和区,恒流区对应三极管的放大区。可参考三极管的分析方法分析场效应管。

5.7.3 场效应管的模型

1. 直流模型

由于 $i_G \approx 0$,场效应管输入端可视为开路;转移特性反映了输入电压 u_{GS} 对输出电流 i_D 的控制作用,可用电压控电流源等效表示,这样构成场效应管直流电路模型如图 5.7.6 所示,其中受控源 $I_D(U_{GS})$ 由式(5.7.2)表示。

2. 小信号模型

场效应管小信号电路模型如图 5.7.7 所示。输入开路是对 $i_G \approx 0$ 的等效;受控电流源是对转移特性的等效,g_m 是转移特性工作点上切线的斜率,反映了在工作点附近小范围内,通过切线对曲线的逼近描述小信号 Δu_{GS} 对 Δi_D 的控制作用。

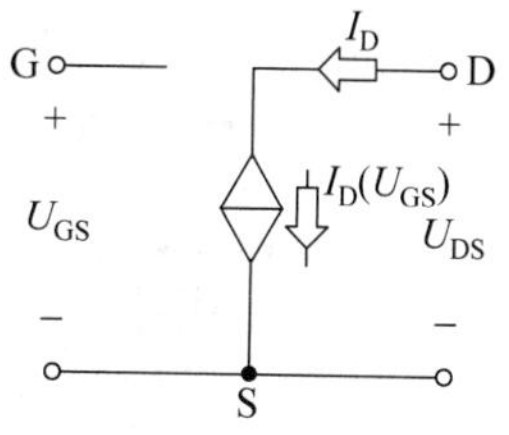

图 5.7.6 直流模型

根据定义 $g_m = \dfrac{\Delta i_D}{\Delta u_{GS}}\bigg|_{U_{D_S}=\text{常数}}$，可从转移特性曲

线求出 g_m，如图 5.7.8(a)所示；对电流方程求导，得
到 g_m 的表达式为

$$g_m = \frac{2}{U_{GS(th)}}\sqrt{I_{D0} I_{DQ}} \quad (\text{NEMOS}) \quad (5.7.3)$$

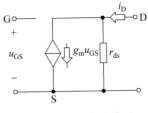

图 5.7.7 小信号模型

输出电阻 r_{ds} 反映了 Δu_{DS} 和 Δi_D 的关系，可由输

出特性图 5.7.8(b)求得(也可用 $r_{ds} = 100/I_{DQ}$ 近似估算)

$$r_{ds} = \frac{\Delta u_{DS}}{\Delta i_D}\bigg|_{U_{GS}}$$

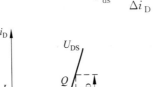 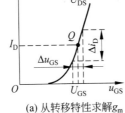

(a) 从转移特性求解g_m (b) 从输出特性求解r_{ds}

图 5.7.8 利用特性曲线求模型参数

r_{ds} 约为几十千欧到几百千欧，一般忽略不计。在近似
分析中常用简化小信号模型如图 5.7.9 所示。

场效应管电路的分析与三极管电路非常类似。在直流
通路中，利用场效应管直流模型(转移特性方程)，可以进行
直流分析；在交流通路中，将场效应管小信号电路模型代替
场效应管，可以进行交流分析。场效应管的符号特性及简化
分析模型列表如表 5.7.1 所示。

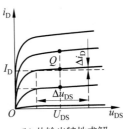

图 5.7.9 简化小信号模型

表 5.7.1 场效应管的符号、特性及简化分析模型

结型场效应管	绝缘栅增强型场效应管	绝缘栅耗尽型场效应管
符号 NJFET PJFET	符号 NEMOS PEMOS	符号 NDMOS PDMOS

续表

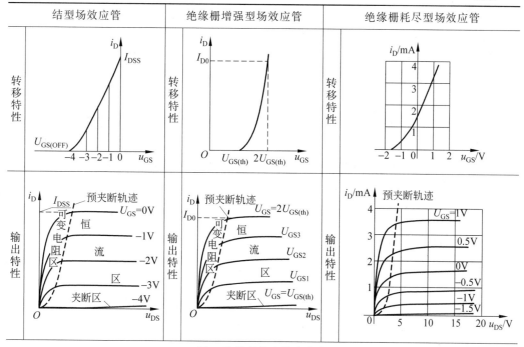

结型场效应管	绝缘栅增强型场效应管	绝缘栅耗尽型场效应管
转移特性	转移特性	转移特性
输出特性	输出特性	输出特性

以 N 沟道场效应管为参考

$$g_{m}=\frac{2}{U_{GS(th)}}\sqrt{I_{D0}I_{DQ}} \quad i_{D}=I_{D0}\left(\frac{u_{GS}}{U_{GS(th)}}-1\right)^{2}$$

上面公式用于增强型场效应管分析

$$i_{D}=I_{DSS}\left(1-\frac{u_{GS}}{U_{GS(off)}}\right)^{2}$$

$$g_{m}=\frac{-2}{U_{GS(off)}}\sqrt{I_{DSS}I_{DQ}}（结型、耗尽型）$$

直流模型　　　　　小信号模型

5.7.4　分压式偏置共源放大器

场效应管(FET)是利用栅极电压控制漏极电流的器件,利用 u_{GS} 对 i_{D} 的控制作用,可以构成放大器。场效应管的漏极 D、栅极 G、源极 S 分别与三极管的集电极 C、基极 B、发射极 E 相对应,所以两者的放大器也类似,场效应管放大器也有三种基本接法,即共源放大器、共漏放大器和共栅放大器。

三极管放大器要保证放大管工作在放大区,必须设置合适的静态工作点。同样,场效应管放大器要保证放大管工作在恒流区,也必须设置合适的静态工作点。

图 5.7.10 所示电路为 N 沟道增强型 MOS 管构成的分压式偏置共源放大器。它与典型共射放大器非常类似,通过 R_{G1}、R_{G2} 对 U_{DD} 分压来设置静态工作点,故称为分压式偏置电路。

1. 直流分析

从图 5.7.10 所示原理电路容易看出其直流通路。由于 $I_G=0$，所以电阻 R_{G3} 不产生电压降，即 $U_{RG3}=0$，栅极电位

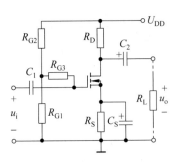

$$U_{GQ}=\frac{R_{G1}}{R_{G1}+R_{G2}}U_{DD} \tag{5.7.4}$$

源极电位

$$U_{SQ}=I_{DQ}R_S \tag{5.7.5}$$

图 5.7.10　分压式偏置电路

因此，栅-源电压

$$U_{GSQ}=U_{GQ}-U_{SQ}=\frac{R_{G1}}{R_{G1}+R_{G2}}U_{DD}-I_{DQ}R_S \tag{5.7.6}$$

又假设场效应管工作在恒流区，由式(5.7.2)，在直流时

$$I_{DQ}=I_{D0}\left(\frac{u_{GSQ}}{U_{GS(th)}}-1\right)^2 \tag{5.7.7}$$

式(5.7.6)与式(5.7.7)联立可求得 I_{DQ} 和 U_{GSQ}。根据输出回路列方程，可得到

$$U_{DSQ}=U_{DD}-I_{DQ}(R_D+R_S) \tag{5.7.8}$$

2. 交流分析

画出放大器的交流通路如图 5.7.11(a)所示，场效应管再用其简化小信号电路模型替代，得到放大器的小信号等效电路如图 5.7.11(b)所示。

根据电路

$$R_i=R_{G3}+R_{G1}//R_{G2} \tag{5.7.9}$$

$$R_o=R_D \tag{5.7.10}$$

$$A_u=\frac{u_o}{u_i}=\frac{-i_d(R_D//R_L)}{u_{gS}}=\frac{-g_m u_{gS}(R_D//R_L)}{u_{gS}}$$

$$=-g_m(R_D//R_L) \tag{5.7.11}$$

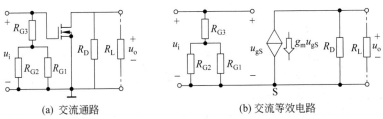

(a) 交流通路　　　　　　　　　　　(b) 交流等效电路

图 5.7.11　放大器的交流通路及其等效电路

从上面的分析看到，共源放大器与共射放大器非常类似，都具有电压放大的能力，且输出波形与输入波形反相。只是场效应管的输入电流近似为零，管子的输入电阻近似为无穷大，所以放大器的输入电阻取决于偏置电阻。因此偏置电阻 R_G 等应选择得大一些，

这也是为什么在分压式偏置中要引入 R_{G3} 的理由。只要选择大的偏置电阻,共源放大器的输入电阻将比共射放大器大得多。

【例 5.7.1】 已知图 5.7.10 所示电路中,$U_{DD}=12V$,$R_D=10k\Omega$,$R_S=5k\Omega$,$R_{G1}=200k\Omega$,$R_{G2}=200k\Omega$,$R_{G3}=1M\Omega$,$R_L=10k\Omega$。所用的场效应管为 N 沟道增强型,其参数 $I_{D0}=1mA$,$U_{GS(th)}=2V$。试求:(1)静态值;(2)电压放大倍数、输入电阻、输出电阻。

解:

(1)由直流通路求 U_{GSQ}、I_{DQ}、U_{DSQ}。

由式(5.7.6),式(5.7.7)

$$U_{GSQ}=U_{GQ}-U_{SQ}=\frac{R_{G1}}{R_{G1}+R_{G2}}U_{DD}-I_{DQ}R_S=\frac{200}{200+200}\times12-I_{DQ}\times5$$

$$I_{DQ}=1\times\left(\frac{U_{GSQ}}{2}-1\right)^2$$

联立求解

$$I_{DQ1}\approx0.5mA,\quad I_{DQ2}\approx1.25mA$$

$$U_{GSQ1}=3.5V,\quad U_{GSQ2}=-0.25V$$

根据 N 沟道增强型 MOS 管工作在恒流区的条件,可以确定 $I_{DQ}=0.5mA$,$U_{GSQ}=3.5V$ 为真解。由式(5.7.8)得

$$U_{DSQ}=U_{DD}-I_{DQ}(R_D+R_S)=12-0.5\times(10+5)=4.5V$$

(2)由交流通路求 A_U。

当 $I_{DQ}=0.5mA$ 时,可由式(5.7.3)确定管子模型参数 g_m,

$$g_m=\frac{2}{U_{GS(th)}}\sqrt{I_{D0}I_{DQ}}=\frac{2}{2}\times\sqrt{1\times0.5}=0.707mA/V$$

由式(5.7.11)得

$$A_u=-g_m(R_D//R_L)=-0.707\times10//10\approx3.5$$

由式(5.7.9)得

$$R_i=R_{G3}+R_{G1}//R_{G2}=1+0.1=1.1M\Omega$$

由式(5.7.10)得

$$R_o=R_D=10k\Omega$$

可以看到,场效应管放大器的输入电阻大,但放大能力比三极管放大器差。

思考与练习

5.7.1 能否用场效应管实现电流源?

习题

5.1 填空题

1. 导电能力介于导体和绝缘体之间的物质称为_____,纯净的具有单晶体结构的

半导体称为_____。

2. 常温下,本征半导体中的少量价电子可能获得足够的能量,摆脱共价键的束缚,成为自由电子,这种现象称为_____,并使本征半导体具有_____。

3. 在本征半导体中掺入微量的_____,就成为杂质半导体,其_____将大大增强,可分为_____和_____两种类型。

4. 若对一块半导体采用不同的掺杂工艺,使其一侧成为_____,而另一侧成为_____,则将在交界面两侧将形成了一个由不能移动的正、负离子组成的空间电荷区,也就是_____。

5. 二极管具有_____,_____导通,_____截止。

6. 晶闸管不是二极管,是一种大功率的_____半导体器件,晶闸管的出现,使半导体器件从_____领域进入了_____领域。

7. 三极管工作在放大区的条件是_____正偏,_____反偏,而当三极管进入饱和区时,三极管发射结和集电结都处于_____。

8. 三极管电路在只有直流电源供电时,三极管各极的电压和电流值_____,反映在三极管特性曲线上是对应的一个点,称为_____,记为_____。要使三极管工作在放大区,首先应合理设置_____。

9. _____是衡量放大器向信号源获取信号能力的指标,而_____是衡量放大器带负载能力的指标。

10. 共集放大器又称为_____,是三种基本组态中_____最大、_____最小的电路,多用作_____。

11. 放大器级与级之间通过电容连接,称为_____,不适合放大_____的信号,只适用于_____的交流放大器;而放大器级与级之间采用_____相连则需要对前后级之间的_____进行配置。

12. 场效应管有_____、_____两大类,前者有_____、_____两种;后者又分_____和_____两种类别。

13. 场效应管为_____,具有_____大、_____低、噪声低、热稳定性好、抗辐射能力强等突出优点,但其_____比晶体管差。

5.2 分析计算题(基础部分)

1. 在如图 5.1 所示电路中,已知 $u_i = 10\sin(100\omega t)$ (V),$R = 2\text{k}\Omega$,分别画出下列两种情况下 u_o 的波形。

(1) 二极管视为理想二极管。

(2) 二极管的导通电压 $U_D = 0.7\text{V}$。

2. 在图 5.2 所示电路中,当电源 $U = 5\text{V}$ 时,测得 $I = 1\text{mA}$。若把电源电压调整到 $U = 10\text{V}$,则电流是等于 2mA、大于 2mA 还是小于 2mA?

3. 设硅稳压管 D_{Z1} 和 D_{Z2} 的稳定电压为 5V 和 10V,已知稳压管的正向压降为 0.7V,求如图 5.3 所示电路的输出电压 u_o。

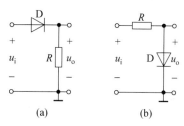

图 5.1　习题 5.2 1 的图

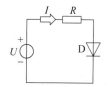

图 5.2　习题 5.2 2 的图

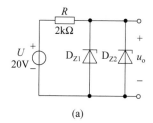

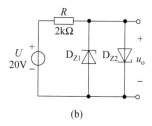

(a)　　　　　　　　　　(b)

图 5.3　习题 5.2 3 的图

4. 在三极管放大器中,测得几个三极管的各电极电位分别为下列各组数值,判断它们的类型,并确定 E,B,C。

(1) $U_1 = 2\mathrm{V}, U_2 = 2.7\mathrm{V}, U_3 = 6\mathrm{V}$

(2) $U_1 = 2.8\mathrm{V}, U_2 = 3\mathrm{V}, U_3 = 6\mathrm{V}$

(3) $U_1 = 2\mathrm{V}, U_2 = 5.8\mathrm{V}, U_3 = 6\mathrm{V}$

(4) $U_1 = 2\mathrm{V}, U_2 = 5.3\mathrm{V}, U_3 = 6\mathrm{V}$

5. 试分析图 5.4 所示电路能否实现放大,并说明理由。

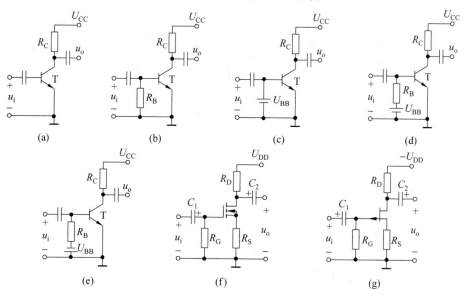

图 5.4　习题 5.2 5 的图

6. 用万用表直流电压挡测得电路中三极管各电极的对地电位如图 5.5 所示,试判断这些三极管的工作状态。

7. 在图 5.6 所示电路中,已知 $\beta \gg 1$,$U_{BE(ON)} = 0.7V$,试求 I_C、U_{CE} 的值。

8. 如图 5.7 所示电路中,已知 $\beta = 100$,$U_{BE(ON)} = 0.7V$。

(1) 试估算 I_C、U_{CE} 的值,并说明三极管的工作状态。

(2) 若 R_2 开路,再计算 I_C、U_{CE} 的值,并说明此时三极管的工作状态。

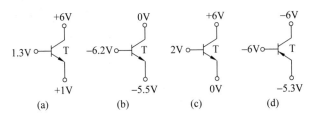

图 5.5 习题 5.2 6 的图

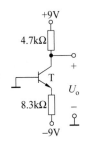

图 5.6 习题 5.2 7 的图

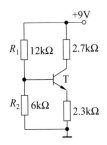

图 5.7 习题 5.2 8 的图

9. 几个场效应管的转移特性如图 5.8 所示,判断它们的类型。

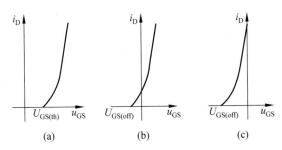

图 5.8 习题 5.2 9 的图

10. 判别图 5.9 所示各特性曲线分别代表的管子的类型。

11. 图 5.10 所示电路中,场效应管的 $r_{ds} \gg R_D$。

(1) 写出 A_u、R_i、R_o 的表达式。

(2) 若 C_S 开路,A_u、R_i、R_o 如何变化? 写出变化后的表达式。

12. 在如图 5.11 所示电路中,设 $U_{CC} = 12V$,$R_B = 50k\Omega$,$R_C = 3k\Omega$,三极管的 $\beta = 50$,管子导通时的 $U_{BE(ON)} = 0.7V$。

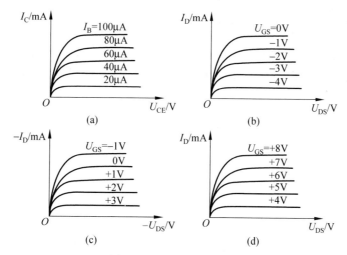

图 5.9 习题 5.2 10 的图

（1）判断该电路的静态工作点位于哪个区域。

（2）若 $R_B = 50k\Omega$ 不变，为使电路能正常放大，R_C 的数值最大不能超过多大。

（3）若 $R_C = 3k\Omega$ 不变，为使用电路能正常放大，R_B 至少应有多大。

13. 在如图 5.11 所示电路中，已知，$R_B = 470k\Omega$，$R_C = 2k\Omega$，且 $I_{CQ} = 1mA$，$U_{CEQ} = 7V$，$U_{BEQ} = 0.7V$，$\beta = 50$，下列三种计算电压增益的方法是否正确？为什么？

（1）$A_u = \dfrac{U_o}{U_i} = \dfrac{U_{CEQ}}{U_{BEQ}} = \dfrac{7}{0.7} = 10$

（2）$A_u = \dfrac{U_o}{U_i} = \dfrac{-I_{CQ}R_C}{U_{BEQ}} = -\dfrac{1 \times 2}{0.7} \approx -3$

（3）$A_u = \dfrac{U_o}{U_i} = -\dfrac{i_C R_C}{i_b R_i} = -\beta\dfrac{R_C}{R_i} = \beta\dfrac{R_C}{R_B // r_{be}} \approx -\dfrac{50 \times 2}{1.6} = -62.5$

14. 在图 5.11 所示电路中，若 $U_{CC} = 6V$，$R_B = 260k\Omega$，$R_C = 3k\Omega$，三极管参数不变，试在下面两种情况下计算电路中电压增益 A_u。

（1）负载开路。

（2）$R_L = 3k\Omega$。

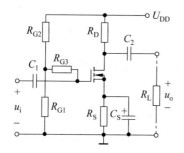

图 5.10 习题 5.2 11 的图

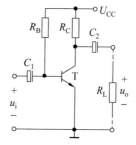

图 5.11 习题 5.2 12、13、14 的图

5.3 分析计算题(提高部分)

1. 在如图 5.12 所示电路中,二极管 D 的正向压降可忽略不计,反向饱和电流为 $10\mu A$,反向击穿电压为 20V,且击穿后基本不随电流而变化,已知 $R = 1k\Omega$,当 U 分别为 10V、30V 时,求电路中的电流 I。

2. 在如图 5.13 所示的电路中,已知 $U_{CC} = 12V$,$\beta = 100$,$r_{be} = 300\Omega$,$R_B = 45k\Omega$,$R_C = R_S = 3k\Omega$,请分别计算 $R_L = \infty$ 和 $R_L = 3k\Omega$ 时的 Q 点(I_{CQ},U_{CEQ})、A_u、A_{uS}、R_i 和 R_o。

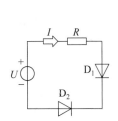

图 5.12 习题 5.3 1 的图

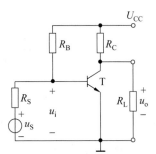

图 5.13 习题 5.3 2 的图

3. 电路如图 5.14 所示,已知三极管的 $\beta = 60$,$R_B = 300k\Omega$,$R_C = R_L = 3k\Omega$,$R_E = 1k\Omega$,$R_S = 3k\Omega$,$U_{CC} = 12V$,请求解下面的问题。

(1) 求静态工作点 I_{CQ}、U_{CEQ}。

(2) 求 A_u、R_i、R_o。

(3) 设 $U_S = 5mV$(有效值),问 $U_i = ?$ $U_o = ?$ 若 C_E 开路,则 $U_i = ?$ $U_o = ?$

4. 电路如图 5.15 所示,已知三极管 $\beta = 50$,$U_{BE(ON)} = 0.7V$,$R_{B1} = 510k\Omega$,$R_L = 3k\Omega$,$R_E = 10k\Omega$,$U_{CC} = 12V$。试求出 I_{CQ}、U_{CEQ}、A_u、R_i 和 R_o 的值。

5. 在如图 5.16 所示电路中,已知静态时 $U_{C1Q} = U_{C2Q} = 10V$。

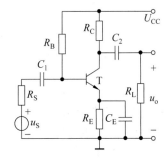

图 5.14 习题 5.3 3 的图

(1) 设 $A_d = -100$,$A_c = 0$,$u_{i1} = 10mV$,$u_{i2} = 5mV$,求输出电压 u_o 的值。

(2) 设 $A_d = -10\left(= \dfrac{u_o}{u_{i1} - u_{i2}}\right)$,$A_{c1} = A_{c2} = -0.1$(单端输出)$U_{i1} = 0.99V$、$U_{i2} = 1.01V$,求 T_1、T_2 集电极对地电位 U_{C1}、U_{C2} 的值。

6. 设如图 5.17 所示电路参数理想对称,$\beta_1 = \beta_2 = \beta$,$r_{be1} = r_{be2} = r_{be}$,且 R_W 的滑动端在中点处,试写出:

(1) I_{C1Q}、U_{C1Q} 的表达式。

(2) A_d 的表达式。

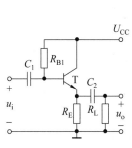

图 5.15 习题 5.34 的图

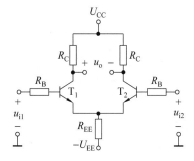

图 5.16 习题 5.35 的图

7. 如图 5.18 所示电路参数理想对称,三极管的 $\beta_1 = \beta_2 = 100$,$U_{BE(ON)} = 0.7V$,电流源电流 $I = 1mA$,$R_C = 12k\Omega$,$R_W = 100\Omega$,$U_{CC} = U_{EE} = 12V$。当 R_W 滑动在中央时,求

(1) T_1、T_2 射极电流 I_{E1Q}、I_{E2Q};

(2) 双端输出的差模电增益 A_d;

(3) 电路的输入电阻 R_i 和输出电阻 R_o。

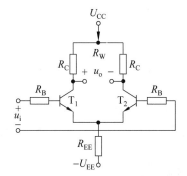

图 5.17 习题 5.36 的图

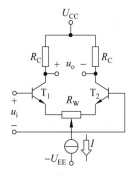

图 5.18 习题 5.37 的图

8. 如图 5.19 所示电路中 T_1、T_2 的参数完全相同,β 足够大。

(1) T_1、T_2 和 R_1 组成什么电路?

(2) I_{C2} 与 I_R 有什么关系?写出 I_{C2} 的表达式。

9. 计算如图 5.20 所示电路 R_E 的值,设三极管的 β 均相等且很大,$U_{BE(ON)} = 0.7V$,$U_T = 26mV$、$R = 9.3k\Omega$,$I_{C2} = 10\mu A$,$U_{CC} = 10V$。

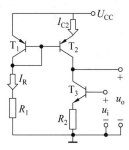

图 5.19 习题 5.38 的图

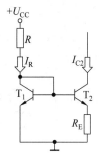

图 5.20 习题 5.39 的图

5.4 应用题

1. 某放大器在负载开路时的输出电压为6V,接入 2kΩ 的负载电阻后输出电压降为 4V,试说明放大器的输出电阻为多少。

2. 有两个放大倍数相同、输入和输出电阻不同的放大器 A 和 B,对同一个具有内阻 的信号源电压进行放大,在负载开路的条件下测得 A 的输出电压大,这说明了什么问题?

3. 写出测试单管放大器电压增益 A_u 所需的仪器,并在图 5.21 上。画出其连线图。 各仪器可用方框表示。

4. 判断如图 5.22 所示电路能否对正弦电压进行线性放大。如不能,则指出错在哪 里,并进行改正。要求不减元件,且电压增益绝对值要大于1,U_o 无直流成分。

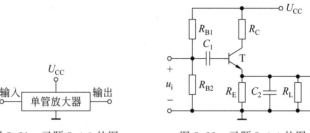

图 5.21　习题 5.4 3 的图　　　　　图 5.22　习题 5.4 4 的图

5. 在如图 5.23 所示电路中,由于电路参数不同,在信号源电压为正弦波时,测得输 出波形如图 5.23 所示。试说明各分图中电路分别产生了什么失真,如何消除。

6. 分析如图 5.24 所示电路,试回答:

(1) 静态时,负载中 R_L 中的电流应为多少?

(2) 若输出电压波形出现交越失真,应调哪个电阻? 如何调整?

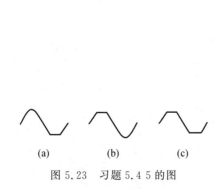

(a)　　　(b)　　　(c)

图 5.23　习题 5.4 5 的图

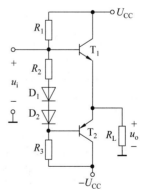

图 5.24　习题 5.4 6 的图

本章要点：

读者学完本章，应深入理解集成电路是一个不可分割的整体，具有其自身的参数及技术指标；理解集成运算放大器的理想化条件、开环、闭环两种工作状态及其重要结论；理解"虚短""虚断""虚地"的含义及在分析运放电路中的应用；理解反相、同相、差动比例三种基本运放电路及其应用；了解集成运放在信号处理、振荡等方面的应用；懂得运算放大器产生"虚短"的原因是电路中引入了负反馈，了解利用反馈理论分析运放电路的方法。

仿真包

集成运算放大器及其应用

如果在一块微小的半导体基片上，将用晶体管（或场效应管）组成的实现特定功能的电子电路制造出来，这样的电子电路称为集成电路。与分立元件不同，集成电路是一个不可分割的整体，体积小，质量轻，减少了电路的焊接点，具有更好的可靠性。集成电路的问世是电子技术领域的巨大进步，带来了从设计理论到方法的革命。集成电路按集成度可分为小规模、中规模、大规模及超大规模集成电路。就功能而言，可分为模拟集成电路和数字集成电路。本章主要介绍集成运算放大器。

6.1 集成运算放大器简介

集成运算放大器是一种高增益的直接耦合放大器，简称集成运放或运放，结合其他元件，可构成放大、运算、处理、振荡等多种电路，是最常用的一类模拟集成电路。

6.1.1 集成运算放大器的符号、类型及主要参数

集成电路是一个不可分割的整体，可用电路符号及其参数描述其性能。因此，在选用集成电路时，应根据实际要求及集成电路的参数说明确定其型号，就像选用其他电路元件一样。理解集成电路的电路符号、主要参数及种类是应用集成电路的基础。

1. 集成运算放大器的电路符号

集成运算放大器的符号如图 6.1.1 所示。图(a)为理想运放符号。图中，三角形表示信号传递的正方向。∞表示 $A_{uo} \to \infty$。图(b)为实际运放的简化画法。可以看出，集成运算放大器具有同相("+"号端)、反相("-"号端)两个输入端。当同相端接地，反相端接输入 u_i 时，输出 u_o 与输入 u_i 反相，如图 6.1.2(a)所示；与此相反，若反相端接地，同相端接输入 u_i，输出 u_o 与输入 u_i 同相，如图 6.1.2(b)所示。

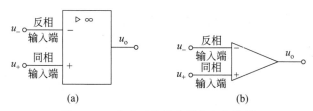

图 6.1.1 集成运算放大器的电路符号

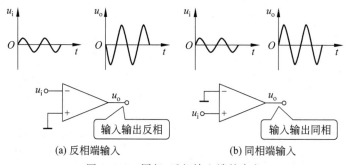

(a) 反相端输入　　　　　　　　(b) 同相端输入

图 6.1.2 同相、反相输入端的含义

2. 集成运算放大器的主要参数

• 开环电压放大倍数 A_{uo}

当然，放大器最核心的参数是放大倍数，常用开环电压放大倍数来描述集成运放的放大倍数。

当集成运放输入端与输出端没有外接电路元件时，称集成运放处于开环工作状态。与开环相对应的概念是闭环，此时，集成运放输入端与输出端间接有电路元件。

开环电压放大倍数 A_{uo} 是指在集成运放输入端与输出端没有外接电路元件时所测出的差模电压放大倍数。开环电压放大倍数越大越好，A_{uo} 一般约为 $10^4 \sim 10^7$，即 $80 \sim 140\text{dB}$。

• 最大输出电压 U_{opp}

U_{opp} 是指能使输出电压和输入电压保持不失真关系的最大输出电压。

• 输入失调电压 U_{IO}

理想情况下，当两输入端 $u_{i1} = u_{i2} = 0$ 时，集成运算放大器的输出 $u_o = 0$。运放的输入级为差动放大器，在实际制作时不可能完全对称，因此，当输入为零时，u_o 可能不为零。为了使输出电压为零，在输入端需要加一定的补偿电压，称之为输入失调电压 U_{IO}，一般为几毫伏。

• 输入失调电流 I_{IO}

输入失调电流 I_{IO} 是指输入信号为零时，两个输入端静态基极电流之差，即 $I_{IO} = |I_{B1} - I_{B2}|$。$I_{IO}$ 一般在零点零几微安级。

• 输入偏置电流 I_{IB}

输入偏置电流 I_{IB} 是指输入信号为零时，两个输入端静态基极电流的平均值，即 $I_{IB} = (I_{B1} + I_{B2})/2$，一般在零点几微安级。

• 共模输入电压范围 U_{ICM}

运算放大器具有对共模信号抑制的性能，但当输入共模信号超出规定的共模电压范围时，其共模性能将大为下降，甚至造成器件损坏。这个电压范围称为共模输入电压范围 U_{ICM}。

其他重要参数还有差模输入电阻、差模输出电阻、温度漂移、共模抑制比、静态功耗等。要求差模输入电阻高、差模输出电阻低。

可见，集成运放具有开环电压放大倍数高、输入电阻高（约几百千欧）、输出电阻低（约几百欧）、漂移小、可靠性高、体积小等主要特点。

3. 集成运算放大器的类型

集成运放类型较多，型号各异，可分为通用型和专用型两大类。

• 通用型

通用型运放的各项指标适中，基本上兼顾各方面应用，如 F007。

• 专用型

专用型集成运放主要有高输入阻抗型、高速型、高压型、大功率型、宽带型、低功耗型等多种类型。

通用型价格便宜,便于替换,是应用最广的一种。在选择运放时,除非有特殊要求,一般都选用通用型。通用型运放 F007 如图 6.1.3 所示。

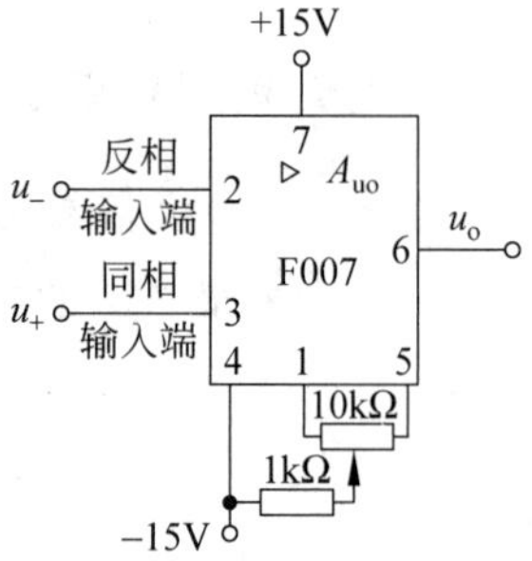

图 6.1.3 F007

6.1.2 集成运算放大器的理想化条件

在分析运算放大器时,一般可将它看成是一个理想运算放大器。理想运放的条件主要是:

• 开环电压放大倍数 $A_{uo} \rightarrow \infty$;
• 差模输入电阻 $r_{id} \rightarrow \infty$;
• 开环输出电阻 $r_o \rightarrow 0$;
• 共模抑制比 $K_{CMRR} \rightarrow \infty$。

实际运放的上述技术指标与理想运算放大器接近,工程分析时将理想运放代替实际放大器所引起的误差,在工程上是允许的,因此,在分析运放电路时,一般将其视为理想运放后进行分析。

6.1.3 什么是反馈

实际运放的开环电压放大倍数非常大,一般不可以直接应用于信号放大。在实际应用中,常使用反馈技术来稳定放大电路的放大倍数。

将输出信号(电压或电流)的一部分或全部以某种方式回送到电路的输入端,使输入量(电压或电流)发生改变,这种现象称为反馈。

由反馈的概念可以得出:具有反馈的放大电路包括基本放大电路及反馈网络两个部分,其组成框图如图 6.1.4[①] 所示。图中,$\dot{X}_i$ 表示输入信号,$\dot{X}_O$ 表示输出信号,$\dot{X}_f$ 表示反馈信号,$\dot{X}_d$ 表示净输入信号,它们可以是电压或电流。箭头表示信号传递的方向。

由图 6.1.4 可以看出,具有反馈的放大电路中,信号具有两条传输途径。一条是正向传输途径,信号经放大电路从输入端传向输出端。该放大电路称为基本放大电路。另一条是反向传输路径,输出信号通过某通道经放大电路从输出端传向输入端。该通道称为反馈网络。

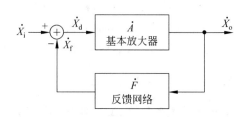

图 6.1.4 反馈电路组成框图

① 放大电路常用于放大正弦交流信号,故使用物理量的相量形式。

判断电路有无反馈,可以根据输入端与输出端是否存在反馈网络来判断。如图 6.1.5 所示电路中,图(a)、图(c)存在反馈网络,有反馈:图(b)不存在反馈网络,无反馈。

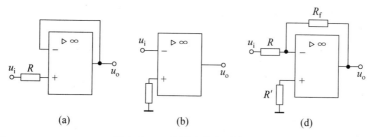

图 6.1.5　反馈电路组成框图

反馈有正反馈、负反馈之分。若反馈信号在输入端与输入信号相加,使净输入信号增加,称为正反馈;若反馈信号在输入端与输入信号相减,使净输入信号减小,称为负反馈。反馈的正负也称为反馈的极性。

可用下面的方法判断反馈的极性。

如图 6.1.6 所示电路中,当输入信号 u_i 增大时(图中,用符号"⊕"表示增大,"⊖"表示减小),由同相输入端的含义,放大器 A_1 的输出 u_{o1} 也增大,u_{o1} 加在放大器 A_2 的同相输入端,将使输出 u_o 增大,输入 u_o 反馈到输入端,反馈信号 u_f 增大,使差模输入 u_d 减小,可见,级间反馈极性(反馈元件为 R_5)为负反馈。类似地可判断放大器 A_2 的反馈极性(反馈元件为 R_4)也为负反馈。类似地,可判断如图 6.1.7 所示电路中的级间反馈(反馈元件为 R_5)、放大器 A_2 的反馈的极性(反馈元件为 R_4)均为正反馈。

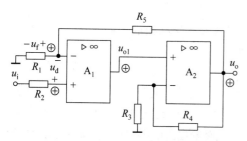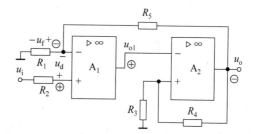

图 6.1.6　反馈的极性判断的图 1　　　　图 6.1.7　反馈的极性判断的图 2

6.1.4　集成运算放大器的两种工作状态及相应结论

运放具有开环、闭环两种工作状态。

当运放开环工作时,无输出到输入的反馈,如图 6.1.2 所示。因为理想运放开环电压放大倍数 $A_{uo}\to\infty$,所以,一个微弱的差模输入信号将使输出为极值,故将运放开环工作称为运放工作在饱和区(也叫非线性区)。

由理想运放的条件可得出运放工作在非线性区的两点结论[①]:

- 输出电压 u_o 只有两种状态: U_{opp} 或 $-U_{opp}$(U_{opp} 为最大输出电压)。

当 $u_+ > u_-$ 时,$u_o = U_{opp}$;当 $u_+ < u_-$ 时,$u_o = -U_{opp}$;$u_+ = u_-$ 为两种状态的转折点。

- 同相输入端与反相输入端的输入电流都等于零。

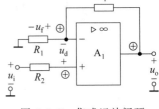

图 6.1.8 集成运放闭环工作的电路实例

在如图 6.1.8 所示运放电路中,有输出到输入的反馈,运放闭环工作。若反馈类型为负反馈,则输出与输入满足线性关系,称运放工作在线性区。

由负反馈、理想运放的条件可得出运放工作在线性区的三个重要概念。

- 虚短。

如图 6.1.8 所示运放电路(反馈极性为负反馈)中,集成运放两个输入端之间的电压几乎等于零,如同将该两点短路一样。但是该两点实际上并未真正被短路,只是表面上似乎短路,因而是虚假的短路,故将这种现象称为"虚短"。

产生虚短的原因是运放电路中引入了负反馈。简要解释如下:

如图 6.1.8 所示电路中,假定 $R_1 = R_f$、$u_i = 0.1$V。电路刚接通瞬间,$u_+ = 0.1$V(别忘了运放差模输入电阻非常大)、$u_- = 0$V。因运放放大倍数非常大,运放进入非线性区,$u_o = U_{opp}$。U_{opp} 反馈到反相端,u_- 电位开始上升,当 u_- 非常接近 u_+ 时,电路逐渐稳定,$u_o = 0.2$V。电路稳定时,u_+、u_- 电位非常接近,这便是"虚短"。

- 虚断。

因为理想运放差模输入电阻 $r_{id} \rightarrow \infty$,故同相输入端与反相输入端的电流几乎都等于零,如同该两点被断开一样,这种现象称为"虚断"。

- 虚地。

理想运放工作在线性区时,若反向端有输入,同相端接"地",$u_- = u_+ = 0$。这就是说反相输入端的电位接近于"地"电位,它是一个不接"地"的"地"电位端,通常称为"虚地"。

【例 6.1.1】 计算如图 6.1.8 所示电路的电压输出表达式及输入、输出电阻。

解:

当运放满足工作在线性区的条件时,可使用"虚短""虚断"的概念分析电路。如图 6.1.8 所示电路可用如图 6.1.9 所示电路形象表示。

(1) 由"虚断",有 $i \approx 0$,所以,$i_1 = i_f$。

(2) 由"虚短",有 $u_- = u_+ = u_i$,所以

$$i_1 = \frac{u_i}{R_1}, \quad i_f = \frac{u_o - u_i}{R_f}, \quad i_1 = i_f \Rightarrow \frac{u_i}{R_1} = \frac{u_o - u_i}{R_f}$$

---

① 集成运放的标称电源绝对值总是大于 U_{opp}。当然,运放也可在非标称电源下工作,其输出将因电源的不同而不同。不加说明,运放工作在标称电源环境。

所以

$$u_{\mathrm{o}} = \left(1 + \frac{R_{\mathrm{f}}}{R_1}\right) u_{\mathrm{i}} \qquad (6.1.1)$$

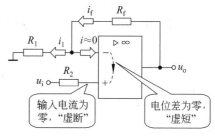

图 6.1.9　例 6.1.1 的图

由式(6.1.1)可知,图 6.1.8 所示电路输出 u_{o} 与输入 u_{i} 为线性比例关系,相位相同,故称为同相比例运算电路。

(3) 由"虚断"可知,如图 6.1.8 所示电路的输入阻抗等于集成运放差模输入电阻 r_{id},即具有非常高的输入阻抗。

(4) 由"虚断",输出电阻

$$R_{\mathrm{o}} = r_{\mathrm{o}} // (R_{\mathrm{f}} + R_1) \approx r_{\mathrm{o}} \to 0$$

图 6.1.9 中,流过 R_2 的电流近似为零,接入 R_2 的目的是保持输入回路的对称,起平衡作用,称为平衡电阻。$R_2 = R_1 // R_{\mathrm{f}}$。

(5) 本例的仿真实例如图 6.1.10 所示。

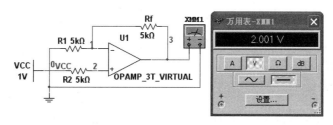

图 6.1.10　例 6.1.1 的仿真实例

思考与练习

6.1.1　请从负反馈的角度解释"虚短"的原因。

6.1.2　由理想运放工作在线性区的三个重要概念分析如图 6.1.11 所示电路的接法是否正确,正确的写出输出表达式,错误的说明原因。

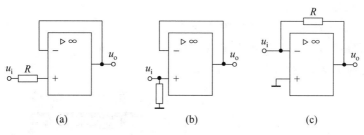

(a)　　　　　　　　(b)　　　　　　　　(c)

图 6.1.11　思考与练习 6.1.2 的图

6.2 用集成运放构成放大电路

放大功能是集成运放的基本功能,利用集成运放可方便地构成各种要求的放大电路。可通过几个例题来理解。

【例6.2.1】 计算如图6.2.1所示电路的电压输出表达式及输入、输出电阻。

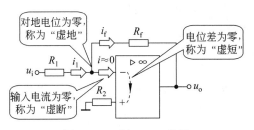

图6.2.1 例6.2.1的图

解:

(1) 图6.2.1中电路反馈极性为负反馈(具体分析见6.4节),运放工作在线性区。由"虚断",有 $i \approx 0$,所以,$i_1 = i_f$。

(2) 由"虚地",有

$$i_1 = \frac{u_i}{R_1}, \quad i_f = \frac{-u_o}{R_f}, \quad i_1 = i_f \Rightarrow \frac{u_i}{R_1} = \frac{-u_o}{R_f}$$

所以

$$u_o = -\frac{R_f}{R_1} u_i \qquad (6.2.1)$$

由式(6.2.1)可知,如图6.2.1所示电路的输出 u_o 与输入 u_i 为线性比例关系,相位相反,故称为反相比例运算电路。当 $R_f = R_1$ 时,有

$$u_o = -u_i, \quad A_{uf} = \frac{u_o}{u_i} = -1$$

这就是反相器。

(3) 由"虚短"($u_- = 0$),输入电阻 $R_i = R_1$。

(4) 由"虚短"($u_- = 0$),输出电阻 $R_o = r_o // R_f \approx r_o \rightarrow 0$。

(5) 本例的仿真实例如图6.2.2所示。

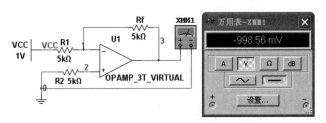

图6.2.2 例6.2.1的仿真实例

【例 6.2.2】 计算如图 6.2.3 所示电路的电压放大倍数。

解：

（1）同相、反相比例运算电路中集成运放均工作在线性区。图 6.2.3 所示电路为同相、反相比例运算电路的线性叠加，可见图中的集成运放也工作在线性区。

由"虚断"，有

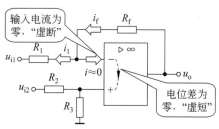

$$u_+ = u_{i2}\frac{R_3}{R_2 + R_3}, \quad i \approx 0$$

所以，$i_1 = i_f$。

（2）由"虚短"，有 $u_- = u_+$，所以

图 6.2.3　例 6.2.2 的图

$$i_1 = \frac{\dfrac{u_{i2}R_3}{R_2+R_3} - u_{i1}}{R_1}, \quad i_f = \frac{u_o - \dfrac{u_{i2}R_3}{R_2+R_3}}{R_f}$$

$$i_1 = i_f \Rightarrow \frac{\dfrac{u_{i2}R_3}{R_2+R_3} - u_{i1}}{R_1} = \frac{u_o - \dfrac{u_{i2}R_3}{R_2+R_3}}{R_f}$$

整理，有

$$u_o = \left(1 + \frac{R_f}{R_1}\right)\frac{R_3}{R_2+R_3}u_{i2} - \frac{R_f}{R_1}u_{i1} \tag{6.2.2}$$

当 $R_f = R_3$、$R_1 = R_2$ 时，有

$$u_o = \frac{R_f}{R_1}(u_{i2} - u_{i1}) \tag{6.2.3}$$

由式（6.2.3）可知，如图 6.2.3 所示电路输出 u_o 与输入的差（$u_{i2} - u_{i1}$）为线性比例关系，故称为差动比例运算电路。

本例的仿真实例如图 6.2.4 所示。

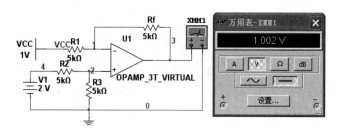

图 6.2.4　例 6.2.2 的仿真实例

（3）由"虚断"可知，如图 6.2.3 所示电路的输入阻抗不高（请读者自己分析）。电路的输出电阻近似为集成运放差模输出电阻 r_o。

同相、反相、差动比例运算电路是利用集成运放构成放大器和各种运算电路的基础。

它们均具有很低的输出电阻,具有良好的负载特性。此外,同相比例运算电路还具有很高的输入电阻,具有很好的输入特性;差动比例运算电路零点漂移小。利用上述电路的组合,可构成满足复杂要求的各种类型的放大电路。

【例 6.2.3】 计算如图 6.2.5 所示电路的输入输出关系。

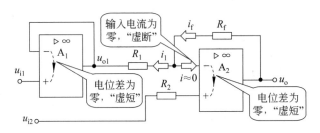

图 6.2.5 例 6.2.3 的图

解:

如图 6.2.5 所示电路包括 A_1、A_2 两级放大器。即

(1) A_1 为同相比例运算电路($R_f=0$、$R_1=\infty$),由式(6.1.5),有

$$u_{o1}=u_{i1} \tag{6.2.4}$$

即输出电压等于输入电压,故 A_1 也称为电压跟随器。

(2) A_2 为差动比例运算电路[①],由"虚短""虚断",有

$$u_{2-}=u_{2+}=u_{i2}$$
$$i\approx 0,\quad i_1=i_f$$

所以

$$i_1=\frac{u_{i2}-u_{i1}}{R_1},\quad i_f=\frac{u_o-u_{i2}}{R_f}$$

$$i_1=i_f \Rightarrow \frac{u_{i2}-u_{i1}}{R_1}=\frac{u_o-u_{i2}}{R_f}$$

整理,有

$$u_o=\left(1+\frac{R_f}{R_1}\right)u_{i2}-\frac{R_f}{R_1}u_{i1}$$

【例 6.2.4】 有一个来自传感器的原始电压信号较微弱,现要将其送到计算机中进行处理,请利用前面所学的知识设计一个放大电路将原始电压信号放大到一定强度后供计算机处理。

解:

原始电压信号较微弱,要求放大器输入电阻高,零点漂移小。在前面介绍的三种比例运算电路中,同相比例运算电路输入电阻高,差动比例运算电路零点漂移小,可这样设

---

① 将图 6.2.3 所示标准差动比例运算电路中 R_3 开路即为 A_2。因此,令式(6.2.2)中 $R_3=\infty$,即可直接写出 A_2 的放大倍数。

计放大器：

用两级同相比例运算电路构成差动放大器完成对输入信号的采集，并对原始信号进行预放大；再用一级差动比例运算电路完成对输入信号的放大。设计电路如图 6.2.6 所示。图中，$R_1 = R_5$，$R_2 = R_6$，$R_3 = R_7$，$R_4 = R_8$。

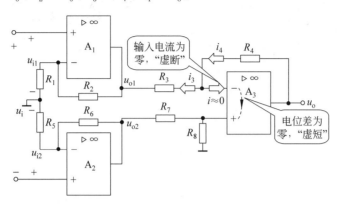

图 6.2.6　例 6.2.4 的图 1

由式(6.1.5)及差动放大器的知识，有

$$u_{o1} - u_{o2} = \left(1 + \frac{R_2}{R_1}\right)(u_{i1} - u_{i2}) = \left(1 + \frac{R_2}{R_1}\right) u_i$$

所以，A_1、A_2 两级同相比例运算电路构成的差动放大器的放大倍数为

$$A_{uf1} = \frac{u_{o1} - u_{o2}}{u_i} = \frac{u_{o1} - u_{o2}}{u_{i1} - u_{i2}} = 1 + \frac{R_2}{R_1}$$

由式(6.2.3)，有

$$u_o = \frac{R_4}{R_3}(u_{o2} - u_{o1}) = -\frac{R_4}{R_3}(u_{o1} - u_{o2})$$

所以，A_3 差动比例运算电路的放大倍数为

$$A_{uf2} = \frac{u_o}{u_{o1} - u_{o2}} = -\frac{R_4}{R_3}$$

所以，如图 6.2.6 所示放大电路的放大倍数为

$$A_{uf} = A_{uf1} A_{uf2} = -\frac{R_4}{R_3}\left(1 + \frac{R_2}{R_1}\right)$$

实际电路不可能完全对称，总是存在一定的零点漂移，对微弱信号而言，实际电路的零点漂移将对原始信号的测量与放大产生一定影响。为此，可将如图 6.2.6 所示电路中 A_1、A_2 的电阻 R_1 换成一个阻值为 $2R_1$ 的可变电阻，通过微调可变电阻调整电路的零点，以有效克服零点漂移。具体如图 6.2.7 所示。

如图 6.2.7 所示电路为常用数据放大器(或测量放大器)的原理电路。在实际应用中，读者可根据应用要求参照图示电路组成数据放大器，也可直接选用专门的数据放大器芯片。

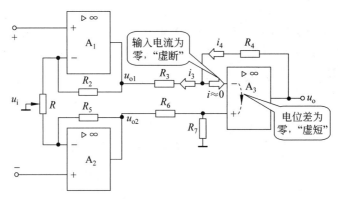

图 6.2.7 例 6.2.4 的图 2

思考与练习

6.2.1 例 6.2.3 中,去掉放大器 A_1,将 u_{i1} 与 u_{o1} 短接,电路的输入、输出关系不变,因此,去掉 A_1 对电路的性能没有影响,你认为这种说法是否正确?

6.2.2 如图 6.2.3 所示差动比例运算电路为同相、反相比例运算电路的线性叠加,故可用叠加原理求解电路,说出你的求解方法。

6.3 用集成运放构成信号运算电路

信号运算是集成运算放大器的另一基本功能,可方便地利用同相、反相、差动比例运算电路实现信号的运算。

6.3.1 用集成运放实现信号的加、减

可方便地利用同相、反相、差动比例运算电路实现信号的加、减运算。用反相比例运算电路实现加法的电路如图 6.3.1 所示。

将 u_{i1}、u_{i2} 视为信号源,由叠加原理,输出 u_o 为 u_{i1}、u_{i2} 单独作用产生响应的代数和。

将 u_{i2} 短路,流过电阻 R_{12} 的电流为 $0(u_- = 0)$,电路为反相比例运算电路,由式(6.2.1),有

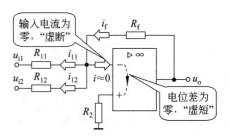

图 6.3.1 用反相比例运算电路构成加法器

$$u_{o1} = \frac{-R_f}{R_{11}} u_{i1}$$

将 u_{i1} 短路,可求得 u_{i2} 单独作用时的输出 u_{o2} 为

$$u_{o2} = \frac{-R_f}{R_{12}} u_{i2}$$

所以

$$u_o = u_{o1} + u_{o2} = -\left(\frac{R_f}{R_{11}} u_{i1} + \frac{R_f}{R_{12}} u_{i2}\right) \tag{6.3.1}$$

当 $R_{11} = R_{12} = R_1$ 时,有

$$u_o = u_{o1} + u_{o2} = -\frac{R_f}{R_1}(u_{i1} + u_{i2}) \tag{6.3.2}$$

由式(6.3.2)知,如图 6.3.1 所示电路的输出电压与输入电压之和成比例关系,故称为加法运算电路,仿真实例如图 6.3.2 所示。可参照图 6.3.1 构造更多输入信号的加法电路。

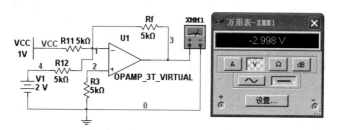

图 6.3.2 图 6.3.1 的仿真实例

也可用同相比例运算电路实现加法,电路如图 6.3.3 所示。

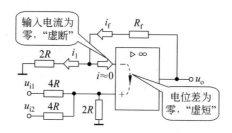

图 6.3.3 用同相比例运算电路构成加法器

由"虚断",u_+ 可由结点电压公式(1.4.2)求出,有

$$u_+ = \frac{\dfrac{u_{i1}}{4R} + \dfrac{u_{i2}}{4R}}{\dfrac{1}{4R} + \dfrac{1}{4R} + \dfrac{1}{2R}}$$

$$= \frac{1}{4}(u_{i1} + u_{i2})$$

$$u_- = \frac{2R}{2R + R_f} u_o$$

由"虚短",有

$$u_- = u_+ \Rightarrow \frac{2R}{2R + R_f} u_o = \frac{u_{i1} + u_{i2}}{4} \Rightarrow u_o = \frac{2R + R_f}{8R}(u_{i1} + u_{i2})$$

当 $R_f = 2R$ 时,有

$$u_o = \frac{1}{2}(u_{i1} + u_{i2}) \tag{6.3.3}$$

可见,如图 6.3.3 所示电路实现了加法功能,仿真实例如图 6.3.4 所示。

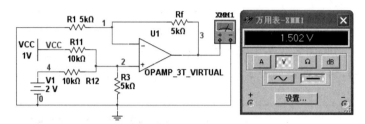

图 6.3.4 图 6.3.3 的仿真实例

由例 6.2.2 可知,差动比例运算电路的输出电压与输入电压之差成比例关系,故又称为减法运算电路。

【例 6.3.1】 如图 6.3.5 所示电路中,$u_{i1} = u_{i2} = 1V$,$u_{i3} = 0.5V$,求 u_o。

解:如图 6.3.5 所示电路包括两级集成运放,A_1 为同相比例运算电路构成的加法电路。由式(6.3.3),有

$$u_{o1} = \frac{1}{2}(u_{i1} + u_{i2})$$

A_2 为差动比例运算电路,由式(6.2.3),有

$$u_o = \frac{R_f}{R_1}(u_{i3} - u_{o1}) = \frac{R_f}{R_1}\left(u_{i3} - \frac{1}{2}(u_{i1} + u_{i2})\right)$$

将 u_{i1}、u_{i2}、u_{i3}、R_f、R_1 的值代入上式,有

$$u_o = -0.5V$$

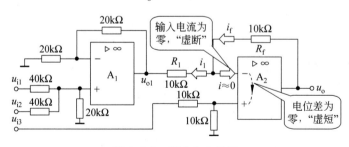

图 6.3.5 例 6.3.1 的图

仿真实例如图 6.3.6 所示。

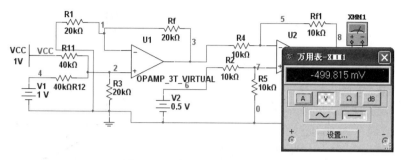

图 6.3.6　例 6.3.1 的仿真实例

6.3.2　用集成运放实现信号的微分与积分

输出电压与输入电压成积分关系的电路称为积分运算电路。用集成运放构成的积分运算电路如图 6.3.7 所示。

由"虚短",有 $u_- \approx u_+ = 0$；由"虚断",有 $i \approx 0$。

所以

$$i_1 = i_f$$

$$i_1 = i_f = -\frac{u_i}{R_1}$$

由电容元件伏安关系的积分式,有

$$u_o = u_C = \frac{1}{C_f}\int i_f \mathrm{d}t = \frac{1}{C_f}\int i_1 \mathrm{d}t = -\frac{1}{R_1 C_f}\int u_i \mathrm{d}t \tag{6.3.4}$$

由式(6.3.4)可知,如图 6.3.7 所示电路实现了输出 u_o 对输入信号 u_i 的积分。

当输入信号 u_i 为直流信号 U 时,输出

$$u_o = -\frac{U}{R_1 C_f}t \tag{6.3.5}$$

由式(6.3.5)可知,随着时间的推移,输出将线性增长。显然,集成运放的输出不可能无限制增长,当积分时间足够长时,集成运放将进入非线性区(如图 6.3.8 所示),输出与输入不再保持积分关系。

在一阶 RC 电路中,当输出信号取自电容时,在一定条件下,输出信号与输入信号满足近似积分关系。但在该电路中,当输入一定时,输出随电容元件的充电按指数规律变化,线性度较差。而由用集成运放构成的积分运算电路,其充电电流基本恒定,具有较好的线性度,因此,在信号运算、控制和测量系统中得到了广泛应用。

主要应用有:

• 正弦波移相。

在如图 6.3.7 所示积分运算电路输入端施加一个正弦激励 $u_i = U_m \sin(\omega t)$,经积分电路积分,其输出 $u_o = \frac{U_m}{\omega R_1 C_f}\cos(\omega t)$,为余弦函数,实现了对输入正弦波的 90° 移相。

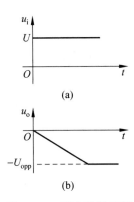

(a)

(b)

图 6.3.8　积分运算实例

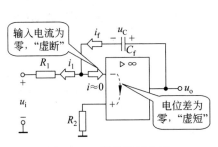

图 6.3.7　积分运算电路

- 时间延迟。

- 将方波变换为三角波。

由图 6.3.8 可知，当输入为直流时，其输出在一段时间内为斜线。可见，当输入为方波时，适当选择电路参数，可使输出为三角波。

微分运算是积分运算的逆运算，只需将反相输入端的电阻和反馈电容调换位置，就成为微分运算电路，如图 6.3.9 所示。

由"虚短""虚断"，有

$$u_- \approx u_+ = 0, \quad i \approx 0, \quad i_1 = i_f$$

所以

$$
\begin{cases}
i_1 = C_1 \dfrac{\mathrm{d}u_C}{\mathrm{d}t} = -C_1 \dfrac{\mathrm{d}u_i}{\mathrm{d}t} \\[3mm]
u_o = R_f i_f = R_f i_1 = -R_f C_1 \dfrac{\mathrm{d}u_i}{\mathrm{d}t}
\end{cases}
\tag{6.3.6}
$$

由式(6.3.6)可知，如图 6.3.9 所示电路实现了输出 u_o 对输入信号 u_i 的微分。

图 6.3.9 所示电路为理想的微分电路，在实际应用时存在较多的问题，稳定性不高。

【例 6.3.2】　分析如图 6.3.10 所示电路的输入、输出关系。

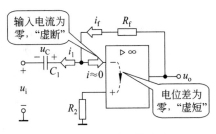

图 6.3.9　微分运算电路

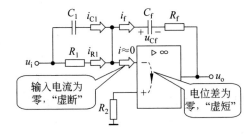

图 8.3.10　例 6.3.2 的图

解：

由"虚短""虚断"，有

$$u_- \approx u_+ = 0 、\quad i \approx 0 \quad i_{R1} + i_{C1} = i_f$$

所以

$$i_{R1} = \frac{u_i}{R_1}, \quad i_{C1} = C_1 \frac{du_i}{dt}, \quad u_{Cf} = \frac{1}{C_f} \int i_f dt = \frac{1}{C_f} \int (i_{R1} + i_{C1}) dt$$

$$u_o = -(R_f i_f + u_{Cf}) = -\left[R_f (i_{R1} + i_{C1}) + \frac{1}{C_f} \int (i_{R1} + i_{C1}) dt \right]$$

$$= -\left[\frac{R_f}{R_1} u_i + R_f C_1 \frac{du_i}{dt} + \frac{1}{R_1 C_f} \int u_i dt + \frac{C_1}{C_f} \int du_i \right]$$

$$= -\left[\left(\frac{R_f}{R_1} + \frac{C_1}{C_f} \right) u_i + R_f C_1 \frac{du_i}{dt} + \frac{1}{R_1 C_f} \int u_i dt \right]$$

由上式可知,输出 u_o 与输入信号 u_i 之间相位相反,且存在着比例、微分、积分等关系,这便是自动控制中经常用到的比例-积分-微分调节器(简称 PID 调节器)。

【例 6.3.3】 设计一个模拟下面微分方程的电路,方程如下:

$$y' + 2y + x = 0$$

解:

可用积分电路实现。参考电路如图 6.3.11 所示。图中,$R_f = 50\text{k}\Omega$、$R_1 = 100\text{k}\Omega$、$C_f = 10\mu\text{F}$。简要分析如下:

由"虚短""虚断",有

$$u_- \approx u_+ = 0, \quad i \approx 0, \quad i_1 = i_{Cf} + i_{Rf}$$

所以

$$i_1 = -\frac{x}{R_1}, \quad i_{Cf} = C_f \frac{dy}{dt}, \quad i_{Rf} = \frac{y}{R_f}$$

$$i_1 = i_{Cf} + i_{Rf} \Rightarrow -\frac{x}{R_1} = C_f \frac{dy}{dt} + \frac{y}{R_f} \Rightarrow$$

$$R_1 C_f \frac{dy}{dt} + \frac{R_1}{R_f} y + x = 0$$

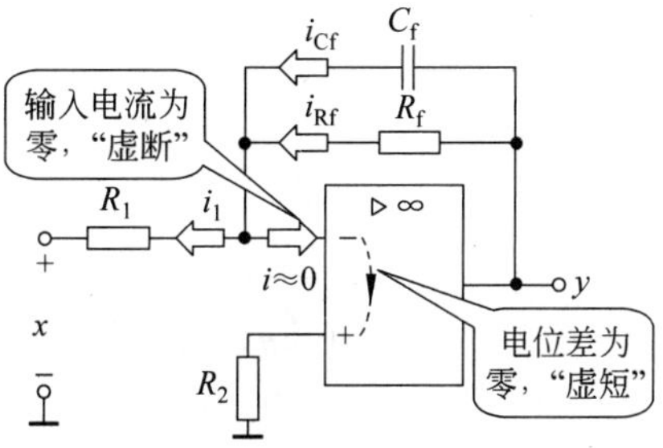

图 6.3.11 例 6.3.3 的图

将参数代入,有 $y' + 2y + x = 0$

6.3.3 其他常用集成运算放大器应用电路

集成运放应用广泛,常用集成运算放大器应用电路主要包括有源滤波器、信号比较器、振荡器等。

1. 有源滤波器

在电子技术及控制系统中,常需研究电路在不同频率信号激励下响应随频率变化的情况,研究响应与频率的关系,把电路响应与频率的关系称为电路的频率特性或频率响应。

对电容、电感元件而言,当激励频率改变时,其电抗值(容抗、感抗)将随着改变。RC、RL 电路接相同幅值、不同频率的输入信号(激励)时,将产生不同幅值的输出信号(响应)。可见,RC、RL 电路具有让某一频带内的信号容易通过,而不需要的其他频率的信号不容易通过的特点,具有这样特点的电路称为滤波器。

根据电容通高频、阻低频的特点,低频信号更容易通过如图 6.3.12 所示 RC 串联电路进入下一级电路,称该电路为一阶 RC 低通滤波器。

当输入信号角频率 $\omega = \omega_0 = \dfrac{1}{RC}$ 时,输出电压幅度绝对值降低到输入电压幅度的 $\dfrac{1}{\sqrt{2}}$,功率为原始值的一半,因此,ω_0 称为半功率点角频率(也称为截止角频率)。

由于下一级电路的接入将影响 RC 串联电路中等效电阻的阻值,因此,如图 6.3.12 所示一阶 RC 低通滤波器负载特性差。

用集成运放构成的滤波器具有和集成运放基本相同的负载特性,具有较好的稳定性,应用十分广泛。

用集成运放构成滤波器的方法如图 6.3.13 所示。可知,用集成运放构成的滤波器由同相比例运算电路和 RC 网络组成的无源滤波器两部分组成。因集成运放是有源器件,故将集成运放构成的滤波器称为有源滤波器。

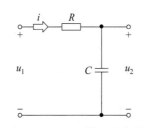

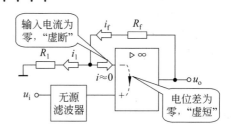

图 6.3.12　RC 低通滤波器　　　图 6.3.13　用集成运放构成滤波器的方法

假定无源滤波器的输出为 $\dot{U}_+$,由式(6.1.5),有

$$\dot{U}_\mathrm{o} = \left(1 + \frac{R_\mathrm{f}}{R_1}\right)\dot{U}_+ \tag{6.3.7}$$

可见,用集成运放构成的滤波器具有与其内部包含的无源滤波器基本相同的频率特性及与集成运放基本相同的负载特性,具有较好的稳定性。

一阶低通有源滤波器电路实例如图 6.3.14 所示。为了改善滤波效果,使 $\omega > \omega_0$ 时信号衰减得快些,可将两级 RC 电路串接起来,形成二阶低通有源滤波器,如图 6.3.15 所示。

可以这样理解二阶低通有源滤波器具有更好的滤波效果:

当 $\omega = \omega_0$ 时,输入信号 u_i 经一级 RC 电路滤波,输出 u_1 幅值为原始值 u_i 的 0.707,衰减系数为 3dB;u_1(频率并未变化)又经一级 RC 电路滤波,又被衰减了 3dB;可见,输入信号 u_i 被衰减了 6dB,具有更好的滤波效果。

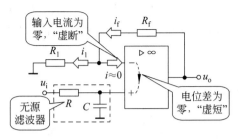

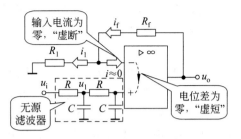

图 6.3.14 一阶低通有源滤波器　　　　　图 6.3.15 二阶低通有源滤波器

当然,滤波器包括低通、高通、带通等多种类型,更多的滤波器电路请读者参考专门的书籍。

2. 电压比较器

理想运放开环工作时,其输出电压 u_o 只有两种状态:U_{opp} 或 $-U_{opp}$(U_{opp} 为最大输出电压)。如图 6.3.16 所示电路中,U_R 为参考电压,u_i 为输入电压。运算放大器工作于开环状态。根据理想运放工作在开环时的特点,有:

当 $u_i < U_R$ 时,$u_o = U_{opp}$;当 $u_i > U_R$ 时,$u_o = -U_{opp}$。$u_i = U_R$ 为转折点,为状态变化的门限电平。可见,如图 6.3.16 所示电路可用来比较输入电压和参考电压的大小,称为电压比较器。因为图 6.3.16 所示电路为一个门限电平的比较器,所以也称为单门限比较器。其电压传输特性如图 6.3.17 所示。

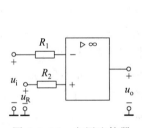

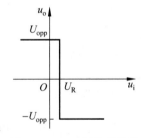

图 6.3.16 电压比较器　　　　图 6.3.17 电压传输特性

当 $U_R = 0$ 时,电压比较器为输入电压和零电平的比较器,称为过零比较器,其电路如图 6.3.18 所示。其电压传输特性如图 6.3.19 所示。

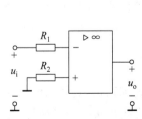

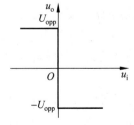

图 6.3.18 过零电压比较器　　　　图 6.3.19 电压传输特性

由以上分析可知,电压比较器在其输入端进行模拟信号大小的比较,在输出端则以高电平或低电平来反映比较结果。也就是说,电压比较器输入的是模拟量,输出为数字量。

一般情况下,集成运放的最大输出电压 U_{opp} 比较大,不便于与数字系统连接,可在比较器的输出端与"地"之间跨接一个双向稳压管 D_Z,如图 6.3.20 所示。假定稳压管的稳定电压为 U_Z,则因为稳压管的作用,输出电压 u_o 被限制在 U_Z 或 $-U_Z$。

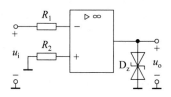

图 6.3.20　有限幅的过零比较器

必须指出的是,单门限比较器虽然结构简单,但抗干扰能力差,采用滞回比较器(也叫施密特触发器)可较好地解决这一问题。关于滞回比较器,请参阅 8.5 节。

3. 文氏桥振荡电路

振荡电路是电子电路的基本电路之一,是用来产生一定频率和幅度的交流信号的电路单元,无须外接输入便可产生一定频率和幅度的交流信号,这是振荡器与放大器最根本的区别。

可通过图 6.3.21 来理解。

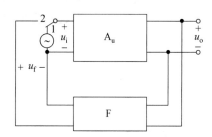

图 6.3.21　自激振荡的条件

A_u 是放大电路,F 是反馈电路。当开关合在端点 1 上时,电路与输入信号 u_i(正弦信号源)接通,输出电压为 u_o,反馈电压为 u_f。若设法使反馈电压 $u_f = u_i$,则反馈电压 u_f 恰好作为放大电路的输入维持电路的稳定输出。即将信号源切除,开关合在端点 2 上时,电路的输出仍然保持不变,这时,放大电路成为振荡电路。可见,振荡器的输入信号来自其自身输出端的反馈,应包括放大电路、正反馈电路两部分。

此外,振荡电路无须外接信号源,依靠自身建立振荡。当振荡电路与电源接通时,在电路中激起一个微小的扰动信号,这就是起始信号。经过一段时间,振荡电路建立稳定的振荡输出。由于初始上电的扰动信号是一个随机信号,包括各种频率成分,为得到稳定的正弦波,振荡电路应包括选频电路。

综上所述,振荡电路主要包括放大电路、反馈电路、选频电路三部分。

如图 6.3.22 所示为文氏桥振荡电路,它由 RC 串并联电路组成的选频、正反馈网络和同相比例运算电路组成。起振条件为

$$R_f > 2R_1$$

可利用二极管正向伏安特性的非线性实现自动稳幅,具体如图 6.3.23 所示。

R_f 分为 R_{f1} 和 R_{f2} 两部分。在 R_{f2} 上正、反向并联两只二极管,它们在输出电压 u_o 的正负半周内分别导通。在起振之初,由于 u_o 幅度很小,不足以使二极管导通,正向二

极管近于开路,此时 $R_f(=R_{f1}+R_{f2})>2R_1$。而后,随着振荡幅度的增大,正向二极管导通,其正向电阻渐渐减小,直到 $R_f=2R_1$ 时,振荡稳定。

当然,RC 振荡电路的振荡频率由 R、C 决定,当要求实现很高的频率时,要求 R、C 很小,实际实现较困难,因此,RC 振荡电路的振荡频率较低,一般用来产生 $1Hz\sim1MHz$ 的信号。对于 $1MHz$ 以上的信号,应采用 LC 振荡电路。此外,RC 振荡电路频率的稳定度不高,对要求高稳定度的振荡频率,应采用石英晶体振荡器,具体请参考专门的书籍。

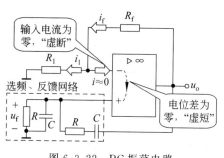

图 6.3.22 RC 振荡电路

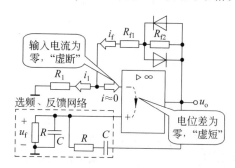

图 6.3.23 自动稳幅的 RC 振荡电路

思考与练习

6.3.1 问如图 6.3.14 所示一阶低通有源滤波器中的运放工作在线性区还是非线性区?

6.3.2 说明振荡建立的过程。

6.3.3 结合图 6.3.23 及振荡建立的过程说明 RC 振荡电路频率的稳定度不高的原因。

6.4 运算电路中的负反馈

负反馈是稳定放大电路放大倍数及输出的有效手段,理解负反馈对于更好地理解应用运放电路有十分重要的意义。

按照反馈信号的取样对象,负反馈可分为电压反馈和电流反馈。当反馈信号取自输出电压时,称为电压反馈;当反馈信号取自输出电流时,称为电流反馈。电压反馈可稳定输出电压,电流反馈可稳定输出电流。判断方法如下:

若输出电压为零,反馈信号也为零,此反馈为电压反馈;若反馈信号不为零,则为电流反馈。根据上述判断方法,图 6.4.1 为电压反馈,图 6.4.2 也为电压反馈。

根据反馈信号在输入端的联接方式,负反馈又可分为串联反馈和并联反馈。如果在输入端反馈信号以电压形式叠加,称为串联反馈;若以电流形式叠加,称为并联反馈。判断方法如下:

净输入电压减小是串联反馈;净输入电流减小是并联反馈。

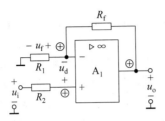

图 6.4.1　电压串联负反馈

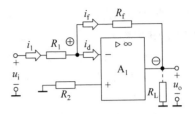

图 6.4.2　电压并联负反馈

可将负反馈分为四种组态：电压串联负反馈、电流串联负反馈、电压并联负反馈、电流并联负反馈。

1. 从反馈的角度计算工作在线性区的运放电路

　　工作在线性区的理想运放电路满足"虚短""虚断"，可通过"虚短""虚断"的概念来分析电路。产生"虚短"主要是因为在运放电路中引入了负反馈，也可从负反馈的角度分析电路。从负反馈的角度分析电路有助于更好地理解及应用运放电路。

先介绍用反馈分析电路的几个重要公式[①]。

如图 6.1.4 所示反馈电路模型中，A 是基本放大电路的放大倍数，F 为反馈系数，有

$$A = \frac{X_o}{X_d} \quad F = \frac{X_f}{X_o} \tag{6.4.1}$$

当反馈网络断开，具有反馈的放大电路处于开环工作状态时，反馈信号 $X_f = 0$，有

$$A = \frac{X_o}{X_i}$$

因此，A 又称为开环放大倍数。

当反馈网络接通时，具有反馈的放大电路处于闭环工作状态，相应的输出、输入比称为闭环放大倍数，记为 A_f。

下面，不加证明地给出 A_f 的计算公式，有

$$A_f = \frac{A}{1 + AF} \tag{6.4.2}$$

当 $AF \gg 1$（具有反馈网络的运放电路一般均满足 $AF \gg 1$）时，有

$$A_f = \frac{A}{1 + AF} \approx \frac{1}{F} \tag{6.4.3}$$

由式(6.4.1)、式(6.4.3)可求出不同组态的广义放大倍数 A_f。通过 A_f 可求出闭环电压放大倍数 A_{uf} 及其他物理量。

2. 电压串联负反馈

如图 6.4.1 所示电路反馈信号取自输出电压 u_o，经 R_f 接到运放反相输入端后

---

① 在本节的计算中，不考虑各物理量的相位，故各物理量不用其相量表示形式。

经 R_1 接地。设 u_i 为正,则输出电压 u_o 为正,反馈信号 u_f 实际方向如图所示,它与输入信号 u_i 在输入端叠加,使净输入电压 u_d 减小,故为电压串联负反馈。由式(6.4.1)、式(6.4.3),有

$$A_{uf} = A_f = \frac{1}{F} = \frac{u_o}{u_f} = \frac{R_1 + R_f}{R_1} = 1 + \frac{R_f}{R_1}$$

图 6.4.1 所示电路为同相比例运算电路,上述结果与例 6.1.1 的计算结果一致。

3. 电压并联负反馈

图 6.4.2 所示电路为反相比例运算电路,其反馈信号取自输出电压 u_o,经 R_f 接到运放反相输入端。设 u_i 为正,则输出电压 u_o 为负。此时,反相输入端电位(近似等于零)高于输出端电位,反馈电流 i_f、输入电流 i_1 实际方向如图所示,i_f 与电流 i_1 在输入端叠加,使净输入电流 i_d 减小,故为电压并联负反馈。由式(6.4.1)、式(6.4.3),有

$$A_f = \frac{1}{F} = \frac{u_o}{i_f} = -R_f$$

由"虚断""虚短",有

$$A_{uf} = \frac{u_o}{u_i} = \frac{u_o}{i_1 R_1} = \frac{u_o}{i_f R_1} = A_f \frac{1}{R_1} = -\frac{R_f}{R_1}$$

上述结果与例 6.2.1 的计算结果一致。

图 6.4.2 中,在输出端接一负载电阻 R_L,按上面的方法重新分析电路,可知,负载电阻的接入对输出电压基本没有影响。

可见,电压负反馈可稳定输出电压。

4. 电流串联负反馈

图 6.4.3 所示电路反馈信号取自输出电流 i_o,经 R_L 接到运放反相输入端。设 u_i 为正,则输出电流 i_o 为正,反馈信号 u_f 实际方向如图所示,它与输入信号 u_i 在输入端叠加,使净输入电压 u_d 减小,故为电流串联负反馈。由式(6.4.1)、式(6.4.3),有

$$A_f = \frac{1}{F} = \frac{i_o}{u_f} \approx \frac{1}{R}$$

所以

$$A_{uf} = \frac{u_o}{u_i} = \frac{i_o(R + R_L)}{u_f} = A_f(R + R_L) = \frac{R + R_L}{R} = 1 + \frac{R_L}{R}$$

从电路结构上,如图 6.4.3 所示电路为同相比例运算电路,可知上述结果与前面分析一致。

所以

$$i_o = \frac{u_f}{R} \approx \frac{u_i}{R}$$

可见,图 6.4.3 所示电路的输出电流与负载电阻 R_L 的大小基本没有关系,电流负反馈可稳定输出电流。因此,图 6.4.3 所示电路也称为同相输入恒流源电路,或称为电压-

电流变换电路。改变电阻 R 的值可改变输出电流。

5. 电流并联负反馈

图 6.4.4 所示电路反馈信号取自输出电流 i_o,经 R_L、R_f 接到运放反相输入端。设 u_i 为正,则输出电压 u_o 为负,反馈电流 i_f、输入电流 i_1 实际方向如图所示,i_f 与电流 i_1 在输入端叠加,使净输入电流 i_d 减小,故为电流并联负反馈。求解电路,有

$$i_1 = \frac{u_i}{R_1}, \quad i_f = -\frac{u_R}{R_f}$$

由"虚断",有 $i_1 \approx i_f$,则得

$$u_R = -\frac{R_f}{R_1} u_i$$

输出电流

$$i_o = \frac{u_R}{R} - \frac{u_i}{R_1} = -\left(\frac{R_f}{R_1 R} + \frac{1}{R_1}\right) u_i = -\frac{1}{R_1}\left(\frac{R_f}{R} + 1\right) u_i \tag{6.4.4}$$

可见,图 6.4.4 所示电路的输出电流与负载电阻 R_L 的大小基本没有关系,电流负反馈可稳定输出电流。因此,图 6.4.4 所示电路也称为反相输入恒流源电路。

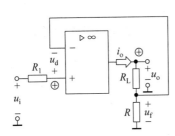

图 6.4.3 电流串联负反馈

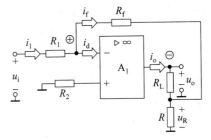

图 6.4.4 电流并联负反馈

由式(6.4.1)、式(6.4.3),有

$$A_f = \frac{1}{F} = \frac{i_o}{i_f} = \frac{i_o}{i_1} = \frac{-\dfrac{1}{R_1}\left(\dfrac{R_f}{R}+1\right)u_i}{\dfrac{u_i}{R_1}} = -\left(\frac{R_f}{R}+1\right)$$

由"虚断""虚短",有

$$A_{uf} = \frac{u_o}{u_i} = \frac{i_o R_L - \dfrac{R_f}{R_1} u_i}{u_i} = -\frac{R_f}{R_1} + \frac{i_o R_L}{i_f R_1}$$

$$= -\frac{R_f}{R_1} + A_f \frac{R_L}{R_1} = -\frac{R_f}{R_1} - \left(\frac{R_f}{R}+1\right)\frac{R_L}{R_1} = -\frac{R_f + R_L}{R_1} - \frac{R_f R_L}{R R_1}$$

下面,给出不同类型负反馈电路的连接特点:

• 反馈信号直接从输出端引出,为电压反馈;反馈信号从负载电阻 R_L 靠近"地"端

引出,是电流反馈。

- 输入信号和反馈信号均加在反相输入端,为并联反馈;输入信号和反馈信号均加在不同的输入端,为串联反馈。

【例 6.4.1】 分析图 6.4.5 所示电路级间反馈类型及电压放大倍数。

解:

图 6.4.5 所示电路包括两级放大电路,电路框图如图 6.4.6 所示。放大器 1 为理想运放,放大倍数为 ∞,放大器 2 为同相比例运算电路,放大倍数为正值,两级放大器组合等同于一个理想运放,所以,图 6.4.5 所示电路的所示等效电路如图 6.4.1 所示(同相比例运算电路),所以图 6.4.5 所示电路为电压串联负反馈。由式(6.4.1),有

$$A_{\mathrm{uf}}=A_{\mathrm{f}}=\frac{1}{F}=\frac{u_{\mathrm{o}}}{u_{\mathrm{f}}}=\frac{R_1+R_5}{R_1}=1+\frac{R_5}{R_1}$$

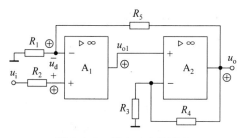

图 6.4.5 例 6.4.1 的图 1

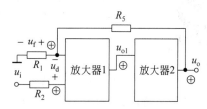

图 6.4.6 例 6.4.1 的图 2

【例 6.4.2】 分析如图 6.4.7 所示电路的级间反馈类型。

解:

图 6.4.7 所示电路反馈信号取自输出电压 u_{o},经 R_{f} 接到运放 A_1 反相输入端后经 R_1 接地。设 u_{i} 为正,则输出电压 u_{o} 为正,反馈信号 u_{f} 实际方向如图所示,它与输入信号 u_{i} 在输入端叠加,使净输入电压 u_{d} 减小,故为电压串联负反馈。

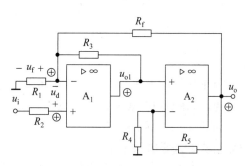

图 6.4.7 例 6.4.2 的图

思考与练习

6.4.1 如图 6.4.8 所示电路中电容值较大,画出电路中的反馈支路并判断反馈类型、说明哪个(些)电路反馈信号中只含有直流成分(直流反馈)、哪个(些)只含有交流成分(交流反馈)。

6.4.2 你认为应如何求解例 6.4.2 所示电路的电压放大倍数?

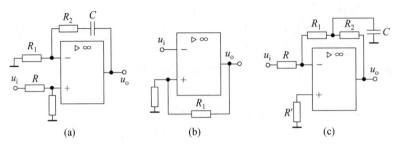

图 6.4.8　思考与练习 6.4.1 的图

6.5　使用运算放大器应注意的几个问题

运算放大器应用十分广泛,实际应用中应根据具体要求选用合适类型的芯片,此外,还应注意消振、调零、保护等问题。

1. 消振

由于运算放大器内部晶体管的极间电容和其他寄生参数的影响,很容易产生自激振荡,破坏正常工作。为此,在使用时要注意消振。通常是外接 RC 消振电路或消振电容,用它来破坏产生自激振荡的条件。是否已消振,可将输入端接"地",用示波器观察输出端有无自激振荡。目前由于集成工艺水平的提高,运算放大器内部已有消振元件,无须外部消振。

2. 调零

由于运算放大器的内部参数不可能完全对称,以致当输入信号为零时,仍有输出信号。为此,在使用时要外接调零电路。

如图 6.1.3 所示的 F007 运算放大器,它的调零电路由 -15V,$1\text{k}\Omega \sim 10\text{k}\Omega$ 的调零电位器组成。调零方法如下。

将电路接成闭环,将两个输入端接"地",调节调零电位器,使输出电压为零。也可在有输入时调零,即按已知输入信号电压计算出输出电压,而后将实际值调整到计算值。

3. 保护

• 输入端保护

运算放大器输入级采用差动放大电路,当输入端所加的差模或共模电压过高时会损坏输入级的三极管。可采用如图 6.5.1 所示的方法保护运放输入级。

如图 6.5.1 所示为反相比例运算电路,在输入端接入反相并联的两个二极管。正常工作时,因"虚短",二极管不导通,对电路基本没有影响。对非正常时的突然干扰,可将输入电压限制在二极管的正向压降以下从而保护输入级。

• 输出端保护

为了防止输出电压过大,可利用稳压管来保护,如图 6.5.2 所示,将两个稳压管反向串联,将输出电压限制在 $(U_Z + U_D)$ 的范围内。U_Z 是稳压管的稳定电压,U_D 是它的正向压降。

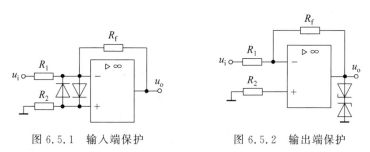

图 6.5.1　输入端保护　　　　　　　图 6.5.2　输出端保护

• 电源保护

为了防止正、负电源接反,可用二极管来保护,如图 6.5.3 所示。

4. 扩大输出电流

由于运算放大器的输出电流一般不大,如果负载需要的电流较大时,可在输出端加接一级互补对称电路,如图 6.5.4 所示。

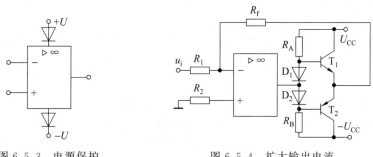

图 6.5.3　电源保护　　　　　　图 6.5.4　扩大输出电流

6.6　其他常用模拟集成电路

模拟集成电路种类较多,其他常用的还有音频放大器、压控振荡器、FM 解调器、频率合成器、模拟乘法器、三端稳压器等,在此简单介绍音频放大器、模拟乘法器及三端稳压器。

6.6.1　音频放大器

音频放大器是放大、输出音频信号的专用集成电路,外加少量元件可驱动音箱、喇叭、扬声器等声音设备。因为音频放大器直接驱动负载,应给负载提供足够的功率,为功率放大电路。

音频放大器品种、型号较多,如 LM380、LM384、LM386 等,它们的结构多与集成运算放大器相似,都由输入级、中间级和输出级组成,输出级采用互补对称输出。用 LM386构成的音频放大电路如图 6.6.1 所示。

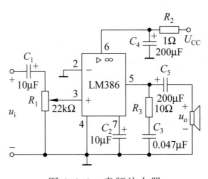

图 6.6.1 音频放大器

图 6.6.1 中,$R_2 C_4$ 构成电源滤波器,滤除直流电源的波动;$R_3 C_3$ 是相位补偿电路,用于消除自激振荡,改善高频时负载特性。

6.6.2 模拟乘法器

实现对两个信号乘法运算的电路称为乘法电路。集成模拟乘法器应用十分广泛,常用的模拟乘法器符号如图 6.6.2 所示,它们的输出电压与输入电压的函数关系为

$$u_o = k u_x u_y \tag{6.6.1}$$

式中,k 为比例系数,其值可能为正,也可能为负。当 $k > 0$ 时,称为同相乘法器;当 $k < 0$ 时,称为反相乘法器。模拟乘法器与运算放大器结合,可完成如除法、平方、开平方等数学运算,还可构成调制、解调和锁相环等电路。

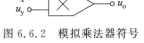

图 6.6.2 模拟乘法器符号

6.6.3 三端稳压器

电子电路及其设备一般采用稳定的直流电源供电,三端稳压器便是专门用于实现直流稳压电路的模拟集成电路芯片。

可从以下几个方面理解三端稳压器及其应用。

1. 直流电源的组成

直流稳压电源的组成框图及各单元电路的输出电压波形如图 6.6.3 所示。

各部分的作用如下：

（1）电源变压器。电源变压器将 220V、50Hz 的交流电压变换为符合整流需要的电压。

（2）整流电路。整流电路将交流电压变换为单向脉动电压，有半波整流（波形（3））、全波整流（波形（4））两种方式。

（3）滤波电路。减小整流电压的脉动成分，以适合负载的需要。

（4）稳压电路。在交流电源电压波动或负载变动时，使直流输出电压稳定。

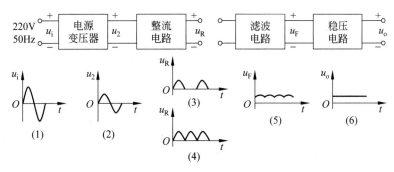

图 6.6.3　直流稳压电源的组成

2. 整流电路

整流电路一般由具有单向导电性的二极管组成，有半波、全波两种整流方式。利用二极管构成的单相半波整流电路及其波形如图 6.6.4 所示，请读者参照二极管的特性分析其原理。

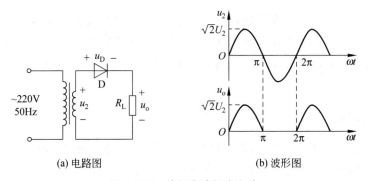

(a) 电路图　　　　　　　(b) 波形图

图 6.6.4　单相半波整流电路

半波整流的主要特性如下。

整流输出电压平均值（整流电路输出电压瞬时值 u_o 在一个周期内的平均值）$U_o = 0.5U_2$，脉动系数（整流输出电压基波的最大值 U_{o1M} 与其平均值 U_o 之比）$S \approx 1.57$。

半波整流电路只将半个周期的交流电压利用起来，所以输出电压的直流成分比较低。为了克服单相半波整流电路的缺点，将交流电压的另半个周期利用起来（即正负半周都有电流按同一个方向流过负载），这种方式称为全波整流。最常用的是单相桥式整流电路。

单相桥式整流电路如图 6.6.5(a)所示,图 6.6.5(b)是其简化画法,工作波形如图 6.6.6 所示,请读者参照二极管的特性分析其原理。

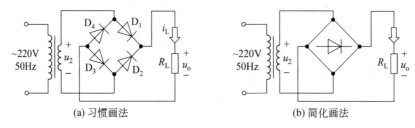

(a) 习惯画法   (b) 简化画法

图 6.6.5 单相桥式整流电路

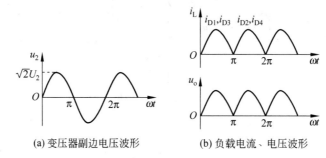

(a) 变压器副边电压波形   (b) 负载电流、电压波形

图 6.6.6 单相桥式整流电路的波形

全波整流的主要特性如下:

整流输出电压平均值 $U_o = 0.9 U_2$,脉动系数 $S \approx 0.67$。

综上所述,半波整流电路结构简单、使用元件少,但直流成分比较低、波形脉动大、效率低,仅适用于对脉动要求不高的小电流场合。单相桥式整流电路与单相半波整流电路相比,对二极管的参数要求是一样的,但性能得到了提高。因此,在实践中被广泛采用。

3. 滤波电路

由于经过整流电路后的单向输出电压脉动较大,一般不能直接用于电子线路的供电,需要将脉动的直流电压变为平滑的直流电压,即经过滤波,滤除脉动成分,保留直流成分。

由电路知识可知,电容两端电压不能跳变,可利用电容实现滤波功能。常见的滤波电路有单电容滤波电路、π形 LC 滤波电路、π形 RC 滤波电路等。π形 LC、RC 滤波电路如图 6.6.7 所示。

4. 三端稳压器及其应用

直流电源性能的差异,很大程度上取决于稳压电路,目前广泛采用三端集成稳压器实现稳压电路。

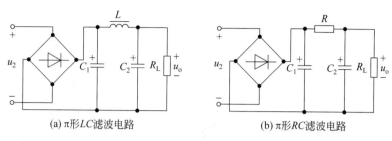

(a) π形LC滤波电路   (b) π形RC滤波电路

图 6.6.7 π 形滤波器

三端集成稳压器有固定输出和可调输出两种不同的类型。三端固定式集成稳压器最常用的产品为 W7800 系列和 W7900 系列,两种系列均在 5～24V 范围内有 7 种不同的输出电压挡,但 7800 系列输出为正电压,而 7900 系列输出为负电压,最大输出电流均可达 1.5A。型号中最末两位数字表示它们输出电压数值,如 7805,表示输出为 5V。可调式三端稳压器输出连续可调的直流电压。常见产品有 CW317、CW337(国产),LM317、LM337(美国)。317 系列稳压器输出连续可调的正电压,337 系列稳压器输出连续可调的负电压,可调范围为 1.2～37V,最大输出电流均可达 1.5A。三端集成稳压器具有体积小、可靠性高、使用灵活、价格低廉等优点。图 6.6.8 所示是几个商品三端集成稳压器的封装。

图 6.6.8 几个商品三端集成稳压器的封装

图 6.6.9 为 CW7800 和 CW7900 两种系列稳压器的典型应用电路。其中,输入端电容 C_i 用以旁路高频干扰脉冲及改善纹波。输出端电容 C_o 起改善瞬态响应特性、减小高频输出阻抗的作用。一般在输出端无须接入大电解电容。

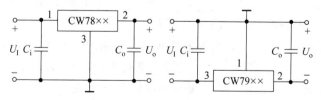

图 6.6.9 固定式三端稳压器材典型应用

在实际使用中可以用输出正电压的三端集成稳压器输出负电压,如图 6.6.10(a)所示,将原输出端接地,则原接地端的电位将下降,成为负电压输出端。同样的方法也可以使输出负电压的稳压器输出正电压,如图 6.6.10(b)所示。

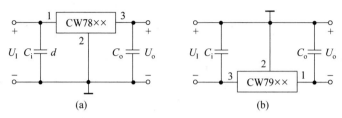

图 6.6.10　改变输出电压极性的电路

也可用固定三端稳压器构成连续可调的直流电源,具体如图 6.6.11 所示。流过 R_{RP} 的电流为 $\left(\dfrac{U_{XX}}{R}+I_d\right)$,整个稳压电源的输出电压 $U_o=U_{XX}+\left(\dfrac{U_{XX}}{R}+I_d\right)R_{RP}$（$U_{XX}$ 为三端稳压器输出电压）。调节 R_{RP},可调节输出电压。该电路应保证（一端）输入电压高于输出电压 $3\sim5V$。

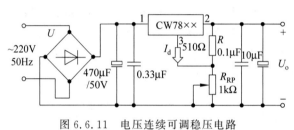

图 6.6.11　电压连续可调稳压电路

习题

6.1　填空题

1. 如果在一块微小的半导体基片上,将用三极管（或场效应管）组成的实现特定功能的电子电路制造出来,这样的电子电路称为_____。它是一个_____,按集成度可分为_____、_____、_____及超大规模等四种类型。

2. 集成运算放大器具有 _____、_____ 两个输入端。当 _____ 接地,_____接输入 u_i 时,输出 u_o 与输入 u_i 反相。

3. 将输出信号的_____以某种方式回送到电路的输入端,使输入量发生改变,这种现象称为_____。在具有_____的放大电路中,信号具有两条传输途径。一条是正向传输途径,称为_____;另一条是反向传输路径,称为_____。

4. 若反馈信号在输入端与输入信号相加,使净输入信号增加,称为_____,而产生集成运放两个输入端之间的电压_____的原因是运放电路中引入了_____。

5. 理想运放差模输入电阻_____,故同相输入端与反相输入端的电流_____,如同该两点被断开一样,这种现象称为_____。

6. 同相、反相、差动比例运算电路是利用集成运放构成放大器、各种运算电路的基础。它们均具有很低的_____。此外,同相比例运算电路还具有很高的_____,差动比例运算电路_____。

7. 具有让某一频带内的信号_____,而不需要的其他频率的信号_____特点的电路称为滤波器。用集成运放构成的滤波器具有和其内部包含的无源滤波器_____及和集成运放基本相同的负载特性。

8. 振荡电路无须外接_____,依靠_____建立振荡。当振荡电路与电源接通时,在电路中激起一个微小的扰动信号,这就是_____。由于初始上电的扰动信号是一个随机信号,包括各种频率成分,为得到稳定的正弦波,振荡电路应包括_____。

9. 按照反馈信号的取样对象,负反馈可分为_____和_____。当反馈信号取自输出电压时,称为_____,可稳定_____,而同相比例运算电路的反馈类型为_____。

10. 根据反馈信号在输入端的联接方式,负反馈又可分为_____和_____。如果在输入端反馈信号以电压形式叠加,称为串联反馈;而反相比例运算电路的反馈类型为_____。

6.2 分析计算题(基础部分)

1. F007 运放的正、负电源电压为 $\pm 15V$,开环电压放大倍数 $A_{uo} = 2 \times 10^5$,输出最大电压为 $\pm 13V$。在图 6.1.1(a)中分别加下列输入电压,求输出电压及其极性:

(1) $u_+ = +15\mu V$,$u_- = -10\mu V$;　(2) $u_+ = -5\mu V$,$u_- = +10\mu V$;
(3) $u_+ = 0$,$u_- = +5mV$;　　　　(4) $u_+ = 5mV$、$u_- = 0V$。

2. 图 6.1 所示电路中,设 $R_1 = 20k\Omega$、$R_f = 200k\Omega$,求输入、输出关系及 R_2 的值。若输入为 50mV,请求输出电压。

3. 图 6.2 所示电路中,设 $R_1 = 20k\Omega$、$R_f = 180k\Omega$,求输入、输出关系及 R_2 的值。若输入为 50mV,请求输出电压。

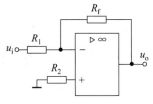
图 6.1　习题 6.2.2 的图

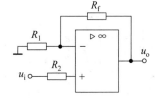
图 6.2　习题 6.2.3 的图

4. 求图 6.3 所示电路的输入、输出关系。

5. 图 6.4 所示电路中 $R_1 = R_2 = 10k\Omega$,$R_3 = R_f = 40k\Omega$,$u_{i1} = 1V$,$u_{i2} = 0.5V$,求 u_o。

6. 求图 6.5 所示电路的输入、输出关系。若图中 $R_1 = R_3 = 10k\Omega$,$R_2 = R_4 = 40k\Omega$,$u_i = 0.5V$,求 u_{o1}、u_{o2}、u_o。

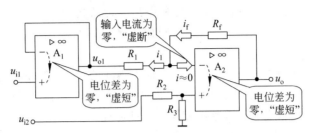

图 6.3　习题 6.2 4 的图

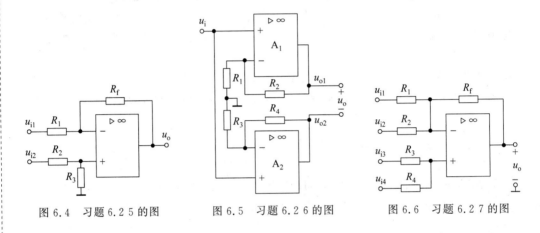

图 6.4　习题 6.2 5 的图　　　图 6.5　习题 6.2 6 的图　　　图 6.6　习题 6.2 7 的图

7. 图 6.6 所示电路中，$R_1 = R_2 = 2\text{k}\Omega$、$R_3 = R_4 = 4\text{k}\Omega$、$R_f = 1\text{k}\Omega$，求电路的输入、输出关系。

8. 图 6.7 所示电路中，$R_1 = R_2 = 2\text{k}\Omega$、$R_3 = R_{f1} = R_{f2} = 10\text{k}\Omega$，$R_4 = R_5 = R_6 = 5\text{k}\Omega$、求电路的输入、输出关系。

9. 求图 6.8 所示电路的输入、输出关系。

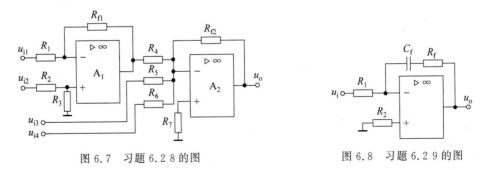

图 6.7　习题 6.2 8 的图　　　　　　　　图 6.8　习题 6.2 9 的图

10. 求图 6.9 所示电路的输入、输出关系。

11. 求图 6.10 所示电路的电压传输特性，图中 $R_1 = R_f$、双向稳压管的稳定电压为 5V。

12. 判断图 6.11 所示电路的级间反馈类型并写出输出电压 u_o 的表达式。

13. 判断图 6.12 所示电路的级间反馈类型并写出输出电流 i_o 的表达式。

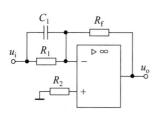

图 6.9 习题 6.2 10 的图

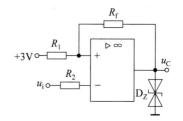

图 6.10 习题 6.2 11 的图

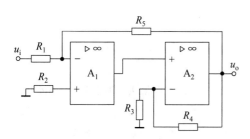

图 6.11 习题 6.2 12 的图

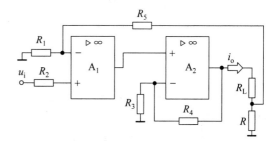

图 6.12 习题 6.2 13 的图

6.3 分析计算题(提高部分)

1. 有一运放开环放大倍数为 100dB,差模输入电阻为 3MΩ,最大输出电压 U_{opp} 为 ±13V,为了保证工作在线性区,求开环时 U_+、U_- 的最大允许差值及输入端电流的最大允许值。

2. 电路如图 6.13 所示,请分别计算开关断开、闭合两种情况下的电压放大倍数,图中,$R=1kΩ$、$R_f=10kΩ$。

3. 求图 6.14 所示电路的输出电压及反馈电阻的最佳值(图中,$R_1=R_2=R$)。

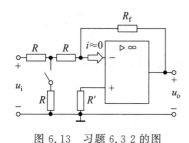

图 6.13 习题 6.3 2 的图

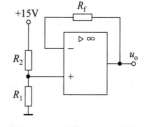

图 6.14 习题 6.3 3 的图

4. 如图 6.15 所示电路中,$R_f \gg R$,请求 u_R、u_o 及 i_o。另外,电路具有两个重要应用:

(1) 可作为恒流源电路使用。

（2）当想要获得高电压放大倍数时,可避免 R_f 过大。

请根据你的计算说明上述应用的理由。

5. 图 6.16 所示电路中,$R_1 = 2k\Omega$、$R_3 = R_5 = R_{f1} = R_{f2} = 10k\Omega$、$R_6 = 5k\Omega$、求电路的输入、输出关系。

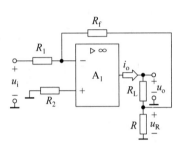

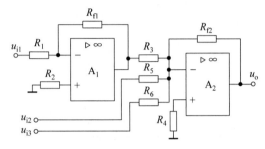

图 6.15 习题 6.3 4 的图   图 6.16 习题 6.3 5 的图

6. 图 6.17 所示电路中 $R_{f1} = 2k\Omega$、$R_{f2} = 1k\Omega$,$R_1 = 4k\Omega$、问将 R_1 调整到多少时电路可产生振荡。

7. 图 6.17 所示振荡电路中存在着正、负两种反馈,具体说明哪个支路为正反馈、哪个支路为负反馈并解释存在两种反馈的缘由。

8. 图 6.17 所示振荡电路中哪种反馈起主导作用。

9. 求图 6.18 所示电路的输入、输出关系。

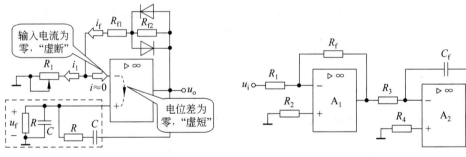

图 6.17 习题 6.3 6、7、8 的图   图 6.18 习题 6.3 9 的图

10. 图 6.19 所示电路可用于测量三极管的 β 值,已知 $R_1 = 6k\Omega$,$R_2 = R_f = 10k\Omega$、若电压表读数为 200mV,求晶体管的 β 值。

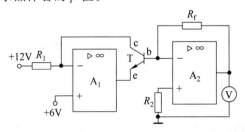

图 6.19 习题 6.3 10 的图

11. 分析如图 6.20 所示电路的频率特性。

12. 图 6.21 所示电路中输入信号为正弦波,分别画出 u_{o1}、u_o 的波形。设图中双向稳压管的稳定电压为5.7V。

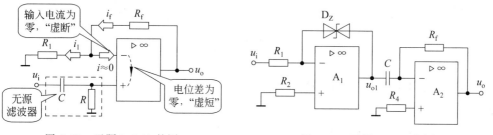

图 6.20 习题 6.3 11 的图   图 6.21 习题 6.3 12 的图

13. 图 6.22 所示电路为同相除法运算电路,写出输入、输出关系及电路正常工作时对输入电压极性及乘法器正、负的要求。

14. 在图 6.23 所示电路中,已知输出电压平均值 $U_o = 10V$,负载电流 $I_L = 50mA$。

（1）变压器副边电压有效值 $U_2 = ?$

（2）在选择二极管的参数时,其整流平均电流 I_F 和最大反向峰值电压 U_{DRM} 的下限值约为多少？

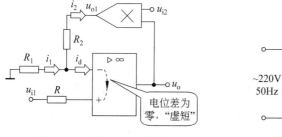

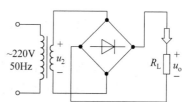

图 6.22 习题 6.3 13 的图   图 6.23 习题 6.3 14 的图

15. 在图 6.24 所示的两个电路中,设来自变压器次级的交流电压有效值 U_2 为10V,二极管都具有理想的特性。求:

（1）各电路的直流输出电压 U_o。

（2）若各电路的二极管 D_1 都开路,则各自的 U_o。

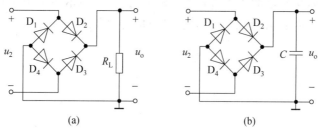

(a)   (b)

图 6.24 习题 6.3 15 的图

16. 图 6.25 所示为由三端集成稳压器 CW7806 构成的直流稳压电路,已知 $R_1 = 120\Omega$,$R_2 = 80\Omega$,$I_d = 10\text{mA}$,电路的输入电压 $U_I = 20\text{V}$,C_1、C_2 选择合理,求:

(1) 电路的输出电压 U_O。

(2) 若 R_2 改用 $0\sim100\Omega$ 的电位器,则 U_O 的可调范围。

17. 图 6.26 所示为两个三端集成稳压器组成的电路。

(1) 写出图 6.26 (a) 中 U_O 的表达式,说明其功能。

(2) 写出图 6.26 (b) 中 I_O 的表达式,说明其功能。

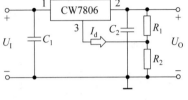

图 6.25 习题 6.3 16 的图

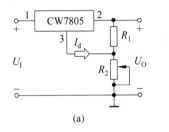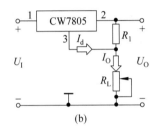

(a)   (b)

图 6.26 习题 6.3 17 的图

6.4 应用题

1. 电路如图 6.2.7 所示,$R_f = 2R$,正常工作时开关断开,为保证电路性能,应如何选择电阻 R'?

2. 有一个来自传感器的原始电压信号时正时负,信号的最大幅度不超过 0.1V,用户不关心其极性,设计一个放大电路将原始电压信号放大到 $0\sim5\text{V}$ 的信号。

3. 用集成运放实现下面的运算关系

$$u_o = 2u_{i1} - u_{i2} - 2u_{i3}$$

4. 设计一个模拟下面微分方程的电路,方程如下:

$$y' + 4y + 2x = 0$$

5. 利用运算放大器,可方便测量电压、电流、电阻等物理量,用一个运放、一个伏特表、若干电阻设计测量上述参数的电路并说明你的测量方法。

6. 有一个来自传感器的原始信号变化较慢,最大频率不超过 100Hz,为保证信号的真实性,应将各种干扰滤除,设计具有这样特点的滤波器。

第7章

门电路和组合逻辑电路

本章要点：

读者学习本章应理解逻辑代数的基本运算、掌握逻辑函数的表示、逻辑函数的标准表达式、卡诺图化简等基本理论；懂得逻辑运算最终是用电路实现的，理解 CMOS 等逻辑门电路的特点；能利用逻辑代数知识分析组合逻辑电路；理解常见中规模器件的逻辑功能及其应用特点；了解用硬件描述语言描述组合逻辑电路的一般方法。

仿真包

本章从逻辑代数的基本知识出发,介绍基本逻辑门电路的构成与特点;介绍采用门电路进行组合逻辑电路分析与设计的步骤及方法;最后介绍常用中规模组合逻辑器件的功能、应用及硬件描述语言。

7.1 逻辑运算与逻辑函数

自然界的绝大多数信号均为时间上和数量上均连续变化的信号,称为模拟信号,如声音、压力等;另外,自然界中,还有一些数据是不连续变化的,如人的个数;还有一些量只有两种值,如河南安阳发现的曹操墓是否为真的曹操墓,其值只有"是""不是"两种("不知道"是不知道其值是"是"还是"不是",不是一种值),把这种只有两种值的量称为逻辑量,理解逻辑量是掌握逻辑运算的基础。

7.1.1 逻辑问题与逻辑运算

基于逻辑量,人们构建了很多经典问题,用于锻炼测试人们的逻辑推理能力。如:

有3顶黑帽子,2顶白帽子,让三个人从前到后站成一排,每个人都看不见自己戴的帽子的颜色,能看见站在前面那些人的帽子颜色。测试者给他们每个人头上戴了一顶黑帽子,然后从后到前逐个问戴帽者所戴帽子的颜色,最后者和中间者均回答说"不知道",最前面的人很自信地回答"黑色"。

最前面的人的自信来自于最后1个人不知道他戴的帽子颜色,可确定前面两个人中至少有一人是黑帽子,中间的人不知道他戴的帽子颜色是因为最前面的人戴的不是白帽子。

1849年,英国数学家乔治·布尔(George Boole)总结提出逻辑代数,也称为布尔代数。逻辑代数中,变量及函数只能取逻辑"0"和逻辑"1"(念"幺",不念"壹")两种不同的逻辑状态,便于电路实现,如用高电平(有电流、开关闭合)表示1,低电平(无电流、开关断开)表示"0",这种表示方式称为正逻辑,反之,称为负逻辑。在本书中,不加说明均指正逻辑。

众所周知,"加""减""乘""除"是初等数学的基本运算,其他运算均是这四种基本运算组合而成。逻辑代数是分析与设计数字电路的数学工具,也有其基本运算。

在上面的黑白帽子逻辑问题中,最前面的人能很自信地回答"黑色"的原因主要基于以下几种逻辑联系:

(1)帽子颜色只有黑白2种,若不是黑帽子,必是白帽子;

(2)白帽子只有2顶,3人中必有黑帽子;

(3)最后者和中间者均回答说"不知道"。

基于第1种逻辑联系,可抽象出"非"逻辑运算,基于第2、3种逻辑联系,可概括总结出"与""或"2种基本逻辑运算,将在后面的内容中介绍3种基本逻辑运算的含义,在此仅指出,逻辑表达式由且只能由"与""或""非"3种基本逻辑运算组成。

当然,逻辑代数也能实现加、减、乘、除等数学运算问题,只是这些运算由且只能由"与""或""非"3 种基本逻辑运算组成,换句话说,数学运算通过逻辑运算来实现。

当然,逻辑运算是通过电路来实现的,把实现基本逻辑运算及其导出逻辑运算功能的电路统称为门电路。

利用逻辑代数,可解决现实世界中的信号处理及其运算问题,前提条件是这些信号是用"0"和"1"表示的序列,是时间上和数值上都不连续变化的物理量,是数字信号。

数字信号只有"0"和"1"两个符号,数值上不连续显而易见。另外,数字信号时间上也是不连续的,在固定的时间间隔内,数字信号只能有一个值,一般用同步时间脉冲来体现固定的时间间隔。如主频为 1.6GHz 的智能手机,其运算极限是每秒处理 1.6G 个"0"或"1"的符号。

把工作在数字信号下的电路称为数字电路,把利用数字电路解决现实世界中问题的技术称为数字电子技术。

7.1.2 计数制及其转换

表示一个数习惯上采用位置记数法,包括数码、基数、位权三个要素。数码为构成该计数进制的具体数码,基数为允许出现数码的最大个数,位权为基数的位置次方。基于这 3 个要素,可总结几种常见进制如下。

1. 十进制

包括 0、1、2、3、4、5、6、7、8、9 十个数码,基数为 10,按照"逢十进一"进行计数的计数方法,称为十进制。

在十进制数中,它的计数规律是"逢十进一",而 9+1=10,这右边的"0"为个位数,左边的"1"为十位数,也就是 $10=1\times10^1+0\times10^0$。这样一来,每个数码处于不同的位置时(数位),它代表的数值是不同的。例如,数 224.36 可以写成

$$224.36=2\times10^2+2\times10^1+4\times10^0+3\times10^{-1}+6\times10^{-2}$$

从电路的角度来看,采用十进制是不方便的。因为构成电路的基本想法是把电路的状态跟数码对应起来,而十进制的十个数码,必须由十个不同的而且能严格区分的电路状态与之对应,这将在技术上带来许多困难,而且很不经济。所以,在数字电路中不直接采用十进制。

2. 二进制数

前面提到,数学运算通过逻辑运算来实现,要用逻辑运算来实现数学运算首先应将数学运算表示成"0"和"1"的序列,把利用 0、1 两个数码构成数据,按照"逢二进一"进行计数的计数方法,称为二进制。

在二进制数中,有 0、1 两个数码,基数为 2,计数规律是"逢二进一",即 1+1=10。右边的"0"为 2^0 位数,左边的"1"为 2^1 位数,也就是 $10=1\times2^1+0\times2^0$。因此,每个数码处

于不同的位置时(数位),它代表的数值是不同的。

例如,数 11010.01 可以写成 $11010.01 = 1 \times 2^4 + 1 \times 2^3 + 0 \times 2^2 + 1 \times 2^1 + 0 \times 2^0 + 0 \times 2^{-1} + 1 \times 2^{-2}$。

从电路实现的角度,二进制具有许多优点,因此在数字电子技术中广泛采用二进制。二进制只有两个数码"0"和"1",它的每一位数都可以用任何具有两个不同的稳定状态的元件来表示,所以电路简单,可靠,所用元件少;二进制的基本运算规则简单,运算操作简便,便于电路实现。

3. 十六进制和八进制

包括 0、1、2、3、4、5、6、7、8、9、A(对应十进制数中的 10)、B(11)、C(12)、D(13)、E(14)、F(15)十六个数码,基数为 16,按照"逢十六进一"进行计数的计数方法,称为十六进制。

按照"逢十六进一"进行计数的数,称为十六进制数,是以 16 为基数的计数体制。同样,数 $(63.A)_{16}$ 可以写成

$$(63.A)_{16} = 6 \times 16^1 + 3 \times 16^0 + A \times 16^{-1}$$

包括 0、1、2、3、4、5、6、7 八个数码,基数为 8,按照"逢八进一"进行计数的计数方法,称为八进制。

按照"逢八进一"进行计数的数,称为八进制数,是以 8 为基数的计数体制。同样,数 $(37.5)_8$ 可以写成

$$(37.5)_8 = 3 \times 8^1 + 7 \times 8^0 + 5 \times 8^{-1}$$

尽管二进制数用电路实现简单,但人们不习惯,人们只习惯于十进制数,下面介绍各种数制间的转换。

4. "二-十"转换

将二进制数转换为等值的十进制数称为"二-十"转换。可按二次幂相加法进行转换。例如

$$(1011.01)_2 = 1 \times 2^3 + 0 \times 2^2 + 1 \times 2^1 + 1 \times 2^0 + 0 \times 2^{-1} + 1 \times 2^{-2} = (11.25)_{10}$$

5. "十-二"转换

将十进制数转换为等值的二进制数称为"十-二"转换,可通过一个例题来理解。

【例 7.1.1】 将十进制数 25.375 转换为二进制数。

解:

将带小数的非二进制数转换为二进制数,应将整数、小数部分单独转换。

① 对整数部分用辗转除 2 取余法。

$$0 \xleftarrow{\div 2} 1 \xleftarrow{\div 2} 3 \xleftarrow{\div 2} 6 \xleftarrow{\div 2} 12 \xleftarrow{\div 2} 25$$

| 高位 | 1 | 1 | 0 | 0 | 1 | 低位 |

所以

$$(25)_{10}=(11001)_2$$

② 对小数部分用辗转乘 2 取整法。

$$0.375 \xrightarrow{\times2} 0.75 \xrightarrow{\times2} 0.5 \xrightarrow{\times2} 0$$

负的低位   0   1   1   负的高位

所以

$$(0.375)_{10}=(0.011)_2$$

有 $\qquad\qquad (25.375)_{10}=(11001.011)_2$

6. "二-八(或十六)"转换

将二进制数转换为八进制数(或十六进制数)称为"二-八(或十六)"转换,可通过一个例题来理解。

【例 7.1.2】 将 $(10011100101101001000.1001)_2$ 转换为八进制数和十六进制。

解:

(1) 转换为八进制数

将二进制数转换为八进制数方法如下:从小数点开始,整数部分向左、小数部分向右每 3 位二进制数分为一组,对应于 1 位八进制数。即

010	011	100	101	101	001	000	.	100	100
2	3	4	5	5	1	0	.	4	4

所以,$(10011100101101001000.1001)_2=(2345510.44)_8$

(2) 转换为十六进制数

将二进制数转换为十六进制数方法如下:从小数点开始,整数部分向左、小数部分向右每 4 位二进制数分为一组,对应于 1 位十六进制数。即

1001	1100	1011	0100	1000	.	1001
9	C	B	4	8	.	9

所以,$(10011100101101001000.1001)_2=(9CB48.9)_{16}$

7. 二-十进制码(又称 BCD 码)

在数字电子技术中,用于数值计算的数据采用二进制表示。在许多场合下,除了数值计算以外,常常需要进行文字、符号等信息的处理,把用二进制序列表示文字、符号等信息的编码方法称为码制。

显然,码制与数制是两个不同的概念,同样的二进制序列,如果是码制,则是一些约定的符号,如果是用于计算的数据,则可用具体的十进制数表示。

使用二进制数码进行编码的方式很多,限于篇幅,本书仅介绍 BCD 码。

用二进制数码表示1位十进制数的0～9的10个状态的编码称为BCD码(二-十进制码)。显然,要表示0～9的10个十进制数码需要用4位二进制码才能进行表示。其编码方法很多。最常见的几种编码如表7.1.1所示。

表 7.1.1　几种常见的 BCD 码

数码	编码		
	8421 码	2421 码	余 3 码
0	0 0 0 0	0 0 0 0	0 0 1 1
1	0 0 0 1	0 0 0 1	0 1 0 0
2	0 0 1 0	0 0 1 0	0 1 0 1
3	0 0 1 1	0 0 1 1	0 1 1 0
4	0 1 0 0	0 1 0 0	0 1 1 1
5	0 1 0 1	1 0 1 1	1 0 0 0
6	0 1 1 0	1 1 0 0	1 0 0 1
7	0 1 1 1	1 1 0 1	1 0 1 0
8	1 0 0 0	1 1 1 0	1 0 1 1
9	1 0 0 1	1 1 1 1	1 1 0 0
权	8 4 2 1	2 4 2 1	

在上述编码中,最常用的一种编码为8421BCD码。8421码属于有权码,即每一位都有固定的权值。从左到右,每一位的1分别表示8、4、2、1,将每一位的1代表的十进制数加起来,得到的结果就是它所代表的十进制数码。所以这种代码称为8421码。

余3码的编码规则与8421码不同,如果把一个余3码看作4位二进制数,则它的数值要比它所表示的十进制数码多3,故将这种代码称为余3码。余3码属于无权码,即每一位无固定权值。

7.1.3　基本逻辑运算

逻辑运算由基本逻辑运算及其组合构成,理解基本逻辑运算是学习数字电子技术的基础。

逻辑代数的基本运算有与、或、非三种,实例如图7.1.1所示。

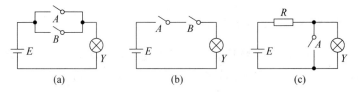

图 7.1.1　基本逻辑运算关系举例

基本逻辑运算可用文字定义、电路、逻辑符号、表达式、真值表等多种方式来描述。其中,真值表是将逻辑电路中所有输入逻辑量的取值组合及其相应的输出值组成的表格。

1. 与运算(逻辑乘)

文字定义如下：

只有当决定事件发生的所有条件都成立时,这件事件才会发生,这种因果关系,称为与运算,又可称为逻辑乘。

与运算用"·"号表示,代数式如下：

$$Y = A \cdot B \tag{7.1.1}$$

式中,在不会导致混淆的前提下,"·"号也可以不写出。

图 7.1.1(b)所示的电路中,由开关 A 和 B 串接所组成的电路就是一个能实现与运算的电路。

定义两个逻辑输入变量开关 A、B,输出变量电灯 Y,采用正逻辑,开关闭合、灯亮为 1,反之为 0,可得到如表 7.1.2 所示的与运算的真值表。

由表 7.1.2 可以看出,与运算实现了 1 个二进制位的乘法运算。可总结与运算逻辑功能为：0 与任何数为 0。

表 7.1.2 与运算真值表

A	B	Y
0	0	0
0	1	0
1	0	0
1	1	1

当然,与运算并不是虚构的运算,现实生活中存在着广泛的应用实例。如学生宿舍开全体会议,所有同学必须到场,具有与逻辑的功能。

2. 或运算(逻辑加)

文字定义如下：

当决定事件发生的所有条件中任一个(或几个)条件成立时,这件事件就会发生,这种因果关系称为或运算,又可称为逻辑加。如联合国安理会提案表决结果与常任理事国否决票之间的关系就是或运算关系,五个常任理事国中的 1 个投了否决票,提案被否决。

或运算用"+"号表示,代数式如下：

$$Y = A + B \tag{7.1.2}$$

图 7.1.1(a)所示的电路中,由开关 A 和 B 并联联接所组成的电路就是一个能实现或运算的电路,真值表如表 7.1.3 所示。

表 7.1.3 或运算真值表

A	B	Y
0	0	0
0	1	1
1	0	1
1	1	1

由表 7.1.3 所示的真值表可以看出,或运算没有实现数学上的 1 个二进制位的加法运算,不是数学加,只是逻辑加。

可总结或运算逻辑功能如下:

1 或任何数为 1。

3. 非运算

当决定事件发生的条件成立时,这件事件肯定不会发生。这种因果关系称为非运算。

非运算用"￣"号表示,代数式如下:

$$Y = \overline{A} \qquad\qquad (7.1.3)$$

图 7.1.1(c)所示的电路中,当开关 A 闭合时,灯亮这件事件就不会发生;反之,当开关 A 断开时,灯就会亮,是一个能实现非运算的电路,真值表如表 7.1.4 所示。

表 7.1.4　非运算真值表

A	Y
0	1
1	0

显然,基本逻辑运算中"基本"的含义是构成逻辑运算的基础,也就是说,逻辑运算由且只能由 3 种基本逻辑运算及其组合构成。

如有如下 4 个表达式:

$$1 - 1 = 0 \qquad\qquad (1)$$
$$1 + 1 = 1 \qquad\qquad (2)$$
$$1 + 1 = 2 \qquad\qquad (3)$$
$$1 - 0 = 1 \qquad\qquad (4)$$

从数学运算角度,式(1)、(3)、(4)均正确。读者不要忘记,逻辑运算由且只能由 3 种基本逻辑运算及其组合构成,因此,式(1)、(4)中的减法运算根本不存在,式(3)不符合或逻辑的定义,所以,只有式(2)是正确的。

7.1.4　导出逻辑运算

在逻辑代数中,除了或、与、非三种基本逻辑运算外,其他的逻辑运算均称为导出逻辑运算。导出逻辑运算又称为复合逻辑运算。基本逻辑运算及导出逻辑运算的表达式及符号如表 7.1.5 所示。

表 7.1.5　常见运算的逻辑符号

逻辑运算	表达式	国标符号	其他符号
或运算	$Y = A + B$	A ─ ≥ 1 ─ Y，B ─	A ─ $+$ ─ Y，B ─　　A,B ─▷─ Y

逻辑运算	表达式	国标符号	其他符号
与运算	$Y = A \cdot B$	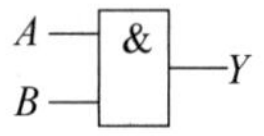	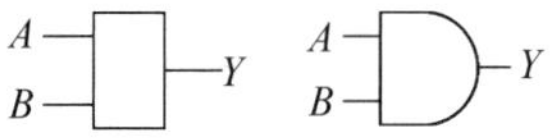
非运算	$Y = \overline{A}$	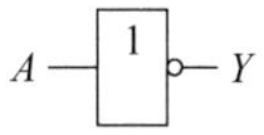	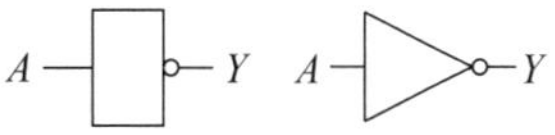
与非运算	$Y = \overline{AB}$	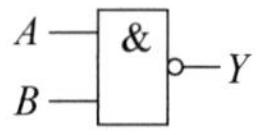	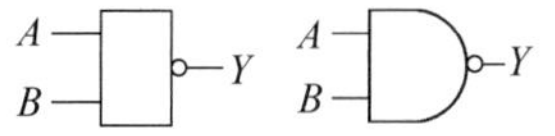
或非运算	$Y = \overline{A+B}$	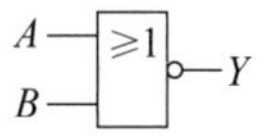	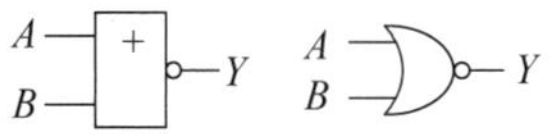
异或运算	$Y = A \oplus B$	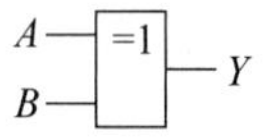	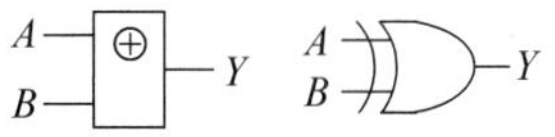
同或运算	$Y = A \odot B$	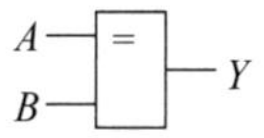	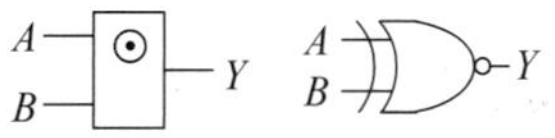
与或非运算	$Y = \overline{AB+CD}$	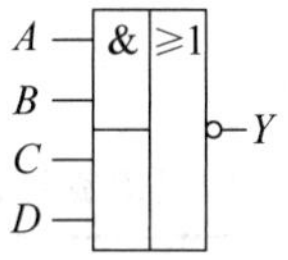	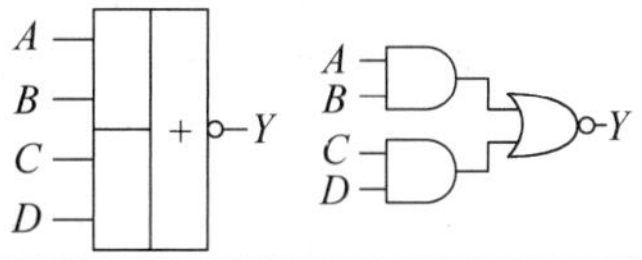

常用的导出逻辑运算有：

1. 与非运算

与运算和非运算的组合称为与非逻辑运算,简称与非运算。它的表达式为

$$Y = \overline{AB} \tag{7.1.4}$$

根据表达式可以写出如表 7.1.6 所示的真值表。实现与非逻辑的电路称为与非门电路。

表 7.1.6 与非运算真值表

A	B	Y
0	0	1
0	1	1
1	0	1
1	1	0

2. 或非运算

或运算和非运算的组合称为或非逻辑运算,简称或非运算。它的表达式为

$$Y = \overline{A + B} \qquad (7.1.5)$$

根据表达式可以写出如表 7.1.7 所示的真值表。实现或非逻辑的电路称为或非门电路。

表 7.1.7　或非运算真值表

A	B	Y
0	0	1
0	1	0
1	0	0
1	1	0

3. 异或逻辑运算(简称异逻辑)

异或逻辑运算是只有两个输入变量的函数。只有当两个输入变量 A、B 的取值不相同时,输出才为 1,否则为 0。这种逻辑关系称为异或逻辑运算,简称异或运算(异逻辑)。它的表达式为

$$Y = A\overline{B} + \overline{A}B = A \oplus B \qquad (7.1.6)$$

式中,符号 $\oplus$ 为缩写符号。其真值表如表 7.1.8 所示。

由表 7.1.8 所示的真值表可以看出,异或运算不愧为"不一样的或",实现了数学上一个二进制位的加法运算,是"真正的加"。

表 7.1.8　异或运算真值表

A	B	Y
0	0	0
0	1	1
1	0	1
1	1	0

4. 同或逻辑运算(简称同逻辑)

同或逻辑运算是只有两个输入变量的函数。只有当两个输入变量 A、B 的取值相同时,输出才为 1,否则为 0。这种逻辑关系称为同或逻辑运算,简称同或运算(同逻辑)。它的表达式为

$$Y = AB + \overline{A}\,\overline{B} = A \odot B \qquad (7.1.7)$$

式中,符号 $\odot$ 为缩写符号。同逻辑的真值表如表 7.1.9 所示。

表 7.1.9　同或运算真值表

A	B	Y
0	0	1
0	1	0
1	0	0
1	1	1

5. 与或非运算

或运算、与运算和非运算的组合称为与或非运算。它的表达式为

$$Y = \overline{AB + CD} \tag{7.1.8}$$

请读者根据表达式总结其真值表。

7.1.5 逻辑代数的公理、公式

1. 公理

不需要加以证明,大家都公认的规律称为公理。布尔代数中的公理有

(1) $1+1=1+0=0+1=1$ (1 或任何数为 1)　　(2) $0+0=0$

(3) $0 \cdot 0=0 \cdot 1=1 \cdot 0=0$ (0 与任何数为 0)　　(4) $1 \cdot 1=1$

(5) $\overline{0}=1$　(6) $\overline{1}=0$　　(7) 若 $A \neq 1$,则 $A=0$　　(8) 若 $A \neq 0$,则 $A=1$

从或运算、与运算、非运算的定义中,很容易理解这些公理。

2. 基本公式

为方便读者,表 7.1.10 给出了逻辑代数的基本公式,这些公式也称为布尔恒等式。

表 7.1.10　逻辑代数的基本公式

序号	公　式	序号	公　式
(1)	$1+A=1$	(9)	$0 \cdot A=0$　$1 \cdot A=A$
(2)	$0+A=A$	(10)	$\overline{\overline{A}}=A$(还原律)
(3)	$A+B=B+A$ (交换律)	(11)	$A \cdot B=B \cdot A$(交换律)
(4)	$(A+B)+C=A+(B+C)$(结合律)	(12)	$(A \cdot B) \cdot C=A \cdot (B \cdot C)$(结合律)
(5)	$A \cdot \overline{A}=0$(互补律)	(13)	$A+\overline{A}=1$(互补律)
(6)	$A+A=A$ (重叠律)	(14)	$A \cdot A=A$(重叠律)
(17)	$A+B \cdot C=(A+B)(A+C)$(分配律)	(15)	$A(B+C)=AB+AC$(分配律)
(8)	$\overline{AB}=\overline{A}+\overline{B}$(反演律)	(16)	$\overline{A+B}=\overline{AB}$(反演律)

在表 7.1.10 中,式(1)、(2)、(9)为变量与常量的运算规则。式(5)、(13)为变量与其反变量的运算规则,也叫互补律。式(6)、(14)为同一变量的运算规则,也叫重叠律。式(3)、(11)为交换律;式(7)、(15)为分配律;式(4)、(12)为结合律。式(10)为还原律。式(8)、(16)是著名的德·摩根定理,也叫反演律。

上述公式的正确性可通过列真值表的方法证明。真值表是逻辑函数逻辑功能的完整描述,也是唯一描述,因此,如果等式成立,等式左右两边表示的逻辑函数逻辑功能相同,其对应的真值表也必然相同。

【例 7.1.3】 证明等式 $A+B \cdot C=(A+B)(A+C)$ 成立。

解:

将 A、B、C 所有可能的取值组合逐一代入等式的两边,算出相应的结果,可得到表 7.1.11 所示的真值表。等式两边对应的真值表相同,所以等式成立。

表 7.1.11 $A+B \cdot C$、$(A+B)(A+C)$ 的真值表

A	B	C	BC	$A+BC$	$A+B$	$A+C$	$(A+B)(A+C)$
0	0	0	0	0	0	0	0
0	0	1	0	0	0	1	0
0	1	0	0	0	1	0	0
0	1	1	1	1	1	1	1
1	0	0	0	1	1	1	1
1	0	1	0	1	1	1	1
1	1	0	0	1	1	1	1
1	1	1	1	1	1	1	1

3. 其他若干常用公式

表 7.1.12 列出了几个常用公式。这些公式可利用基本公式导出,直接利用这些导出公式可给化简逻辑函数带来很大的方便。

表 7.1.12   若干常用公式

序号	公　式
(17)	$A+AB=A$
(18)	$A+\overline{A}B=A+B$
(19)	$A(A+B)=A$
(20)	$AB+\overline{A}C=AB+\overline{A}C+BC$
(21)	$(A+B)(\overline{A}+C)=(A+B)(\overline{A}+C)(B+C)$

限于篇幅,在此仅对式(20)(添加项定理)予以证明,其他请读者自己证明。式(20)证明如下:

$$AB+\overline{A}C+BC=AB+\overline{A}C+(A+\overline{A})BC$$
$$=AB+\overline{A}C+ABC+\overline{A}BC$$
$$=AB(1+C)+\overline{A}C(1+B)=AB+\overline{A}C$$

7.1.6 　逻辑抽象与逻辑函数的最小项表达式

现实世界的许多问题可用逻辑代数的方法解决,把由现实世界的问题求出其相应逻辑代数的过程称为逻辑抽象。

【例 7.1.4】 求出 2 个 1 位二进制数加法的真值表。

解：

（1）定义输入及输出

用 A、B 表示 2 个 1 位的二进制数，用 S、C 分别表示和及进位。

（2）求出真值表

2 个 1 位二进制数加法的真值表如表 7.1.13 所示。

表 7.1.13　例 7.1.4 的真值表

A	B	S	C
0	0	0	0
0	1	1	0
1	0	1	0
1	1	0	1

【例 7.1.5】 建立 7.1.1 节描述的黑白帽子逻辑问题的真值表。

（1）定义输入及输出

用 A、B、C 分别代表排最后、中间、最前 3 个人，戴黑帽子为 1，戴白帽子为 0；用 Y 代表 C 能确定回答其帽子颜色，1 为能确定，0 为不能确定。

（2）求出真值表

真值表如表 7.1.14 所示，第 2 行中×的含义将在后面解释。由表 7.1.14 可看出，在先问 A、再问 B，在 A、B 均如实回答问题的前提下，C 一定能确定其帽子颜色。如第 4 行，A 如实回答"不知道"（B、C 不是 2 个白帽子），B 确定回答"黑帽子"，C 可确定其帽子颜色为白色。

表 7.1.14　例 7.1.5 的真值表

A	B	C	Y
0	0	0	×
0	0	1	1
0	1	0	1
0	1	1	1
1	0	0	1
1	0	1	1
1	1	0	1
1	1	1	1

逻辑函数可以用真值表表示，而且用真值表表示是唯一的。另外，逻辑函数也可以用代数表达式来表示。但是用代数式表示逻辑函数时，不是唯一的。例如函数

$$Y_1 = A(B+C) \quad 及 \quad Y_2 = AB + AC$$

为同一函数。因为

$$A(B+C) = AB + AC$$

这样，对于在实际应用中两个不同的逻辑表达式，常常难以知道是否是同一逻辑函

数,做比较就更难了。为了解决这个问题,人们提出了逻辑函数的标准形式。

为了直观起见,举一个实际例子进行讨论。

【例7.1.6】 写出三人表决逻辑函数的标准形式。

解:

所谓三人表决逻辑,是 A、B、C 三个人对一提案进行表决,赞成用"1"表示,反对用"0"表示。若有二个或者二个以上的人赞成,该提案被通过,用"1"表示;否则,该提案被否决,用"0"表示。根据此表决功能很容易写出如表7.1.15所示的真值表。下面讨论如何写出该函数的标准与或式。

先介绍逻辑函数最小项的概念。所谓逻辑函数的最小项,就是将函数的所有变量组成一与项,与项中函数的所有变量以原变量或反变量的形式仅出现一次,这种与项称为函数的最小项。例如,三变量函数有 $2^3=8$ 个最小项,分别是 $\overline{A}\,\overline{B}\,\overline{C}$、$\overline{A}\,\overline{B}C$、$\overline{A}B\overline{C}$、$\overline{A}BC$、$A\overline{B}\,\overline{C}$、$A\overline{B}C$、$AB\overline{C}$、$ABC$。最小项可以用符号 m_i 表示。即上述八个最小项分别可用 m_0、m_1、m_2、m_3、m_4、m_5、m_6、m_7 表示,具体如表7.1.15所示。

表 7.1.15 三人表决逻辑函数真值表

A	B	C	Y	最小项 m_i
0	0	0	0	$\overline{A}\,\overline{B}\,\overline{C}\,m_0$
0	0	1	0	$\overline{A}\,\overline{B}C\,m_1$
0	1	0	0	$\overline{A}B\overline{C}\,m_2$
0	1	1	1	$\overline{A}BC\,m_3$
1	0	0	0	$A\overline{B}\,\overline{C}\,m_4$
1	0	1	1	$A\overline{B}C\,m_5$
1	1	0	1	$AB\overline{C}\,m_6$
1	1	1	1	$ABC\,m_7$

现在根据表7.1.15,写出三人表决逻辑函数的标准与或式。即在表中,找出 $Y=1$ 的行,写出相应的最小项,然后取最小项之和,就得到表决函数 Y 的标准与或式(也称为最小项表达式)。即

$$Y=\overline{A}BC+A\overline{B}C+AB\overline{C}+ABC$$

可用缩写式表示为

$$Y(A,B,C)=\Sigma m(3,5,6,7) \tag{7.1.9}$$

根据上面的方法,可写出例7.1.6的函数表达式如下:

$$S(A,B)=\Sigma m(1,2)=\overline{A}B+A\overline{B} \quad C(A,B)=AB$$

当然,当逻辑函数是以表达式的形式给出时,也可通过表达式变换获得逻辑函数的最小项表达式。如逻辑函数 $Y(A,B,C)=AB+AC$,其最小项表达式

$$Y(A,B,C)=AB+AC=AB(C+\overline{C})+A(B+\overline{B})C$$
$$=ABC+AB\overline{C}+ABC+A\overline{B}C=ABC+AB\overline{C}+A\overline{B}C$$
$$=\Sigma m(5,6,7)$$

7.1.7 逻辑函数的化简

在数字电路的设计中,将逻辑函数化简尤为重要。因为逻辑函数越简单,所设计的电路就越简单。电路越简单,成本越低,稳定性也高。

例如,在例 7.1.6 中,三人表决逻辑函数 Y 为

$$Y = \bar{A}BC + A\bar{B}C + AB\bar{C} + ABC$$

若用电路实现,则可画出如图 7.1.2 所示的电路。从图中看出需要用 8 个门电路才能实现。应用前面的公式,将逻辑函数 Y[式(7.1.9)]化简,有

$$Y = \bar{A}BC + A\bar{B}C + AB\bar{C} + ABC = \bar{A}BC + A\bar{B}C + AB\bar{C}$$
$$+ ABC + ABC + ABC$$

$$= BC(\bar{A} + A) + AC(\bar{B} + B) + AB(\bar{C} + C) = BC + AC + AB$$

根据上式可画出电路如图 7.1.3 所示。可以看出,只需要 4 个门就可以实现。

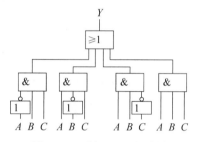

图 7.1.2　例 7.1.6 电路图

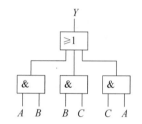

图 7.1.3　例 7.1.6 的最简图

从上面的例子可见化简尤为重要,那么什么是最简呢?

最简与或式的标准是:与或式中,与项的数目最少,每一与项中的变量数最少。

逻辑函数的化简方法主要有公式法化简、图形法化简和列表法化简。本书重点讨论图形法化简,其次讨论公式法化简。对于列表法化简,读者可以参阅有关参考书籍。

1. 公式法化简逻辑函数

所谓公式法化简,就是应用前面介绍的基本定理消去逻辑函数表达式中多余的乘积项和多余的因子,以求得逻辑函数的最简与或式或者逻辑函数的最简或与式。

【例 7.1.7】　化简逻辑函数 $Y = AC + A\bar{B} + \overline{B + C}$。

解:

先用反演律将表达式化为基本运算的组合,之后,利用式(20)添加项定理消去添加项,具体如下:

$$Y = AC + A\bar{B} + \overline{B + C} = AC + A\bar{B} + \bar{B}\bar{C} = AC + \bar{B}\bar{C}$$

【例 7.1.8】　化简逻辑函数 $Y = AC\bar{D} + BC + \bar{B}D + A\bar{B} + \bar{A}C + \bar{B}C$。

解:

由式(20)添加项定理,可得出 $BC + A\bar{B} = BC + A\bar{B} + AC$、$\bar{A}C + \bar{B}C = \bar{A}C + \bar{B}C +$

$\overline{AB}$,可添加 AC、$\overline{A}B$ 两项用于化简,有

$$Y = A\overline{C}\overline{D} + BC + A\overline{B} + AC + \overline{B}D + \overline{A}C + \overline{B}\overline{C} + \overline{A}B$$
$$= A\overline{C}\overline{D} + BC + (A + \overline{A})\overline{B} + (A + \overline{A})C + \overline{B}D + \overline{B}\overline{C}$$
$$= A\overline{C}\overline{D} + BC + \overline{B} + C + \overline{B}D + \overline{B}\overline{C}$$
$$= A\overline{C}\overline{D} + C(B + 1) + \overline{B}(1 + D + \overline{C}) = A\overline{C}\overline{D} + C + \overline{B}$$

由式(18)$A + \overline{A}B = A + B$,得 $A\overline{C}\overline{D} + C = A\overline{D} + C$,所以

$$Y = A\overline{D} + C + \overline{B}$$

在上面的例题中,例 7.1.7 直接利用添加项定理消去了多余的与项,但在例 7.1.8 中,却利用添加项定理添加了多余的与项。可见,利用公式法化简逻辑函数没有固定的步骤或者方法,要求技巧性比较高。

2. 图形法(卡诺图法)化简逻辑函数

用图形法化简逻辑函数比用公式法化简逻辑函数直观、简单、几乎不需要技巧。图形法又称为卡诺图法。

先介绍最小项的逻辑相邻性的概念。

若两个最小项仅有一个变量是不同的,称它们具有逻辑相邻性。如 3 变量逻辑函数的 2 个最小项 $A\overline{B}C$、ABC,只有 B 变量不同,具有逻辑相邻性。

理解了最小项的逻辑相邻性之后,下面介绍卡诺图的含义。

1) 卡诺图

所谓逻辑函数的卡诺图,就是将逻辑函数的所有最小项用相应的小方格表示,并将此 2^n 个小方格排列起来,使它们在几何位置上具有相邻性,在逻辑上也是相邻的;反之,若逻辑相邻,几何也相邻。这种图形称为卡诺图,因为这种图形是由美国工程师卡诺(Karnaugh)首先提出的。

二变量函数有 $2^2 = 4$ 个最小项,其卡诺图如图 7.1.4 所示。图中小方格中的数字为该小方格相应的最小项 m_i 的下标序号。

三变量函数有 $2^3 = 8$ 个最小项,其卡诺图如图 7.1.5 所示。四变量函数有 $2^4 = 16$ 个最小项,其卡诺图如图 7.1.6 所示。五变量以上函数的卡诺图较为复杂,故五变量以上函数的化简先用公式法化简,待化简到四变量以下时,再用卡诺图化简。

A＼B	0	1
0	0	**1**
1	2	3

B＼A	0	1
0	0	2
1	**1**	3

图 7.1.4 二变量卡诺图

A＼BC	00	01	11	10
0	0	1	3	2
1	4	5	7	6

C＼AB	00	01	11	10
0	0	2	6	4
1	1	3	7	5

图 7.1.5 三变量卡诺图

2）将逻辑函数填入卡诺图

若已知的逻辑函数 Y 是用真值表的形式给出的,则将真值表中最小项的值"0"或者"1"对号填入卡诺图中。例如,已知的逻辑函数 Y 的真值表如表 7.1.16 所示。则所对应的卡诺图如图 7.1.7(a)所示(图中小方格中的小数字为该小方格相应的最小项 m_i 的下标序号,下同)。为了好看起见,填"0"的小方格中的"0"可以不填。即在卡诺图中,未填"1"的小方格就意味着填的是"0",如图 7.1.7(b)所示。

CD\AB	00	01	11	10
00	0	1	3	2
01	**4**	**5**	**7**	6
11	**12**	**13**	**15**	14
10	8	9	11	10

AB\CD	00	01	11	10
00	0	4	12	8
01	**1**	**5**	**13**	9
11	**3**	**7**	**15**	11
10	2	6	14	10

图 7.1.6 四变量卡诺图

A\BC	00	01	11	10
0	0 $_0$	1 $_1$	1 $_3$	1 $_2$
1	1 $_4$	1 $_5$	0 $_7$	1 $_6$

(a)

A\BC	00	01	11	10
0	$_0$	1 $_1$	1 $_3$	1 $_2$
1	1 $_4$	1 $_5$	$_7$	1 $_6$

(b)

图 7.1.7 表 7.1.16 对应的卡诺图

表 7.1.16 真值表实例

A	B	C	Y
0	0	0	0
0	0	1	1
0	1	0	1
0	1	1	1
1	0	0	1
1	0	1	1
1	1	0	1
1	1	1	0

如果逻辑函数是以标准与或式给出,则将标准与或式中的最小项号码对号填入卡诺

图中即可。

【例 7.1.9】 将函数 $Y(A,B,C,D)=\Sigma m(0,1,2,3,4,5,6,10,11,12,13)$ 填入卡诺图。

解：

本例中逻辑函数 Y 是以标准与或式给出，将式中最小项的脚标对应的卡诺图位置填入“1”，如图 7.1.8 所示。

AB \ CD	00	01	11	10
00	1 $_{0}$	1 $_{1}$	1 $_{3}$	1 $_{2}$
01	1 $_{4}$	1 $_{5}$	$_{7}$	1 $_{6}$
11	1 $_{12}$	1 $_{13}$	$_{15}$	$_{14}$
10	$_{8}$	$_{9}$	1 $_{11}$	1 $_{10}$

图 7.1.8　例 7.1.9 的图

【例 7.1.10】 将函数 $Y=\bar{B}CD+B\bar{C}+\bar{A}\bar{C}D+A\bar{B}C$ 填入卡诺图。

解 1：

逻辑函数 Y 为非标准表达式，应将其变换为标准与或式后由标准与或式填写卡诺图

$$\begin{aligned}Y&=(A+\bar{A})\bar{B}CD+(A+\bar{A})B\bar{C}+(B+\bar{B})\bar{A}\bar{C}D+A\bar{B}C(D+\bar{D})\\&=A\bar{B}CD+\bar{A}\bar{B}CD+AB\bar{C}+\bar{A}B\bar{C}+B\bar{A}\bar{C}D+\bar{B}\bar{A}\bar{C}D+A\bar{B}CD+A\bar{B}C\bar{D}\\&=A\bar{B}CD+\bar{A}\bar{B}CD+AB\bar{C}D+AB\bar{C}\bar{D}+\bar{A}B\bar{C}D+\bar{A}B\bar{C}\bar{D}\\&\quad+B\bar{A}\bar{C}D+\bar{B}\bar{A}\bar{C}D+A\bar{B}CD+A\bar{B}C\bar{D}\end{aligned}$$

将上式填入卡诺图如图 7.1.9 所示。

AB \ CD	00	01	11	10
00	$_{0}$	1 $_{1}$	1 $_{3}$	$_{2}$
01	1 $_{4}$	1 $_{5}$	$_{7}$	$_{6}$
11	1 $_{12}$	1 $_{13}$	$_{15}$	$_{14}$
10	$_{8}$	$_{9}$	1 $_{11}$	1 $_{10}$

图 7.1.9　例 7.1.10 的图

解 2：

也可以作出函数 Y 的真值表后再由真值表填写卡诺图。函数 Y 的真值表如表 7.1.17 所示。

表 7.1.17　函数 Y 的真值表

A	B	C	D	Y
0	0	0	0	0
0	0	0	1	1

续表

A	B	C	D	Y
0	0	1	0	0
0	0	1	1	1
0	1	0	0	1
0	1	0	1	1
0	1	1	0	0
0	1	1	1	0
1	0	0	0	0
1	0	0	1	0
1	0	1	0	1
1	0	1	1	1
1	1	0	0	1
1	1	0	1	1
1	1	1	0	0
1	1	1	1	0

由真值表可填写卡诺图如图 7.1.9 所示。

3）应用卡诺图化简逻辑函数

应用卡诺图可写出函数的最简与或式从而化简逻辑函数。

首先讨论合并最小项的规律。

凡是两个相邻小方格所表示的最小项之和都可以合并为一项，合并时能消去有关变量。基于这个原理，可寻找出计算最小项之和时的规律。

- 相邻的两个小方格（包括处于一行或列的两端）时，可以合并为一项，合并时能够消去一个不同的变量。

例如，图 7.1.7(b)中，将相邻的两个"1"圈在一起，共可圈成 3 个圈，如图 7.1.10 所示。3 个圈的最小项分别为（0 表示反变量、1 表示原变量）。

$$A\overline{B}\,\overline{C} + A\overline{B}C = A\overline{B}\,(左边圈、消去 C，它在相邻两个最小项中不同，下同)$$

$$\overline{A}\,\overline{B}C + \overline{A}BC = \overline{A}C\,(中间圈、消去 B)$$

$$\overline{A}B\overline{C} + AB\overline{C} = B\overline{C}\,(右边圈、消去 A)$$

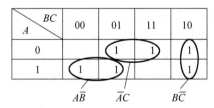

图 7.1.10　图 7.1.7(b)的圈组

由此，可写出如图 7.1.7(b)所示逻辑函数 Y 的最简与或式为

$$Y = \overline{A}C + A\overline{B} + B\overline{C}$$

- 相邻的 4 个小方格组成一个方块,或组成一行(列),或处于两行(列)的末端,或处于四角,则可以合并成一项,合并时可以消去两个不同的变量。

例如,在例 7.1.9 所示的卡诺图中,将相邻的 4 个"1"圈在一起,共可圈成 4 个圈,如图 7.1.11 所示。由此可以写出,例 7.1.9 逻辑函数 Y 的最简与或式:

$$Y = \overline{A}C + \overline{B}C + \overline{A}D + B\overline{C}$$

- 相邻的 8 个小方格组成两行(或列)或组成两边的两行(或列)时可以合并成一项,合并时能够消去 3 个不同的变量。

例如,在图 7.1.12 所示的卡诺图中,将相邻的 8 个"1"圈在一起,共可圈成 2 个圈。由此可以写出,图 7.1.12 所示的函数 Y 的最简与或式:

$$Y = \overline{A} + \overline{D}$$

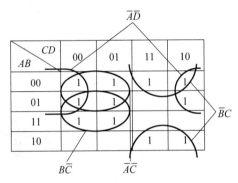

图 7.1.11　例 7.1.9 卡诺图的圈组

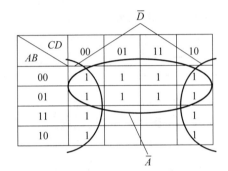

图 7.1.12　八个小方格的圈组实例

由卡诺图写出逻辑函数最简与或式的方法如下。

在逻辑函数 Y 的卡诺图填"1"的小方格中:

- 按照 $2^i(i=0,1,2,\cdots)$ 的相邻小方格进行最大的圈组,并可以合并为一项,保留相同的变量,消去不同的 i 个变量;
- 在每次圈组中,至少应包含一个未被圈过的小方格在内;
- 应将卡诺图中所有为"1"的小方格全部圈完;
- 将每次圈组的合并结果的与项相加就得到逻辑函数的最简与或式。

例如,在图 7.1.9 所示的卡诺图中,将相邻的 4、5、12、13 号小方格圈为一组,合并后的与项为 $B\overline{C}$;又将相邻的 1、3 号小方格圈为一组,合并后的与项为 $\overline{A}\overline{B}D$;再将 10、11 号小方格圈为一组,合并后的与项为 $A\overline{B}\overline{C}$。故可写出最简与或式为

$$Y = B\overline{C} + \overline{A}\overline{B}D + A\overline{B}\overline{C}$$

【例 7.1.11】　写出函数 $Y(A,B,C,D) = \Sigma m(0,1,2,4,5,8,10,11,15)$ 的最简与或式。

解:

首先将函数 Y 填入卡诺图,如图 7.1.13 所示。

先将相邻的 0、1、4、5 号小方格圈为一组,合并后的与项为 $\overline{A}\overline{C}$;再将相邻

的 0、2、8、10 号小方格圈为一组,合并后的与项为 $\overline{B}\overline{D}$;最后将 11、15 号小方格圈为一组,合并后的与项为 ACD。具体如图 7.1.14。故可写出最简与或式为

$$Y = \overline{A}\overline{C} + \overline{B}\overline{D} + ACD$$

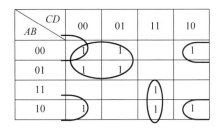

CD AB	00	01	11	10
00	1	1		1
01	1	1		
11			1	
10	1		1	1

图 7.1.13　例 7.1.11 的图 1

CD AB	00	01	11	10
00	1	1		1
01	1	1		
11			1	
10	1		1	1

图 7.1.14　例 7.1.11 的图 2

【例 7.1.12】 写出函数 $Y(A,B,C,D) = \sum m(0,2,5,6,7,9,10,14,15)$ 的最简与或式。

解:

首先将函数 Y 填入卡诺图,如图 7.1.15 所示。

按照上面介绍的圈组原则进行圈组,共圈为五组,如图 7.1.16 所示。可写出最简与或式为

$$Y = C\overline{D} + BC + \overline{A}BD + \overline{A}B\overline{D} + A\overline{B}CD$$

CD AB	00	01	11	10
00	1			1
01		1	1	1
11			1	
10		1		1

图 7.1.15　例 7.1.12 的图 1

CD AB	00	01	11	10
00	1			1
01		1	1	1
11			1	
10		1		1

图 7.1.16　例 7.1.12 的图 2

7.1.8 利用无关项化简逻辑函数

在数字电路中,当分析某些逻辑函数时,发现自变量某些取值的组合根本不会出现,称为任意项。如表 7.1.14 中的第 2 行,因为只有 2 项白帽子,因此,不会出现 3 个人均戴白帽子的情况。

在应用实践中,还有一些情况下某些取值不允许出现,如 A、B 两个变量,$A=1$ 电动机正转,$B=1$ 电动机反转,实践中规定 A、B 不能同时为 1,称为约束项。

任意项、约束项统称为无关项,在卡诺图中,用"×"(或用"ϕ")表示。

可结合下面的故事理解无关项。

在西天取经的路上,唐僧因为误会将孙悟空驱逐,孙悟空要求唐僧解除他头上的金

箍,唐僧说,"只要我不念紧箍咒,金箍等于没有"。显然,孙悟空头上的金箍是存在,究其原因是唐僧遵循"不念紧箍咒"的应用约束,"金箍"不会发挥作用,因此,唐僧理解为"没有"。

结合上面的故事,很容易理解,因为无关项在实际应用中不会出现,把该项当作"1"看待时有利,可当作"1"看待;否则,可当作"0"看待。即在应用卡诺图化简逻辑函数时,若"×"小方格对扩大圈组范围有利,则当作"1"看待;否则,当作"0"看待。

【例 7.1.13】 写出函数 Y 的最简与或式,函数 Y 如下:

$$Y(A,B,C,D)=\sum m(1,2,5,6,8,9)+\sum d(10,11,12,13,14,15)$$

解:

首先将逻辑函数 Y 填入卡诺图,如图 7.1.17 所示。

$\sum d(10,11,12,13,14,15)$ 为任意项,在卡诺图中的相应小方格内填"×"。

在图 7.1.17 中,将相邻的 8、9、10、11、12、13、14、15 号小方格圈为一组,合并后的与项为 A;再将相邻的 1、5、9、13 号小方格圈为一组,合并后的与项为 $\overline{C}D$;最后将相邻的 2、6、10、14 号小方格圈为一组,合并后的与项为 $C\overline{D}$(如图 7.1.18 所示)。故可写出函数 Y 的最简与或式为

$$Y=A+\overline{C}D+C\overline{D}$$

综上所述,读者可以看出,若用公式法化简逻辑函数,要求具有一定的技巧能力。若用卡诺图化简逻辑函数,几乎不需要什么技巧,而且直观,易掌握。

必须指出的是,用卡诺图化简逻辑函数时,对有些逻辑函数而言,其圈组方法可以不相同。因而,其最简与或式的结果不是唯一的。例如图 7.1.10、图 7.1.11 便具有多个最简结果。请读者思索它们另外的圈组方法。

$\diagdown$ CD AB	00	01	11	10
00		1		1
01		1		1
11	×	×	×	×
10	1	1	×	×

图 7.1.17 例 7.1.13 的图 1

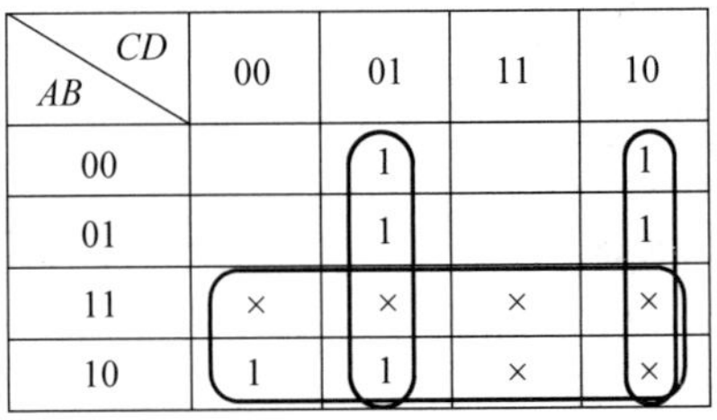

$\diagdown$ CD AB	00	01	11	10
00		1		1
01		1		1
11	×	×	×	×
10	1	1	×	×

图 7.1.18 例 7.1.13 的图 2

思考与练习

7.1.1 将一个十进制 3.3333 转换为二进制,要求保证 1/200 的精度,转换后的二进制数中小数点后二进制应有多少位?

7.1.2 逻辑代数和普通代数有什么区别?

7.1.3 列举逻辑函数的四种表示方法,它们之间有什么异同? 在它们之间有两种表示方法具有唯一性,是哪两种,为什么?

7.1.4 在卡诺图中,合并最小项的规则是什么?几何位置相邻的 3、5、7、9 四个最小项能够合并为一项吗?为什么?

7.1.5 求出例 7.1.5 所示逻辑问题的完整真值表。

7.2 逻辑门电路

数学运算通过逻辑运算实现,逻辑运算的功能用电路实现,电路是逻辑函数的一种重要表示形式,理解掌握逻辑运算的电路实现,是学习掌握数字电子技术的基础,把用来实现基本逻辑运算和复合逻辑运算的单元电路通称为门电路。

用门来统一描述基本逻辑运算和复合逻辑运算比较形象。首先,门具有开门、关门两种状态,可用于表示"0""1"。此外,可以将它比作一个开关:它在一定的条件下能够允许信号通过,称门是被打开的;若条件不满足,信号就不能通过,称门是被关闭的。

7.2.1 利用晶体管等电子开关构成的分立元件门电路

7.1.2 节中给出了与、或、非三种基本运算的电路实现实例(见图 7.1.1),该实例展示了基本逻辑运算的功能,但由于电路中使用的是手动开关,缺乏实用性,解决的方法之一是使用电子开关。

二极管、三极管、场效应管均可当作电子开关使用,可利用它们实现逻辑门电路。

1. 利用二极管构成的门电路

二极管具有单向导电性,即:正向导通、反向截止。当二极管为理想二极管时,二极管正向导通压降等于零,相当于短路,此时,二极管相当于一个接通的开关。当二极管反向截止时,由于理想二极管反向截止电阻无穷大,反向截止电流为零,此时,二极管相当于一个断开的开关。

可用二极管实现基本逻辑运算,如图 7.2.1 所示为二极管与门电路($U_{CC}=10V$),A、B 是它的两个输入端,Y 是它的输出端,简要分析如下:

(1) 电压关系表

若输入端至少有一个为低电平(设 $U_A=0V$),因为 $U_A=0V$,则 VD_A 管优先导通,有
$$U_Y=0.7V$$
又因为 $U_Y=0.7V$、$U_B=3V$,所以 VD_B 管截止。

若输入端全部为高电平($U_A=U_B=3V$),因为 $U_A=U_B=3V$,则 VD_A、VD_B 管均导通,有
$$U_Y=3.7V$$
将电路输入和输出的电压关系用表格表示,就得到如表 7.2.1 所示的电压关系表。

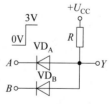

图 7.2.1 二极管与门

表 7.2.1　电压关系表

U_A/V	U_B/V	U_Y/V
0	0	0.7
0	3	0.7
3	0	0.7
3	3	3.7

（2）设定变量、状态赋值、列真值表

用 A、B、Y 分别表示 U_A、U_B、U_Y，用正逻辑表示，即用"0"表示低电平，用"1"表示高电平，则表 7.2.1 可转换成表 7.2.2。由表 7.2.2 看出，这是与逻辑真值表。由于图 7.2.1 电路是由二极管组成的，所以称为二极管与门电路。

表 7.2.2　真值表

A	B	Y
0	0	0
0	1	0
1	0	0
1	1	1

可类似分析出如图 7.2.2 所示电路为二极管或门电路。

2. 利用三极管构成的门电路

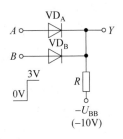

图 7.2.2　二极管或门

三极管具有截止、放大、饱和三种工作状态。三极管截止时，发射结处于反向偏置、集电结也处于反向偏置，集电极 C 和发射极 E 之间相当于一个断开的开关。

当三极管饱和时，I_C 基本保持不变，C、E 间的电压记为 U_{CES}，称为饱和时的集射电压。对于 NPN 硅管而言，$U_{CES}=0.3V$。数字电路中的高电平一般为几伏特，与数字高电平相比，0.3V 饱和集射电压可以忽略，此时，集电极 C 和发射极 E 之间相当于一个闭合的开关。

三极管工作于饱和状态时的特征为：发射结和集电结都处于正向偏置。

三极管的饱和条件为

$$I_B \geqslant I_{BS} \tag{7.2.1}$$

式中，I_{BS} 为临界饱和基流，是三极管刚刚出现饱和现象时的基极电流。

当然，三极管具有三个工作状态，只有截止、饱和两个状态与开关断开、闭合对应，具体电路实现上，可适当选择电路参数，在数字电平激励下，三极管在截止、饱和两种状态间切换（中间很快经过放大状态），这时，三极管扮演着开关的角色，可通过如图 7.2.3 所示的实验电路来理解（图中，三极管型号为 3DK2，$\beta>60$，指示灯为小型指示灯）。

当三极管输入端加 0V 电压时，指示灯不亮，此时三极管处于截止状态，这相当于开关断开。

当三极管输入端加$+3$V电压时,指示灯亮,$I_B > I_{BS}$,此时三极管工作在饱和状态,这相当于开关接通。

可用三极管实现基本逻辑运算,如图7.2.4所示为由三极管组成的非门电路。

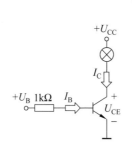

图7.2.3 实验电路

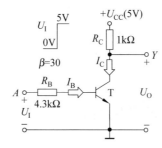

图7.2.4 三极管非门

A 是它的输入端,Y 是它的输出端,简要分析如下:

(1)电压关系表

若输入端 $U_I = U_{IH} = 5$V,有

$$I_B = \frac{U_I - U_{BES}}{R_B} = \frac{5 - 0 \cdot 7}{4 \cdot 3} = 1 \text{(mA)}$$

$$I_{BS} = (U_{CC} - U_{CES})/(\beta R_C) = (5 - 0.3)/30 \approx 0.17 \text{(mA)}$$

由于 $I_B > I_{BS}$,所以,三极管工作在饱和状态,有

$$U_O = U_{CES} = 0.3\text{V}$$

若输入端 $U_I = U_{IL} = 0$V,有

$$U_{BE} = 0\text{V} < 0.5\text{V}$$

所以,T管截止。输出

$$U_O \approx U_{CC} = 5\text{V}$$

将输入和输出的电压,列成如表7.2.3所示的电压关系表。

表 7.2.3 电压关系表

U_I/V	U_O/V
0	S

(2)设定变量、状态赋值、列真值表

用 A、Y 分别表示 U_I、U_O;用"0"表示低电平,用"1"表示高电平,则表7.2.3可转换成表7.2.4。由表7.2.4看出,这是非逻辑真值表。同样,由于图7.2.9所示电路是由三极管组成的,所以称为三极管非门电路。

表 7.2.4 真值表

A	Y
0	1
1	0

3. 利用 MOS 管构成的门电路

MOS 管是一种电压控制器件,具有与三极管相近的特性,合理选择电路参数,可使输入为低电平时,MOS 管工作在截止区;输入为高电平时,MOS 管工作在可变电阻区。

图 7.2.5 所示为 NMOS 管非门电路,读者可参照上面的分析来分析该电路。

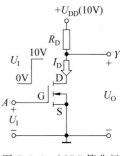

图 7.2.5　MOS 管非门

7.2.2　TTL 逻辑门电路简介

众所周知,集成门电路与分立元件门电路相比,具有体积小、质量轻、可靠性高等优点。所以在大多数领域里,集成电路已迅速取代了分立元件电路。随着集成电路制造工艺的日益完善,目前已能将数以千万计的半导体三极管集成在一片面积只有几十平方毫米的硅片上。

按照集成度(即每片硅片中所含有的元、器件数)的高低,集成电路可分为小规模集成电路、中规模集成电路、大规模集成电路和超大规模集成电路。

TTL 电路即为晶体管-晶体管逻辑(Transistor-Transistor Logic)电路的缩写,是流行的集成系列门电路之一。

TTL 系列门电路具有标准的输入、输出特性,各种功能的 TTL 门电路组成结构大体相同,下面以如图 7.2.6 所示的典型的 TTL 与非门电路为例,介绍 TTL 门电路的组成特点及其功能分析方法。

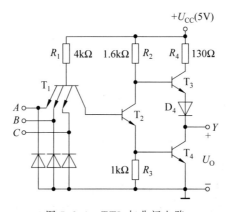

图 7.2.6　TTL 与非门电路

1. 电路组成与逻辑功能简述

TTL 与非门电路由以下三部分组成:

第一部分为输入级,由多发射极晶体管 T_1 和电阻 R_1 组成。

T_1 管的作用与二极管与门的作用完全相似,输入信号通过多发射极晶体

管 T_1 的发射结实现了逻辑与的功能,简要分析如下。

将 T_1 管的发射结看成几个二极管,将 T_1 管的集电结看成与它们背靠背的一个二极管,如图 7.2.7 所示。该电路与如图 7.2.1 所示的二极管与门电路类似,实现了逻辑与的功能。

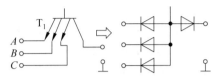

图 7.2.7 输入级电路

第二部分为中间级,由 T_2 管和电阻 R_2、R_3 组成。

中间级从 T_2 管的集电极和发射极同时输出两个相位相反的信号,作为 T_3 管和 T_4 管输出级的驱动信号,不改变电路的逻辑功能。

第三部分为输出级,由 T_3、D_4、T_4 等管和电阻 R_4 组成推拉式的输出级。

根据前面的分析,单个三极管实现了逻辑非运算,可见,输出级具有逻辑非的功能。

根据电路的结构可知,如图 7.2.6 所示的 TTL 电路为 3 输入与逻辑运算与非逻辑运算的组合运算,为 3 输入与非门电路,即

$$Y = \overline{ABC}$$

2. 输入、输出特性

常用输入电压、输入电流、输入电阻等参数描述电路的输入特性。常用输出电压、输出电流、输出电阻等参数描述电路的输出特性。

当然,数字系统具有其特殊性,其输入只有"1""0"两种值,对应高、低两种电平值。

分析如图 7.2.6 所示电路,当 TTL 与非门电路输出为"0"时,T_4 管饱和,有

$$U_{OL} = 0.3V \quad (三极管饱和压降 0.3V)$$

当 TTL 与非门电路输出为"1"时,T_4 管截止,5V 工作电源减去 T_3 的发射结、D_4 管两个二极管的压降,有

$$U_{OH(max)} = 3.6V$$

正常情况下,TTL 电路的输入来自 TTL 电路的输出,为标准值,有

$$U_{IH} = U_{OH(max)} = 3.6V$$

$$U_{IL} = U_{OL} = 0.3V$$

因为输入电平为标准值,为已知参数,可见,TTL 电路的输入特性主要用输入电流这个参数来描述。由此及彼,正常情况下,输出的高电平也为标准值,为已知参数,因此,TTL 电路的输出特性也主要用输出电流这个参数来描述。

下面,不加证明地给出 TTL 电路输入、输出电流的特点。

当输出为高电平时,考虑功耗等因素,74 系列门电路的运用条件规定,流过负载上的电流不得超过 0.4mA。当输出为低电平时,能在较大范围内保证低电平的稳定,允许向

T_4 管流入较大的电流。当 TTL 电路的输入 U_1 为高电平时,流入门电路的输入电流为二极管反向截止电流,一般在 $40\mu A$ 以下;当 TTL 电路的输入 U_1 为低电平时,流入门电路的输入电流近似为 $-1mA$。

3. 其他系列的 TTL 与非门

TI 公司最初生产的 TTL 电路取名为 SN54/74 系列,为 TTL 基本系列。54 系列和 74 系列产品的主要区别在于允许的环境工作温度不同。54 系列产品允许的环境工作温度为 $-55\sim+125℃$,而 74 系列产品允许的环境工作温度为 $-40\sim+85℃$。在后面的内容中,统一使用 74 系列,读者应注意二者之间的差异。

74 系列之后,又相继生产了 74H、74L、74S、74LS、74AS、74ALS、74F 等改进系列。

TTL 电路不同系列的四 2 输入与非门($74\times\times00$)的主要性能比较如表 7.2.5 所示,读者可参考 TI 公司的性能参数,理解其他半导体器件公司的类似产品及其之间的差异。

表 7.2.5 TTL 系列器件($74\times\times00$)主要性能比较

参数名称与符号	系 列					
	74	74S	74LS	74AS	74ALS	74F
$U_{IL(max)}/V$	0.8	0.8	0.8	0.8	0.8	0.8
$U_{OL(max)}/V$	0.4	0.5	0.5	0.5	0.5	0.5
$U_{IH(min)}/V$	2.0	2.0	2.0	2.0	2.0	2.0
$U_{OH(min)}/V$	2.4	2.7	2.7	2.7	2.7	2.7
$I_{IL(max)}/mA$	-1.0	-2.0	-0.4	-0.5	-0.2	-0.6
$I_{OL(max)}/mA$	16	20	8	20	8	20
$I_{IH(max)}/\mu A$	40	50	20	20	20	20
$I_{OH(max)}/mA$	-0.4	-1.0	-0.4	-2.0	-0.4	-1.0
t_{pd}/ns	9	3	9.5	1.7	4	3
功耗/mW	10	19	2	8	1.2	4
延迟-功耗积	90	57	19	13.6	4.8	12

4. 三态输出的 TTL 与非门

输出三态门简称三态门(TS 门),它是在普通门的基础上增加控制端和控制电路组成的。

图 7.2.8 所示为三态门的电路原理图,其逻辑符号如图 7.2.9 所示。三态门为与非的逻辑功能。

在图 7.2.8 电路中,当使能控制信号 $E=0$ 时,T_1 导通,T_2、T_4 管均截止,而导通的二极管 D 将 T_2 管集电极电位钳制在小于或等于 1V 的电平上,使 T_3 管和 D_4 管也不能导通。此时,输出端 Y 对电源 U_{CC},对地都是断开的,呈现为高阻抗状态,记为

$$Y = Z$$

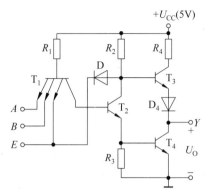

图 7.2.8 三态输出的与非门

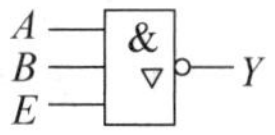

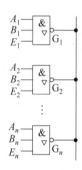

图 7.2.9 TS门逻辑符号

当使能控制端信号 $E=1$ 时，D 管截止。此时，三态门处于工作状态，即有

$$Y = \overline{ABE}$$

综上所述，图 7.2.8 所示电路的输出端有三种状态：高电平、低电平、高阻抗。而处于工作状态时，实现的功能又是与非逻辑运算，所以该电路称为 TTL 输出三态与非门。

在数字系统中，为了减少输出连线，经常在一条数据总线上分时传递若干门电路的输出信号，利用三态门可以实现这种总线结构，如图 7.2.10 所示。

在图 7.2.10 中，只要控制各个门的 E 端，例如现在要传递门 G_i 的输出信号，则令使能控制端 $E_i=1$，使三态门 G_i 工作；而其他三态门的使能控制端 E 均为 0，输出端为高阻抗状态，不工作。这样就将三态门 G_i 的输出信号送到了总线上。

图 7.2.10 将三态门接成总线结构

在 TTL 电路中，不仅有三态输出的与非门、反相器、缓冲器等，而且在许多中规模乃至大规模集成电路中也采用了三态输出电路。

5. 集电极开路的 TTL 与非门（OC 门）

图 7.2.11 所示为集电极开路的与非门，图 7.2.12 是它的逻辑符号。注意，集电极开路的与非门必须外接负载电阻 R_c 和电源 U'_{CC} 才能正常工作，如图 7.2.11 中虚线部分所示。

集电极开路的门电路，简称为 OC 门。将典型 TTL 与非门电路中的 T_3、D_4 去掉，就是图 7.2.11 所示的 OC 门。当外接 R_c 和电源 U'_{CC} 以后，其逻辑功能为 $Y = \overline{AB}$，工作原理十分简单，无须赘述。其逻辑符号如图 7.2.12 所示。

由于 OC 门采用外接负载电阻和电源，故可通过选择较高电压的工作电源给负载提供较大的电流。有关 OC 门外接负载电阻 R_c 和电源 U'_{CC} 数值的选取，请读者参阅有关资料。

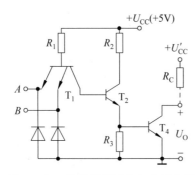

图 7.2.11　集成极开路的与非门电路　　　图 7.2.12　OC 门逻辑符号

7.2.3　CMOS 门电路的特点

　　由 P 沟道增强型 MOS 管和 N 沟道增强型 MOS 管按照互补对称形式连接起来构成的电路,作为最基本逻辑单元的集成电路(并由此而得名),称为 CMOS 集成电路。这种电路具有电压控制、功耗极低、连接方便等一系列优点,已在许多领域取代 TTL 电路,是目前应用最广泛的集成电路。

1. CMOS 反相器

1) 电路组成及其工作原理

将一个 P 沟道增强型 MOS 管和一个 N 沟道增强型 MOS 管串联互补,就组成了一个 CMOS 反相器。一般以 P 沟道 MOS 管作为负载管,N 沟道 MOS 管作为输入管,其电路如图 7.2.13(a)所示。它们的栅极 G_N、G_P 连接起来作为反相器的输入端,漏极 D_N、D_P 连接起来作为反相器的输出端,T_P 管的源极 S_P 接电源 U_{DD}、T_N 管的源极 S_N 接地。T_N、T_P 管的特性对称,$U_{GS(th)N}=|U_{Gs(th)P}|$ 且 $U_{GS(th)N}>0$,$U_{GS(th)P}<0$。为了保证电路能够正常工作,要求 $U_{DD}>U_{GS(th)N}+|U_{GS(th)P}|$。

　　当输入 $U_I=U_{IL}=0V$ 时,输入 T_N 管的 $U_{GSN}=U_{IL}=0V$,小于 $U_{GS(th)N}$,所以 T_N 管截止。同时由于负载管 T_P 的 $U_{GSP}=U_I-U_{DD}=0-U_{DD}=-U_{DD}$,小于 $U_{GS(th)P}$,所以负载管 T_P 导通,其简化等效电路如图 7.2.13(b)所示。输出电压 $U_o≈U_{DD}$。

　　当输入 $U_I=U_{IH}=U_{DD}$ 时,输入 T_N 管的 $U_{GSN}=U_{IH}$ 大于 $U_{GS(th)N}$,所以 T_N 管导通。同时由于负载管 T_P 的 $U_{GSP}=U_I-U_{DD}=U_{DD}-U_{DD}=0V$,大于 $U_{GS(th)P}$,所以负载管 T_P 截止,其简化等效电路如图 7.2.13(c)所示。输出电压 $U_O≈0V$。

　　故图 7.2.13(a)电路实现了反相的功能。

2) CMOS 反相器的主要优点

　　• 静态功耗极低

由于 CMOS 电路中的 T_N、T_P 两管不是同时导通,而截止管的电阻又很高,这就使得在任何时候流过电路的电流都很小,仅为管子的漏电流(小于微安级),所以这种联成

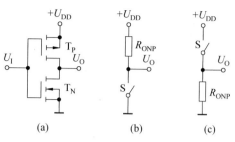

图 7.2.13　CMOS 反相器

互补的非门(反相器)电路的功耗很小,各个门的静态功耗只有 0.01mW(而 TTL 每个门的功耗约为 10mW)。

- 抗干扰能力较强

由于 CMOS 电路的阈值电平近似等于 $\frac{1}{2}U_{DD}$,在输入信号变化时,过渡变化陡峭。所以低电平噪声容限和高电平噪声容限近似相等,而且随着电源电压的增加,抗干扰能力也增强。

- 输出电压 U_O 的逻辑摆幅较大

由于输出低电平约为 0V,输出高电平约为 U_{DD},所以输出电压的逻辑摆幅较大。输出的幅度($U_{DD}-0$)加强了,而且还可以选用较低的电源电压(5～15V),这有利于与 TTL 或其他电路的连接。

由于 CMOS 电路具有这些优点,所以 CMOS 电路在微型计算机、自动化仪器仪表以及人造卫星上的电子设备等方面得到了广泛应用。

2. CMOS 传输门

1)电路组成及符号

图 7.2.14 所示为 CMOS 传输门的电路图。它是由 P 沟道增强型 MOS 管和 N 沟道增强型 MOS 管并联互补组成。图 7.2.15 为它的逻辑符号。

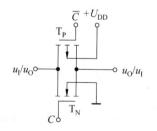　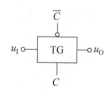

图 7.2.14　CMOS 传输门的电路图　　图 7.2.15　CMOS 传输门的逻辑符号

所谓并联互补,是将 T_P 管的源极和 T_N 管的漏极相连,作为传输门的输入/输出端;将 T_P 管的漏极和 T_N 管的源极相连,作为传输门的输出/输入端。两个栅极受一对控制信号 C 和 $\bar{C}$ 控制。由于 MOS 管的结构是对称的,所以信号可以双向传输。U_I 是被传输的模拟电压。

2）工作原理

• 若控制端无控制信号时

显然，由于无控制信号，无论是 T_P 管还是 T_N 管都没有沟道产生，这时传输门不导通。

• 当 $C=1,\bar{C}=0$ 时

由于 C 端为高电平 U_{DD}，$\bar{C}$ 端为低电平 $0V$，则 T_N 管、T_P 管均导通，故传输门导通。其输出 $U_0=U_I$。U_I 可以是 $0V\sim U_{DD}$ 的任意电压值。

• 当 $C=0,\bar{C}=1$ 时

由于 C 端为低电平 $0V$，$\bar{C}$ 端为高电平 U_{DD}，则 T_N 管、T_P 管均截止，故传输门截止。其输入和输出之间是断开的。

CMOS 传输门和反相器组合，可构成各种复杂的逻辑电路，可通过下面的例题来进一步理解。

【例7.2.1】 分析如图 7.2.16 所示电路的逻辑功能。

解：

（1）$A=0$

当 $A=0$ 时，根据传输门的控制特点，TG1 导通，TG2 截止，$Y=B$。

由 $A=0$、$Y=B$，有

$$Y=\bar{A}B$$

（2）$A=1$

当 $A=1$ 时，根据传输门的控制特点，TG2 导通，TG1 截止，$Y=\bar{B}$。

写成表达式，有 $Y=A\bar{B}$

因此，有 $Y=A\bar{B}+\bar{A}B=A\oplus B$。

可见，如图 7.2.16 所示电路为异或门。

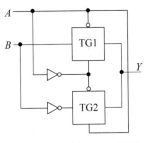

图 7.2.16　例 7.2.1 的图

3. 集成 CMOS 反相器的电路特点

如图 7.2.13(a)所示的 CMOS 反相器为 CMOS 电路的基本结构形式。因为 MOS 管的栅极和衬底之间的绝缘介质非常薄，很容易被击穿（耐压约为100V）。在集成的 CMOS 反相器中，增加了输入保护电路，以防止因接触到带静电电荷的物体时发生静电放电而损坏电路。

74HC 系列的 CMOS 器件中，多采用如图 7.2.17(a)所示的输入保护电路（虚线框中的电路）。图中，小椭圆框中的 C_1、C_2 为 T_1、T_2 管栅极寄生电容，虚线框中为前面介绍的 CMOS 反相器电路。图中，D_1、D_2 等二极管导通压降 U_{DF} 约为 0.7V，反向击穿电压约为 30V。

显然，在输入信号的正常工作范围（$0<U_I<U_{DD}$）内，输入保护电路中的 D_1、D_2 等二极管截止，不工作。当输入信号 $U_I>U_{ON}+U_{DD}$ 时，D_1 管导通，将 T_1、T_2 管的栅极电位

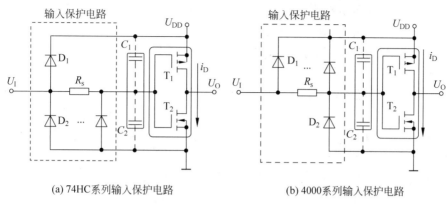

(a) 74HC系列输入保护电路   (b) 4000系列输入保护电路

图 7.2.17　集成 CMOS 反相器

锁定在 $U_{ON}+U_{DD}$。当 $U_I < -U_{ON}$ 时，D_2 管导通，将 T_1、T_2 管的栅极电位锁定在 $-U_{ON}$。可见，虚线框中的电路主要起输入保护的作用，正常不起作用。

图 7.2.17(b)所示的电路为 4000 系列的 CMOS 器件中多采用的输入保护电路。读者可参考上面的分析来分析该电路的工作原理。

必须指出的是，输入保护电路的保护措施是有一定限度的，D_1、D_2 管的正向导通电流过大或者反向电压过大均会损坏输入保护电路，进而损坏 MOS 管。因此，对 CMOS 器件，应特别注意器件的正确使用方法。

为帮助读者进一步理解 CMOS 反相器的特点，下面给出 CMOS 反相器的传输特性，如图 7.2.18 所示。

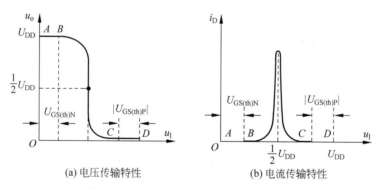

(a) 电压传输特性   (b) 电流传输特性

图 7.2.18　集成 CMOS 反相器传输特性

图 7.2.18(a)所示为 CMOS 反相器的电压传输特性。当反相器工作在 AB 段的时候，$u_I < U_{GS(th)N}$，上面的 MOS 管 T_1 导通，下面的 MOS 管 T_2 截止，输出 $U_O=1$（近似为 U_{DD}）。当反相器工作在 CD 段时，$u_I > U_{DD}-|U_{GS(th)P}|$，上面的 MOS 管 T_1 截止，下面的 MOS 管 T_2 导通，输出 $U_O=0$（近似为 0）。BC 段为转折区，转折区中心点对应的输入电压称为 CMOS 反相器的阈值电压，用 U_{TH} 表示。

可以看出，$U_{TH}=\dfrac{1}{2}U_{DD}$。

由图 7.2.17 所示电路可知,当反相器工作在 AB 或 CD 段时,MOS 管 T_1、T_2 总有 1 个截止,穿透电流 i_D 为 0。只有当 $u_1 = U_{TH}$ 时,MOS 管 T_1、T_2 均导通,穿透电流 i_D 较大。根据上述分析,可求出如图 7.2.18(b)所示的 CMOS 反相器的电流传输特性。

除传输特性外,还常使用输入、输出特性描述电路的特点。

电路的输入特性主要包括输入电压、输入电流、输入电阻等参数。对 CMOS 电路,输入高电平电压近似为 U_{DD},输入低电平电压近似为 0。MOS 器件为电压控制器件,理想情况下,输入电阻无穷大,输入电流为 0,输入特性显而易见。考虑输入保护电路的作用,可总结如图 7.2.17 所示电路的输入特性如图 7.2.19 所示。

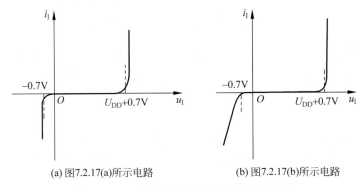

(a) 图7.2.17(a)所示电路　　　　(b) 图7.2.17(b)所示电路

图 7.2.19　集成 CMOS 反相器的输入特性

电路的输出特性也常用输出电压、输出电流、输出电阻等参数来描述。对 CMOS 电路,输出高电平标准电压近似为 U_{DD},输出低电平电压近似为 0。显然,随着输出电流绝对值的增大,输出高电平的电压将下降,输出低电平的电压将上升,可参考图 7.2.20 进一步理解集成 CMOS 反相器的输出特性。

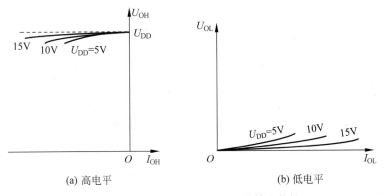

(a) 高电平　　　　　　　　　(b) 低电平

图 7.2.20　集成 CMOS 反相器的输出特性

必须指出的是,如图 7.2.19、图 7.2.20 所描述的输入、输出特性是 CMOS 反相器静态下的特性,CMOS 电路理论上输入电流为 0、功耗为 0 也是电路的静态特点。显然,CMOS 电路高、低电平两种状态的转换存在一个过渡过程,参考如图 7.2.18(b)所示的

CMOS 反相器的电流传输特性可知,从动态角度,CMOS 电路功耗并不为 0,存在着一定的动态功耗,只是与 TTL 电路相比,功耗小得多而已。

7.2.4　CMOS 集成电路的正确使用

1. 输入电路的静电防护

CMOS 集成电路的输入端一般均设置了类似图 7.2.17 的输入保护电路。该保护电路中二极管及限流电阻的几何尺寸有限,只能承受有限的静电电压。CMOS 集成电路使用过程中难免接触到带静电的物体,其中的某些物体极易产生高压。如果工作人员穿着毛衣织物之类的衣裤,这类物品摩擦产生的静电有时可高达上千伏。如果这个静电电压被加到了 CMOS 电路输入端,将对 CMOS 电路造成严重危害。

应用实践中,应设法避免静电对 CMOS 电路造成危害,主要措施如下。

(1) 储存运输环节中,将器件插在泡沫塑料上并采用金属屏蔽包装,不要使用容易产生静电高压的化工材料和化纤织物包装。从包装中取出器件时应避免用手直接触摸器件的引脚,将器件放在接地的导电平面上。

(2) 断电插拔器件及电路板。

(3) 组装、调试维护环节无静电作业,使相关的工作台良好接地,工作人员的服装、手套等选用无静电的原料制作。

(4) 不用的输入端不应悬空,可根据逻辑功能要求接"0"或"1"。

2. 输入电路的过流保护

输入保护电路中的钳位二极管电流容量有限,一般为 1mA,因此,在可能出现较大输入电流的场合应采用防护措施。如在信号源和输入端之间串接保护电阻;输入端接有大电容时,在输入端和电容之间接入保护电阻等。

3. CMOS 电路的锁定效应及其防护

CMOS 电路由于输入太大的电流,内部的电流将急剧增大。除非切断电源,内部的电流将一直增大,直到饱和,这种现象称为锁定效应。当产生锁定效应时,CMOS 的内部电流能达到 40mA 以上,很容易烧毁芯片。

主要防御措施如下。

(1) 在输入端和输出端加钳位电路,使输入和输出不超过规定电压。

(2) 芯片的电源输入端加去耦电路,防止电源端出现瞬间的高压。

(3) 当系统由几个电源分别供电时,按下列顺序开启开关:开启时,先开启 CMOS 电路的电源,再开启输入信号和负载的电源;关闭时,先关闭输入信号和负载的电源,再关闭 CMOS 电路的电源。

此外,与 TTL 类似,CMOS 系列门电路也有漏极开路输出(OD 门)门电路、三态输出门电路等。读者可参考 TTL 系列的类似输出结构的门电路使用方法来理解这些门电路的使用。

7.2.5 CMOS 数字集成电路的各种系列

CMOS 电路的成功研制已有半个多世纪,伴随着 CMOS 电路制作工艺的不断改进,CMOS 电路的性能得到了迅速提高,各国的半导体器件制作商也先后推出了多种系列的 CMOS 数字集成电路。

下面,以 TI 公司生产的 CMOS 系列电路为主,介绍不同产品系列的特点。

1. 4000/14000 系列

4000/14000 系列为最早投向市场的 CMOS 产品。4000 系列由美国 RCA 公司生产,14000 系列为美国 Motorola 公司的产品。该系列产品的最大特点是工作电源电压范围宽(3~18V)、功耗小、价格低廉。主要不足是传输延迟时间很长,约为 100ns。此外,该芯片的负载能力也很弱,当工作电源为 5V 时,输出为高电平时输出的最大负载电流和输出为低电平时输出的最大负载电流均只有 0.5mA。

基于上面的不足,该系列电路已逐渐被 HC/HCT 系列取代。

2. 74HC/HCT 系列

74HC(High-speed CMOS)/HCT(High-speed CMOS,TTL Compatible)系列是 TI 公司生产的高速 CMOS 产品系列。该系列产品的推出及初期推广应用便以取代 TTL 电路作为一个重要目标。从产品性能角度,CMOS 电路在功耗上远优于 TTL 电路。此外,74HC/HCT 系列通过一系列改进,传输延迟时间已缩短到 10ns,负载能力提高到 4mA,可以与 TTL 的 74LS 系列匹敌。

74HCxxx、74HCTxxx 是 74LSxxx 同序号的翻版。型号最后几位数字相同,表示电路的逻辑功能、管脚排列完全兼容,为用 74HC/HCT 系列替代 74LS 提供了方便。74HC 系列和 74HCT 系列在传输延迟时间、负载能力方面基本相同,主要在工作电压及输入信号电平方面有所不同。74HC 系列可在 2~6V 的任何电源电压下工作,工作电平与 TTL 电平不匹配。74HCT 系列为 TTL 兼容系列,工作电压、工作电平与 TTL 完全兼容,可与 TTL 系列芯片混合使用。

3. 74AHC/AHCT 系列

74AHC(Advanced High-speed CMOS)/AHCT(Advanced High-speed CMOS, TTL Compatible)系列是 TI 公司生产的改进的高速 CMOS 产品系列。通过一系列改进,芯片的工作速度提高了近 1 倍,负载能力提高到 8mA。该系列产品与 74HC/HCT 系列产品保持了高度兼容,非常有利于老产品的升级与更新,是目前应用最广泛的

CMOS 器件之一。

4. 74LVC/ALVC/74AVC 系列

74LVC(Low-Voltage CMOS)/ ALVC(Advanced Low-Voltage CMOS)/ AVC (Advanced Very-Low-Voltage CMOS)系列是 TI 公司生产的低电压 CMOS 逻辑系列产品。该系列产品特点是工作电压低、传输时延时间短且负载电流大。74LVC/ ALVC 系列工作电压为 $1.65\sim3.6$V，负载电流可达 24mA。74 AVC 系列工作电压为 $1.2\sim$ 3.6V。

从速度、功耗、工作电压等综合参数角度，该系列是目前 CMOS 系列中性能最好的产品系列，能满足高性能数字系统设计的需要，广泛应用于移动式便携电子设备，如手机、笔记本电脑(计算机)、数码相机等。当然，该系列产品工作电压低，逻辑电平摆幅小，抗干扰能力也就弱不少，在电磁干扰较大的工业环境中应用有些不足。

TI 公司生产的不同 CMOS 系列性能比较表如表 7.2.6 所示(以反相器为例)，读者可参考 TI 公司的性能参数来理解其他半导体器件公司的类似产品及其之间的差异。

表 7.2.6　CMOS 系列器件(74××00)主要性能比较

参数名称与符号	系　　列					
	74HC	74HCT	74AHC	74AHCT	74LVC	74ALVC
$U_{\mathrm{IL(max)}}$/V	1.35	0.8	1.35	0.8	0.8	0.8
$U_{\mathrm{OL(max)}}$/V	0.33	0.33	0.44	0.44	0.55	0.55
$U_{\mathrm{IH(min)}}$/V	3.15	2	3.15	2	2	2
$U_{\mathrm{OH(min)}}$/V	4.4	4.4	4.4	4.4	2.2	2.0
$I_{\mathrm{IL(max)}}$/μA	-1	-1	-1	-1	-5	-5
$I_{\mathrm{0L(max)}}$/mA	4	4	8	8	24	24
$I_{\mathrm{IH(max)}}$/μA	1	1	1	1	5	5
$I_{\mathrm{OH(max)}}$/mA	-4	-4	-8	-8	-24	-24
t_{pd}/ns	9	14	5.3	5.5	3.8	2
功耗电容/pF	20	20	12	14	8	23
工作电压/V	$2\sim6$	$4.5\sim5.5$	$2\sim5.5$	$4.5\sim5.5$	$1.65\sim3.6$	$1.2\sim3.6$

注：1. 表中 74LVC、74ALVC 系列给出的参数(工作电压除外)是在 3V 工作电压下的参数；其他系列是在 4.5V 工作电压下的参数。

2. 表中的 $U_{\mathrm{OL(MAX)}}$、$U_{\mathrm{OH(MIN)}}$ 是表中给出的最大负载电流下的输出电压。

思考与练习

7.2.1　有一个 5V 工作电源、两个二极管和两个阻值适当的电阻，将它们如何联接可构成非门电路？

7.2.2　有一个 5V 工作电源、两个二极管、一个三极管和一个阻值适当的电阻，将它们如何联接可构成与非门？

7.2.3　什么是 TS 门？什么是 OC 门？它们有什么作用？

7.2.4　根据本节知识解释智能手机在待机状态下比工作状态下更省电的原因。

7.3　组合逻辑电路的分析方法

数字电路根据逻辑功能的不同特点,可以分为两大类:一类称为组合逻辑电路(简称组合电路);另一类称为时序逻辑电路(简称时序电路)。时序电路将在第 8 章中进行讨论。

所谓组合逻辑电路,是指任意时刻电路输出的逻辑值,仅取决于该瞬间电路输入的逻辑值,而与电路的原状态无关。例如,常用的编码器、译码器、全加器、数值比较器、数据选择器、奇偶产生器/奇偶校验器等都属于组合逻辑电路。

7.3.1　组合逻辑电路的代数分析法

组成组合逻辑电路的基本单元电路是门电路。描述组合逻辑电路逻辑功能的方法主要有逻辑表达式、真值表和工作波形图等。

根据已知的组合逻辑电路,寻找出该电路所实现的逻辑功能,称为组合逻辑电路的分析。由于用真值表能够直观地描述逻辑功能,所以应根据已知的电路,写出相应的真值表。其分析步骤如下。

(1) 由已知的电路写出电路输出的逻辑函数表达式(为求简洁,可用公式法或卡诺图将逻辑函数化简)。

(2) 由(1)给出的逻辑表达式填出输出函数的真值表。

(3) 根据真值表及仿真波形叙述该电路所实现的逻辑功能。

下面通过几个例题介绍组合逻辑电路的分析方法。

【例 7.3.1】　试分析如图 7.3.1[①] 所示电路的逻辑功能。

解:

(1) 根据电路写出电路输出的逻辑表达式,方法为:

由电路的输入端到输出端,逐步写出各个门的输出逻辑式,最后写出电路输出 Y 的逻辑表达式。

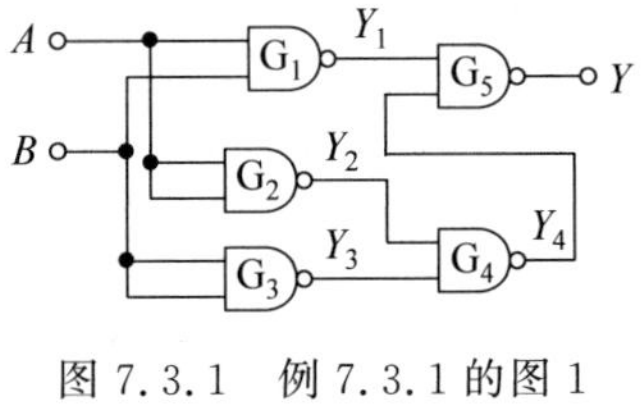

具体如下:

$$G_1: Y_1 = \overline{AB}$$

$$G_2: Y_2 = \overline{A}$$

图 7.3.1　例 7.3.1 的图 1

------

① 从本节开始,本书中数字电子技术部分,当未采用国标符号,而是采用仿真源文件中的逻辑符号绘制电路图时,表示在线课程上附有 Quartus Ⅱ 环境中仿真源文件。笔者建议读者在非仿真场合下,尽量采用国标符号绘制电路图,下同。

$$G_3: Y_3 = \overline{B}$$

$$G_4: Y_4 = \overline{\overline{A}B}$$

$$G_5: Y = \overline{Y_1 Y_4} = \overline{\overline{AB}\,\overline{\overline{A}B}}$$

（2）表达式不简洁，利用摩根定理变换为与或式，有

$$Y = \overline{\overline{AB}\,\overline{\overline{A}B}} = \overline{\overline{AB}} + \overline{\overline{\overline{A}B}} = AB + \overline{A}\overline{B}$$

（3）根据化简后的表达式，填出函数 Y 的真值表，如表 7.3.1 所示。将本例电路输入 QuartusⅡ中编译并仿真，可得波形如图 7.3.2（可进入本书的在线课程的对应单元下载源文件并用 QuartusⅡ打开对应文件仿真，下同）。

表 7.3.1　例 7.3.1 的真值表

A	B	Y
0	0	1
0	1	0
1	0	0
1	1	1

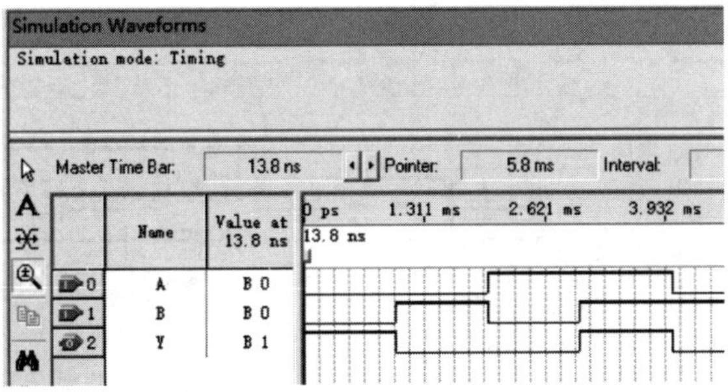

图 7.3.2　例 7.3.1 的图 2

（4）结论。由真值表及仿真波形可看出，当输入端 A 和 B 同时为"1"，或者同时为"0"时，电路输出为"1"；否则，为"0"。这种电路称为"同或门"电路。其逻辑表达式也可写成

$$Y = A \odot B$$

【例 7.3.2】　试分析如图 7.3.3 所示电路的逻辑功能。

解：

（1）根据电路写出电路输出的逻辑表达式。

具体如下：

$$G_5: Y = \overline{Y_2 Y_3 Y_4} = \overline{\overline{AABC} \cdot \overline{BABC} \cdot \overline{CABC}}$$

（2）表达式不简洁，利用摩根定理变换为与或式，有

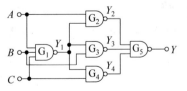

图 7.3.3　例 7.3.2 的图 1

$$Y = \overline{\overline{A\overline{ABC}} \cdot \overline{B\overline{ABC}} \cdot \overline{C\overline{ABC}}} = A\overline{ABC} + B\overline{ABC} + C\overline{ABC}$$

$$= A\overline{BC} + B\overline{AC} + C\overline{AB} = A(\overline{B} + \overline{C}) + B(\overline{A} + \overline{C}) + C(\overline{A} + \overline{B})$$

$$= A\overline{B} + A\overline{C} + \overline{A}B + B\overline{C} + \overline{A}C + \overline{B}C$$

$$= A\overline{B} + \overline{A}C + B\overline{C}$$

（3）根据化简后的表达式,填出函数 Y 的真值表,如表7.3.2所示。将本题中电路输入 QuartusⅡ中编译并仿真,可得波形如图7.3.4。

表 7.3.2　例 7.3.2 的真值表

A	B	C	Y
0	0	0	0
0	0	1	1
0	1	0	1
0	1	1	1
1	0	0	1
1	0	1	1
1	1	0	1
1	1	1	0

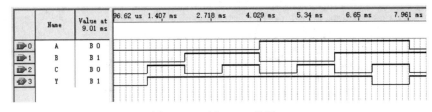

图 7.3.4　例 7.3.2 的图 2

（4）结论。由真值表及仿真波形可看出,由真值表看出,当电路输入端 A、B、C 不完全相同时,电路输出 Y 为"1";否则,输出 Y 为"0"。该电路又称为三变量不一致电路。

7.3.2　利用 QuartusⅡ分析组合逻辑电路

下面,以图7.3.1所示电路为例,利用仿真软件 QuartusⅡ9.0 SP2 介绍 QuartusⅡ分析组合逻辑电路的方法。

1. 建立仿真项目的工程文件

启动 QuartusⅡ,选择 File→new 子菜单,在随后弹出的任务窗格中选择文件类型为 Block Diagram/Schematic File,单击 OK 按钮进入逻辑图形文件编辑状态。

选择 File→Save As 子菜单,在随后弹出的"另存文件任务窗格"中为新创建的未命名的图形文件取个适当的名字(如 L4_2_1)(因 QuartusⅡ仿真时要产生文件,最好为仿真项目新建一个子目录;此外,新版 Quartus Ⅱ 文件命名遵循 C 语言文件命名规则,建议按照 C 语言文件命名规则命名文件,以免该工程在高版本下无法使用),单击"保存"按钮。确认保存前注意勾选任务窗格最下方的 Create new project based on this file 复选框。在随后弹出的"创建工程文件确认对话框"中单击"是"进入"工程创建任务窗格",参考界面如图 7.3.5 所示。在如图 7.3.5 所示界面中,可选择工作目录,也可直接单击"Finish"按钮完成工程文件的创建。

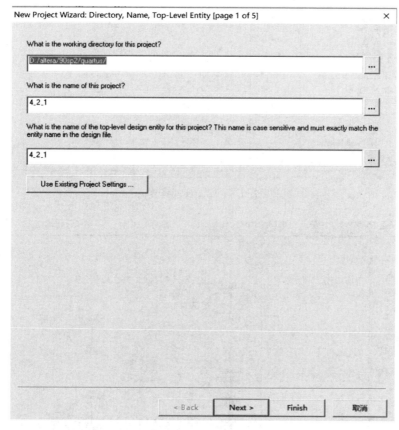

图 7.3.5　工程创建参考界面

2. 建立要仿真的逻辑图形文件并编译

图 7.3.1 所示电路包括五个与非门、两个输入、一个输出。具体实现如下。

(1) 在编辑区任意位置双击,将弹出"逻辑符号放置任务窗格",单击任务窗格最左边的"十"按钮,展开 primitives→logic 库,参考界面如图 7.3.6 所示。

移动滚动条,选择 nand2 元件(2 输入与非门),单击 OK 按钮,与非门符号便出现在绘图区,单击具体位置,确认放置一个与非门。

(2) 可依照上述方法放置五个与非门。也可单击选择与非门,右击,在弹出的菜单中选择 copy,复制与非门。在需要粘贴与非门的适当位置单击,右击,在弹出的菜单中选择

paste,复制 4 个与非门。拖动与非门到合适位置,参考效果如图 7.3.7 所示。

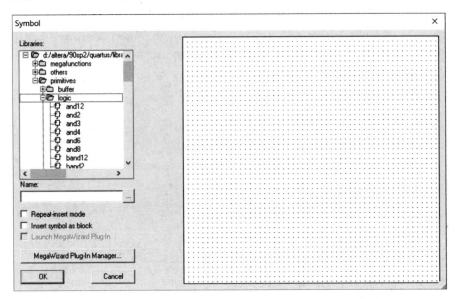

图 7.3.6　库元件选择界面

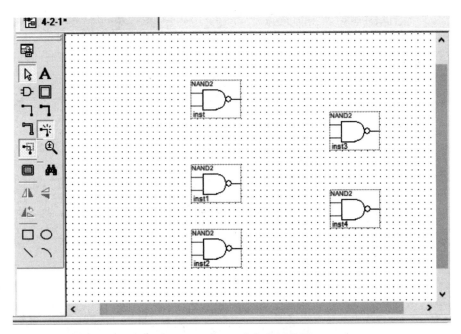

图 7.3.7　放置五个与非门的图

(3) 放置输入、输出符号。具体实现如下

在编辑区任意位置双击,按(1)中的方法展开 pin 库,选择 input 元件,单击 OK 按钮,输入符号便出现在绘图区,单击具体位置,确认放置 1 个输入。继续放置另 1 个输入。选择 output 元件,放置另 1 个输出。参考效果如图 7.3.8 所示。

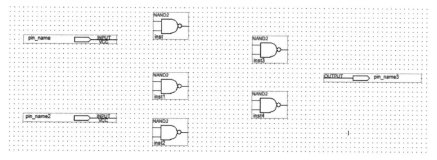

图 7.3.8　放置了全部符号的图

（4）定义元件名称

系统放置元件时,自动定义了 1 个默认名称,可将元件定义为要求的名称。双击输入元件中的文字 pin_name,将弹出"引脚属性任务窗格",在 Pin name(s)文本框中输入 A,如图 7.3.9 所示,单击确定完成名称的修改。继续修改 pin_name2 为 B,pin_name3 为 Y。可进一步修改 5 个与非门名称为 G1～G5。

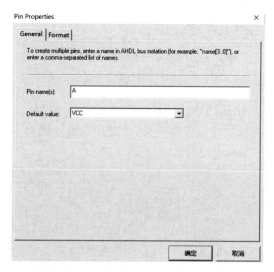

图 7.3.9　定义元件名称的图

（5）联接电路

将鼠标指向符号引脚,若光标变为"+",可拖放鼠标联线,依照如图 7.3.1 所示电路正确联接电路。具体联线时,可在连接线的中间放开鼠标,完成局部线段的绘制。之后,将鼠标指向连接线的端点,若光标变为"+",可继续拖放鼠标联线。

（6）编译电路

保存设计后,选择 Processing→Start Compilation 子菜单编译电路,如果没有错误,系统将弹出"编译成功"消息框。

当脱离了图形编辑界面时,可选择工作区左上角的 Project Navigator 的任务调板,单击调板下方的 Files 子调板,参考界面如图 7.3.10 所示。可单击子调板中的具体的图形文件,进入图形文件编辑界面。

图 7.3.10 Project Navigator

当编译有错误时,可选择工作区最下方的 message 区域,适当移动最右方的滚动条,查看编译错误的提示,参考界面如图 7.3.11 所示。

图 7.3.11 编译错误的提示 1

双击具体的错误将指出图中错误的具体位置,参考界面如图 7.3.12 所示。图中,与非门 G2 的连线没有与具体的输入元件连接,依照图 7.3.1 的要求,应与 A 连接,将鼠标指向连接线的端点,拖放鼠标完成与输入 A 的联线。

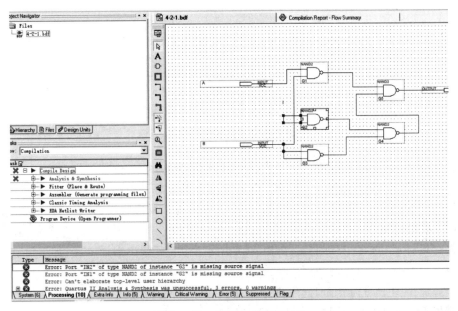

图 7.3.12 编译错误的提示 2

3. 建立要仿真的逻辑图形文件的波形文件

波形文件是 Quartus Ⅱ 仿真的必需文件,其主要作用是定义各输入信号及要观察的输出信号。具体实现方法如下。

(1)新建波形文件并添加到当前工程中。

选择 File→new 子菜单,在弹出的任务窗格中选择文件类型为 Vector Waveform File,参考界面如图 7.3.13 所示,单击 OK 按钮进入波形文件编辑状态。选择 File→Save As 子菜单,将新创建的未命名的波形文件命名(默认与图形文件同名,也必须与图形文件同名),单击 OK 按钮保存。确认保存前注意选中任务窗格最下方的 Add file to current project 复选框。

(2)导入图形文件中定义的输入输出到波形文件中。

编辑区 name 分栏任意位置右击,在弹出的菜单中选择 insert→insert Node or Bus...,参考界面如图 7.3.15 所示。在随后弹出的对话框中,选择右方的 Node Finder... 按钮(右方的第 3 个按钮),将出现 Node Finder 任务窗格。

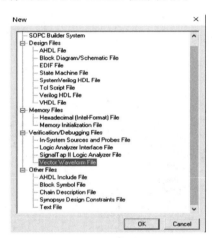

图 7.3.13　新建波形文件的图

图 7.3.14　另存波形文件的图

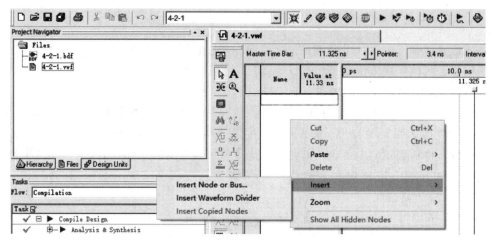

图 7.3.15　Node Finder 的图 1

　　在 Node Finder 任务窗格中,设置上方中间"Filter 下拉框"为 Pins:unassigned,参考界面如图 7.3.16 所示。单击窗格右上的 List 按钮,在左下文本框中选择想要编辑或观察的信号,单击"≫"按钮,将选择的输入、输出添加到右下文本框,参考界面如图 7.3.17 所示。

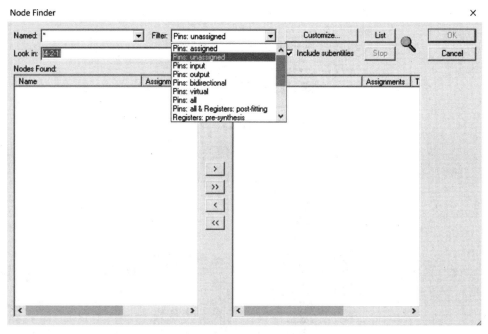

图 7.3.16　Node Finder 的图 2

　　单击 OK 按钮回到如图 7.3.15 所示之后的对话框,单击 OK 按钮回到波形编辑界面,完成图形文件中的输入输出到波形文件的导入。

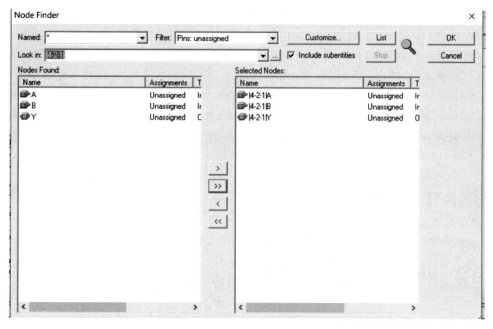

图 7.3.17　Node Finder 的图 3

4. 设置输入 A、B 的值

拖动鼠标选择要设置输入的具体的区域,单击左边工具栏中的"0"或"1",设置成相应的电平,参考界面如图 7.3.18 所示。图中,选择了 A、B 2 个输入第 4 个时间单元,单击工具栏中的"1"设置成高电平。

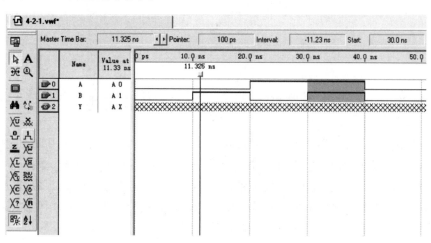

图 7.3.18　设置输入 A、B 的值

为了全方位观察电路的逻辑功能,可参考真值表的格式设置输入的值。图中,将 A、B 2 个输入第 1~4 个时间单元分别设置成"00、01、10、11"。

5. 仿真

保存设计后,选择 Processing→Start Simulation 子菜单(第一次仿真前需先单击菜单 Assignment 中的 Settings,在 Settings 窗的 Category 下选择 Simulator Settings,在 Simulation Mode 中选择仿真模式:时序仿真 Timing 或功能仿真 Functional;在 Simulation input 中选择 xxx.vwf 仿真波形文件,然后单击 OK 按钮),如果没有错误,系统将弹出"仿真成功"消息框,求出如图 7.3.2 所示的仿真波形。根据仿真波形,该仿真电路逻辑功能为同或门。

思考与练习

7.3.1 试简要叙述组合逻辑电路逻辑功能的描述方法。

7.3.2 试利用与非门组成与门、或门、非门、或非门和异或门。

7.3.3 试分析图 7.3.19 所示电路的逻辑功能。

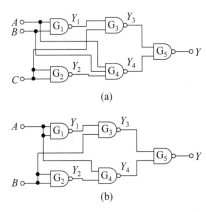

图 7.3.19 思考与练习 7.3.3 的图

7.4 常见中规模组合逻辑电路芯片原理及其应用

人们发现,在实践中为解决各种逻辑问题而设计出的逻辑电路。其中有些逻辑电路经常、大量地出现在各种数字系统当中。这些电路包括编码器、译码器、数据选择器、数值比较器、加法器、函数发生器、奇偶校验器/发生器等。为了使用方便,厂家将这些逻辑电路制成了中、小规模集成的标准化集成电路产品。在此介绍编码器、译码器、数据选择器、加法器等器件的工作原理以及这些芯片的应用。

7.4.1 编码器

一般来说,用文字、符号或者数字表示特定对象的过程称为编码。例如,孩子出生时家长给取名字,开运动会时给运动员编号等,都属于编码。不过,前者是用汉字进行编码,后者是用十进制数进行编码。在数字电路中,为了区分一系列不同的事物,将其中的每个事物用一系列逻辑"0"和逻辑"1"按一定规律编排起来,组成不同的代码来表示,这就是编码。

在数字电路中,信号都是以高、低电平的形式给出的。编码就是把输入的高、低电平形式的信号编成一个对应的二进制代码。执行编码功能的电路统称为编码器。

根据编码器输入是否有优先级,编码器分为普通编码器和优先编码器两类。每类中,又包括二进制编码器、二-十进制编码器两种类型。用 n 位二进制代码对 $N=2^n$ 个信号进行编码的电路称为二进制编码器,实现二-十进制编码的电路称为二-十进制编码器。

1. 二进制编码器

根据上面的定义,n 位的二进制编码器输出为 n 个二进制位,输入为 2^n 个信号。

3 位的二进制编码器框图如图 7.4.1 所示。图中,输出为 3 根线,输入为 8 根线,常形象地将 3 位二进制编码器描述为八线-三线编码器(简称八-三编码器)。

2. 二-十进制编码器

二-十进制编码器能将 10 个输入信号分别编成 10 个 BCD 码,每个 BCD 码用 4 个二进制位表示,框图如图 7.4.2 所示。可见,二-十进制编码器输出为 4 根线,输入为 10 根线,常形象地将二-十进制编码器描述为十线-四线编码器(简称十-四编码器)。

必须指出的是,从编码角度,二进制编码器、二-十进制编码器并无本质区别,可对照如图 7.4.3 所示的 4 位二进制编码器来进一步理解。

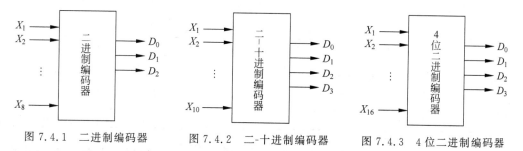

图 7.4.1 二进制编码器   图 7.4.2 二-十进制编码器   图 7.4.3 4 位二进制编码器

4 位二进制编码器具有 4 个输出,16 个输入。二-十进制编码器具有 4 个输出,10 个输入。可见,对输入不多于十个的编码应用,二者均可完成该编码应用。

当然,从扩展角度,二进制编码器具有扩展功能,2 个 4 位的二进制编码器可构成一个 5 位的二进制编码器。二-十进制编码器因为输出所具有的编码信息有余量(不够才需要扩展),因此,二-十进制编码器不方便扩展,集成的二-十进制编码器也不支持扩展,2 个二-十进制编码器只是 2 个独立的编码器,不能构成 1 个二十线-五线的编码器。

3. 优先编码器

由如图 7.4.1、图 7.4.2、图 7.4.3 所示的框图可以看出,编码器在任一时刻,可完成且只能完成1个特定输入的编码。普通编码器不能实现多个输入优先级的排序,必须遵循任一时刻只能有一路输入端有信号到来的约束,可用于人工场合下少量输入的编码。

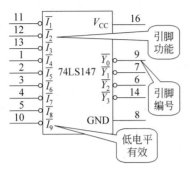

图 7.4.4 74LS147 引脚说明图

能对多个输入按照优先级排序,只对其中优先级最高的输入编码,具有这样功能的编码器称为优先编码器。

可通过集成芯片二-十进制优先编码器74LS147[①]来理解优先编码器的逻辑功能。74LS147 优先编码器各输入信号按照 $\overline{I_9}$、$\overline{I_8}$、$\overline{I_7}$、$\overline{I_6}$、$\overline{I_5}$、$\overline{I_4}$、$\overline{I_3}$、$\overline{I_2}$、$\overline{I_1}$ 优先级逐渐降低。为方便应用,以低电平输入为有效信号,输出为十进制数码对应 8421BCD 码的反码。

根据上面的描述,可写出 74LS147 优先编码器的真值表如表 7.4.1 所示。由真值表可看出,当 $\overline{I_8}$、$\overline{I_5}$、$\overline{I_3}$ 同时有效时,只对 $\overline{I_8}$ 编码,输出为 8 的 8421BCD 码的反码"0111"。若 $\overline{I_2}$、$\overline{I_6}$ 同时为 0,其余输入均为"1",只对 $\overline{I_6}$ 编码,编码输出为"0110"的反码,即"1001"。

表 7.4.1 74LS147 优先编码器的真值表

$\overline{I_1}$	$\overline{I_2}$	$\overline{I_3}$	$\overline{I_4}$	$\overline{I_5}$	$\overline{I_6}$	$\overline{I_7}$	$\overline{I_8}$	$\overline{I_9}$	$\overline{Y_3}\,\overline{Y_2}\,\overline{Y_1}\,\overline{Y_0}$
1	1	1	1	1	1	1	1	1	1111
0	1	1	1	1	1	1	1	1	1110
×	0	1	1	1	1	1	1	1	1101
×	×	0	1	1	1	1	1	1	1100
×	×	×	0	1	1	1	1	1	1011
×	×	×	×	0	1	1	1	1	1010
×	×	×	×	×	0	1	1	1	1001
×	×	×	×	×	×	0	1	1	1000
×	×	×	×	×	×	×	0	1	0111
×	×	×	×	×	×	×	×	0	0110

74LS147 为常用芯片,其引脚图如图 7.4.4 所示。紧靠四边形的小圆圈表示"低电平为有效信号"。四边形内部标注为引脚功能说明。四边形外部标注为引脚编号。如右上表示芯片第 16 脚为电源。

为便于读者绘制电路图,在本书中,芯片引脚顺序没有采用实际引脚顺序,实际芯片引脚编号方法如图 7.4.5 所示(16 引脚两列直插芯片)。可从引脚功能图直接得出

---

① 数字集成电路芯片主要有 CMOS、TTL 两大系列,各系列相同序号的芯片逻辑功能相同。TTL 的常用系列有 74LS 系列等;CMOS 的 74HC 系列已在很多场合下取代 74LS 系列;本书配有完备的视频,为与视频中的系列一致,纸质教材统一使用 74LS 系列芯片,读者可结合 7.2 节的内容理解不同系列在应用实践中的差异。

74LS147 的逻辑图如图 7.4.6[①] 所示。

二进制优先编码器与二-十进制优先编码器在原理上并无本质区别,但考虑二进制优先编码器的扩展,增加了相应的控制及扩展控制位。图 7.4.7 所示为 3 位二进制优先编码器 74LS148 的引脚图。$\overline{S_T}$、$\overline{Y_{EX}}$、Y_S 为控制引脚,解释如下:

- $\overline{S_T}$ 为选通输入端。当 $\overline{S_T}=0$ 时,允许编码,芯片工作;当 $\overline{S_T}=1$ 时,输入、输出及控制引脚 $\overline{Y_{EX}}$、Y_S 均被封锁,编码被禁止。

$\overline{S_T}$ 为芯片的选通输入端,常简称"片选"。"片选"的一个重要作用是"选片"。当多个芯片协同工作时,可使某个芯片的"片选"为 0,其余的芯片"片选"为 1,为 0 的芯片工作,其余的芯片不工作,从而实现选片的功能。基于上面的功能,常把"片选"称为使能端。

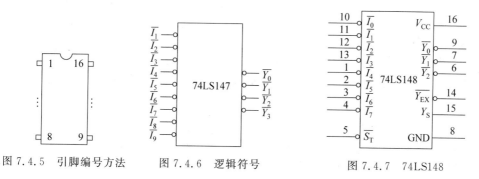

图 7.4.5 引脚编号方法　　　图 7.4.6 逻辑符号　　　图 7.4.7 74LS148

- Y_S 是选通输出端。当 $Y_S=0$ 时表示"电路工作,但无输入信号"。

可简单地将该引脚的功能理解为"选通其他芯片的输出端"。当然,要选通其他芯片,应使该芯片的"片选"为 0,使该芯片工作。依照多个芯片协同工作的应用要求,某芯片工作时,其余芯片应不工作。Y_S 接另 1 个芯片的片选,当 $Y_S=0$ 时,芯片本身无输入信号,无须编码;与该引脚连接的另一个编码器片选有效,工作,正常编码。确保 2 个编码芯片某个时刻最多有 1 个芯片在执行编码功能。

- $\overline{Y_{EX}}$ 为扩展输出端。当 $\overline{Y_{EX}}=0$ 时表示"电路工作,而且有输入信号"。

根据上面的逻辑功能,级联应用时,高位芯片的 Y_S 端与低位芯片的 $\overline{S_T}$ 端连接起来,高位芯片的 $\overline{Y_{EX}}$ 可作为高位的编码输出位。

74LS148 的输出为对应输入信号二进制码的反码。优先级为 $\overline{I_7} \sim \overline{I_0}$ 逐渐降低。对照 74147,可写出 74LS148 优先编码器真值表,如表 7.4.2 所示。

---

① 引脚图的内部标注为单纯的引脚功能说明。逻辑图的标注说明应吻合电路的逻辑功能。如外部输入 $\overline{I_1}$,当该引脚标注在框里时应标注为 I_1。对集成芯片,本书使用引脚图绘制该芯片。在由该芯片构成的应用电路中,为求简洁,没有绘制引脚编号。

表 7.4.2　74LS148 优先编码器真值表

$\overline{S_T}$	$\overline{I_0}$	$\overline{I_1}$	$\overline{I_2}$	$\overline{I_3}$	$\overline{I_4}$	$\overline{I_5}$	$\overline{I_6}$	$\overline{I_7}$	$\overline{Y_{EX}}$	Y_S	$\overline{Y_2}\,\overline{Y_1}\,\overline{Y_0}$
1	×	×	×	×	×	×	×	×	1	1	111
0	1	1	1	1	1	1	1	1	1	0	111
0	0	1	1	1	1	1	1	1	0	1	111
0	×	0	1	1	1	1	1	1	0	1	110
0	×	×	0	1	1	1	1	1	0	1	101
0	×	×	×	0	1	1	1	1	0	1	100
0	×	×	×	×	0	1	1	1	0	1	011
0	×	×	×	×	×	0	1	1	0	1	010
0	×	×	×	×	×	×	0	1	0	1	001
0	×	×	×	×	×	×	×	0	0	1	000

【例 7.4.1】　试用两片 74LS148 接成 16 线-4 线优先编码器,将 $\overline{A_0}\sim$ $\overline{A_{15}}$ 16 个低电平输入信号编为 0000～1111 的 16 个 4 位二进制代码。其中 $\overline{A_{15}}$ 的优先权最高,$\overline{A_0}$ 的优先权最低。

解:

由于 74LS148 系 8 线-3 线优先编码器,它只有 8 个编码输入。所以,应选用两片 74LS148 优先编码器,将 16 个编码输入信号分别接到两片上。具体接法如图 7.4.8 所示。

简要解释如下:

(1) 优先级设计

两片 74LS148 具有 16 个编码输入,与题中要求吻合,只需完成优先级的设计即可完成输入的设计。

假定片(1)高于片(2),可将 $\overline{A_8}\sim$ $\overline{A_{15}}$ 8 个优先权高的输入信号接到片(1)的 $\overline{I_0}\sim\overline{I_7}$ 输入端,而将 $\overline{A_0}\sim\overline{A_7}$ 8 个优先权低的输入信号接到片(2)的 $\overline{I_0}\sim\overline{I_7}$ 输入端。

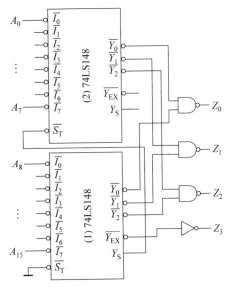

图 7.4.8　例 7.4.1 的电路图

(2) 优先级实现

按照优先顺序的要求,片(1)高于片(2),只有 $\overline{A_8}\sim\overline{A_{15}}$ 均无输入信号时,才可对 $\overline{A_0}\sim\overline{A_7}$ 的输入信号进行编码。为此,可把片(1)的"无编码信号输入"信号 Y_S 作为片(2)的选通输入信号 $\overline{S_T}$ 来保证优先顺序的要求。

(3) 低 3 位输出的设计与实现

依照该电路输入的连接特点,当片(1)编码时,低 3 位的输出为片(1)的输出;当片

（2）编码时,低 3 位的输出为片（2）的输出。

上述问题可进一步转化为逻辑问题:

A 有效,$Y=A$,B 有效,$Y=B$,求 Y?

下面直接给出该逻辑问题的答案:

当高电平为有效输入时,$Y=A+B$;当低电平为有效输入时,$Y=AB$。

因此,编码输出的低 3 位为两片的输出对应位的与非(注意 74LS148 编码输出为反码,而本题要求输出原码)。

（4）最高位输出的实现

最高位 Z_3 的逻辑功能如下。

当片（1）工作且有输入时,片（1）编码,编码值为"8～15",最高位输出为 1;当片（1）工作且无输入时,片（2）编码,编码值为"0～7",最高位输出为 0。

当片（1）有编码信号输入时,它的 $\overline{Y_{EX}}=0$;无编码信号输入时,它的 $\overline{Y_{EX}}=1$,正好可以用它取反后作为输出编码的第 4 位。

同理,可用 4 片 74LS148 接成 32 线-5 线优先编码器,以此类推。

【例 7.4.2】 某医院有 1、2、3、4 号病房 4 间,装有 4 个呼叫器,对应的护士室有 1、2、3、4 号 4 个指示灯。优先级按照 1、2、3、4 顺序降低设置,请设计该控制电路。

解:

选用 74LS148 结合门电路实现。

（1）先实现优先级设计

设呼叫器按钮按下时输出低电平,可令 $\overline{I_7}$、$\overline{I_6}$、$\overline{I_5}$、$\overline{I_3}$ 分别对应 1、2、3、4 号病房的 4 个呼叫器输入。

（2）求出指示灯函数 L_4、L_3、L_2、L_1

设输出为 1 时灯亮,可列出 L_4、L_3、L_2、L_1 真值表如表 7.4.3 所示。

表 7.4.3 例 7.4.2 的真值表

$\overline{I_3}$	$\overline{I_5}$	$\overline{I_6}$	$\overline{I_7}$	Y_S	$\overline{Y_2}\,\overline{Y_1}\,\overline{Y_0}$	$L_4 L_3 L_2 L_1$
1	1	1	1	0	111	0 0 0 0
0	1	1	1	1	100	1 0 0 0
×	0	1	1	1	010	0 1 0 0
×	×	0	1	1	001	0 0 1 0
×	×	×	0	1	000	0 0 0 1

由真值表,可求出各指示灯函数 L_4、L_3、L_2、L_1 如下:

$$L_4=\overline{Y_2}Y_S \quad L_3=\overline{Y_1}Y_S$$

$$L_2=\overline{Y_0}Y_S \quad L_1=\overline{\overline{I_7}}$$

可画出电路如图 7.4.9 所示。

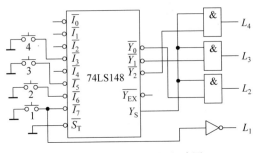

图 7.4.9 例 7.4.2 的电路图

7.4.2 译码器

1. 译码器的概念与种类

编码时,对每种二进制代码状态,都赋予了特定的含义,即都表示了一个确定的信号或者对象。译码是编码的逆过程,实现译码操作的电路称为译码器。

如图 7.4.10(a)所示为 8 线-3 线编码器,可从译码为编码逆过程的角度进一步理解译码器的逻辑功能。从输入、输出角度,相应的译码器应该具有 3 个输入、8 个输出,常形象地将这样的译码器描述为 3 线-8 线译码器。此外,编码器实现了对每个确定有效的输入相应地输出一组确定的代码,如确定 X_4 为有效输入,将输出 4 的二进制 BCD 码或者其反码。从逆过程角度,对译码器而言,给定一组确定含义的代码,将获得一个有效输出。如给定一组输入 $A_2A_1A_0$ 为"100",将获得一个有效输出 Y_4。

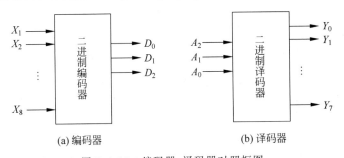

(a)编码器　　　　　　(b)译码器

图 7.4.10 编码器、译码器对照框图

可总结译码器特点如下:

译码器可以将输入二进制代码的状态翻译成输出信号,以表示原来含义。将代码状态的特点含义"翻译"出来的过程称为译码。

应用实践中,译码器包括二进制译码器、二-十进制译码器和数字显示译码器三种典型电路。

将 n 位二进制输入码翻译为 $N = 2^n$ 个输出中对应的一个有效输出的电路称为二进制译码器。实现二-十进制译码的电路称为二-十进制译码器。将输入的数码翻译成数码管、液晶等数字显示设备需要的代码的电路称为数字显示译码器。限于篇幅,关于数字显示译码器,请参考其他书籍或扫描图 7.4.11 的二维码了解学习。

依照二进制译码器的定义,可知,四-十六进制译码器具有 4 个输入,16 个输出,框图如图 7.4.11(a)所示。类似地,二-十进制译码器输出有 10 个,相对应的输入必须有 4 个二进制位,框图如图 7.4.11(b)所示。

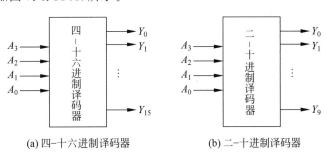

(a)四-十六进制译码器   (b)二-十进制译码器

图 7.4.11 四-十六进制译码器、二-十进制译码器对照框图

从图 7.4.11 所示框图不难看出,二进制、二-十进制译码器并无本质区别,对输出不多于 10 个的译码应用,二者可以互换。二者的主要区别在于,二-十进制译码器只有 10 个输出,扩展不方便。

2. 二进制译码器的逻辑功能

下面,结合如图 7.4.12 所示的 2 线-4 线译码器介绍二进制译码器的逻辑功能。图中,输入代码为 2 个二进制位,输出为 4 个(设低电平为有效输出)。依照二进制译码器的定义,有:

给定 A_1A_0 为"00",0 路输出有效,输出为 0(低电平有效),其余 3 个输出为 1,写成表达式:

$$\overline{Y_0} = \overline{\overline{A_1}\,\overline{A_0}} = \overline{m_0}$$

类似地,当 A_1A_0 为"01",1 路输出有效;A_1A_0 为"10",2 路输出有效;A_1A_0 为"11",3 路输出有效;可写出其余 3 个输出表达式如下:

$$\overline{Y_1} = \overline{\overline{A_1}A_0} = \overline{m_1} \quad \overline{Y_2} = \overline{A_1\overline{A_0}} = \overline{m_2} \quad \overline{Y_3} = \overline{A_1A_0} = \overline{m_3}$$

基于上面的分析,可总结 $\overline{Y_0} \sim \overline{Y_3}$ 的通用输出表达式为

$$\overline{Y_i} = \overline{m_i} \qquad (7.4.1)$$

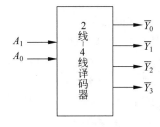

图 7.4.12 2 线-4 线译码器

译码器的译码功能应用十分广泛,常用于多设备的协同工作。如计算机中具有音箱、打印机、显示器等各种设备,这些设备均与计算机的数据线连接。当计算机给打印机发送数据时,音箱、显示器等设备不能接收这些数据,否则,音箱会乱响,显示为乱码。可利用译码器控制这些设备的使能端,在给打印机发送数据前,给出打印机对应的地址信号,使打印机使能端有效,此时,在译码器的控制下,其余各设备的使能端均无效,确保各

设备协同工作。

基于译码器译码逻辑功能特点,可类似总结三-八译码器、四-十六译码器等二进制译码器通用输出表达式也为

$$\overline{Y_i} = \overline{m_i}$$

对于二-十进制译码器,它与二进制译码器并无本质区别,通用输出表达式也为:

$$\overline{Y_i} = \overline{m_i}$$

当然,二-十进制译码器只有 10 个输出,因此,大于 9 的输入代码为无效输入。

3. 常用集成译码器的逻辑功能

译码器是常用组合逻辑芯片,应用十分广泛,相应的集成译码器产品也较多,按照输入、输出线的多少有二-四译码器、三-八译码器、四-十六译码器、四-十译码器等。

如图 7.4.13 所示为应用十分广泛的三-八译码器 74LS138。图中,A_2、A_1、A_0 为译码器的地址端; $\overline{Y_0} \sim \overline{Y_7}$ 为译码器的输出端。S_T、$\overline{S_1}$、$\overline{S_2}$ 为控制端。当 $S_T = 1$,$\overline{S_1} = \overline{S_2} = 0$ 时,译码器工作,其输出函数 $\overline{Y_0} \sim \overline{Y_7}$ 的表达式可用下式表示

$$\overline{Y_i} = \overline{m_i}$$

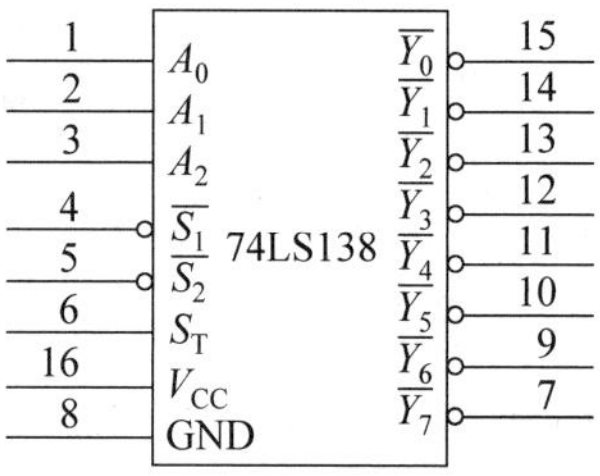

如 $\overline{Y_0} = \overline{m_0} = \overline{A B C}$,可类似写出其他输出表达式。其真值表如表 7.4.4 所示。

图 7.4.13　74LS138

表 7.4.4　74LS138 译码器真值表

S_T	$\overline{S_1} + \overline{S_2}$	$A_2 A_1 A_0$	输出
0	×	×××	全 1
×	1	×××	全 1
1	0	0 0 0	$\overline{Y_0} = 0$,其余为 1
1	0	m_i	$\overline{Y_i} = \overline{m_i}$,其余为 1

由真值表 7.4.4 可看出,$\overline{Y_0} \sim \overline{Y_7}$ 为 A_2、A_1、A_0 这三个变量的全部最小项的译码输出,所以也将这种译码器称为最小项译码器。

【例 7.4.3】　试用两片 74LS138 接成 4 线-16 线译码器。

解:

图 7.4.14 所示是用两片 74LS138 级联起来构成的 4 线-16 线译码器。分析如下:

(1) 输出设计:

设片(1)为低 8 位,片(2)为高 8 位,分别对应 4 线-16 线译码器的 16 个输出。

(2) 低 3 位 A_2、A_1、A_0

输入允许直接短接,可将片(1)、片(2)的 A_2、A_1、A_0 接在一起。

(3) 最高位地址 A_3

当 $A_3 = 0$ 时,片(1)工作,片(2)禁止工作。可令 A_3 可接片(1)的 $\overline{S_1}$ 及片(2)的 S_T。

该接法满足当 $A_3 = 1$ 时,片(2)工作,片(1)禁止工作的应用要求。

(4) 使能端的设计

片(1)的 $\overline{S_2}$,片(2)的 $\overline{S_1}$、$\overline{S_2}$ 3 个控制引脚未使用,将这 3 个控制引脚短接,形成整体的使能端 $\overline{S}$。当 $\overline{S} = 1$ 时,级联电路被禁止,输出为全 1。当 $\overline{S} = 0$ 时,级联电路工作。

由例 7.4.3 可看出,74LS138 具有 3 个控制引脚,非常方便级联。上题中,未用的控制引脚片(1)的 st 接为高电平,恒有效,有兴趣的读者也可改进该电路,实现具有高、低两种电平控制方式的 4 线-16 线译码器。

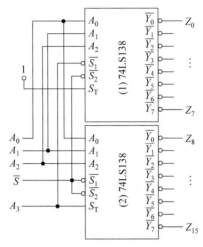

图 7.4.14 例 7.4.3 的电路图

7.4.3 加法器

计算机中,减法通过加法实现,加法器是构成算术运算器的基本单元。

1. 半加器

不考虑来自低位的进位的两个 1 位的二进制数的加法运算,称为半加运算。实现半加运算的电路称为半加器。半加器电路如图 7.4.15 所示。将如图 7.4.15 所示电路输入 Quartus Ⅱ 中编译并仿真,可得波形如图 7.4.16 所示。分别令 A、B 为两个 1 位的二进制数的加数、被加数;S 为相加后的和数,CO 为向高一位的进位数。由图 7.4.16 可知如图 7.4.15 所示电路为半加器电路。如图 7.4.17 所示为半加器的逻辑符号。

也可通过门电路的特点直接理解半加器电路的逻辑功能。S 为 A、B 的异或。前面指出,异或为不一样的"或",为真正的加。可见,S 为 A、B 的和。CO 为 A、B 的与,符合 2 个 1 位二进制数的加法的进位特点,为向高一位的进位。

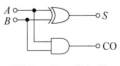

图 7.4.15 半加器

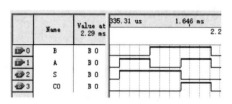

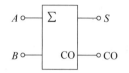

图 7.4.16　半加器仿真图　　　　图 7.4.17　半加器逻辑符号

2. 全加器

考虑来自低位进位数的两个 1 位二进制数的加法运算,称为全加运算。实现全加运算的电路称为全加器。全加器电路如图 7.4.18 所示。将如图 7.4.18 所示电路输入 Quartus Ⅱ 中编译并仿真,可得波形如图 7.4.19 所示。分别令 A、B 为两个 1 位的二进制数的加数、被加数;CI 为来自低位的进位数;S 为相加后的和数,CO 为向高一位的进位数。则由图 7.4.19 可知如图 7.4.18 所示电路为全加器电路。如图 7.4.20 所示为全加器的逻辑符号。

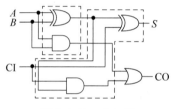

图 7.4.18　全加器

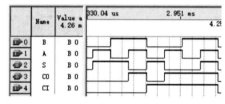

图 7.4.19　全加器仿真图

也可以从另一个角度理解全加器:全加器由两个半加器加一个或门构成,其联接方法如图 7.4.21 所示。即用半加器 1 将 A、B 两个数相加,其和再与 CI 用半加器 2 相加所得的和为最终的和 S;半加器 1 的进位与半加器 2 的进位之或构成向高一位的进位 CO。

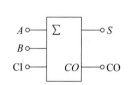

图 7.4.20　全加器逻辑符号

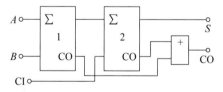

图 7.4.21　由半加器构成的全加器

3. 串行进位加法器

由图 7.4.21 可知,全加器的加法过程为(忽略或门运算时间):半加器 1 相加完成后再由半加器 1 的结果及低位进位由半加器 2 相加后求出最终的和。全加器的最终进位由半加器 1、半加器 2 的进位相或决定。

这种加法器高位的运算需要等待低位运算所产生的进位才可求得,称它为串行进位加法器。可按照这种方法用全加器构成多位加法器。用全加器构成的两位串行进位加法器电路如图 7.4.22 所示。图中，S_0 为 A_0、B_0 的和，可直接求解。S_1 需要等待 A_0、B_0 相加后的进位才可求出最终结果，为典型的串行进位加法器。

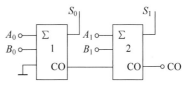

图 7.4.22　两位串行进位加法器

串行进位加法器电路结构比较简单。但是，这种电路的最大缺点是运算速度慢，仅在对运算速度要求不高的设备中采用。为提高运算速度，人们又设计了超前进位的加法器。

4. 超前进位加法器

所谓超前进位加法器，是指在做加法运算时，各位数的进位信号由输入的二进制数直接产生的加法器。

如图 7.4.23 所示为超前进位的 4 位全加器 74LS283 的引脚图。图中，$A_4A_3A_2A_1$、$B_4B_3B_2B_1$ 为 4 位的加数及被加数，$S_4S_3S_2S_1$ 为和，CI 为来自低位的进位，CO 为向高位的进位。如输入 $A_4A_3A_2A_1$（1000）、$B_4B_3B_2B_1$（0110）、CI（0），则输出为 $S_4S_3S_2S_1$（1110）、CO（0）。

加法运算是计算机中的基础运算，实践中，加法器应用十分广泛。如图 7.4.24 所示为 8421BCD 码转换为余 3 码的电路。依照编码规则，余 3 码的值比 8421BCD 码的值大 3，可利用 74LS283 将输入的 4 位 8421BCD 码加上二进制数"0011"即可实现转换。

必须指出的是，计算机中，减法是用加法实现的，因此，加法器不仅可以做加法，还可以实现减法运算。如图 7.4.25 所示为两个 4 位二进制二进制数的减法运算电路。其中，$C_3C_2C_1C_0$ 为被减数，$D_3D_2D_1D_0$ 为减数，$Y_3Y_2Y_1Y_0$ 为结果，BO 为借位输出。

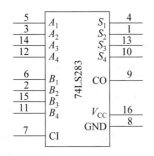

图 7.4.23　74LS283

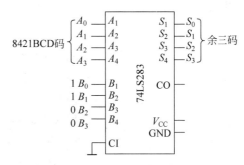

图 7.4.24　8421BCD 码转换为余 3 码电路

图 7.4.25 中，两个 4 位二进制 $C_3C_2C_1C_0$、$D_3D_2D_1D_0$ 均为原码，减数 $D_3D_2D_1D_0$ 每位与高电平异或，来自低位的进位为高电平。减数每位与高电平异或，相当于逐位取反。加法器加上来自低位的进位，实现了对减数 $D_3D_2D_1D_0$ 的"逐位取反加 1"，求出了减数的补码。因此，如图 7.4.25 所示为两个 4 位二进制正数的减法运算电路。

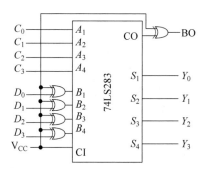

图 7.4.25　两个 4 位二进制正数的减法运算电路

7.4.4　数据选择器

　　在多路数据传送过程中,往往需要将多路数据中任意一路信号挑选出来,能实现这种逻辑功能的电路称为数据选择器(或者称为多路选择器、多路开关)。可通过图 7.4.26 来理解数据选择器。

　　图中,D_0、D_1、D_2、D_3 为 4 路输入信号,A_1、A_0 为选择控制信号,Y 为输出信号。Y 可为 4 路输入数据中的任意一路,究竟是哪一路完全由地址选择控制信号 A_1、A_0 决定。

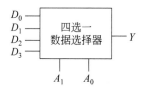

图 7.4.26　数据选择器

　　按照逻辑功能要求,可令 $A_1 A_0 = 00$ 时,$Y = D_0$;$A_1 A_0 = 01$ 时,$Y = D_1$;$A_1 A_0 = 10$ 时,$Y = D_2$;$A_1 A_0 = 11$ 时,$Y = D_3$。按照上述设计的逻辑电路可完成四选一的逻辑功能。上面的分析可写成如下的表达式

$$Y = D_0 \overline{A_1}\, \overline{A_0} + D_1 \overline{A_1} A_0 + D_2 A_1 \overline{A_0} + D_3 A_1 A_0 = \sum_{i=0}^{3} D_i m_i \qquad (7.4.2)$$

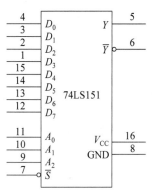

图 7.4.27　数据选择器

　　数据选择器应用十分广泛,集成数据选择器的规格品种较多。如 74LS153(双四选一数据选择器)、74LS151(八选一数据选择器)。74LS151 的引脚功能如图 7.4.27,74LS151 的真值表如表 7.4.5。它有 8 个数据输入端 $D_0 \sim D_7$、3 个地址输入端 $A_0 \sim A_2$、一个选通控制端 $\overline{S}$、两个互补的输出端 Y 和 $\overline{Y}$。当选通控制端 $\overline{S} = 1$ 时,选择器被禁止,即不工作($Y = 0$)。此时输入的数据和地址信号均不起作用。当选通控制端 $\overline{S} = 0$ 时,选择器工作,输出 Y 的逻辑表达式为

$$Y = D_0 \overline{A_2}\, \overline{A_1}\, \overline{A_0} + \cdots + D_7 A_2 A_1 A_0 = \sum_{i=0}^{7} D_i m_i$$

$$(7.4.3)$$

表 7.4.5 74LS151 真值表

$\overline{S}$	$A_2 A_1 A_0$	Y
1	$\times\times\times$	0
0	0 0 0	D_0
0	m_i	D_i

当一片数据选择器不能满足应用要求时,可用多片扩展。如图 7.4.28 所示电路为四片八选一数据选择器、一个三-八译码器和一个或门构成的三十二选一数据选择器。图中,2 线-4 线译码器(用三-八译码器实现)对输入的地址 $A_4 A_3$ 进行译码,其输出 $\overline{Y_0} \sim \overline{Y_3}$ 作为选通控制信号分别接到四个 8 选 1 数据选择器的 $\overline{S}$ 端。例如,当 $A_4 A_3 = 00$ 时,译码器输出 $\overline{Y_0} = 0$,其余各输出端为 1,因此,只有数据选择器片(1)被选通,在 $A_2 \sim A_0$ 地址码的作用下,从输入的数据 $D_0 \sim D_7$ 中选择一路输出;类似当 $A_4 A_3 = 01$ 时,$\overline{Y_1} = 0$,数据选择器片(2)被选通,在 $A_2 \sim A_0$ 地址码的作用下,从输入的数据 $D_8 \sim D_{15}$ 中选取一路输出;……。具体讲,若已知地址码 $A_4 A_3 A_2 A_1 A_0 = 01110$,则译码器输出 $\overline{Y_1} = 0$,数据选择器片(2)被选通,$Y = Y_2 = (D)_{26} = D_{14}$,即选中第 14 路数据 D_{14} 作为输出。

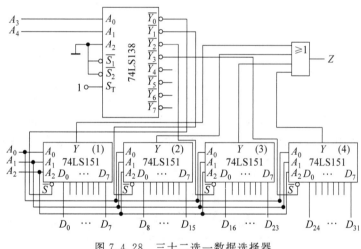

图 7.4.28 三十二选一数据选择器

集成组合逻辑电路芯片种类很多,常用的还有数值比较器、数据分配器等。有兴趣的读者请参考相关书籍。

7.4.5 利用中规模器件实现组合逻辑电路(MSI 设计)

1. 用译码器实现组合逻辑电路

当二进制的 3 线-8 线译码器控制端 $S_T = 1$,$\overline{S_1} = \overline{S_2} = 0$ 时,如果将地址端 A_2、A_1、A_0 作为 3 个输入的自变量,则 8 个输出端输出的就是这 3 个输入变量的全部最小项,即

$\overline{Y}_i = \overline{m}_i$。利用附加的门电路将这些最小项适当地组合起来,便可产生任何形式的三变量组合逻辑函数。以此类推,n 位二进制译码器的输出给出了 n 变量的全部最小项,利用附加的门电路可获得任何形式输入变量数不大于 n 的组合逻辑函数。

【例 7.4.4】 试用 3 线-8 线译码器 74LS138 设计能实现下列多输出函数的组合逻辑电路。输出的逻辑函数为

$$Z_1 = \overline{A}\,\overline{B}\,\overline{C} + ABC$$
$$Z_2 = AB + BC + AC \tag{7.4.4}$$
$$Z_3 = \overline{A}\,\overline{B}C + \overline{A}B\overline{C} + A\overline{B}\,\overline{C} + ABC$$

解:

首先将式(7.4.4)中的函数变换为由最小项表示的形式,有

$$Z_1 = \overline{A}\,\overline{B}\,\overline{C} + ABC = m_0 + m_7$$
$$Z_2 = AB + BC + AC = m_3 + m_5 + m_6 + m_7 \tag{7.4.5}$$
$$Z_3 = \overline{A}\,\overline{B}C + \overline{A}B\overline{C} + A\overline{B}\,\overline{C} + ABC = m_1 + m_2 + m_4 + m_7$$

令 74LS138 译码器的地址端分别为 $A_2 = A$、$A_1 = B$、$A_0 = C$,则它的输出就是式(7.4.5)中的 $\overline{m}_0 \sim \overline{m}_7$。所以需将式(7.4.5)变换为

$$Z_1 = m_0 + m_7 = \overline{\overline{m}_0 \cdot \overline{m}_7} = \overline{\overline{Y}_0 \cdot \overline{Y}_7}$$
$$Z_2 = m_3 + m_5 + m_6 + m_7 = \overline{\overline{m}_3 \cdot \overline{m}_5 \cdot \overline{m}_6 \cdot \overline{m}_7} = \overline{\overline{Y}_3 \cdot \overline{Y}_5 \cdot \overline{Y}_6 \cdot \overline{Y}_7}$$
$$Z_3 = m_1 + m_2 + m_4 + m_7 = \overline{\overline{m}_1 \cdot \overline{m}_2 \cdot \overline{m}_4 \cdot \overline{m}_7} = \overline{\overline{Y}_1 \cdot \overline{Y}_2 \cdot \overline{Y}_4 \cdot \overline{Y}_7}$$

由上式画出实现函数 Z_1、Z_2、Z_3 的组合逻辑电路如图 7.4.29 所示。可用 Quartus Ⅱ 打开本题仿真包进行仿真,请注意 74LS138 的 $A_2A_1A_0$ 对应 Quartus Ⅱ 中为 CBA。

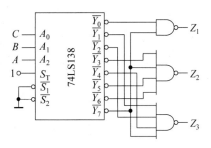

图 7.4.29 例 7.4.4 的电路图

【例 7.4.5】 试用 3 线-8 线译码器实现两个一位二进制数的全减运算。

解:

(1) 分析逻辑功能要求,写出全减运算的真值表。

设 A_i、B_i、C_{i-1} 分别表示被减数、减数、低一位的借位数。F_i、C_i 表示差值,向高一位的借位数。根据全减运算的功能要求,可以写出如表 7.4.6 所示的两个一位二进制的全减真值表。

表 7.4.6 真值表实例

A_i	B_i	C_{i-1}	F_i	C_i
0	0	0	0	0
0	0	1	1	1
0	1	0	1	1
0	1	1	0	1
1	0	0	1	0
1	0	1	0	0
1	1	0	0	0
1	1	1	1	1

（2）由真值表写出逻辑函数 F_i、C_i 的标准与或式

$$F_i = m_1 + m_2 + m_4 + m_7$$
$$C_i = m_1 + m_2 + m_3 + m_7 \qquad\qquad (7.4.6)$$

（3）画电路

选用 74LS138 3 线-8 线译码器。并令它的地址端分别为 $A_2 = A_i$、$A_1 = B_i$、$A_0 = C_{i-1}$，则它的输出 $\overline{Y_0} \sim \overline{Y_7}$ 就是式（7.4.6）中的 $\overline{m_0} \sim \overline{m_7}$。故将式（7.4.6）变换为

$$F_i = m_1 + m_2 + m_4 + m_7 = \overline{\overline{m_1 m_2 m_4 m_7}}$$
$$C_i = m_1 + m_2 + m_3 + m_7 = \overline{\overline{m_1 m_2 m_3 m_7}}$$
$$(7.4.7)$$

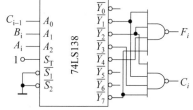

图 7.4.30 例 7.4.5 的电路图

由式（7.4.7）可以知道，增加 2 个与非门就可以实现函数 F_i、C_i。图 7.4.30 所示为实现两个一位二进制数的全减运算。

不言而喻，也可以选用 4 线-10 线 BCD8421 译码器，实现两个一位二进制数的全减运算。读者可以自行解决。

2. 用具有 n 个地址端的数据选择器实现 $m(m = n)$ 变量的逻辑函数

当 $\overline{S} = 0$ 时，8 选 1 数据选择器的输出表达式，可以写成

$$Y = D_0 \overline{A_2}\ \overline{A_1}\ \overline{A_0} + \cdots + D_7 A_2 A_1 A_0 = \sum_{i=0}^{7} D_i m_i$$

如果用地址端 A_2、A_1、A_0 分别代表 3 个变量 A、B、C，上式用卡诺图的形式表示如图 7.4.31。适当地选择 $D_0 \sim D_7$，就可以用八选一数据选择器设计任意的 3 变量组合逻辑电路。可通过下面的例题来理解。

A \ BC	00	01	11	10
0	D_0	D_1	D_3	D_2
1	D_4	D_5	D_7	D_6

图 7.4.31 八选一数据选择器输出表达式卡诺图

【例 7.4.6】 试利用八选一数据选择器,设计一个三变量的判偶电路。

解:

(1) 写出真值表

根据三个变量 A、B、C 判偶的逻辑功能,可写出如表 7.4.7 所示的真值表(1 为有效输入)。

表 7.4.7 例 7.4.6 真值表

A	B	C	F
0	0	0	1
0	0	1	0
0	1	0	0
0	1	1	1
1	0	0	0
1	0	1	1
1	1	0	1
1	1	1	0

(2) 作卡诺图

由判偶函数 F 的真值表作出如图 7.4.32 所示的卡诺图。

A＼BC	00	01	11	10
0	1		1	
1		1		1

图 7.4.32 例 7.4.6 卡诺图

(3) 选择 $D_0 \sim D_7$ 的值

令 $A = A_2$、$B = A_1$、$C = A_0$,将图 7.4.32 与图 7.4.31 所示数据选择器的卡诺图进行比较,则有 $D_0 = D_3 = D_5 = D_6 = 1$、$D_1 = D_2 = D_4 = D_7 = 0$。

(4) 画出电路

可画出如图 7.4.33 所示的三变量判偶电路图。可用 QuartusⅡ打开本题仿真包进行仿真,请注意 74LS151 的 $A_2 A_1 A_0$ 对应 QuartusⅡ中为 CBA。

从上面的例子可以明显地看出,用具有 n 个地端输入端的数据选择器设计 $m = n$ 变量函数的组合逻辑电路,是十分方便的。它不需要将所设计的函数化简为最简式,只需将输入变量加到数据选择器的地址端,选择器的数据输入端按卡诺图中最小项格中的值(0 或 1)对应相连。

显然,当输入变量数小于数据选择器的地址端数(即 $n > m$)时,例如用八选一数据选择器设计二变量函数的组合逻辑电路时,只需将高位地址端 A_2 接地以及相应的数据输入端($D_4 \sim D_7$)接地即可实现。如图 7.4.34 所示逻辑函数为 $Y = AB$。

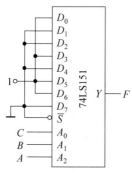

图 7.4.33　最终电路图

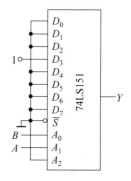

图 7.4.34　$Y=AB$ 的图

3. 用具有 n 个地址端的数据选择器实现 $m(m>n)$ 变量的逻辑函数

当 $m>n$ 时,可以将 2^n 选 1 数据选择器扩展成 2^m 选 1 数据选择器,然后按照上面的方法予以设计。

如图 7.4.35 所示为用具有三个地址端的八选一数据选择器扩展成十六选一数据选择器来实现四变量逻辑函数的实例,这种方法称为扩展法。

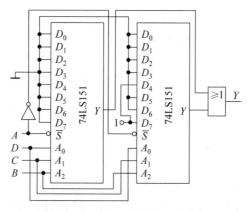

图 7.4.35　扩展法实例

如图 7.4.35 所示电路的逻辑函数为

$$Y = ABCD + AB\overline{C}\overline{D}$$

从上述例子中可以看出,使用译码器和附加逻辑门设计多输出函数的组合逻辑电路极为方便;而应用数据选择器设计单输出函数的组合逻辑电路极为方便。

此外,常用的中规模组合逻辑电路通用性强,可在不用或尽量少用附加电路的情况下,将若干功能部件扩展为位数更多、功能更复杂的电路。常用的中规模组合逻辑电路芯片内部一般都设置有缓冲门和使能端(即控制端),使能端除了本身的用途外,还可以用来消除冒险现象。因此,与利用门电路等小规模器件实现组合逻辑电路相比,利用中规模器件实现组合逻辑电路具有设计简单、可靠性强等诸多优点,成为目前组合逻辑电路设计的主流方式之一。

思考与练习

7.4.1 什么是编码器？什么是译码器？两者有何不同？

7.4.2 某一电路具有两个输入变量 A、B 和一个输出 F，将电路输入 Quartus II 中并仿真，其波形如图 7.4.36，请说明电路的逻辑功能。

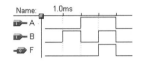

图 7.4.36 思考与练习 7.4.2 的图

7.4.3 总结集成二-十进制优先编码器（如 74LS147）和集成二进制优先编码器（如 74LS148）的异同。

7.4.4 什么是数据选择器？三地址端的数据选择器与三-八译码器在实现三变量逻辑函数时有何不同？

7.4.5 例 7.4.2 中，若要增加报警功能，应如何实现？

7.5 利用硬件描述语言描述组合逻辑电路

硬件描述语言是"描述硬件的语言"，采用硬件描述的方法设计数字电路是目前流行的电路设计方法。

7.5.1 硬件描述语言简介

门电路是构成数字电路的基础，逻辑运算功能最终是通过电路实现的。具体实现上，可利用 CMOS 或 TTL 门电路实现各种数字电路。

当然，对于特定的数字系统，有经验的设计师总是会根据应用系统要求，合理划分构成系统的电路模块，如电源模块、输入模块、显示模块、控制模块等。单独设计各模块电路，画出各模块电路图，分块调试各模块。之后，将各模块电路焊接、连接、组装成整体，整体调试测试其功能并完成最终系统的设计与调试。

这种方法是传统硬件系统设计的一般方法，至今仍在广泛应用。当然，这种方法不足也很明显，不方便修改其功能，不利于后期修改维护，电路性能与焊接、组成工艺紧密相关。当然，为了改进电路性能与焊接、组成工艺紧密相关的不足，可以考虑将设计的电路模块做成一个专用集成电路（ASIC），以提高设计电路的应用性能。

集成电路问世已经超过半个世纪。伴随着集成度的提高，单个芯片便是一个功能强大的系统且可编程。硬件设计越来越倾向于与系统设计和软件设计结合，各半导体器件厂商也纷纷推出了自己的硬件描述语言。

硬件描述语言（Hardware Description Language，HDL）是电子系统硬件行为描述、结构描述、数据流描述的语言。利用这种语言，数字电路系统的设计可以从顶层到底层（从抽象到具体）逐层描述自己的设计思想，用一系列分层次的模块来表示极其复杂的数字系统。然后，利用电子设计自动化（EDA）工具，逐层进行仿真验证，再把其中需要变为实际电路的模块组合，经过自动综合工具转换到门级电路网表。接下去，再用专用集成电路（ASIC）或现场可编程门阵列（FPGA）自动布局布线工具，把网表转换为要实现的具体电路。

硬件描述语言是高级语言，接近人的思维习惯，电路设计也由传统的如何设计演变为设计什么。这种高层次（high-level-design）的方法已被广泛采用。据统计，目前在美国硅谷约有 90% 以上的 ASIC 和 FPGA 采用硬件描述语言进行设计。

硬件描述语言 HDL 的发展至今已有数十年的历史，并成功地应用于设计的各个阶段：建模、仿真、验证和综合等。到 20 世纪 80 年代，已出现了上百种硬件描述语言，对设计自动化起到了极大的促进和推动作用。得到普遍认同的有 VHDL 和 Verilog HDL。

VHDL（Very-High-Speed Integrated Circuit Hardware Description Language）诞生于 1982 年，1987 年成为国际标准。Verilog HDL 由 Gateway 设计自动化公司的工程师于 1983 年末创立的，是另一种流行的硬件描述语言，以文本形式来描述数字系统硬件的结构和行为。Verilog HDL 1995 成为国际标准，之后，进行了多次更新，最主流版本为 Verilog-2001。本书主要介绍 Verilog HDL 硬件描述语言。

7.5.2　Verilog HDL 语言的基本结构

当采用硬件描述语言描述 1 个复杂的硬件电路时，设计人员总是将复杂的功能划分为若干简单的功能，每个简单的功能对应 1 个模块（module）。设计人员可以采取"自顶向下"的思路，将复杂的功能模块划分为低层次的模块。这一步通常是由系统级的总设计师完成，而低层次的模块则由下一级的设计人员完成。自顶向下的设计方式有利于系统级别层次划分和管理，并提高了效率，降低了成本。

基于上面的思路，Verilog HDL 采用基于 C 语言的语法，以模块为基础进行硬件系统的设计。

使用 Verilog 描述硬件的基本设计单元是模块。构建复杂的电子电路，主要是通过模块的相互连接调用来实现的。Verilog 中的模块类似 C 语言中的函数，它能够提供输入、输出端口，可以实例调用其他模块，也可以被其他模块实例调用。模块中可以包括组合逻辑部分、过程时序部分。

【例 7.5.1】　分析下面代码的结构及其描述的逻辑功能。

```
module adder( c,s,a,b,cin );        /* 模块名 */
    input [2:0] a,b;                /* 描述组输入 */
    input cin;                      /* 描述输入 */
```

```
    output c;                      /* 描述输出 */
    output [2:0] s;                /* 描述组输出 */
    assign {c,s} = a + b + cin;    /* 描述功能 */
endmodule
```

解:(1) 代码的结构分析

硬件描述语言是高级语言,可按照日常的思维习惯去理解这些代码。Verilog 的基本单元是模块(module),上面的代码被包含在关键字 module、endmodule 之内,可见从关键字 module 开始到 endmodule 之间的代码均为模块的具体代码。

Verilog 遵循 C 语言的语法,代码中的"(…)"为 C 语言的函数标识,因此,adder 为模块名(函数名)。

电路应具有必需的输入及输出,input、output 具体地描述了电路所具有的输入及输出。

基于上面的分析,可总结 Verilog 模块的结构如下:

```
module <模块名>(输入输出表)
    <输入输出定义>
< 模 块 条 目 >
endmodule
```

其中,input、output:输入输出描述关键词。如 input [2:0] a;描述了一组输入:a2、a1、a0。

(2) 逻辑功能分析

电路的输入:{a2、a1、a0}、{b2、b1、b0}、cin

电路的输出:{s2、s1、s0}、c

只有 1 条功能描述语句:assign {c,s}=a+b+cin;似乎是执行了数据 a、b、cin 的加法并将结果送给了{c,s}。

(3) 逻辑功能验证(具体实现过程见附录 B)

逻辑功能最终是通过各种门电路相互连接实现的。可利用开发工具将硬件描述语言的代码转换为实现描述功能的逻辑门级电路的连接网表,之后,直接选用 CPLD/FPGA 实现最终输出的门级网表。各硬件厂商均基于自己的 CPLD/FPGA 开发了仿真分析工具软件,可将上面的代码输入 Quartus Ⅱ 中,编译代码,设置相关的输入,可求出如图 7.5.1 所示的仿真波形(Quartus Ⅱ 9.0 环境下的仿真波形,下同)。

仿真结果显示该代码功能为 3 位二进制加法器。其中,{a2、a1、a0}、{b2、b1、b0}为 2 个相加的 3 位二进制,数 cin 为来自低位的进位。{s2、s1、s0}为结果,c 为向高位的进位。如最后 1 个单元,6+2+进位,结果为 1,向高位的进位为 1。

assign 语句含义:连续赋值语句(assign 语句),主要用于对 wire 型(线型)变量的赋值。

显然,对电路而言,上面的{a2、a1、a0}等变量对应具体的外部输入接线端,Verilog 中把这类变量称为 wire 型(线型)变量(默认的变量类型)。根据该电路的特点,只有 a、b、cin 等输入连续保持,才能获得稳定的连续输出 s。a、b、cin 的值一旦发生改变,将立即反映到输出 s 上,这便是 assign 语句中连续赋值的含义。

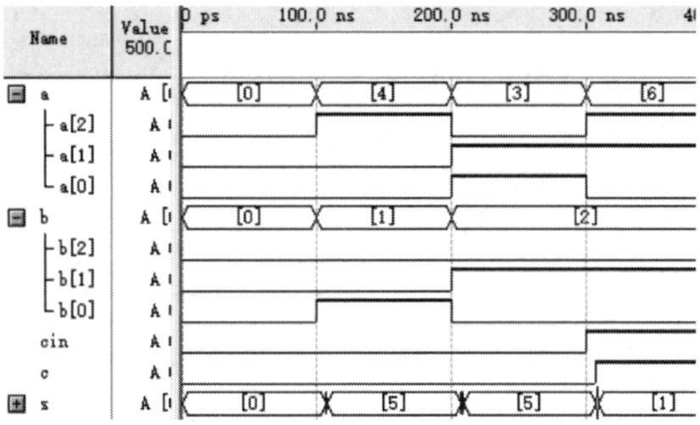

图 7.5.1　例 7.5.1 的仿真波形

基于上面的分析,可初步总结 Verilog HDL 代码编写方法如下:

(1) 编写一个由 module … endmodule 组成的包含名字的空模块(Quartus Ⅱ 中模块名必须与文件名相同)。

(2) 根据逻辑功能定义电路的输入及输出,各变量名应在模块名后的()中注明。使用 input、output 具体描述电路的输入输出。

(3) 根据逻辑功能,使用 assign 语句给出输出结果。

7.5.3　利用 Verilog HDL 描述组合逻辑电路

下面通过几个实例介绍如何用 Verilog HDL 描述组合逻辑电路。

【例 7.5.2】　对照 3 位二进制加法器代码描述一个 2 输入或门。

解:(1) 先定义模块名。

定义模块名为 ort(注意,不可定义为 or2,因为 or2 为 Quartus Ⅱ 系统定义的 2 输入或门的库元件名)。

(2) 定义电路的输入及输出。

根据 2 输入或逻辑的功能,可定义 2 个输入 a、b,一个输出 y。可写出初步代码如下:

```
module ort(a,b,y);
input a,b;   output  y;
endmodule
```

(3) 根据逻辑功能,使用 assign 语句给出输出结果。

或逻辑功能吻合连续赋值的逻辑要求,可使用 assign 语句给出输出结果。Verilog 遵循 C 语言的语法,C 语言位或运算符为"|",具体语句如下:

```
assign y = a|b;
```

(4) 仿真验证。

仿真波形如图 7.5.2 所示,仿真结果显示该代码功能为 2 输入或门。

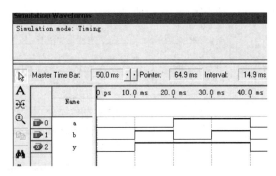

图 7.5.2 例 7.5.2 的仿真波形

【例 7.5.3】 参考 2 输入或门代码描述一个 2 输入与非门。

解：(1)先定义模块名。

定义模块名为 nandt(注意,不可定义为 nand2,因为 nand2 为 Quartus Ⅱ 系统定义的 2 输入与非门的库元件名)。

(2)定义电路的输入及输出。

根据 2 输入与非门的功能,可定义 2 个输入 a、b,一个输出 y。可写出初步代码如下：

```
module nandt(a,b,y);
input a,b;   output  y;
endmodule
```

(3)根据逻辑功能,使用 assign 语句给出输出结果。

与非逻辑功能吻合连续赋值的逻辑要求,可使用 assign 语句给出输出结果。Verilog 遵循 C 语言的语法,C 语言位与运算符为"&",非运算符"～",具体语句如下：

```
assign y = ～(a&b);
```

(4)仿真验证。

仿真波形如图 7.5.3 所示,仿真结果显示该代码功能为 2 输入与非门。

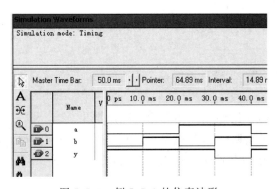

图 7.5.3 例 7.5.3 的仿真波形

硬件描述语言是一种功能强大的高级语言,可通过行为语句结合算法描述电路的逻辑功能,符合人类逻辑思维方式,可通过下面的例题来理解。

【例 7.5.4】 请用 Verilog HDL 的行为描述方法实现 1 个 2 输入或门。

解:

例 7.5.2 中介绍了 2 输入或门的描述方法。主要思路为先定义 2 个输入 a、b,一个输出 y。之后,通过连续赋值 assign 语句,利用 C 语言的或逻辑运算符实现。核心语句:

```
assign y = a|b;
```

行为描述不涉及电路结构,可通过直接描述电路的逻辑功能、算法完成电路的设计。基于或运算的逻辑功能,设或门的输入为 a、b,一个输出 y,可用下面的 if 语句描述 1 个 2 输入或门,具体如下:

```
if (a == 0 && b == 0) y = 0;
      else y = 1;
```

用 Verilog HDL 的行为描述方法实现的 2 输入或门完整代码如下:

```
module ort( a,b,y );          //定义模块名、输入、输出
    input a,b;
    output y;
    reg y;                    //声明 y 为寄存器变量
    always                    //定义 always 块
      begin
        if (a == 0 && b == 0) y = 0;
              else y = 1;
      end
endmodule
```

注意:Verilog HDL 是一种高级语言,却又不同于一般的高级语言。Verilog HDL 中的 wire 型(线型)变量并不是普通的高级语言变量,是电路的输入、输出等类型的变量。依照组合逻辑电路的含义,输出(变量)仅与输入(变量)有关,电路中输出发生改变均有特定条件,因此,不可在程序代码中直接修改 wire 型(线型)变量的值,上面的 if 语句不可直接执行,应该改写成 always 块(总是执行)。always 块语法如下:

```
always@(触发条件)
    begin
        多条顺序语句
      end
```

always@(触发条件)的含义为给定条件下执行语句块。always 后无@的含义为无条件下循环执行语句块。

此外,电路的输出由输入等条件决定,可使用 assign 语句根据输入逻辑关系等给出输出结果。要在代码中修改输出结果,应对输出变量做特殊声明。

```
reg y;   将输出 y 声明为寄存器变量
```

上面代码在 quartus Ⅱ中仿真结果如图 7.5.4 所示。仿真结果显示该代码功能为 2 输入或门。

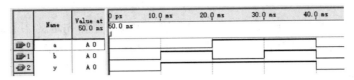

图 7.5.4　quartus Ⅱ中仿真结果

基于上面的思路,可用一条复合 if 语句直接描述 3 变量不一致辨别的电路,具体如下:

```
if (a == 0 && b == 0 && c == 0 )
                y = 0;
    else if (a == 1 && b == 1 && c == 1)
                y = 0;
        else    y = 1;
```

其完整描述方法请读者自己思索。

当然,电路的功能最终是由其结构确定的,通过硬件描述语言描述的数字系统最终也是通过逻辑门的连接关系实现的。硬件描述语言当然可通过描述逻辑门以及逻辑门之间的连接关系设计实现数字逻辑电路。

可通过下面的例题来理解。

【例 7.5.5】　用 Verilog HDL 的门级结构描述方法描述如图 7.5.5 所示电路。

图 7.5.5　例 7.5.5 的图

解:

具体代码如下:

```
module ort(A, B, C, Y);
    input A, B, C;
    output Y;
    wire Y1, Y2, Y3, Y4;          //声明 4 个中间变量
    nand G1(Y1, A, B, C);         //描述与非门 G1
    nand G2(Y2, A, Y1);
    nand G3(Y3, B, Y1);
    nand G4(Y4, C, Y1);
    nand G5(Y, Y2, Y3, Y4);
endmodule
```

如图 7.5.5 所示电路具有 3 个输入(A,B,C),1 个输出 Y,描述代码如前 3 行所示。

如图 7.5.5 所示电路还具有 Y1、Y2、Y3、Y4 四个中间输出变量,应声明 4 个中间变量,描述代码如第 4 行所示。

输入、输出变量及中间变量定义好后,可具体地描述各门电路的连接关系,描述代码如第 5~9 行所示。如第 5 行的"nand G1(Y1,A,B,C);",nand 声明后面的门电路类型为与非门,G1 为门的序号,()中的变量为该的输出变量 Y1 及 3 个输入变量(A,B,C)。可类似地分析第 6～8 行代码的含义。

当然,门的序号是门的标识,应唯一。第 5 行的门序号为 G1,后面各门不可再定义为 G1。声明门电路类型的主要关键词有 and(与)、or(或)、not(非)、nand(与非)、nor(或非)、xor(异或)等。

上面代码在 quartus Ⅱ 中仿真结果如图 7.3.4 所示。仿真结果显示该代码功能为 3 变量不一致辨别电路。3 变量一致的两种情况下输出为 0,其余情况下输出为 1。由【例 7.3.2】可知,如图 7.5.5 所示电路为 3 变量不一致辨别的电路。

思考与练习

7.5.1 请根据连续赋值的含义给出一种不适合用 assign 语句给出输出结果的应用实例。

习题

7.1 填空题

1. 逻辑代数中的变量为逻辑量,每个变量的取值只有_____两种可能。若用逻辑 1 表示_____,逻辑 0 表示_____,这种逻辑表示方法称为正逻辑。

2. 逻辑运算与算术运算之间存在着本质的区别。逻辑代数的基本运算有_____三种,没有直接的_____。当数字电路用于解决算术运算问题时,必须用_____的方法来实现算术运算的功能。

3. 实现基本逻辑运算和复合逻辑运算的单元电路通称为_____。集成逻辑门电路主要包括_____、_____两大系列,其中的_____系列不用的引脚不能悬空。

4. 所谓三态是指_____三态,即输出有_____、_____、_____三种状态。

5. 将函数的所有变量组成一_____项,_____项中函数的所有变量以原变量或反变量的形式仅出现_____,这种_____项称为函数的最小项。在函数 Y 的真值表中,找出_____的行,写出相应的最小项,然后取最小项之_____,可得到逻辑函数 Y 的_____。

6. 将逻辑函数的所有_____用相应的小方格表示,并将此 2^n 个小方格排列起来,使它们在几何位置上具有相邻性,在_____上也是相邻的;反之,若_____相邻,_____也相邻。这样的图形称为逻辑函数的_____。

7. 编码器有_____和_____两大类。每类又包括二进制编码器、_____编码器两种类型。

8. 74LS147 为_____优先编码器,它与_____优先编码器 74LS148 在原理上并无本质区别,主要区别在于 74LS147 不具有_____。

9. 当三-八译码器 74LS138 控制端＿＿＿＿＿＿＿时,如果将地址端 A_2、A_1、A_0 作为 3 个输入的自变量,则 8 个输出端输出的就是 A_2、A_1、A_0 3 个输入变量的＿＿＿＿＿＿＿,即＿＿＿＿＿＿＿。因此,也常将二进制译码器称为＿＿＿＿＿＿＿。

10. 在多路数据传送过程中,往往需要将多路数据中任意一路信号挑选出来,能实现这种逻辑功能的电路称为＿＿＿＿＿＿＿。四选一＿＿＿＿＿＿＿中,A_1、A_0 为选择控制信号,当 $A_1A_0=$＿＿＿＿＿＿＿时,输出信号 $Y=D_1$。

11. CMOS 门电路是由＿＿＿＿＿＿＿ MOS 管和＿＿＿＿＿＿＿ MOS 管,按照＿＿＿＿＿＿＿形式连接起来构成的逻辑运算电路(并由此而得名)。CMOS 门电路中,最常用的门电路有＿＿＿＿＿＿＿和＿＿＿＿＿＿＿。

12. assign 语句是＿＿＿＿＿＿＿语句,主要用于对＿＿＿＿＿＿＿变量的赋值。该语句中涉及的＿＿＿＿＿＿＿的值一旦发生改变,将立即反映到输出上,这便是 assign 语句中＿＿＿＿＿＿＿的含义。

7.2 分析计算题(基础部分)

1. 将下列各数转换为等值的十进制数和十六进制数:

(1) $(10000001)_2$ (2) $(01000100)_2$

(3) $(1101101)_2$ (4) $(11.001)_2$

2. 将下列各数转换成二进制数:

(1) $(37)_{10}$ (2) $(51)_{10}$ (3) $(92)_{10}$ (4) $(127)_{10}$

3. 比较下列各数,找出最大数和最小数:

(1) $(302)_8$ (2) $(F8)_{16}$ (3) $(1001001)_2$ (4) $(105)_{10}$

4. 指出下列各式中,哪些是四变量 A、B、C、D 的最小项。在最小项后的(　　)里填 m,其他填×。

(1) $AB(C+D)$(　　)   (2) $A\bar{B}CD$(　　)   (3) ABC(　　)

5. 在下列各逻辑函数式中,变量 A、B、C 为哪些取值时,函数值为 1?

(1) $Y_1=AB+BC+\bar{A}C$ (2) $Y_2=\bar{A}\bar{B}+\bar{B}\bar{C}+A\bar{C}$

(3) $Y_3=A\bar{B}+\bar{A}BC+\bar{A}B+AB\bar{C}$ (4) $Y_4=\overline{AB+B\bar{C}}(A+B)$

6. 三位同志各有一把锁,现令锁的打开或闭合作为逻辑输入,门的打开或闭合作为逻辑输出,试说明三把锁如何构成与门、或门、与非门和或非门。

7. 将下列函数展开成最小项表达式:

(1) $F_1=AB+CA+BC$ (2) $F_2=A\bar{C}D+\bar{A}B+BC$

(3) $F_3=AB+\bar{B}C+AD$ (4) $F_4=(A+BC)\bar{C}D$

(5) $F_5=A\bar{D}+\bar{A}C+\bar{B}CD+C$ (6) $F_6=A\bar{B}+BD+DC+D\bar{A}$

8. 利用公式法证明下列各题:

(1) $\overline{AB}\ \overline{B}+\overline{DCD}+BC+\bar{A}\ \overline{BD}+A+\bar{C}D=1$

(2) $A\bar{B}+B\bar{C}+C\bar{A}=\bar{A}B+\bar{B}C+\bar{C}A$

(3) 如果 $A\bar{B}+\bar{A}B=C$,则 $A\bar{C}+\bar{A}C=B$。反之亦成立。

(4) 如果 $\overline{AB} + AB = 0$, 则 $\overline{\overline{AX} + YB} = A\overline{X} + \overline{Y}B$

9. 试用卡诺图化简下列函数, 写出函数的最简与或式:

(1) $F = A\overline{B} + B\overline{C} + C(\overline{A} + D)$

(2) $A\overline{C}\overline{D} + BC + \overline{B}D + A\overline{B} + \overline{A}C + \overline{B}C$

(3) $AC + \overline{A}BC + \overline{B}C + AB\overline{C}$

(4) $F = AB + BC + AD + \overline{A}BC\overline{D} + A\overline{B}C\overline{D} + A\overline{B}CD$

(5) $Y(A,B,C,D) = \Sigma m(1,3,5,7,9,11,13,15)$

(6) $Y(A,B,C,D) = \Sigma m(0,1,2,3,8,9,10,11)$

(7) $Y(A,B,C,D) = \Sigma m(1,3,4,6,9,11,12,14)$

(8) $Y(A,B,C,D) = \Sigma m(0,1,2,4,6,10,14,15)$

(9) $Y(A,B,C,D) = \Sigma m(0,1,2,3,6,8) + \Sigma d(10,14)$

(10) $Y(A,B,C,D) = \Sigma m(0,1,2,3,6,8) + \Sigma d(4,10,12,14)$

10. 写出下列问题的真值表, 并写出逻辑表达式。

(1) 有 A、B、C 三个输入信号, 如果三个输入信号均为 1, 或者其中一个为 0 时, 输出信号 $Y = 1$。其他情况下输出 $Y = 0$。

(2) 有 A、B、C 三个输入信号, 当三个输入信号出现偶数个 1 时, 输出为 1。其他情况下输出为 0。

(3) 有三个温度探测器, 当探测的温度超过 50℃ 时, 输出控制信号为 1; 如果探测的温度低于 50℃, 输出控制信号为 0。当有两个或两个以上的温度探测器输出为 1 时, 总控制器输出 1 信号, 自动控制调控设备, 使温度降低到 50℃ 以下。试写出总控制器的真值表和逻辑表达式。

11. 分析图 7.1 所示电路的逻辑功能。

12. 分析图 7.2 所示电路的逻辑功能。

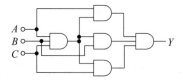
图 7.1 习题 7.2 11 的图

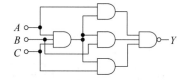
图 7.2 习题 7.2 12 的图

13. 分析图 7.3 所示电路的逻辑功能。

14. 分析图 7.4 所示电路的逻辑功能。

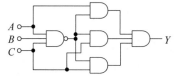
图 7.3 习题 7.2 13 的图

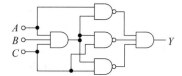
图 7.4 习题 7.2 14 的图

15. 分析图 7.5 所示电路的逻辑功能。

16. 试用 3 线-8 线译码器 74LS138 实现下列多输出函数的组合逻辑电路。输出的逻辑函数为

$$Z_1 = \overline{A}\overline{B} + ABC$$

$$Z_2 = AB + C$$

$$Z_3 = \overline{A}C + B\overline{C} + A\overline{B}\overline{C} + ABC$$

17. 分析图 7.6 所示电路的逻辑功能。

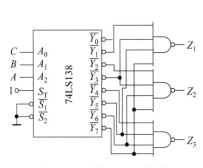
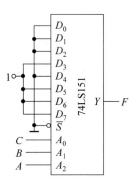

图 7.5　习题 7.2 15 的图　　　　图 7.6　习题 7.2 17 的图

18. 分析图 7.7 所示电路的逻辑功能。

19. 写出图 7.8 所示电路的最简逻辑表达式。

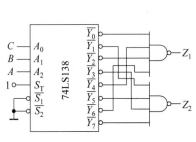
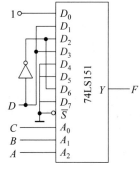

图 7.7　习题 7.2 18 的图　　　　图 7.8　习题 7.2 19 的图

20. 试用八选一数据选择器实现下列函数：

(1) $Y(A,B,C) = \Sigma m(0,2,5,7)$

(2) $Y(A,B,C,D) = \Sigma m(0,1,5,7,9,10,12,15)$

(3) $Y(A,B,C,D) = \Sigma m(1,4,6,7,8,10) + \Sigma d(2,5,14)$

21. 已知如图 7.9 所示电路中各门电路均为 CMOS 门电路，电源 $U_{DD} = 5V$，求各门电路的输出为什么状态。

22. 画出下面代码描述的逻辑门对应的逻辑符号，代码如下：

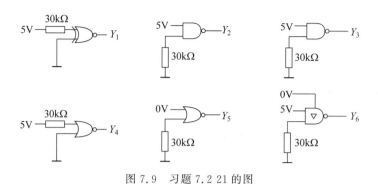

图 7.9　习题 7.2 21 的图

```
module ort3(a, b, c, y);
    input a, b, c;
    output   y;
    assign y = a | b | c;
endmodule
```

23. 画出下面代码描述的逻辑门对应的逻辑符号,代码如下:

```
module ant3(a, b, c, y);
    input a, b, c;
    output   y;
    assign y = a&b&c;
endmodule
```

7.3　分析计算题(提高部分)

1. 将下列各数转换成二进制数(精度为 1%):

(1) $(55.704)_{10}$　　　(2) $(704.31)_{10}$

2. 若将十进制数 $(10^{13})_{10}$ 换算成二进制数,需要用几位二进制数表示?

3. 试用卡诺图判断函数 F 和函数 Y 有何关系。

(1) $F = \overline{A}C + \overline{B}$ 　　　　　　　　　　$Y = AB + \overline{A}B\overline{C}$

(2) $F = AD + \overline{A}B + \overline{C}D$ 　　　　　　　$Y = AC\overline{D} + \overline{B}CD + \overline{A}BD$

(3) $F = D + B\overline{A} + \overline{C}B + \overline{AC} + A\overline{B}C$ 　　$Y = A\overline{B}\overline{C}\overline{D} + ABC\overline{D} + \overline{A}B\overline{C}\overline{D}$

(4) $F = D + \overline{A}\overline{B} + AB + B\overline{C}$ 　　　　$Y = A\overline{B}\overline{D} + \overline{A}BC\overline{D}$

4. 如图 7.10 所示为一控制楼梯照明的有触点电路,在楼上、楼下各装一个单刀双掷开关 A 和 B,这样人在楼上和楼下都可以开灯和关灯。设 $Y=1$ 表示灯亮,$Y=0$ 表示灯灭;$A=1$ 表示开关向上扳,$A=0$ 表示开关向下扳,B 亦如此。试写出灯亮的逻辑表达式。

5. 为什么说 TTL 与非门输入端在以下三种接法时,在逻辑上都等于输入为 1?(a) 输入端接同类与非门的输出高电平 3.6V;(b)输入端接高于 2V 的电源;(c)输入端悬空。

6. 分析图 7.11 所示电路的逻辑功能。

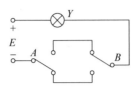

图7.10　习题7.3 4的图

7. 请分析图7.12所示电路的逻辑功能。

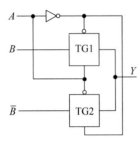

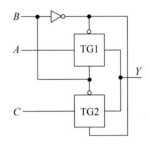

图7.11　习题7.3 6的图　　　图7.12　习题7.3 7的图

8. 为什么说TTL与非门输入端在以下三种接法时,在逻辑上都等于输入为0? (a)输入端接地;(b)输入端接输出电平为0.8V的电源;(c)输入端接同类与非门的输出低电平0.3V。

9. 如图7.13所示为智力竞赛抢答电路。在图中,$S_1 \sim S_4$为抢答开关,可以供4个参赛组用,发光二极管供各组显示用,当与非门G_5输出Y为高电平时,电铃响。试问:

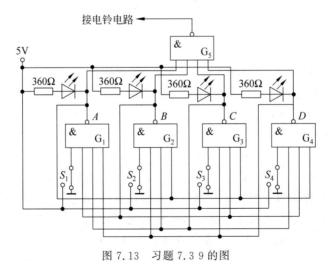

图7.13　习题7.3 9的图

(1) 当抢答开关在图示位置时,各指示灯能否发亮? 电铃能否响?

(2) 当将开关S_1扳到高电平6V时,A组情况如何? 此后再扳动其他组的抢答开关是否起作用?

（3）试画出接在与非门 G_5 输出端的电铃电路。

10. 试用与非门设计一个四变量的多数表决电路。当输入变量 A、B、C、D 有 3 个或 3 个以上为 1 时输出为 1。否则，输出为 0。

11. 已知输入信号 A、B、C 的波形如图 7.14 所示，试用与非门电路实现输出 Y 波形的组合逻辑电路。

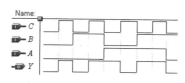

图 7.14　习题 7.3 11 的图

12. 试用 74LS151 设计一个两个 2 位二进制数 A_2A_1、B_2B_1 的比较电路。

13. 试用两个四选一数据选择器实现两个 1 位二进制的全加运算。

14. 说出下面代码描述的数字系统实现的逻辑功能。

```
module select( a,b,c,y );
    input a,b,c;
    output y; reg y;
always
begin
    if (a==0 && b==0 && c==0)          y=0;
        else if (a==1 && b==1 && c==1)   y=0;
                else      y=1;
    end
endmodule
```

15. 说出下面代码描述的数字系统对应的电路。

```
module dl(A,B,C,Y);
    input A,B,C;
    output Y;
    wire Y1,Y2,Y3;
    nand G1(Y1,A,B);
    nand G2(Y2,A,C);
    nand G3(Y3,B,C);
    nand G4(Y,Y1,Y2,Y3);
endmodule
```

7.4　应用题

1. 试设计一个监视交通信号灯工作状态的逻辑电路。每组信号灯由红、黄、绿三盏灯组成，如图 7.15 所示。正常工作情况下，任何时刻必有一盏灯点亮，而且只允许有一盏灯点亮。而当出现其他五种点亮状态时，电路发生故障，这时要求发生故障信号，以提醒维护人员前去修理。

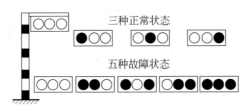

图 7.15　习题 7.4 1 的图

2. 某厂电视机产品有 A、B、C 和 D 四项质量指标,规定 A 是必须满足要求的,其他三项中只要有任意两项能满足要求,电视机就算合格。试设计该电路。

3. 某实验室有红、黄两个故障指示灯,用来表示感谢三台设备的工作情况;当只有一台设备出现故障时,黄灯亮;若有两台设备同时出现故障时,红灯亮;只有当三台设备都出现故障时,才会使红灯和黄灯都亮。试设计一个控制灯亮的电路。

4. 火车旅客列车,分为特快、直快、普快和慢车,并依次为优先通行次序。某火车站对上述列车,规定在同一时间只能有一趟客车从车站开出,即只能给出一个开车信号,试设计出满足上述要求的逻辑电路。

5. 某工厂有三个车间和一个自备电站,站中有两台发电机组 X 和 Y,Y 的发电能力是 X 的二倍。如果一个车间开工,启动 X 机组可满足要求,如果两个车间开工,启动 Y 机组就能满足要求,如果三个车间同时开工,则两台机组必须全部启动才行。试设计一个控制机组 X 和 Y 启动的电路。

6. 试用 CMOS 反相器和传输门实现习题 7.3 4 中描述的逻辑问题。

7. 试用 Verilog 代码描述习题 7.3 4 中描述的逻辑问题。

8. 试用 Verilog 代码描述习题 7.4 1 中描述的逻辑问题。

第8章 触发器和时序逻辑电路

本章要点:

本章从什么是触发器出发,介绍常见触发器逻辑功能及其动作特点;介绍时序逻辑电路的构成与分析方法;举例说明时序逻辑电路分析的一般方法并重点介绍寄存器、计数器电路的组成与原理,介绍常见寄存器、计数器、555定时器等集成电路芯片。读者学习本章应深入理解特征方程、状态图、时序图等时序逻辑电路分析与设计的基本概念,理解常见触发器逻辑功能、动作特点,掌握常见寄存器、计数器、555定时器等集成芯片的逻辑功能及其应用。

仿真包

所谓时序逻辑电路是指,电路在任一时刻的输出信号不仅取决于该时刻电路的输入信号,而且还决定于电路原来的状态。时序逻辑电路具有记忆功能,这是时序逻辑电路与组合逻辑电路的根本区别。时序逻辑电路简称为时序电路。

8.1 触发器

组成组合电路的基本单元电路是门电路,组成时序电路的基本单元电路是触发器。本节主要介绍触发器概念、逻辑功能与动作特点。

8.1.1 什么是触发器

能够存储一位二值(逻辑 0 和逻辑 1)信号的基本单元电路,统称为触发器。

触发器具有两个输出端(Q 端、$\bar{Q}$ 端)。为了实现存储一位二值信号的逻辑功能,触发器应具有两个稳定状态:"0"状态和"1"状态($Q=0,\bar{Q}=1$ 和 $Q=1,\bar{Q}=0$)。另外,它还必须具有保存和修改功能,即:它在输入信号(又称为触发信号)的作用下,触发器可以置于"0"状态或者置于"1"状态;当输入信号撤除时,触发器可以维持原状态不变。

可通过如图 8.1.1 所示电路从以下几个方面来理解什么是触发器。

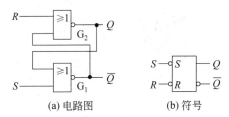

(a) 电路图　　　　(b) 符号

图 8.1.1　用或非门构成的基本 RS 触发器

1. 二个稳定状态

如图 8.1.1(a)所示电路由两个或非门首尾交叉连接组成,具有二个输出端(Q 端、$\bar{Q}$ 端)和两个输入端(R、S)。规定:$Q=0,\bar{Q}=1$,为触发器的"0"状态,$Q=1,\bar{Q}=0$ 为触发器的"1"状态。

进一步分析电路,不难看出,在一定的输入条件下,这两种状态均可成为稳定状态。

2. 状态的保持

如果规定高电平为有效信号,当输入信号无效时($R=0$、$S=0$),触发器保持原来状态不变。分析如下:

若触发器的原来状态为"0"状态,即 $Q=0,\bar{Q}=1$。由于 $\bar{Q}=1$ 送到了或非门 G_2 的输入端,使门 G_2 关闭,输出 $Q=0$;而 $Q=0$ 和 $S=0$ 使或非门 G_1 导通,维持 $\bar{Q}=1$,即触发器保持原来状态("0"状态)。

若触发器的原来状态为("1"状态),即 $Q=1$,$\bar{Q}=0$。由于 $Q=1$ 送到了或非门 G_1 的输入端,使门 G_1 关闭,$\bar{Q}=0$;而 $\bar{Q}=0$ 和 $R=0$ 使或非门 G_2 导通,维持 $Q=1$,即触发器保持原来状态("1"状态)。

触发器的这种功能称为保持功能。

3. 状态的设置

当输入信号 R 有效时($R=1$、$S=0$),触发器将变成"0"状态,即 $Q=0$,$\bar{Q}=1$,这种功能称为置 0 功能。

因为当 $R=1$、$S=0$ 时,如果触发器原来处在"0"状态,则仍保持"0"状态不变,即 $Q=0$,$\bar{Q}=1$ 的状态不会改变;如果触发器原来处在"1"状态,则由于 $R=1$ 送到了或非门 G_2 的输入端,使门 G_2 关闭,输出 $Q=0$;而 $Q=0$ 和 $S=0$ 使或非门 G_1 导通,输出 $\bar{Q}=1$,即触发器为"0"状态。

当输入信号 S 有效时($R=0$、$S=1$),触发器将变成"1"状态,即 $Q=1$,$\bar{Q}=0$,这种功能称为置 1 功能。

因为当 $R=0$、$S=1$ 时,如果触发器原来处在"1"状态,则仍保持"1"状态不变,即 $Q=1$,$\bar{Q}=0$ 的状态不会改变,如果触发器原来处在"0"状态,则由于 $S=1$ 送到了或非门 G_1 的输入端,使门 G_1 关闭,输出 $\bar{Q}=0$,而 $\bar{Q}=0$ 和 $R=0$ 使或非门 G_2 导通,输出 $Q=1$,即触发器为"1"状态。

保持、置 0、置 1 是触发器实现存储功能的基本要求。图 8.1.1(a)所示电路具有保持、置 0、置 1 功能(R 端为置 0 端,S 端为置 1 端),是组成其他触发器的基础,称为基本 RS 触发器。当然,基本 RS 触发器还有其他形式,如图 8.1.2 所示电路为用与非门组成的基本 RS 触发器,请读者自己分析其工作原理。

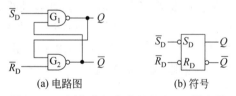

(a) 电路图　　　　　　(b) 符号

图 8.1.2　用与非门构成的基本 RS 触发器

8.1.2　触发器的逻辑功能描述

理解基本 RS 触发器是理解触发器的基础,掌握触发器的逻辑功能描述是分析认识时序电路的基础。下面以或非门构成的基本 RS 触发器的逻辑描述为例,介绍触发器的逻辑功能描述。

1. 现态与次态

触发器在输入信号作用之前所处的原稳定状态称为现态,用 Q^n 和 $\bar{Q}^n$ 表示(为书写方便,上标 n 也可以不写)。触发器在输入信号作用下所要进入的新的状态称为次态,用 Q^{n+1} 和 $\bar{Q}^{n+1}$ 表示。

2. 状态转移真值表

将 Q^n、R、S 视为自变量,将 Q^{n+1} 视为函数。根据工作原理的分析,可以列出如表 8.1.1 所示的状态转移真值表。表中×表示状态不定。

表 8.1.1　状态转移真值表

R	S	Q^n	Q^{n+1}
0	0	0	0
0	1	0	1
1	0	0	0
1	1	0	×
0	0	1	1
0	1	1	1
1	0	1	0
1	1	1	×

显然,状态转移真值表能完整描述触发器的逻辑功能,是描述触发器逻辑功能的基本方法之一。

表 8.1.1 中,当 R、S 两个输入信号同时有效时,状态不定,为什么?

这是因为,当 $R=S=1$ 时,或非门 G_1、G_2 均关闭,输出 $Q=0$、$\bar{Q}=0$。对触发器来讲,$Q=0$、$\bar{Q}=0$ 这种状态毫无意义,因为这既不是触发器的"0"状态,又不是触发器的"1"状态。另外,如果,R、S 端的正脉冲同时撤除(即由全 1 同时跳变为全 0),由于或非门 G_1、G_2 的平均传输时间的离散性及外部干扰信号的影响,使得触发器的状态确定不了(即既可能是"0"状态,也可能是"1"状态)。因此,不允许出现 $R=S=1$ 的情况。所以,当 $R=S=1$ 时,称为触发器的功能不定。在实际使用中应防止 $R=S=1$ 这种情况的出现,对触发器的输入端应加以约束限制。显然,若 R、S 满足 $RS=0$,则能保证输入端不会同时出现高电平。

3. 特征方程

描述触发器逻辑功能的函数表达式称为特征方程,或者称为特性方程。由表 8.1.1 经过如图 8.1.3 所示的卡诺图化简,可得

$$\left.\begin{array}{c} Q^{n+1}=S+\bar{R}Q^n \\ RS=0 \end{array}\right\} \quad (8.1.1)$$

式中,$RS=0$ 为约束条件(不允许输入端 R、S 同时为 1)。

特征方程能完整描述触发器的逻辑功

Q^n \ RS	00	01	11	10
0		**1**	×	
1	1	1	×	

图 8.1.3　基本触发器卡诺图

能,是描述触发器逻辑功能的又一基本方法。

状态转移真值表、特征方程类似组合逻辑电路的真值表、逻辑函数表达式。因为触发器输出信号不仅取决于该时刻电路的输入信号,而且还取决于电路原来的状态,而状态转移真值表、特征方程虽然可以描述触发器的逻辑功能,却不能直观反映电路状态在输入激励下的变化,因此,触发器还经常采用状态转移图(简称状态图)、时序图、激励表等描述手段。

4. 状态图

触发器的逻辑功能还可以采用图形的方式来描述,即状态转移图(简称状态图)。

如图 8.1.4 所示为 RS 触发器的状态转移图。图中两个小圆圈分别代表触发器的两个稳定状态,箭头表示在转移信号作用下状态转移的方向,箭头旁的标注表示转移时的条件。由图 8.1.4 可以看出,如果触发器当前稳定状态(现态)是 $Q^n=0$,则在输入信号 $S=1$、$R=0$ 的条件下,触发器转移至下一稳定状态(次态)$Q^{n+1}=1$;如果输入信号 $S=0$、$R=0$ 或 1,则触发器维持"0"状态。如果触发器的原状态稳定为 $Q^n=1$,则在输入信号 $S=0$,$R=1$ 的条件下,触发器转移至下一稳定状态 $Q^{n+1}=0$。如果输入信号 $R=0$,$S=0$ 或 1,则触发器维持"1"状态。因此,如图 8.1.4 所示的状态图与表 8.1.1、式(8.1.1) 描述的逻辑功能是一致的,只不过状态图更直观地反映了触发器的状态变化特点。

既然三者描述的逻辑功能是一致的,当然也就可以相互求解。可由状态图求出状态转移真值表、特征方程;也可以由状态转移真值表、特征方程画出状态图。

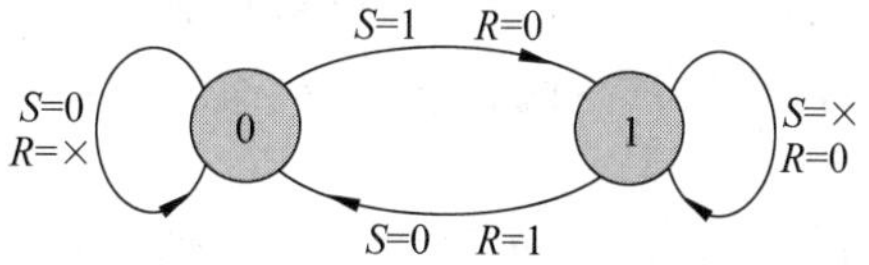

图 8.1.4　RS 触发器状态图

由式(8.1.1)求出 RS 触发器状态图的方法如下:

先画两个小圆圈(其中的一个圈内添 0,另一个添 1),分别代表触发器的两个稳定状态。接着画出所有可能的状态转移。由式(8.1.1)(或表 8.1.1)求出每个可能的状态转移所应具有的输入条件并标注在旁边,可得到如图 8.1.4 所示的 RS 触发器的状态图。

5. 激励表

由图 8.1.4 可以很方便地列出表 8.1.2。表 8.1.2 表示了触发器由原状态 Q^n 转移至确定要求的下一新状态 Q^{n+1} 时,对输入信号的要求。所以,表 8.1.2 称为触发器的激励表或者驱动表。

表 8.1.2　激励表

Q^n	Q^{n+1}	R	S
0	0	×	0
0	1	0	1
1	0	1	0
1	1	0	×

显然,触发器的激励表更直观地反映了触发器每个可能的状态转移所应具有的输入条件。

关于触发器逻辑功能的时序图描述方法,将在触发器的动作特点小节介绍。

8.1.3　常见触发器的逻辑功能

触发器是构成时序电路的基本单元电路。按照触发器逻辑功能的不同,触发器又可分为 RS 功能触发器、JK 功能触发器、D 功能触发器、T 功能触发器等。

1. RS 触发器

时序电路的工作信号为时钟信号[①],凡在时钟信号作用下逻辑功能符合表 8.1.1 所规定的逻辑功能者,称为 RS 触发器,其逻辑符号见表 8.1.7(下同)。RS 触发器的特征方程,状态图、激励表见 8.1.2 节。

RS 触发器具有保持、置 0、置 1 三种功能,应用时应遵循 RS=0 的输入约束。

2. D 触发器

凡在时钟信号作用下逻辑功能符合表 8.1.3 所规定的逻辑功能者,称为 D 触发器。

D 触发器的特征方程见式(8.1.2)

$$Q^{n+1} = D \tag{8.1.2}$$

由式(8.1.2)可知,当输入信号 $D=1$ 时,$Q^{n+1}=1$;当输入信号 $D=0$,$Q^{n+1}=0$;因此,D 触发器具有置 0、置 1 两种功能;保持功能则是通过控制状态转移的控制信号是否有效来实现。

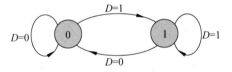

图 8.1.5　同步 D 触发器状态图

由式(8.1.2)可求出如图 8.1.5 所示的 D 触发器状态图。

D 触发器功能简单,应用时无输入约束,因此,应用十分广泛。

表 8.1.3　D 触发器特性表

Q^n	D	Q^{n+1}
0	0	0
0	1	1
1	0	0
1	1	1

---

①　时钟信号是时序逻辑电路的工作信号。如奔腾 Ⅳ 3GHz CPU 中的 3GHz 便是指时钟信号的工作频率。在本书中,时序电路一般使用时钟信号仿真。在触发器的动作特点小节,为帮助读者理解,便于仿真实现,在有些场合下没有采用时钟信号。

3. JK 触发器

凡在时钟信号作用下逻辑功能符合表 8.1.4 所规定的逻辑功能者,称为 JK 触发器。JK 触发器的特征方程见式(8.1.3)

$$Q^{n+1} = J\overline{Q^n} + \overline{K}Q^n \qquad (8.1.3)$$

由式(8.1.3)可知:当 $J=0,K=0$ 时,$Q^{n+1}=0\overline{Q^n}+\overline{0}Q^n=Q^n$,具有保持功能;当 $J=0,K=1$ 时,$Q^{n+1}=0\overline{Q^n}+\overline{1}Q^n=0$,具有置 0 功能;当 $J=1,K=0$ 时,$Q^{n+1}=1\overline{Q^n}+\overline{0}Q^n=1$,具有置 1 功能;当 $J=1,K=1$ 时,$Q^{n+1}=1\overline{Q^n}+\overline{1}Q^n=\overline{Q^n}$,具有翻转功能。由于 JK 触发器具有保持、置 0、置 1、翻转等多种功能,功能比较齐全,所以 JK 触发器也称为全功能触发器。

表 8.1.4　状态转移真值表

Q^n	J	K	Q^{n+1}
0	0	0	0
0	0	1	0
0	1	0	1
0	1	1	1
1	0	0	1
1	0	1	0
1	1	0	1
1	1	1	0

由式(8.1.3)可求出如图 8.1.6 所示的 JK 触发器状态图。由状态图可求出 JK 触发器的激励表如表 8.1.5 所示。

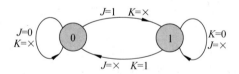

图 8.1.6　JK 触发器状态图

表 8.1.5　激励表

Q^n	Q^{n+1}	J	K
0	0	0	×
0	1	1	×
1	0	×	1
1	1	×	0

JK 触发器功能齐全,应用时无输入约束,因此得到广泛应用。

4. T 触发器

凡在时钟信号作用下逻辑功能符合表 8.1.6 所规定的逻辑功能者,称为 T 触发器。由表 8.1.6 可写出 T 触发器的特征方程见式(8.1.4)

$$Q^{n+1} = T\overline{Q^n} + \overline{T}Q^n \tag{8.1.4}$$

表 8.1.6　T 触发器特性表

T	Q^n	Q^{n+1}
0	0	0
1	0	1
0	1	1
1	1	0

本书中使用的常见触发器逻辑符号及其简单描述如表 8.1.7 所示。

表 8.1.7　本书中使用的常见触发器逻辑符号及其简单描述[①]

逻辑符号	触发器描述	触发方式	触发器描述
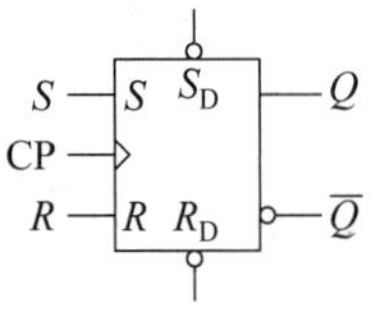	维持阻塞 RS 触发器(上升沿触发)、同步 RS 触发器 不加说明为维持阻塞 RS 触发器	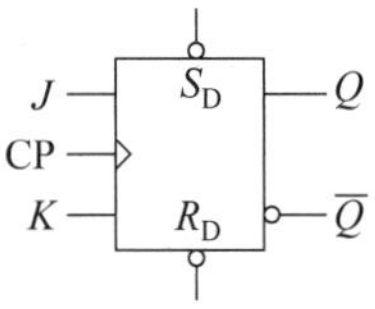	维持阻塞 JK 触发器(上升沿触发)、同步 JK 触发器 不加说明为维持阻塞 JK 触发器
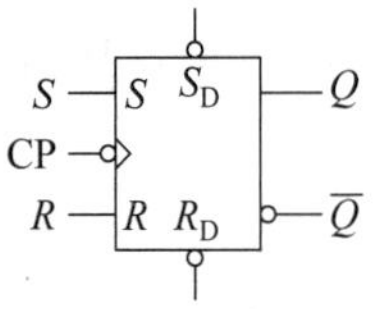	主从 RS 触发器、下降沿 RS 触发器	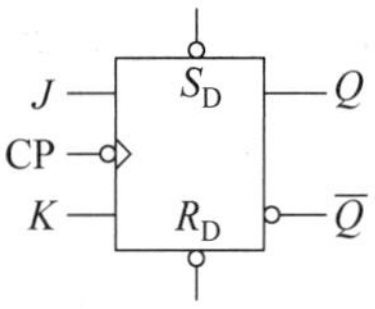	主从 JK 触发器、下降沿 JK 触发器
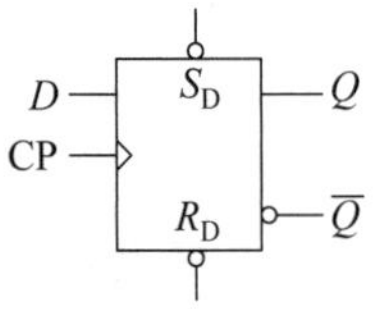	维持阻塞 D 触发器(上升沿触发)、同步 D 触发器 不加说明为维持阻塞 D 触发器	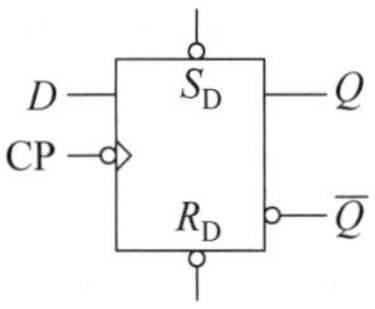	主从 D 触发器、下降沿 D 触发器

必须指出的是,不同逻辑功能的触发器是可以相互转换的。如将 JK 触发器的两个输入端 J、K 短接(即 $T=J=K$),此时,JK 功能触发器便成为 T 功能触发器。

【例 8.1.1】 用 JK 触发器实现 D 功能触发器。

解:

比较式(8.1.3)、式(8.1.2),令 $J=D$,$K=\overline{D}$,有

---

① 表中触发器逻辑符号为带异步端的逻辑符号,当不用异步功能时也可以不画出。

$$Q^{n+1} = J\overline{Q^n} + \overline{K}Q^n$$
$$= D\overline{Q^n} + \overline{\overline{D}}Q^n = D$$

画出电路如图 8.1.7 所示。

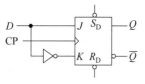

图 8.1.7　例 8.1.1 的图

8.1.4　触发器的动作特点

绝大多数读者都有按门铃的经验。显然,门铃电路具有一个输入(门铃按钮)、一个输出(喇叭)。当人们以某种方式按门铃按钮并被系统接受时,门铃的喇叭将发声。显然,门铃的发声过程涉及两个问题:门铃如何按才能被系统确认?门铃的喇叭发出什么声音?

触发器具有两种状态,其状态转移需要特定的输入条件。把被触发器确认的外部输入当作"触"(类似门铃如何按才能被系统确认),触发器被"触"后,将产生状态转移,这便是"发"(类似门铃的喇叭发出什么声音)。

触发器的"触"称为动作特点,触发器的"发"便是逻辑功能。因此,触发器的逻辑功能与动作特点是两个不同的概念。触发器的逻辑功能由其特征方程描述,而触发器的动作特点(外部如何输入才能被触发器确认)则由触发器的电路结构决定。

从电路结构角度,触发器有同步结构、主从结构、维持阻塞结构等多种类型。

如图 8.1.8 所示为同步结构的 RS 触发器时序图,由图可总结同步触发器的动作特点如下:

当钟控信号 CP 未到来时,同步触发器不接受输入激励信号,触发器的状态保持不变(见图 8.1.8 的第 5、6 时间单元)。当钟控信号 CP 到来时,触发器接受输入激励信号,正常工作。这种时钟控制方式称为电平触发方式。

电平触发方式的特点是,当钟控信号 CP 到来时,触发器接收输入信号,而且在此期间只要输入激励信号有变化,都会引起触发器状态的改变。同步触发器在 1 次钟控信号 CP 有效期间,由于输入激励信号的变化引起触发器的状态发生两次或两次以上的转移,这种现象称为触发器的空翻现象。例如,图 8.1.8 所示波形中,第二个钟控信号 CP 有效期间,由于 R、S 的变化,使触发器出现空翻。

为了实现在钟控信号 CP 到来期间,触发器的状态只能改变一次,在同步触发器的基础上又设计了主从触发器。

主从结构触发器状态的翻转分为两步。第一步,在 CP=1 期间,主触发器接收输入信号,被置成相应状态,从触发器不工作。第二步,在 CP=0 期间,主触发器不工作,从触发器按照主触发器状态翻转。

如图 8.1.9 所示波形中,在第 1 个钟控信号 CP 高电平期间,主触发器接收输入信号,按照如图 8.1.8 所示状态发生变化,但作为最终输出的从触发器保持不变。在第 1 个钟控信号 CP 下降沿及低电平期间,从触发器按照主触发器最后 1 个状态翻转到 0,从而实现了在钟控信号 CP 到来期间,触发器的状态只改变一次。

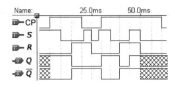
图 8.1.8　同步 RS 触发器时序图

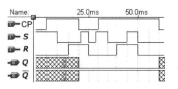
图 8.1.9　主从 RS 触发器时序图

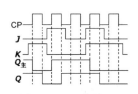
图 8.1.10　主从 JK
触发器时序图

注意：主从结构触发器的主触发器本身是一个同步触发器，存在着空翻问题。此外，主从 JK 触发器的主触发器还具有一次变化现象。

如图 8.1.10 所示为主从 JK 触发器时序图，在第 5 个钟控信号 CP 高电平期间，JK 触发器输入设置为状态翻转（$J = K = 1$），主触发器由 1 翻转到 0。由于主从 JK 触发器的主触发器只能一次变化，尽管主触发器由 1 翻转到 0 后钟控信号 CP 依然处于高电平，输入设置依旧为状态翻转，但主触发器不再由 0 翻转到 1，这便是主从 JK 触发器的一次变化现象。

【例 8.1.2】　电路如图 8.1.11 所示，输入信号波形如图 8.1.12 所示，请画出对应的输出波形（两个 RS 触发器为具有异步功能的同步 RS 触发器）。

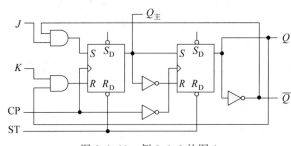
图 8.1.11　例 8.1.2 的图 1

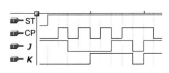
图 8.1.12　例 8.1.2 的图 2

解：

（1）$\overline{S}_D$、$\overline{R}_D$ 为异步输入端。当 $\overline{R}_D = 0$ 时，触发器立即复位到 0 状态；当 $\overline{S}_D = 0$ 时，触发器被置位到 1 状态。其作用与时钟脉冲 CP 无关，故称为异步输入端。$\overline{R}_D$、$\overline{S}_D$ 端的小圆圈表示低电平有效。类似也存在具有异步功能的同步 D 触发器、JK 触发器等等。

（2）如图 8.1.11 所示电路为具有异步功能的主从 JK 触发器，其逻辑符号见表 8.1.7。有兴趣的读者可从 RS 触发器逻辑功能出发导出该触发器具有 JK 触发器的逻辑功能

（3）画出输出波形

第一个时间单元：ST = 0，主从 JK 触发器异步复位，主、从触发器状态均为 0。

第一个上升沿：主触发器工作，$J = 1$、$K = 0$，由同步 RS 触发器激励表知，$Q_主 = 1$。

第一个下降沿：从触发器工作，按照主触发器状态翻转，$Q = 1$。

类似分析其他上升沿、下降沿时 $Q_主$、Q 的波形。输出波形如图 8.1.13 所示。

为了克服主从 JK 触发器主触发器的一次变化问题,增强电路工作的可靠性,便出现了边沿触发器,如维持阻塞结构的触发器。

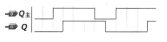

图 8.1.13 例 8.1.2 的图 3

维持阻塞结构触发器的触发特点是当且仅当钟控信号 CP 的上升沿到来时,触发器才接收输入信号,称之为上升沿触发,其时序图实例如图 8.1.14 所示。由于触发器只在 CP 信号上升沿到来时接收输入信号,因此,触发器状态为 1。

也可采用具有下降沿触发动作特点的触发器,其时序图实例如图 8.1.15 所示。由于触发器只在 CP 信号下降沿到来时接收输入信号,因此,触发器状态为 0。

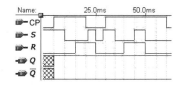
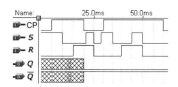

图 8.1.14 维持阻塞 RS 触发器时序图　　图 8.1.15 下降沿触发 RS 触发器时序图

综上所述,触发器的逻辑功能和动作特点是两个不同的概念,具有相同逻辑功能、不同动作特点的两个触发器在相同输入激励下其输出往往不相同。同步触发器动作特点为电平触发,只要控制电平有效,触发器即产生相应动作,最大的不足是可能产生空翻。主从结构触发器动作分为两步:控制电平有效期间主触发器工作;无效时从触发器按照主触发器状态变化。主从 JK 触发器主触发器具有一次翻转性,因而降低了其抗干扰能力,尽管如此,其应用依旧十分广泛。边沿触发器在上升沿或下降沿到来时触发器动作,可靠性高,为目前时序逻辑电路的基本动作方式。需要说明的是,主从 JK 触发器从外部特性来看,与下降沿触发器非常类似(见图 8.1.10),但触发器接收输入信号是在上升沿及 CP＝1 期间,只是触发器最终状态翻转在下降沿。读者应注意它与下降沿触发器的区别。

思考与练习

8.1.1 何谓触发器的空翻现象?哪种触发器存在着空翻现象?请叙述空翻现象的过程,通常采用什么方法防止空翻现象。

8.1.2 什么是主从 JK 触发器的一次翻转性,可如何克服?

8.1.3 简要叙述同步触发器、主从触发器和维持触发器各自的主要特点。

8.1.4 试分别叙述 RS 触发器、D 触发器、JK 触发器、T 触发器的逻辑功能,并默写各自的特征方程。

8.2 同步时序逻辑电路分析

所谓时序电路的分析,就是根据已知的时序电路,找出该电路所实现的逻辑功能。具体地讲,就是要求找出电路的状态和输出的状态,在输入变量和时钟信号作用下的变化规律。

一般时序电路,在电路结构上有两个显著的特点。第一,时序电路通常包含组合电路和存储电路两个组成部分,而存储电路是必不可少的。第二,存储电路的输出状态必须反馈到组合电路的输入端,与输入信号一起,共同决定组合逻辑电路的输出。

所以,一般时序电路的电路结构可以用图8.2.1所示的框图来表示。

根据时序电路的含意,不难看出,触发器就是最简单的时序电路。

大家知道,组合电路逻辑功能的描述方法有:真值表、表达式和工作波形图等。时序电路逻辑功能的描述方法也有多种,如方程、表格、图形等。具体讨论如下:

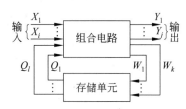

图 8.2.1 时序电路示意图

• 方程

在图8.2.1所示的时序电路示意框图中,$X_1 \sim X_i$ 为时序电路的输入端,$Y_1 \sim Y_j$ 为时序电路的输出端,$W_1 \sim W_k$ 为存储电路的驱动输入端(又称为激励输入端),$Q_1 \sim Q_l$ 为存储电路的状态。

对于一般时序电路,可以用 j 个输出方程,k 个驱动方程和 l 个状态方程来描述时序电路的逻辑功能。即

$$\left.\begin{array}{l} Y_1 = F_1(X_1, \cdots, X_i, Q_1, \cdots, Q_l) \\ \cdots \\ Y_j = F_j(X_1, \cdots, X_i, Q_1, \cdots, Q_l) \end{array}\right\} \tag{8.2.1}$$

$$\left.\begin{array}{l} W_1 = G_1(X_1, \cdots, X_i, Q_1, \cdots, Q_l) \\ \cdots \\ W_k = G_k(X_1, \cdots, X_i, Q_1, \cdots, Q_l) \end{array}\right\} \tag{8.2.2}$$

$$\left.\begin{array}{l} Q_1^{n+1} = F_1(W_1, \cdots, W_i, Q_1^n, \cdots, Q_l^n) \\ \cdots \\ Q_l^{n+1} = F_j(W_1, \cdots, W_i, Q_1^n, \cdots, Q_l^n) \end{array}\right\} \tag{8.2.3}$$

用方程来描述时序电路的逻辑功能,优点是根据方程画电路方便。但关键是不能直观地看出电路的逻辑功能。

• 状态表

与触发器的状态表相同。只是这里已知的变量为电路输入 $X_1 \sim X_i$、电路的原状态 $Q_1 \sim Q_l$;待求为电路的新状态 $Q_1^{n+1} \sim Q_l^{n+1}$、存储电路的驱动 $W_1 \sim W_k$、电路的输出

$Y_1 \sim Y_j$。将它们用表格表示,即为状态转换真值表,简称状态表。

- 状态图

与触发器的状态图相同。即状态图中的小圆圈分别表示电路的各个状态,以箭头表示状态转换的方向。同时,还在箭头旁注明电路状态转换前的输入变量取值和输出值。通常将输入变量取值在斜线以上,将输出值写在斜线以下。这种图形称为状态转换图,简称状态图。

状态图的优点是能直观、形象地表示出时序电路的逻辑功能。

- 时序图

所谓时序图,是根据状态表,或者状态图的内容画成时间波形的形式。即在序列的时钟脉冲作用下,电路状态、输出状态随时间变化的波形图称为时序图。

用时序图描述时序电路的逻辑功能的优点是,能够方便地用实验观察的方法来检查时序电路的逻辑功能。

时序电路的分类方法主要有:

(1) 按照时序电路中,所有触发器状态的变化是否同步,时序电路可分为:同步时序电路和异步时序电路。

通俗地讲,若电路中所有触发器的 CP 控制信号,使用的都是同一个时钟脉冲,这种时序电路称为同步时序电路。否则,称为异步时序电路。

(2) 按照电路输出信号的特点,时序电路又可分为米利(Mealy)型时序电路和摩尔(Moore)型时序电路。

Mealy 型时序电路,其电路的输出信号不仅取决于存储电路的原状态,而且还取决于电路的输入变量。其输出方程见式(8.2.1)。

Moore 型时序电路:其电路的输出信号仅仅取决于存储电路的原状态。其输出方程为

$$\left. \begin{array}{l} Y_1 = F_1(Q_1, Q_2, \cdots, Q_l) \\ \cdots \\ Y_j = F_j(Q_1, Q_2, \cdots, Q_l) \end{array} \right\} \tag{8.2.4}$$

实际上,除时钟输入外,Moore 型时序电路没有其他的外部输入端。

应当指出的是,凡是符合时序电路含意的数字电路,都称为时序电路。常用的时序电路有:寄存器、计数器、顺序脉冲发生器、检测器、读/写存储器等。

描述时序电路逻辑功能的方法有方程式、状态表、状态图和时序图等。由于用状态表或者用状态图能够直观地看出时序电路的逻辑功能。所以,在分析时序电路时,应设法找出该时序电路所对应的状态图或状态表。

同步时序电路中所有触发器都是在同一个时钟脉冲作用下的,其分析方法相对简单,具体可按如下步骤进行分析:

- 根据给定的时序电路,写出电路的输出方程;写出每个触发器的驱动方程。(又称为激励方程)。
- 将驱动方程代入相应触发器的特征方程,得到每个触发器的状态方程。

- 找出该时序电路相对应的状态表或者状态图,以便直观地看出该时序电路的逻辑功能。
- 若电路中存在着无效状态(即电路未使用的状态)应检查电路能否自启动。
- 文字叙述该时序电路的逻辑功能。

【例 8.2.1】 如图 8.2.2 所示电路由维持阻塞 JK 触发器组成,请分析其逻辑功能。

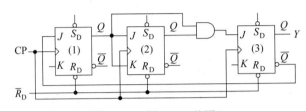

图 8.2.2 例 8.2.1 的图 1

解:(1) 这是一个 Moore 型时序电路,因为该电路无外部输入信号(CP 信号是时钟信号,是时序电路的工作信号)。

(2) 写出电路的驱动方程、输出方程及状态方程。

驱动方程为

$$\begin{cases} J_1 = \overline{Q_3^n} & K_1 = 1 \\ J_2 = Q_1^n & K_2 = Q_1^n \\ J_3 = Q_1^n Q_2^n & K_3 = 1 \end{cases} \tag{8.2.5}$$

输出方程为

$$Y = Q_3^n \tag{8.2.6}$$

将驱动方程(8.2.5)代入 JK 触发器的特性方程 $Q^{n+1} = J\overline{Q^n} + \overline{K}Q^n$ 中,就得到了电路的状态方程。

$$\begin{cases} Q_1^{n+1} = \overline{Q_3^n} \ \overline{Q_1^n} \\ Q_2^{n+1} = Q_1^n \overline{Q_2^n} + \overline{Q_1^n} Q_2^n = Q_1^n \oplus Q_2^n \\ Q_3^{n+1} = Q_1^n Q_2^n \overline{Q_3^n} \end{cases} \tag{8.2.7}$$

(3) 画出电路的状态图[①]。

首先将电路清零。即在电路中各触发器的 $\overline{R}_D$ 端加一置 0 负脉冲,则该电路的状态"$Q_3^n Q_2^n Q_1^n$"为"000"。假设"000"为初始状态,当 CP 脉冲到来时,将电路的初始状态代入状态方程(8.2.7),可求出电路的新状态。以此类推,可得到如图 8.2.3 所示的状态图(同时还需求出输出 Y 的逻辑值)。

(4) 检查自启动

在图 8.2.2 中,电路用了 3 个触发器。电路应该有 $2^n = 2^3 = 8$(n 为触发器数目)个

---

① 本题中详细给出了如何通过特征方程求出状态图,在后面的内容中,将直接给出状态图,其求出过程同本题。

状态。从状态图(图 8.2.3)中可以看出,电路只使用了五个状态,000、001、010、011、100,这五个状态称为有效状态。电路在 CP 控制脉冲作用下,在有效状态之间的循环,称为有效循环。该电路还有三个状态 101、110、111 没有使用,这三个状态称为无效状态。电路在 CP 脉冲作用下,在无效状态之间的循环,称为无效循环。

所谓电路能够自启动,就是当电源接通或者由于干扰信号的影响,电路进入了无效状态,在 CP 控制脉冲作用下,电路能够进入有效循环,则称电路能够自启动。否则,电路不能够自启动。

下面检查例 8.2.1 中的电路能否自启动。

设电路的初始状态为"101",当 CP 控制脉冲到来时将初始状态代入状态方程、输出方程,可求出输出为"1",新状态为"010";类似可得出电路的初始状态为"110"时,在 CP 脉冲作用下输出为"1",新状态为"010";电路的初始状态为"111",在 CP 脉冲作用下输出为"1",新状态为"000"。所以,电路能够自启动。故可以画出如图 8.2.4 所示的完整的状态图。

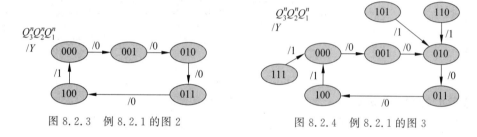

图 8.2.3　例 8.2.1 的图 2　　　　　图 8.2.4　例 8.2.1 的图 3

显然,在图 8.2.4 中电路由无效状态转换到有效状态过程中的输出 $Y=1$ 为无效输出。

(5) 结论

从图 8.2.4 中很容易看出,每经过 5 个时钟信号,电路的状态循环变化一次,所以这个电路具有对时钟信号计数的功能。同时,因为每经过 5 个时钟脉冲作用以及输出端 Y 输出一个进位脉冲。因此,图 8.2.2 中所示电路是一个能够自启动的同步五进制加法计数器。

当然,也可以写出该电路相应的状态表。它可以由状态转换图转换得到,也可以依次假设电路的初始状态代入状态方程,输出方程得到。状态表如表 8.2.1 所示。显然,用状态表描述该电路的逻辑功能不如状态图直观,在后面的分析中,若给出状态图便不再给出状态表。

表 8.2.1　状态转移真值表

CP	Q_3	Q_2	Q_1	Q_3^{n+1}	Q_2^{n+1}	Q_1^{n+1}	Y
1 ↑	0	0	0	0	0	1	0
2 ↑	0	0	1	0	1	0	0
3 ↑	0	1	0	0	1	1	0

续表

CP	Q_3	Q_2	Q_1	Q_3^{n+1}	Q_2^{n+1}	Q_1^{n+1}	Y
4 ↑	0	1	1	1	0	0	0
5 ↑	1	0	0	0	0	0	1
6 ↑	1	0	1	0	1	0	1
7 ↑	1	1	0	0	1	0	1
8 ↑	1	1	1	0	0	0	1

（6）计算机仿真

图 8.2.2 中所示电路在 Quartus Ⅱ 环境中仿真结果如图 8.2.5 所示。图中最下面的数字输出形式为三个触发器按照 $Q_3 Q_2 Q_1$ 顺序通过总线以一个数的形式表示的结果。从仿真图可看出图 8.2.2 中所示电路为对时钟信号计数的五进制加法计数器。

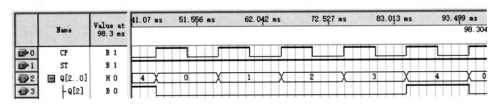

图 8.2.5　例 8.2.1 的图 4

【例 8.2.2】　分析如图 8.2.6 所示电路的逻辑功能。

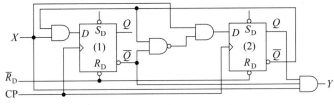

图 8.2.6　例 8.2.2 的图 1

解：

（1）显然，这是一个 Mealy 型时序电路。它是由二个维持阻塞 D 触发器组成的同步时序电路。X 为电路的输入端，Y 为输出端。

（2）写出电路的驱动方程、输出方程及状态方程。

驱动方程为

$$\begin{cases} D_1 = X\overline{Q_2^n} \\ D_2 = \overline{\overline{Q_1^n}\ \overline{Q_2^n}X} \end{cases} \tag{8.2.8}$$

输出方程为

$$Y = \overline{Q_1^n}Q_2^n X \tag{8.2.9}$$

将驱动方程(8.2.8)代入 D 触发器的特性方程 $Q^{n+1}=D$ 中，就得到了电路的状态方程。

$$\begin{cases} Q_1^{n+1} = X\overline{Q_2^n} \\ Q_2^{n+1} = \overline{\overline{Q_1^n} \ \overline{Q_2^n} X} \end{cases} \tag{8.2.10}$$

（3）画出电路的状态图。

由状态方程可得到如图 8.2.7 所示的状态图。

（4）计算机仿真及结论[①]。

图 8.2.6 中所示电路在 Quartus Ⅱ 环境中仿真结果如图 8.2.8。从仿真图、状态图可看出图 8.2.6 所示电路为同步的"1111"序列检测器。即当输入端 X 连续输入 4 个或 4 个以上的 1 时，输出为 1。否则,输出为 0(仿真图给出了连续输入 3 个 1 的状态及输出)。

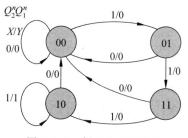

图 8.2.7　例 8.2.2 的图 2

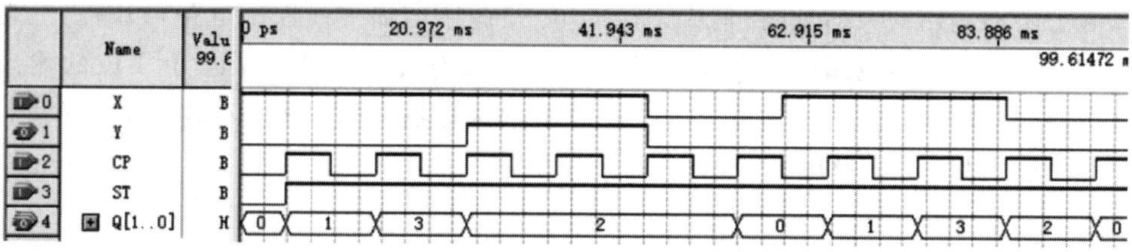

图 8.2.8　例 8.2.2 的图 3

思考与练习

8.2.1　什么叫时序逻辑电路？时序逻辑电路与组合逻辑电路有何不同？

8.2.2　试扼要叙述描述时序逻辑电路逻辑功能的方法。

8.3　寄存器与计数器的电路特点

寄存器、计数器是最常用的两类时序逻辑电路,理解寄存器、计数器的电路特点是使用集成时序电路芯片的基础。

8.3.1　寄存器

1. 概述

能够存放数码或者二进制逻辑信号的电路,称为寄存器。寄存器电路是由具有存储

---

① 在 Quartus Ⅱ 环境中仿真时,当输入信号与 CP 信号同时变化时,触发器状态一般按输入信号变化前的状态变化,下同。

功能的触发器组成的。显然,用 n 个触发器组成的寄存器能存放一个 n 位的二值代码。

按照功能的差别,寄存器分为两大类:一类是基本寄存器,所需存放的数据或代码只能并行送入寄存器中,需要时也只能并行取出,另一类为移位寄存器。

2. 基本寄存器

基本寄存器只有存放数据或者代码的功能。它的电路可以由基本触发器、同步触发器、主从触发器、边沿触发器组成,所以电路结构比较简单。图 8.3.1 所示为一个 4 位基本寄存器,它是由 4 个维持阻塞 D 触发器组成。图中,D_3、D_2、D_1、D_0 为寄存器的数据输入端,Q_3、Q_2、Q_1、Q_0 为寄存器的输出端,G 为寄存器的控制端。

当 G 上升沿到来时,依照 D 触发器的逻辑功能,有 $Q_3 = D_3$、$Q_2 = D_2$、$Q_1 = D_1$、$Q_0 = D_0$。即将 4 位二进制数写入寄存器。其他时间,依照 D 触发器的逻辑功能,触发器状态不变,即寄存器锁定原始数据不变。基于上述功能,人们有时也常将并行寄存器称为锁存器。

为了增加使用的灵活性,在集成寄存器中,往往还增加一些控制电路,如输出三态控制。将图 8.3.1 所示电路的每个输出端增加一个三态传输门便构成一个 4 位的输出三态寄存器。如图 8.3.2 所示为输出三态 4 位基本寄存器。当 $\overline{OE}$ 为高电平时,寄存器输出为高阻态;当 $\overline{OE}$ 为低电平时,寄存器正常工作。

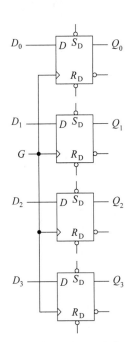

图 8.3.1　4 位基本寄存器

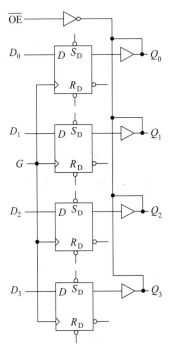

图 8.3.2　输出三态基本寄存器

3. 移位寄存器

移位寄存器不仅能够存放数据或代码,而且还具有移位的功能。所谓移位功能是指,将寄存器中所存放的数据或者代码,在触发器时钟脉冲的作用下,依次逐位向左或者向右移动。具有移位功能的寄存器称为移位寄存器。移位寄存器不但可以用来寄存数据或者代码,而且还可以用来实现数据的串行/并行的相互转换、数值的运算以及数据处理等。所以,在数字计算机中,广泛应用移位寄存器。

按照寄存器所存放的数据存入、取出的方式不同,移位寄存器可分为以下四类:
- 串入-串出工作方式的移位寄存器。
- 串入-并出工作方式的移位寄存器。
- 并入-并出工作方式的移位寄存器。
- 并入-串出工作方式的移位寄存器。

当然,不管何种类型的移位寄存器,均具有数据移位功能,可通过如图 8.3.3 所示的串入-并出工作方式的 4 位移位寄存器来理解移位寄存器的移位功能。

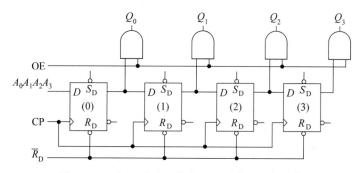

图 8.3.3　串入-并出工作方式的 4 位移位寄存器

电路中所采用的是 4 个维持阻塞 D 触发器(TTL 系列的触发器),电路的特点为"4 个维持阻塞 D 触发器从左到右依次串接,最左边触发器接外部输入"。即从低一位触发器的输出端 Q 端接到高一位触发器的输入端 D 端,最低位触发器的输入端 D 端,输入需要存放的 4 位代码。若需要将移位寄存器所存放的代码取出时,可分别通过 4 个"与"门输出。

如图 8.3.3 所示的移位寄存器是一个在 CP 控制脉冲的作用下,向右依次逐位移位的右移移位寄存器。因为所有数据只能从一个输入端输入,因此,应要求输入的代码,高位先输入,低位后输入。对数据 A,应按照 A_3、A_2、A_1、A_0 的先后顺序输入数据。下面具体分析电路的工作过程。

1) 第一步:清零

在每个触发器的 $\overline{R}_D$ 端加清零负脉冲,将各触发器置 0,此时,寄存器的状态为"0000"。

2) 第二步:放数

已知需要存放的数据 A 数码为"A_3、A_2、A_1、A_0"。

(1) 先送入最高位数码 A_3，第 1 个 CP↑到来时，因为：

$$D_0 = A_3 、 \quad D_3 = D_2 = D_1 = 0$$

所以 $Q_0^{n+1} = A_3$、$Q_3^{n+1} = Q_2^{n+1} = Q_1^{n+1} = 0$，寄存器的状态为"$000A_3$"（$Q_3Q_2Q_1Q_0$ 顺序，下同）。

(2) 再送入次高位数码 A_2，第 2 个 CP↑到来时，因为：

$$D_0 = A_2 、 \quad D_1 = A_3 、 \quad D_3 = D_2 = 0$$

所以 $Q_0^{n+1} = A_2$、$Q_1^{n+1} = A_3$、$Q_3^{n+1} = Q_2^{n+1} = 0$，寄存器的状态为"$00A_3A_2$"。

(3) 继续送入低位数码 A_1，第 3 个 CP↑到来时，因为：

$$D_0 = A_1 、 \quad D_1 = A_2 、 \quad D_2 = A_3 、 \quad D_3 = 0$$

所以 $Q_0^{n+1} = A_1$、$Q_1^{n+1} = A_2$、$Q_2^{n+1} = A_3$、$Q_3^{n+1} = 0$，寄存器的状态为"$0A_3A_2A_1$"。

(4) 送入最低位数码 A_0，第 4 个 CP↑到来时，因为：

$$D_0 = A_0 、 \quad D_1 = A_1 、 \quad D_2 = A_2 、 \quad D_3 = A_3$$

所以 $Q_0^{n+1} = A_0$、$Q_1^{n+1} = A_1$、$Q_2^{n+1} = A_2$、$Q_3^{n+1} = A_3$，寄存器的状态为"$A_3A_2A_1A_0$"。

故经过 4 个 CP 控制脉冲后完成了数码的存放工作，可通过图 8.3.4 来进一步理解上面的移位过程。

当如图 8.3.3 所示的移位寄存器的外部输入 D 直接悬空时（为 1），初始置 0 后，4 个时钟寄存器状态变化如下：

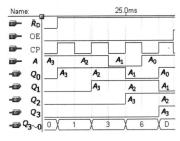

图 8.3.4 图 8.3.3 的仿真波形

第 1 个时钟：$Q_0Q_1Q_2Q_3 = DQ_0^nQ_1^nQ_2^n = 1000$

第 2 个时钟：$Q_0Q_1Q_2Q_3 = DQ_0^nQ_1^nQ_2^n = 1100$

第 3 个时钟：$Q_0Q_1Q_2Q_3 = DQ_0^nQ_1^nQ_2^n = 1110$

第 4 个时钟：$Q_0Q_1Q_2Q_3 = DQ_0^nQ_1^nQ_2^n = 1111$

可总结移位寄存器右移功能的通用逻辑描述为

$$Q_i = Q_{i-1}^n \tag{8.3.1}$$

根据右移功能的通用逻辑描述，设寄存器 $Q_3Q_2Q_1Q_0$ 初始状态为"0000"，如果用右移功能设置寄存器 $Q_3Q_2Q_1Q_0$ 状态为"0101"，可从高到低，逐位移位实现即可，4 个时钟寄存器状态变化如下：

第 1 个时钟：$Q_0Q_1Q_2Q_3 = DQ_0^nQ_1^nQ_2^n = 0000$

第 2 个时钟：$Q_0Q_1Q_2Q_3 = DQ_0^nQ_1^nQ_2^n = 1000$

第 3 个时钟：$Q_0Q_1Q_2Q_3 = DQ_0^nQ_1^nQ_2^n = 0100$

第 4 个时钟：$Q_0Q_1Q_2Q_3 = DQ_0^nQ_1^nQ_2^n = 1010$

3）第三步：取数

当读出脉冲（正脉冲）到来时，将 4 个"与"门打开，则可以同时取出在移位寄存器中所存放的数码"A_3、A_2、A_1、A_0"。

从对移位寄存器的工作过程的分析中,可以看出,存在空翻现象的触发器不能组成移位寄存器。

可类推总结移位寄存器左移通用逻辑描述为

$$Q_i = Q_{i+1}^n \tag{8.3.2}$$

还有一种寄存器既可左移,又可右移,称为双向移位寄存器,有兴趣的读者请参考相关书籍了解其电路特点。

移位寄存器应用十分广泛,现将主要用途分述如下。

(1) 实现数码的串行、并行变换。在数字通信系统中,通信线路上信息传递通常是串行传送,而终端的输入或输出往往是并行的,因而需要将串行信号变换成并行信号或者由并行信号变换成串行信号。例如,图 8.3.3 所示 4 位移位寄存器就可将串行信号变换成并行信号。如果串行输入的数码为 $A_3A_2A_1A_0 = 1101$,则图 8.3.3 所示电路在 Quartus Ⅱ环境中仿真结果如图 8.3.4(经过处理)。从图中可以看出,移位寄存器的移位脉冲(CP 脉冲)与代码的码元应同步。并行读出脉冲(OE)必须在 4 个 CP 脉冲后出现,并且与 CP 脉冲出现的时间互相错开。

(2) 移位寄存器可以作为脉冲节拍延迟。由于移位寄存器在串行输入、串行输出时,输入信号经过 n 次移位后才到达输出端输出,所以输出信号比输入信号延迟了 n 个移位脉冲的周期,故起到了节拍延迟的作用。其延迟的时间为

$$t_d = nt_{CP}$$

(3) 移位寄存器可以用来构成计数器、序列信号发生器,如何用移位寄存器构成计数器将在后面讨论。

8.3.2 同步计数器

统计脉冲的个数称为计数,实现计数功能的电路称为计数器。在数字系统使用得最多的时序电路应该是计数器了。这是因为计数器不仅可以用来计数,而且还可以用作定时器、分频器、脉冲序列发生器、数字仪表以及在数字计算机中用于数字运算等。

(1) 按计数器中触发器工作是否与时钟脉冲同步分类。

同步计数器——输入的时钟脉冲(又称为计数脉冲)同时作用于电路中的所有触发器,这种计数器称为同步计数器。

异步计数器——输入的计数脉冲到来时,各个触发器的工作是异步进行的,这种计数器称为异步计数器。从电路结构上看,计数器中有些触发器的时钟信号是输入的计数脉冲,有些触发器的时钟信号却是其他触发器的输出。

(2) 按计数的进制分类。

二进制计数器——当输入的计数脉冲到来时,按二进制规律进行计数的计数器称为二进制计数器。

十进制计数器——按十进制规律进行计数的计数器称为十进制计数器。

N 进制计数器——除了二进制计数器和十进制计数器之外的其他进制数的计数器，都称为 N 进制计数器。

（3）按计数时是递增还是递减分类。

加法计数器——当输入的计数脉冲到来时，按递增规律进行计数的计数器称为加法计数器。

减法计数器——当输入的计数脉冲到来时，按递减规律进行的计数器称为减法计数器。

可逆计数器——在加、减信号的控制下，既可以进行递增计数也可进行递减计数的计数器称为可逆计数器。

同步计数器是典型的同步时序网络，电路中所有的触发器都是共用同一个时钟脉冲源，这个时钟脉冲源就是被计数的输入脉冲。

同步二进制计数器电路实例如图 8.3.5 所示，该图在 Quartus Ⅱ 环境中仿真结果如图 8.3.6 所示。图中最下面的数字输出形式为三个触发器按照 $Q_3Q_2Q_1$ 顺序通过总线以一个数的形式表示的结果。由时序图上可以看出，若输入计数脉冲的频率为 f_0，则 Q_1、Q_2、Q_3 端可以依次输出频率为 $\frac{1}{2}f_0$、$\frac{1}{4}f_0$、$\frac{1}{8}f_0$ 的周期性的矩形脉冲。针对计数器的这种分频功能，人们也把它称为分频器。

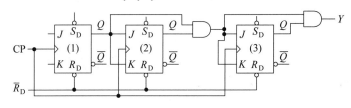

图 8.3.5　3 位二进制加法计数器的图

由图 8.3.6 可得到如图 8.3.7 所示的状态图。从状态图、仿真图可看出图 8.3.5 所示电路为对时钟信号计数的 3 位二进制加法计数器或称为八进制加法计数器。

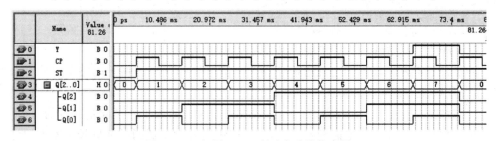

图 8.3.6　如图 8.3.5 所示电路的仿真图

一个计数器所能够记入计数脉冲的数目，称为计数器的计数容量、计数长度或计数器的模。上述 3 位二进制计数器的计数容量等于 8，其计数长度或模值数也等于 8。

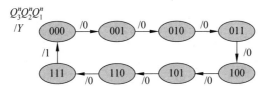

图 8.3.7 如图 8.3.5 所示电路的状态图

在如图 8.3.5 所示电路中,下一级触发器的输入接上一级触发器的 Q 端,将其改接 $\bar{Q}$ 端,则形成另一种同步二进制计数器,具体如图 8.3.8 所示。该图在 Quartus Ⅱ 环境中仿真结果如图 8.3.9。图中最下面的数字输出形式为三个触发器按照 $Q_3Q_2Q_1$ 顺序以总线形式的仿真结果。

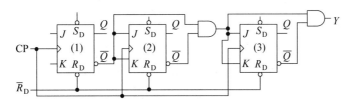

图 8.3.8 3 位二进制减法计数器的图

由图 8.3.9 可得到如图 8.3.10 所示的状态图。从状态图、仿真图可看出,如图 8.3.8 所示电路为同步 3 位二进制减法计数器。显然,它的计数容量为 8。

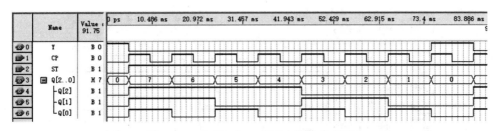

图 8.3.9 如图 8.3.8 所示电路的仿真图

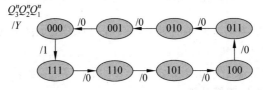

图 8.3.10 如图 8.3.8 所示电路的状态图

将同步二进制加法计数器和同步二进制减法计数器合并在一起,由控制信号 M 来加以控制,当 $M=1$ 时,按加法进行计数;当 $M=0$ 时,按减法进行计数(即同步可逆计数器)。其电路图如图 8.3.11 所示。请读者自己分析其工作情况。

上面分别介绍了 3 位二进制加法、减法、可逆计数器电路的构成方法,读者可参考上面三个电路的联接特点设计 4 位、5 位的二进制加法、减法、可逆计数器电路。如图 8.3.12 所示为 4 位同步加法计数器。

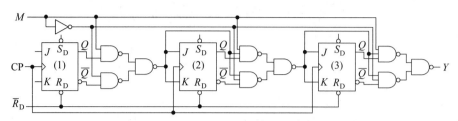

图 8.3.11 同步可逆 3 位二进制计数器

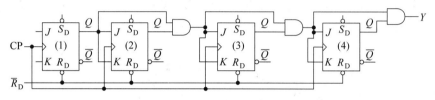

图 8.3.12 同步 4 位二进制加法计数器

对比图 8.3.12(4 位二进制同步加法计数器)与图 8.3.5(3 位二进制同步加法计数器),二者电路联接方式相似,主要区别是 4 位二进制同步加法计数器较 3 位二进制同步加法计数器多一个触发器。读者可在 Quartus Ⅱ环境中打开该电路的仿真包,其仿真结果如图 8.3.13 所示。由仿真结果知该电路为 4 位二进制加法计数器。

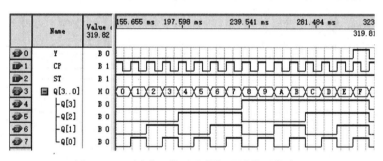

图 8.3.13 同步 4 位二进制加法计数器仿真图

读者可参照上述方法在 Quartus Ⅱ环境中设计减法、可逆计数器或更多位的二进制计数器。

同步二-十进制计数器电路实例如图 8.3.14 所示,请读者参考同步时序逻辑电路的分析方法来分析该电路的逻辑功能。

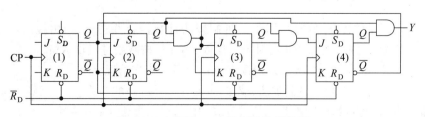

图 8.3.14 同步二-十进制计数器的图

任意进制的计数器一般用集成二进制或二-十进制计数器结合门电路构成,具体将在下面介绍。

8.3.3 异步计数器

异步计数器不同于同步计数器。组成异步计数器的各级触发器时钟脉冲,不全是计数输入脉冲,所以各级触发器的状态转移不是在同一时钟脉冲作用下同时产生转移。

如图 8.3.15 所示为二进制异步计数器电路实例,该图在 Quartus II 环境中仿真结果如图 8.3.16 所示。图 8.3.16(a)为图 8.3.15 示电路在"GRID SIZE"为 5ms 时的仿真结果,由图 8.3.16(a)可得到如图 8.3.17 所示的状态图。从状态图、仿真图可看出,如图 8.3.15 所示电路是一个异步的 3 位二进制减法计数器。

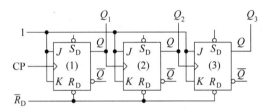

图 8.3.15 二进制异步计数器的图

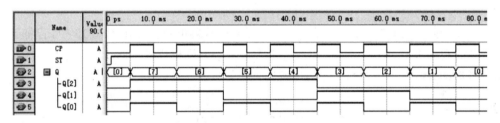

(a) "GRID SIZE"为 5ms 时的仿真结果

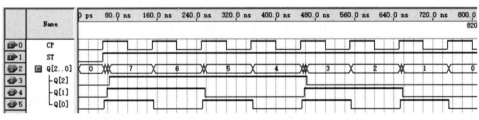

(b) "GRID SIZE"为 50ns 时的仿真结果

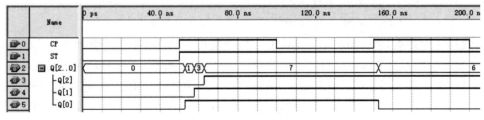

(c) 图(b)的局部放大的仿真结果

图 8.3.16 如图 8.3.15 所示电路的仿真图

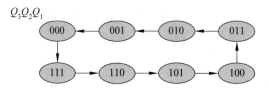

图 8.3.17　如图 8.3.15 所示电路的状态图

从上面的状态图、仿真图上看,如图 8.3.15 所示的异步 3 位二进制减法计数器与如图 8.3.8 所示的同步 3 位二进制减法计数器从逻辑功能到动作特点似乎都没有区别。

进一步分析如图 8.3.16(a)所示仿真图,该图的时钟脉冲周期为 10ms(Quartus Ⅱ 环境中的“GRID SIZE”为 5ms)。若将 Quartus Ⅱ 环境中的“GRID SIZE”改为 50ns,其仿真结果如图 8.3.16(b),其局部(全 0 到全 1 的变化过程)放大见图 8.3.16(c)(经过处理)。通过图 8.3.16(b)、(c)可看出,如图 8.3.15 所示的异步 3 位二进制减法计数器由状态“0”进入状态“7”时,中间经过了“1”“3”两个过渡状态。

为什么这样呢?

分析如图 8.3.15 所示电路,只有第 1 个触发器的时钟输入与外部时钟相联,当外部时钟上升沿到来时,只有第 1 个触发器由状态“0”翻转到“1”,计数器进入过渡状态“1”;与此同时,第 1 个触发器 Q 端将产生上升沿,第 2 个触发器将由状态“0”翻转到“1”,计数器进入过渡状态“3”。随着第 3 个触发器由状态“0”翻转到“1”,计数器进入稳定状态“7”。

当然,异步二进制计数器也存在加法、可逆计数器电路。在图 8.3.15 中,若将触发器 1、2 的 $\bar{Q}$ 分别接触发器 2、3 的时钟(如图 8.3.18),则构成异步的 3 位二进制加法计数器。将加法、减法计数器合在一起,可构成可逆计数器。

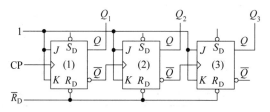

图 8.3.18　加法计数器电路

显然,异步计数器的逻辑功能与触发器的动作特点紧密相关,如图 8.3.15 所示电路中 JK 触发器具有上升沿触发的动作特点,为二进制减法异步计数器,若采用具有下降沿触发动作特点的 JK 触发器,则构成二进制加法异步计数器。由下降沿 JK 触发器构成的 4 位二进制加法计数器如图 8.3.19 所示。

通过上面分析,读者可以看出,异步计数器响应速度慢,存在过渡状态,可靠性差。当然,异步计数器也有优点,电路简单,使用灵活。将如图 8.3.19 所示电路的第 1 级触发器与第 2 个触发器之间的联接断开,将该联接端作为外部引脚引出,可方便构成二-八-十六进制计数器,芯片实例见 8.4.2 节。读者还可参考上面介绍的几个电路的联接特点构造 5 位或更高位数的异步二进制计数器电路。

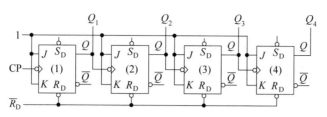

图 8.3.19　异步 4 位二进制加法计数器

思考与练习

8.3.1　结合图 8.3.5、图 8.3.13 的电路联接特点构造一个 5 位二进制加法计数器并在 Quartus Ⅱ 环境中仿真验证所构造的电路是否正确。

8.3.2　分析图 8.3.20 所示电路的逻辑功能并说明它与图 8.3.5 所示电路相比有何优点。

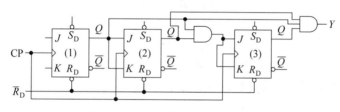

图 8.3.20　思考与练习 8.3.2 的图

8.3.3　在图 8.3.18 中,若选用下降沿触发的 JK 触发器,则电路的功能为何?

8.3.4　请从图 8.3.15 的电路联接特点出发构造一个异步的 4 位二进制减法计数器并在 Quartus Ⅱ 环境中仿真验证你所构造的电路是否正确。

8.4　常用中规模时序逻辑电路芯片特点及其应用

常用中规模时序逻辑电路芯片主要有计数器、寄存器等。本节主要介绍中规模集成计数器芯片的逻辑功能及其应用,结合实例介绍了集成移位寄存器的应用。

8.4.1　集成二进制同步计数器

中规模集成同步计数器的产品型号比较多,其电路结构是在基本计数器例如二进制计数器、二-十进制计数器的基础上增加了一些附加电路,以扩展其功能。

常用的集成二进制同步计数器有加法计数器和可逆计数器两种类型。

1. 集成 4 位二进制同步加法计数器

在如图 8.3.12 所示的 4 位二进制加法计数器的基础上,为了使用和扩展功能的方便,在制作集成 4 位二进制同步加法计数器时,增加了一些辅助功能。例如,置数功能、保持功能等。

　　集成 4 位二进制同步加法计数器的主要产品有 CT54161/CT74161、CT54LS161/CT74LS161、CC40161 等，它们都是异步清零的（又称为异步清除）。此外还有用同步清零的计数器，它们是当 $\overline{CR}$ 低电平有效时，在时钟信号作用下，实现清零。如 CT54163/CT74163、CT54LS163/CT74LS163、CC40163 等 4 位二进制计数器。

　　下面介绍比较典型的芯片 CT54LS161/CT74LS161[①]（4 位二进制计数器）的控制逻辑及其应用。

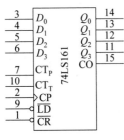

图 8.4.1　74LS161

- 引脚说明

　　图 8.4.1 所示为集成 4 位二进制计数器 74LS161。图中，CP 为输入的计数脉冲，也就是加到各个触发器的时钟信号端的时钟脉冲。$\overline{CR}$ 是清零端，$\overline{LD}$ 是置数控制端；CT_P 和 CT_T 是两个计数器工作状态的控制端，$D_0 \sim D_3$ 是并行输入数据端，CO 是进位信号输出端，$Q_0 \sim Q_3$ 是计数器状态输出端。

- 功能表

　　表 8.4.1 所示为 74LS161 集成 4 位二进制计数器的功能表（或者称为状态表）。由表 8.4.1 所示功能表可以清楚地看出，集成 4 位二进制同步加法计数器具有如下功能：

表 8.4.1　74LS161 功能表

$\overline{CR}$	$\overline{LD}$	CT_P	CT_T	CP	D_0	D_1	D_2	D_3	Q_0	Q_1	Q_2	Q_3
0	×	×	×	×	×	×	×	×	0	0	0	0
1	0	×	×	↑	d_0	d_1	d_2	d_3	d_0	d_1	d_2	d_3
1	1	1	1	↑	×	×	×	×	正常计数			
1	1	×	0	×	×	×	×	×	保持（但 CO=0）			
1	1	0	1	×	×	×	×	×	保持			

　　① 异步清零功能

　　当 $\overline{CR}=0$ 时，计数器清零。从表中第一行可以看出，$\overline{CR}=0$，其他输入信号都不起作用，由时钟触发器的逻辑特性可知，其异步输入端的信号是优先的，$\overline{CR}=0$ 正是通过 $\overline{R_D}=0$ 使各个触发器清零的。这一工作又称为计数器的复位。

　　② 同步并行置数功能

　　从表中第二行可以看出，当 $\overline{CR}=1$、$\overline{LD}=0$ 时，在 CP 脉冲上升沿的操作下，并行输入数据端 $D_0 \sim D_3$ 输入的数据 $d_0 \sim d_3$ 置入计数器，使计数器的状态为 $Q_3 Q_2 Q_1 Q_0 = d_3 d_2 d_1 d_0$。

---

　　① CT54/CT74 系列芯片与 CT54LS/CT74LS 系列对应芯片的逻辑功能、工作原理、引线排列图、逻辑符号都相同。在后面的内容中，不再区分 CT54/CT74 系列与 CT54LS/CT74LS 系列芯片，统一采用 74LS TTL 系列的命名方法。

③ 二进制同步加法计数功能

从表 8.4.1 中第三行可以看出,当 $\overline{CR}=\overline{LD}=1$ 时,若 $CT_T=CT_P=1$,则 4 位二进制加法计数器对输入的 CP 计数脉冲进行加法计数。当第 15 个 CP 脉冲到来时,计数器的状态 $Q_3Q_2Q_1Q_0$ 为"1111",同时进位信号 CO=1;当第 16 个 CP 脉冲到来时,计数器的状态 $Q_3Q_2Q_1Q_0$ 为"0000",同时进位信号 CO 跳变到 0,计数器向高一位产生下降沿输出信号。

④ 保持功能

从表中第 4 行、第 5 行可以看出,当 $\overline{CR}=\overline{LD}=1$ 时,若 $CT_T \cdot CT_P=0$,则计数器将保持原来状态不变。对于进位输出 CO 有两种情况:如果 $CT_T=0$,那么 CO=0,如果 $CT_T=1$,则 $CO=Q_3^n Q_2^n Q_1^n Q_0^n$。

综上所述,表 8.4.1 所示的功能表反映了 74LS161 是一个具有异步清零、同步置数、可以保持状态不变的 4 位二进制同步上升沿加法计数器。

74LS161 和 74LS163 除了采用同步清零方式外,其逻辑功能、计数工作原理和引线排列图与 74LS161 没有区别。表 8.4.2 所示是 74LS163(4 位二进制计数器)的功能表。

表 8.4.2　74LS163 功能表

$\overline{CR}$	$\overline{LD}$	CT_P	CT_T	CP	D_0	D_1	D_2	D_3	Q_0	Q_1	Q_2	Q_3
0	×	×	×	↑	×	×	×	×	0	0	0	0
1	0	×	×	↑	d_0	d_1	d_2	d_3	d_0	d_1	d_2	d_3
1	1	1	1	↑	×	×	×	×	正常计数			
1	1	×	0	×	×	×	×	×	保持(但 CO=0)			
1	1	0	1	×	×	×	×	×	保持			

常用的 CMOS 集成同步计数器有 CC4520、CC4526(减法计数器)等,有兴趣的读者请参阅有关书籍。

2. 集成 4 位二进制同步可逆计数器

集成 4 位二进制同步可逆计数器分为单时钟和双时钟两种类型。限于篇幅,在此仅介绍单时钟的同步可逆计数器。下面以比较典型的单时钟集成 4 位二进制同步可逆计数器 74LS191 为例,进行简单说明。

• 引脚说明

图 8.4.2 所示为集成 4 位二进制同步可逆计数器 74LS191。图中,$\overline{U}/D$ 为加减计数控制端,$\overline{CT}$ 为使能端,$\overline{LD}$ 是异步置数端,$D_0 \sim D_3$ 为并行数据输入端,$Q_0 \sim Q_3$ 为计数器计数状态输出端,CO/BO 为进位/借位信号输出端(当加法计数到最大值全 1、减法计数到最小值零时输出高电平),$\overline{RC}$ 是多个芯片级联时级间串行计数级联端。(一般可以不画出)。

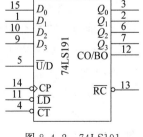

图 8.4.2　74LS191

• 功能表

如表 8.4.3 所示为 74LS191 集成 4 位二进制同步可逆计数器的功能表。该表反映出的功能为：同步可逆计数功能(表中第 2、3 行)；异步并行置数功能(表中第 1 行)；保持功能(表中第 4 行)。74LS191 集成 4 位二进制同步可逆计数没有专用的清零输入端，但是可以借助 $D_0 \sim D_3$ 端异步并行置入数据 0000，间接实现清零功能。

表 8.4.3 74LS191 功能表

$\overline{LD}$	$\overline{CT}$	$\overline{U}/D$	CP	D_0	D_1	D_2	D_3	Q_0	Q_1	Q_2	Q_3
0	$\times$	$\times$	$\times$	d_0	d_1	d_2	d_3	d_0	d_1	d_2	d_3
1	0	0	↑	$\times$	$\times$	$\times$	$\times$	加法计数			
1	0	1	↑	$\times$	$\times$	$\times$	$\times$	减法计数			
1	1	$\times$	$\times$	$\times$	$\times$	$\times$	$\times$	保持			

• 级联端($\overline{RC}$)的作用

$\overline{RC}$ 端在多片可逆计数器级联时使用，其表达式为

$$\overline{RC} = \overline{CP} \cdot \overline{CO/BO} \cdot \overline{CT}$$

当 $\overline{CT}=0$(即 CT=1)、CO/BO=1 时，$\overline{RC}=CP$，$\overline{RC}$ 端产生的输出进位脉冲的波形与输入计数脉冲的波形相同，具体如图 8.4.3 所示。当多片 74LS191 集成计数器级联时，只需将低位的 $\overline{RC}$ 端与高位的 CP 端连接起来，各片芯片的 $\overline{U}/D$、$\overline{CT}$、$\overline{LD}$ 端连接在一起就可以了。

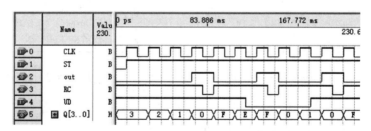

图 8.4.3 74LS191 仿真波形

集成单时钟 4 位二进制同步可逆计数器还有 74LS169、CC4516 等。

8.4.2 集成二进制异步计数器

集成二进制异步计数器的品种较多。以比较典型的芯片 74LS197 4 位二进制异步加法计数器为例作如下说明。

74LS197 是在图 8.3.21 基础上，为了使用和扩展功能的方便，在制作集成 4 位二进制异步加法计数器时，增加了一些辅助功能。

• 引脚说明

图 8.4.4 所示为异步 4 位二进制计数器 74LS197 。图中，$\overline{CR}$ 为异步清零端，CT/$\overline{LD}$

为计数和置数控制端,CP_0 为触发器 FF_0 的时钟脉冲输入端,CP_1 是触发器 FF_1 的时钟脉冲输入端,$D_0 \sim D_3$ 端为并行数据输入端;而 $Q_0 \sim Q_3$ 为计数器的状态输出端。

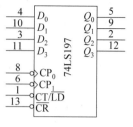

图 8.4.4 74LS197

• 功能表

表 8.4.4 所示为 74LS197 集成 4 位二进制异步计数器功能表。由表 8.4.4 所示的功能表可以清楚地看出,74LS197 具有以下功能:

表 8.4.4 **74LS197 功能表**

$\overline{CR}$	CT/$\overline{LD}$	CP	D_0	D_1	D_2	D_3	Q_0	Q_1	Q_2	Q_3
0	×	×	×	×	×	×	0	0	0	0
1	0	×	d_0	d_1	d_2	d_3	d_0	d_1	d_2	d_3
1	1	↓	×	×	×	×	加法计算			

(1) 清零功能

当 $\overline{CR}=0$ 时,计数器异步清零。

(2) 置数功能

当 $\overline{CR}=1$、CT/$\overline{LD}=0$ 时,计数器异步置数。

(3) 4 位二进制异步加法计数功能

当 $\overline{CR}=1$、CT/$\overline{LD}=1$ 时,进行异步加法计数。

应注意:若将 CP 加在 CP_0 端,把 Q_0 与 CP_1 连接起来,则构成 4 位二进制即十六进制加法计数器,若将 CP 加在 CP_1 端,则计数器中的触发器 FF_1、FF_2、FF_3 构成 3 位二进制即八进制异步加法计数器,显然 FF_0 不工作。若只将 CP 加在 CP_0 端,CP_1 端接 0 或 1,则只有 FF_0 工作,形成 1 位二进制计数器。此时 FF_1、FF_2、FF_3 不工作。所以,有时也将 CT54197/CT74LS197 称为二-八-十六进制异步计数器。

与 74LS197 二-八-十六进制异步计数器相同的芯片 74LS293。双 4 位二进制异步加法计数器的芯片有 74LS393。CMOS 集成异步计数器有 7 位二进制异步计数器 CC4024、12 位二进制异步计数器 CC4040、14 位二进制异步计数器 CC4020、CC4060 等。

8.4.3 集成十进制同步计数器

常用的集成十进制同步计数器有加法计数器、可逆计数器两大类,它们采用的都是 8421BCD 码。

1. 集成十进制同步加法计数器

集成十进制同步加法器种类较多,TTL 产品有 74LS160、74LS162 等,CMOS 产品有 CC40160 等。

74LS160 是一个具有异步清零、同步置数、可以保持状态不变的十进制同步加法计数器。74LS162 与 74LS160 的区别是 74LS162 采用同步清零方式,即当 $\overline{CR}=0$ 时,还需要 CP 脉冲上升沿到来时,计数器才被清零。74LS160、74LS161、74LS162、74LS163 的输出端排列图和逻辑符号完全相同,其逻辑功能也基本类似,其区别如表 8.4.5 所示。读者可对照 74LS161、74LS163 的逻辑功能理解 74LS160、74LS162。

表 8.4.5　74LS160、74LS161、74LS162、74LS163 加法计数器功能简表

芯片	74LS160	74LS161	74LS162	74LS163
功能	异步清零 同步置数 状态保持 十进制计数	异步清零 同步置数 状态保持 十六进制计数	同步清零 同步置数 状态保持 十进制计数	同步清零 同步置数 状态保持 十六进制计数

2. 集成十进制同步可逆计数器

与集成二进制同步可逆计数器一样,集成十进制同步可逆计数器也有单时钟和双时钟两种类型。常用的产品型号有 74LS190、74LS192、74LS168、CC4510 等。

集成十进制同步可逆计数器 74LS190 与集成十六进制同步可逆计数器 74LS191 的输出端排列图和逻辑符号相同,其区别是前者为十进制计数器,后者为十六进制计数器,其区别如表 8.4.6 所示。读者可对照 74LS191 理解 74LS190。

表 8.4.6　74LS190、74LS191 可逆计数器功能简表

芯片	74LS190	74LS191
功能	异步置数 单时钟 状态保持 进位/借位、级联输出十进制计数	异步置数 单时钟 状态保持 进位/借位、级联输出十六进制计数

8.4.4　集成十进制异步计数器

常用的集成十进制异步计数器型号有 74LS196、74LS290 等,它们都是按照 8421BCD 码进行加法计数的电路。以比较典型的 74LS290 为例进行简单说明。

- 引脚说明

图 8.4.5 所示为异步十进制计数器 74LS290。

- 功能表

表 8.4.7 所示为集成十进制异步计数器 74LS290 的功能表。由表 8.4.7 所示的功能表可以清楚地看出,74LS290 具有以下功能:

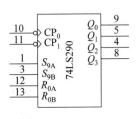

图 8.4.5　74LS290

表 8.4.7　74LS290 功能表

R_{0A}	R_{0B}	S_{9A}	S_{9B}	CP	Q_0	Q_1	Q_2	Q_3
1	1	0	$\times$	$\times$	0	0	0	0
1	1	$\times$	0	$\times$	0	0	0	0
$\times$	$\times$	1	1	$\times$	1	0	0	1
$\times$	0	$\times$	0	$\downarrow$	加法计数			
$\times$	0	0	$\times$	$\downarrow$	加法计数			
0	$\times$	$\times$	0	$\downarrow$	加法计数			
0	$\times$	0	$\times$	$\downarrow$	加法计数			

（1）异步清零功能

当 $R_{0A} = R_{0B} = 1$、$S_{9A} \cdot S_{9B} = 0$ 时，计数器异步清零。

（2）置"9"功能

当 $S_{9A} = S_{9B} = 1$ 时，计数器实现置"9"功能，即被置 1001 状态。显然，这种置"9"也是通过触发器输入端进行的。与 CP 脉冲无关，而且优先级别高于 R_{0A}、R_{0B}。

（3）计数功能

有四种基本情况：

① 若将输入的计数脉冲 CP 加到 CP_0 端，即 $CP_0 = CP$，而且将 Q_0 与 CP_1 从外部连接起来，即 $CP_1 = Q_0$，则电路将对 CP 按照 8421BCD 码进行异步加法计数。

② 若仅将输入的计数脉冲 CP 接到 CP_0 端，即 $CP_0 = CP$，而 CP_1 与 Q_0 不连接起来，则计数器中的触器 FF_0 工作，形成 1 位二进制计数器，也称为 2 分频（因为 Q_0 变化的频率是 CP 脉冲频率的 $\frac{1}{2}$）。此时触发器 FF_1、FF_2、FF_3 不工作。

③ 如果只将 CP 计数脉冲接在 CP_1 端，即 $CP_1 = CP$，则触发器 FF_0 不工作，触发器 FF_1、FF_2、FF_3 工作，构成五进制异步计数器（或者称为 5 分频电路）。

④ 如果按 $CP_1 = CP$，$CP_0 = Q_3$ 连线，虽然电路仍然是十进制异步计数器，但计数规律就不再是按照 8421BCD 码计数了。此时的计算机仿真结果如图 8.4.6 所示。

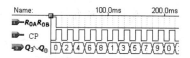

图 8.4.6　$CP_1 = CP$、$CP_0 = Q_3$ 时的仿真图

8.4.5　用中规模集成计数器实现 N 进制计数器

可利用集成计数器的清零控制端或者置数控制端，使设计的电路跳过某些状态而获得 N 进制计数器。集成计数器清零、置数有两种工作方式：异步、同步。所谓异步工作方式，是指通过时钟触发器异步输入端（$\overline{R}_D$ 端或 $\overline{S}_D$ 端）实现清零或置数，而与 CP 计数脉冲无关。同步工作方式是指当 CP 计数脉冲到来时，才能完成清零或者置数的任务。

在前面介绍过的集成计数器中,通过各集成计数器的功能表可以看出,有的计数器清零、置数均采用异步工作方式(如 74LS193);有的计数器清零、置数均采用同步工作方式(如 74LS163);有的计数器清零采用异步工作方式,置数采用同步工作方式(如 74LS161、74LS160);有的计数器只具有异步置数功能等。

总而言之,在利用集成计数器设计任意模值 N 的 N 进制计数器时,一定要注意"清零""置数"工作是异步还是同步。下面具体讨论用同步 M 进制中规模集成计数器设计任意模值 N 的 N 进制计数器。

1. 利用异步清零端的复位法

当集成 M 进制计数器从状态 S_0 开始计数时,若输入的计数脉冲输入 N 个脉冲后,M 进制集成计数器处于 S_N 状态。如果利用 S_N 状态产生一个清零信号,加到异步清零输入端,则使计数器回到状态 S_0,这样就跳过了 $(M-N-1)$ 个状态,故实现了模值数为 N 的 N 进制计数器。可总结设计步骤如下:

(1) 选择具有异步清零功能的 M 进制计数器芯片型号($M>N$)。

(2) 写出状态 S_N 的二进制代码。

(3) 求出清零函数。

(4) 画出电路图。

【例 8.4.1】 用异步清零的复位法设计 1 个六进制计数器。

解:(1) 确定计数器芯片型号。

由表 8.4.5 知,支持异步清零功能的计数器有 74LS160、74LS161,均满足 $M>N$,选用 74LS160 实现本例。

(2) 写出状态 S_N 的二进制代码。

$$S_N = S_6 = 0110$$

(3) 求出清零函数 $\overline{\text{CR}}$。

考虑无关项,求清零函数时只考虑等于 1 的量即可,有

$$\overline{\text{CR}} = \overline{Q_2 Q_1}$$

(4) 画出电路如图 8.4.7 所示,图中,计数允许 $CT_P = CT_T = 1$,置数允许接为无效。

(5) 计算机仿真。

如图 8.4.7 所示电路在 Quartus Ⅱ 中的仿真结果如图 8.4.8 所示。图中,out 对应清零函数 $\overline{\text{CR}}$。状态"5"到"0"的局部放大图如图 8.4.9 所示。

由局部放大图可看出,当计数器 $Q_3 Q_2 Q_1 Q_0$ 进入状态"6"时,清零信号有效,之后,计数器立即回到 0。因为计数器进入状态"5"后,在 1 个时钟的作用下,计数器由"5"跳变到"6"后很快到"0",因此,尽管计数器经历了 7 个状态,但脉冲的个数只有 6 个,为六进制计数器。

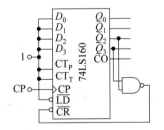

图 8.4.7 例 8.4.1 的图 1

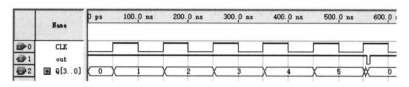

图 8.4.8　例 8.4.1 的图 2

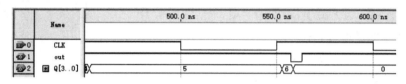

图 8.4.9　例 8.4.1 的图 3

由仿真结果还可看出，计数器溢出时，清零函数 $\overline{CR}$ 输出上升沿，具有进位信号的特点。尽管如此，但 $\overline{CR}$ 脉冲宽度持续时间太短，只有几纳秒，直接作为进位信号使用时，可靠性差。

类似地，如图 8.4.10 所示电路中，计数允许信号一直有效，清零函数 $\overline{CR} = \overline{Q_3 Q_2}$。即当计数器 $Q_3 Q_2 Q_1 Q_0$ 进入状态"1100"时，清零信号有效，之后，计数器立即回到 0。计数器状态变化规律如下（其中，状态"1100"为过渡状态）：

$$"0 \rightarrow 1 \rightarrow \cdots \rightarrow 11 \rightarrow 12(0)"$$

可见，如图 8.4.10 所示电路构成了一个十二进制计数器。

从如图 8.4.7、图 8.4.10 所示电路不难看出，利用异步清零端的复位法实现 N 进制计数，存在一个短暂的过渡状态 S_N。作为一个 N 进制计数器，从初始状态 S_0 开始计数。当计到 S_{N-1} 时，若输入一个 CP 计数脉冲，计数器的状态应该回到 S_0，同时向高一位产生进位输出信号，但是，用异步清零端的复位法所设计出的计数器，不是立即回到 S_0，而是先转换到 S_N 状态，借助 S_N 产生清零信号使计数器回到 S_0 状态，这时状态 S_N 消失，整个过程持续时间为纳秒级。

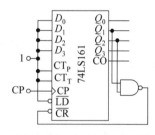

图 8.4.10　十二进制计数器

2. 利用同步清零端的复位法

用同步清零端复位实现 N 进制计数器的步骤如下：
（1）选择具有同步清零功能的 M 进制计数器芯片型号（$M > N$）。
（2）写出状态 S_{N-1} 的二进制代码。
（3）求出清零函数。
（4）画出最终电路图。

【例 8.4.2】　用同步清零的复位法设计一个六进制计数器。

解：（1）确定计数器芯片型号。

由表 8.4.5 知,支持同步清零功能的计数器有 74LS162、74LS163,均满足 $M>N$,选用 74LS163 实现本例。

(2)写出计数器 $Q_3Q_2Q_1Q_0$ 状态 S_{N-1} 的二进制代码。

$$S_{N-1}=S_5=0101$$

(3)求出清零函数 $\overline{\text{CR}}$。

当然,74LS163 具有 16 个状态,还有状态 6～15 共 10 个状态未使用,为无关项,考虑无关项,求清零函数时只考虑等于 1 的量即可,有

$$\overline{\text{CR}}=\overline{Q_2Q_0}$$

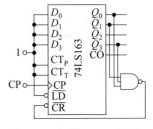

图 8.4.11 例 8.4.2 的图 1

(4)画出电路如图 8.4.11 所示。

注意,具体绘制电路时,除清零函数、外部时钟外,应将计数允许接为有效($\text{CT}_\text{P}=\text{CT}_\text{T}=1$)。

(5)计算机仿真分析。

如图 8.4.11 所示电路在 Quartus II 中的仿真结果如图 8.4.12 所示。图中,out 对应清零函数 $\overline{\text{CR}}$。

	Name	0 ps	41.943 ms	83.886 ms	125.
					125.8
0	CLK				
1	out				
2	Q[3..0]	0	1	2	3	4	5	0

图 8.4.12 例 8.4.2 的图 2

由仿真结果可看出,当计数器 $Q_3Q_2Q_1Q_0$ 进入状态"5"时,清零信号有效,下个时钟到来时,计数器回到 0,为 1 个自然规律计数的六进制计数器。由仿真结果还可看出,计数器溢出时,清零函数 $\overline{\text{CR}}$ 输出上升沿,脉冲宽度为时钟信号宽度的 2 倍,可作为进位信号使用。

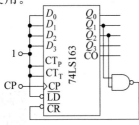

图 8.4.13 十二进制计数器

类似地,如图 8.4.13 所示电路中,计数允许信号一直有效,清零函数 $\overline{\text{CR}}=\overline{Q_3Q_1Q_0}$。即当计数器 $Q_3Q_2Q_1Q_0$ 进入状态"1011"时,清零信号有效,下个时钟到来时,计数器回到 0。计数器状态变化规律如下:

$$\text{“}0\rightarrow 1\rightarrow\cdots\rightarrow 11\rightarrow 0\text{”}$$

可见,如图 8.4.13 所示电路构成了 1 个十二进制计数器。

3. 利用同步置数端的置位法

置位法与复位法不同,它是利用集成 M 进制计数器的置数控制端 $\overline{\text{LD}}$ 的作用,将预置数的数据输入端 $D_0\sim D_3$ 均设置为 0 来实现的。具体地讲,就是当集成 M 进制计数器从状态 S_0 开始计数时,若输入的 CP 计数脉冲输入了 $N-1$ 个脉冲后,M 进制集成计

数器处于 S_{N-1} 状态。如果利用 S_{N-1} 状态产生一个置数控制信号,加到置数控制端,当 CP 计数脉冲到来时,则使计数器回到状态 S_0,即 $S_0 = Q_3Q_2Q_1Q_0 = D_3D_2D_1D_0 = 0000$,这就跳过了 $(M-N)$ 个状态,故实现了模值数为 N 的 N 进制计数器。

利用具有同步置数端的集成 M 进制计数器设计 N 进制计数器的设计步骤如下:

(1)选择具有同步置数功能的 M 进制计数器芯片型号 $(M > N)$。

(2)写出状态 S_{N-1} 的二进制代码。

(3)求出置数函数 $\overline{LD}$。

(4)画出电路图。

【**例 8.4.3**】 请用同步置数的置数法设计 1 个六进制计数器。

解:(1)确定计数器芯片型号

选用支持同步置数功能的 74LS163 实现本例。

(2)写出计数器 $Q_3Q_2Q_1Q_0$ 状态 S_{N-1} 的二进制代码

$$S_{N-1} = S_5 = 0101$$

(3)求出置数函数 $\overline{LD}$

考虑无关项,求置数函数 $\overline{LD}$ 时只考虑等于 1 的量即可,有

$$\overline{LD} = \overline{Q_2 Q_0}$$

(4)画出电路如图 8.4.14 所示。

注意,具体绘制电路时,除置数函数、外部时钟外,应将计数允许接为有效 $(CT_P = CT_T = 1)$。

(5)计算机仿真分析

如图 8.4.14 所示电路在 Quartus Ⅱ 中的仿真结果如图 8.4.15 所示。图中,out 对应置数函数 $\overline{LD}$。

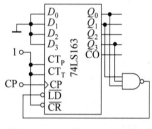

图 8.4.14 例 8.4.3 的图 1

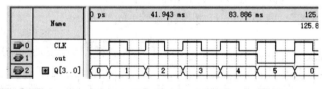

图 8.4.15 例 8.4.3 的图 2

由仿真结果可看出,当计数器 $Q_3Q_2Q_1Q_0$ 进入状态"5"时,置数信号有效,下个时钟到来时,计数器回到 0,为一个自然规律计数的六进制计数器。由仿真结果还可看出,计数器溢出时,置数函数输出上升沿,脉冲宽度为时钟信号宽度的 2 倍,可作为进位信号使用。

对照例 8.4.2、例 8.4.3,读者不难发现,同步清零与同步置零的设计思路、最终效果相同。

4. 利用异步置数端的置位法

利用具有异步置数端的集成 M 进制计数器设计 N 进制计数器的设计步骤如下：

(1) 选择具有异步置数功能的 M 进制计数器芯片型号($M>N$)。

(2) 写出状态 S_N 的二进制代码。

(3) 求出置数函数。

(4) 画出电路图。

【例 8.4.4】 请用异步置数的置数法设计 1 个十三进制计数器。

解：(1) 确定计数器芯片型号

由表 8.4.3 知,支持异步置数功能的单时钟计数器有 74LS190、74LS191 等,其中,74LS191 满足 $M>N$,选用 74LS191 实现本例。

(2) 写出状态 S_N 的二进制代码

$$S_N = S_{13} = 1101$$

(3) 求出置数函数

考虑无关项,求置数函数时只考虑等于 1 的量即可,有：

$$\overline{\text{LD}} = \overline{Q_3 Q_2 Q_0}$$

(4) 画出电路如图 8.4.16 所示。图中,$\overline{\text{U}}/\text{D}$、$\overline{\text{CT}}$ 接零,当 $\overline{\text{LD}}=1$ 时,当 CP 计数器脉冲到来时,计数器加法计数；当第 13 个 CP 计数器脉冲到来时,计数器状态为"1101",与非门输出低电平,$\overline{\text{LD}}=0$,并行异步置数,计数器很快翻转到"0000",从而实现十三进制的加法计数。

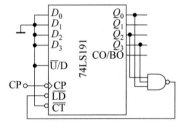

图 8.4.16　例 8.4.4 的图 1

(5) 计算机仿真

如图 8.4.16 所示电路在 Quartus Ⅱ 中的仿真结果如图 8.4.17 所示。图中,out 对应置数函数 $\overline{\text{LD}}$。

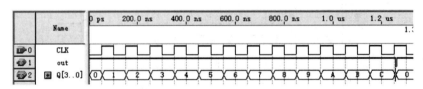

图 8.4.17　例 8.4.4 的图 2

上面所介绍的用 M 进制计数器实现 N 进制计数器的方法均是针对 $N<M$ 的 N 进制计数器。如果需要设计 $N>M$ 的 N 进制计数器,则需要扩展集成计数器的容量。可通过下面的例题来理解。

【例 8.4.5】 试分析如图 8.4.18 所示电路的逻辑功能。

解：

(1) 接法分析

图 8.4.18 所示电路由两片 74LS161 和两个非门组成。两片 74LS161 的 $\overline{\text{CR}}$、CT_P、CT_T 均接高电平，$\overline{\text{LD}}=\overline{\text{CO}}$。片(1)的 $D_3D_2D_1D_0=1001$，片(2)的 $D_3D_2D_1D_0=0111$。可见，当 $\overline{\text{LD}}$ 无效时，计数器处于正常计数状态。当计数器计数达到最大值时，$\overline{\text{CO}}=0$。当下一个计数脉冲上升沿到来时，计数器置数，进入 $D_3D_2D_1D_0$ 设置的状态。

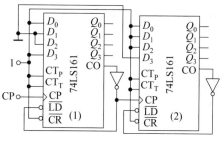

图 8.4.18 例 8.4.5 的图 1

（2）片(1)的仿真结果如图 8.4.19 所示。从仿真结果可看出，片(1)为七进制加法计数器。片(2)的仿真结果如图 8.4.20 所示(图中，$\overline{\text{CO}_1}$、$\overline{\text{CO}_2}$ 为片(1)、片(2)进位输出信号取反)。从仿真结果可看出，片(2)为九进制加法计数器。

（3）从图 8.4.20 可看出，片(2)的计数脉冲为片(1)的进位脉冲。而片(1)每计 7 个 CP 计数脉冲产生 1 个进位输出信号，所以，图 8.4.18 所示电路为六十三($N=7\times9=63$)进制计数器。

图 8.4.19 例 8.4.5 的图 2

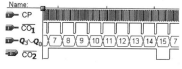

图 8.4.20 例 8.4.5 的图 3

8.4.6 集成移位寄存器及其应用

在移位寄存器的基础上，增加了一些辅助功能(如清零、置数、保持等)便构成集成移位寄存器。集成移位寄存器的主要产品有 4 位移位寄存器 74LS195，4 位双向移位寄存器 74LS194，8 位移位寄存器 74LS164、8 位双向移位寄存器 74LS198 等。

1. 集成单向移位寄存器

现以 74LS195 为例，作一些说明。

• 引脚说明

图 8.4.21 所示为 4 位移位寄存器 74LS195。图中，$\overline{\text{CR}}$ 是清零端，$\text{SH}/\overline{\text{LD}}$ 是移位置数控制端，$D_0\sim D_3$ 是并行数据输入端，J、$\overline{K}$ 为数据输入端；$Q_0\sim Q_3$ 是寄存器状态输出端。

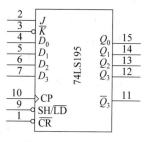

图 8.4.21 74LS195

• 功能表

74LS195 功能表如表 8.4.8。由表可看出集成 4 位移位寄存器 74LS195 具有如下功能。

表 8.4.8　74LS195 功能表

$\overline{CR}$	SH/$\overline{LD}$	$J\,\overline{K}$	CP	D_0	D_1	D_2	D_3	Q_0	Q_1	Q_2	Q_3
0	×	××	×	×	×	×	×	0	0	0	0
1	0	××	↑	d_0	d_1	d_2	d_3	d_0	d_1	d_2	d_3
1	1	0 1	↑	×	×	×	×	Q_0	Q_0	Q_1	Q_2
1	1	0 0	↑	×	×	×	×	0	Q_0	Q_1	Q_2
1	1	1 0	↑	×	×	×	×	$\overline{Q}_0$	Q_0	Q_1	Q_2
1	1	1 1	↑	×	×	×	×	1	Q_0	Q_1	Q_2
1	1	××	0	×	×	×	×	Q_0	$Q1$	Q_2	Q_3

① 清零功能

当 $\overline{CR}=0$ 时,移位寄存器异步清零。

② 并行送数功能

当 $\overline{CR}=1$、SH/$\overline{LD}=0$ 时,在 CP 上升沿作用下可将加在并行输入端 $D_0 \sim D_3$ 的数码 $d_0 \sim d_3$ 送入移位寄存器中。

③ 右移串行送数功能

当 $\overline{CR}=1$、SH/$\overline{LD}=1$ 时,CP 上升沿的作用下,执行右移位寄存器功能,Q_0 接收 J、$\overline{K}$ 串行输入数据。

④ 保持功能

当 $\overline{CR}=1$、SH/$\overline{LD}=1$、CP=0 时,移位寄存器保持状态不变。

CT54LS195/CT74LS195 4 位移位寄存器的逻辑符号、功能表与 CT54S195/CT74S195 相同。

2. 集成双向移位寄存器

现以 74LS194 为例,作一些说明。

• 引脚说明

图 8.4.22 所示为 4 位移位寄存器 74LS194。图中,$\overline{CR}$ 为清零端;M_0、M_1 为工作方式控制端,D_{SL} 为左移串行数据输入端,D_{SR} 为右移串行数据输入端,$D_0 \sim D_3$ 为并行数据输入端;$Q_0 \sim Q_3$ 为寄存器输出端。

• 功能表

74LS194 功能表如表 8.4.9 所示。由表可看出集成 4 位移位寄存器 74LS194 具有如下功能。

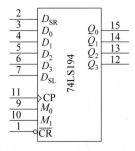

图 8.4.22　74LS194

表 8.4.9　74LS194 功能表

$\overline{CR}$	$M_1 M_0$	D_{SL}	D_{SR}	CP	D_0	D_1	D_2	D_3	Q_0	Q_1	Q_2	Q_3
0	××	×	×	×	×	×	×	×	0	0	0	0
1	××	×	×	0	×	×	×	×	Q_0	Q_1	Q_2	Q_3

续表

$\overline{CR}$	$M_1 M_0$	D_{SL}	D_{SR}	CP	D_0	D_1	D_2	D_3	Q_0	Q_1	Q_2	Q_3
1	1 1	×	×	↑	d_0	d_1	d_2	d_3	d_0	d_1	d_2	d_3
1	0 1	×	1	↑	×	×	×	×	1	Q_0	Q_1	Q_2
1	0 1	×	0	↑	×	×	×	×	0	Q_0	Q_1	Q_2
1	1 0	1	×	↑	×	×	×	×	Q_1	Q_2	Q_3	1
1	1 0	0	×	↑	×	×	×	×	Q_1	Q_2	Q_3	0
1	0 0	×	×	×	×	×	×	×	Q_0	Q_1	Q_2	Q_3

① 清零功能

当 $\overline{CR}=0$ 时,双向移位寄存器异步清零。

② 保持功能

当 $\overline{CR}=1$ 时,CP$=0$ 或者 $M_0=M_1=0$,双向移位寄存器保持状态不变。

③ 并行输入数据功能

当 $\overline{CR}=1$,$M_0=M_1=1$ 时,在 CP 脉冲上升沿作用下可将加在并行输入端 $D_0 \sim D_3$ 的数据 $d_0 \sim d_3$ 送入寄存器中。

④ 右移串行输入数据功能

当 $\overline{CR}=1$,$M_0=1$、$M_1=0$ 时,在 CP 脉冲上升沿的作用下,可以依次将加在 D_{SR} 端的数码串行送入寄存器的触发器 FF_0。

⑤ 左移串行输入数据功能

当 $\overline{CR}=1$、$M_0=0$,$M_1=1$ 时,在 CP 脉冲上升沿的作用下,可以依次将加在 D_{SL} 端的数码串行送入寄存器中的触发器 FF_3。

3. 用集成移位寄存器实现任意模值 n 的计数器

移位寄存器除了可以用来存入数码外,还可以利用它的移存规律构成任意模值 n 的计数器。所以又称为移存型计数器。常用的移存型计数器有环形计数器和扭环形计数器。

【例 8.4.6】 试分析如图 8.4.23 所示电路的逻辑功能。

解:

(1) 接法分析

图 8.4.23 所示电路为用 4 位移位寄存器 74LS195 组成的环形计数器(即寄存器的 Q_3 端接至串行数码输入端 J、$\overline{K}$ 端)。由于这种环形计数器不能够自启动,所以在 SH/$\overline{LD}$ 移位置数控制端应加启动信号。

(2) 工作原理

• 并行送数

在启动负脉冲作用下,使 SH/$\overline{LD}=0$ 时,由功能表的第 2 行可知,在 CP 脉冲的作用下将并行置入的数据 $d_0 d_1 d_2 d_3 = 1000$ 送入移位寄存器中。

• 右移串行送数操作

当 $\overline{CR}=1$,SH/$\overline{LD}=1$ 时,由于 $J=\overline{K}=Q_3$,在 CP 脉冲的作用下,将 Q_3 右移送到寄

存器中。

（3）计算机仿真

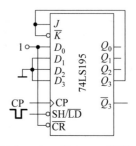

图 8.4.23　例 8.4.6 的图 1

图 8.4.23 所示电路的计算机仿真结果如图 8.4.24。在启动信号作用下，移位寄存器存入数据 0001（$Q_3Q_2Q_1Q_0$），然后一直进行右移操作，实现了模值为 4 的计数功能。由于这种移存型计数器，在每个输出端轮流出现 1（或者 0），故称为环形计数器。

在图 8.4.23 中，若将 J、$\overline{K}$ 端接至 $\overline{Q}_3$ 端，则可以得到模值为 8 的计数器，其计算机仿真结果如图 8.4.25。请读者自行分析其工作过程。

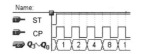

图 8.4.24　例 8.4.6 的图 2

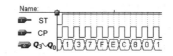

图 8.4.25　将 J、$\overline{K}$ 端接至 $\overline{Q}_3$ 端的仿真结果

【例 8.4.7】　试分析如图 8.4.26 所示电路的逻辑功能。

解：

令初值为"0000"，根据 74LS195 的逻辑功能可知图 8.4.26 所示电路的计算机仿真结果如图 8.4.27。从仿真结果表可看出，图 8.4.26 所示电路为由移位寄存器构成的模值为 13 的计数器。

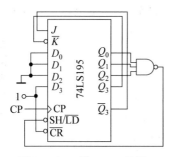

图 8.4.26　例 8.4.7 的图 1

图 8.4.27　例 8.4.7 的图 2

显然，如果在图 8.4.26 所示电路中改变并行输入的数据 $d_0 \sim d_3$，就可以获得其他模值数的计数器。

8.4.7　用中规模时序电路芯片实现实际逻辑问题的方法

前面介绍了利用 74161 等集成电路芯片实现自然规律计数器的方法，读者可能有些迷惑，实际的时序电路状态变化往往不是自然计数规律，这些设计好的、按自然计数规律变化的计数器有什么用呢？

事实上，1 个八进制的自然规律计数器可实现任意 8 个状态循环的时序电

路,实现方法如下:

八进制的自然规律计数器可实现 8 个状态循环,计数器输出与要求输出不一致,可将计数器输出当作中间输入,利用组合电路,将其变换为要求的 8 个状态即可,可结合下面的实例来理解。

【例 8.4.8】 请设计在时钟作用下按照如表 8.4.10 所示顺序发生状态转换的灯光控制逻辑。表中的 1 表示灯"亮",0 表示灯"灭"。

表 8.4.10 例 8.4.8 的原始状态表

CP	红	黄	绿
0	0	0	0
1	1	0	0
2	0	1	0
3	0	0	1
4	1	1	1
5	0	0	1
6	0	1	0
7	1	0	0
8	0	0	0

解:

(1) 由表 8.4.10 知,该灯光控制逻辑 8 个时钟完成 1 次状态循环,可利用 74161 实现该功能。

(2) 74161 内部状态按照自然规律循环,与表 8.4.10 不吻合,可将 74161 的 $Q_2Q_1Q_0$ 作为输入,用 74138 结合门电路实现如表 8.4.10 所示的红(R)、黄(Y)、绿(G)输出。该逻辑函数的真值表如表 8.4.11 所示。

表 8.4.11 例 8.4.8 的状态输出表

Q_2	Q_1	Q_0	红	黄	绿
0	0	0	0	0	0
0	0	1	1	0	0
0	1	0	0	1	0
0	1	1	0	0	1
1	0	0	1	1	1
1	0	1	0	0	1
1	1	0	0	1	0
1	1	1	1	0	0

令 74LS138 译码器的地址端分别为 $A_2 = Q_2$、$A_1 = Q_1$、$A_0 = Q_0$,则它的输出就是表 8.4.10 中的 $\overline{m_0} \sim \overline{m_7}$,有

$$R = m_1 + m_4 + m_7 = \overline{\overline{m_1} \cdot \overline{m_4} \cdot \overline{m_7}} = \overline{\overline{Y_1} \cdot \overline{Y_4} \cdot \overline{Y_7}}$$

$$Y = m_2 + m_4 + m_6 = \overline{\overline{m_2} \cdot \overline{m_4} \cdot \overline{m_6}} = \overline{\overline{Y_2} \cdot \overline{Y_4} \cdot \overline{Y_6}}$$

$$G = m_3 + m_4 + m_5 = \overline{\overline{m_3} \cdot \overline{m_4} \cdot \overline{m_5}} = \overline{\overline{Y_3} \cdot \overline{Y_4} \cdot \overline{Y_5}}$$

可画出电路如图 8.4.28 所示。

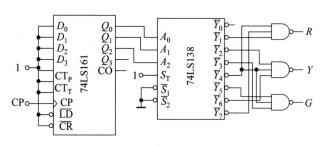

图 8.4.28 例 8.4.8 的图

思考与练习

8.4.1 试举例说明集成计数器异步复位、同步复位、同步置数和计数工作的特点。

8.4.2 请说说例 8.4.1 中设计的十二进制计数器有什么不足,应如何改进。

8.4.3 请用两片 74LS161 构成一个 8 位二进制计数器。

8.4.4 给你一片 74LS161 芯片和一个主从 JK 触发器,可构成模值最大为多少的计数器。

8.4.5 请分析图 8.4.29 所示电路为多少进制计数器。

8.4.6 请分析图 8.4.30 所示电路为多少进制计数器。

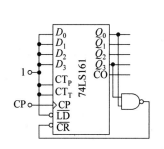

图 8.4.29 思考与练习 8.4.5 的图

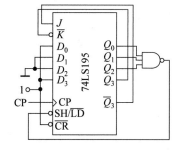

图 8.4.30 思考与练习 8.4.6 的图

8.5 脉冲单元电路

如前所述,时钟信号是时序逻辑电路的基本工作信号,它可通过脉冲单元电路来获得。在介绍脉冲单元电路前,先来看一下与矩形脉冲波形相关的几个主要参数:

脉冲幅度 U_m：脉冲电压的最大变化量，称为脉冲幅度。

脉冲周期 T：周期性的重复脉冲，其两个相邻脉冲之间的时间间隔，称为脉冲的周期 T。周期 T 的倒数 $f = 1/T$，称为脉冲的频率。

上升沿时间 t_r：脉冲电压幅度从 $0.1U_m$ 上升到 $0.9U_m$ 所需的时间，称为脉冲的前沿上升时间（上升沿时间）。

下降沿时间 t_f：脉冲电压幅度从 $0.9U_m$ 下降到 $0.1U_m$ 所需的时间，称为脉冲的后沿下降时间（下降沿时间）。

脉冲宽度 t_w：从脉冲前沿上升到 $0.5U_m$ 处开始，到脉冲后沿下降到 $0.5U_m$ 处为止的一段时间，称为脉冲宽度。

上述参数可通过图 8.5.1 来理解，利用这些参数，就可以将一个矩形脉冲的基本特性大体上表示清楚了。

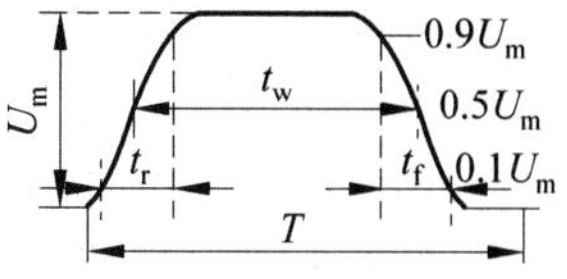

图 8.5.1 矩形波的参数

显然，对于理想的矩形脉冲，其上升沿时间和下降沿时间均为零。

8.5.1 施密特触发器

施密特触发器是脉冲波形变换中经常使用的一种电路，其逻辑符号如图 8.5.2 所示。图 8.5.2(b)所示施密特触发器也叫施密特反相器。施密特触发器的电压传输特性如图 8.5.3 所示。

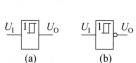

图 8.5.2 施密特触发器逻辑符号 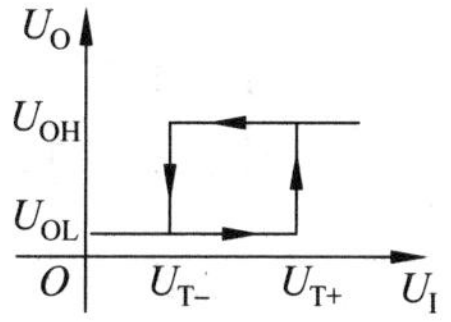 图 8.5.3 施密特触发器传输特性

施密特触发器具有两个稳态，而且每个稳态都需要外加信号才能维持，一旦输入信号撤除后，稳态会自动消失。

施密特触发器在性能上具有两个重要的特点：

第一，电路的输入信号 U_I 从低电平上升的过程中，电路由一个稳态转换到另一个稳态所对应的输入电平（称为接通电位，记为 U_{T+}），与输入信号从高电平的下降过程中电路由一个稳态转换到另一个稳态所对应的输入电平（称为断开电位，记为 U_{T-}）不相同。

第二，施密特触发器可以将变化非常缓慢的输入脉冲波形，整形成为适合于数字电路所需要的矩形脉冲。

如图 8.5.4 所示输入信号 U_I 的波形，当 $0 \leqslant t < t_1$ 时，U_I 虽然在增长，但小于接通电位 U_{T+}，由电压传输特性可知，触发器输出 $U_O = 0$；当 $t_1 \leqslant t < t_3$ 时，U_I 先增长，$U_I > U_{T+}$，由电压传输特性可知，触发器输出 $U_O = 1$；U_I 增长到最大值以后，开始下降，但依然有 $U_I > U_{T-}$，所以，触发器保持输出 $U_O = 1$ 不变；当 $t \geqslant t_3$ 时，有 $U_I < U_{T-}$，触发器输出 $U_O = 0$，所以，可得出触发器输出为较理想的矩形波。

施密特触发器的一个重要参数是回差电压 ΔU_{T}，其定义为

$$\Delta U_{\mathrm{T}} = U_{\mathrm{T}+} - U_{\mathrm{T}} \tag{8.5.1}$$

施密特触发器应用十分广泛，集成的施密特触发器包括 TTL、CMOS 两大类。国产 CMOS 集成施密特触发器的产品主要有 CC40106（集成六施密特反相器）、CC4093 等。TTL 集成施密特触发器的产品主要有 74LS14（集成六施密特反相器）、74LS132、74LS13 等。

施密特触发器的主要应用有

- 用作整形

图 8.5.4 所示便是施密特触发器用作整形的应用。它可以将不规则的信号变换为或者说整形为矩形脉冲。

- 用于脉冲鉴幅

从图 8.5.5 中看出，若将一系列幅度各异的脉冲信号加到施密特触发器的输入端时，只有那些幅度大于 $U_{\mathrm{T}+}$ 的脉冲才会在输出端产生输出信号。所以，施密特触发器能将幅度大于 $U_{\mathrm{T}+}$ 的脉冲输出，即具有脉冲鉴幅的能力。

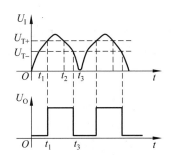

图 8.5.4　施密特触发器的波形　　图 8.5.5　施密特触发器用于脉冲鉴幅

用施密特触发器还可组成脉冲展宽器、多谐振荡器等。如何用施密特触发器组成多谐振荡器将在后面介绍。

8.5.2　单稳态触发器

单稳态触发器的特点是：它具有一个稳态、一个暂稳态，而且在无触发脉冲作用时，电路处于稳态，当触发器脉冲触发时，电路能够从稳态翻转到暂稳态，在暂稳态维持一段时间以后，电路能够返回稳态，暂稳态维持时间的长短只取决于电路本身的参数，而与触发脉冲的幅度和宽度无关。

可通过图 8.5.6 所示微分型单稳态触发器来理解。

稳态时，电容相当于开路，因此，电路只具有一个稳态 $U_{\mathrm{O}} = 0$、$U_{\mathrm{O}1} = 1$。

假定在 $t = 0$ 时刻（电路已达稳态），在触发器的 U_{I} 加上如图 8.5.7(a)所示的正脉冲，则当 $t < t_1$ 时，电路依然处于稳态；当 $t = t_{1+}$ 时，U_{I} 瞬间跳变到 1，由于电容两端的电压不能跳变，所以，U_1 瞬间也跳变到 1，使 $U_{\mathrm{O}1} = 0$；$U_{\mathrm{O}1} = 0$ 使 U_2 瞬间也跳变到 0，

$U_O=1$,电路进入暂态。

电路进入暂态以后,电源将对电容进行充电,U_2 的电位开始上升,当 U_2 的电位上升到非门阈值电压时,$U_O=0$,电路重新回到稳态,因此,其输出波形如图 8.5.7(b)所示。

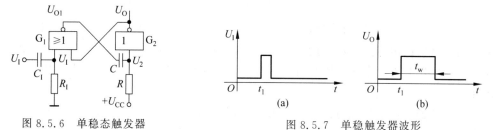

图 8.5.6 单稳态触发器　　　　图 8.5.7 单稳触发器波形

图 8.5.6 所示的单稳态触发器的暂稳态维持时间取决于 RC 微分电路,若电路采用 CMOS 门,有

$$t_w \approx 0.69RC \tag{8.5.2}$$

单稳态触发器广泛地应用于脉冲的整形、延时和定时等场合。集成单稳态触发器 CMOS 系列有 CC14528,TTL 系列有 74LS121、74LS122、74LS123 等。

8.5.3 多谐振荡器

多谐振荡器是一种能够产生一定频率和一定宽度的矩形波的电路。它不需要外加输入信号的作用,它没有稳态,所以又称为无稳态电路。

构成多谐振荡器的方法较多,图 8.5.8 所示为用施密特触发器组成的多谐振荡器。其工作原理分析如下:

初始上电,电容没有储存能量,电压 $U_I=0$,施密特反相器输出 $U_O=1$,为高电平,对电容 C 充电,电压 U_I 开始上升;当 U_I 上升到 U_{T+} 时,施密特反相器翻转,输出 $U_O=0$,为低电平。电容 C 放电,电压 U_I 开始下降;当 U_I 下降到 U_{T-} 时,施密特反相器翻转,输出 $U_O=1$;周而复始,可产生一定频率和一定宽度的矩形波,工作波形如图 8.5.9 所示。

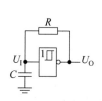

图 8.5.8 用施密特触发器
组成的多谐振荡器

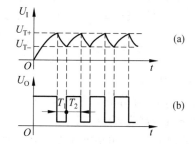

图 8.5.9 用施密特触发器组成的多谐振荡器

对 CMOS 施密特反相器,有 $U_{OH}=U_{DD}$、$U_{OL}=0$,可算出多谐振荡器的振荡周期的计算公式为

$$T = T_1 + T_1 = RC\ln\frac{U_{DD} - U_{T-}}{U_{DD} - U_{T+}} + RC\ln\frac{U_{T+}}{U_{T-}}$$

$$= RC\ln\left(\frac{U_{DD} - U_{T-}}{U_{DD} - U_{T+}} \times \frac{U_{T+}}{U_{T-}}\right) \tag{8.5.3}$$

在许多应用场合下,对多谐振荡器的振荡频率的稳定性有严格要求,而图 8.5.8 所示多谐振荡器的电容充、放电过程极易受外部干扰,门电路的阈值电压 U_{TH} 也不稳定,极易受电源电压和外部干扰的影响,因此,图 8.5.8 所示多谐振荡器难以满足较高频率稳定性的要求。

目前普遍采用的稳频方法是在多谐振荡器电路中接入石英晶体,组成石英晶体多谐振荡器,石英晶体的逻辑符号如图 8.5.10 所示。

石英晶体多谐振荡器的振荡频率取决于石英晶体的固有谐振频率,与外接电阻、电容等元件无关。石英晶体的固有谐振频率由石英晶体的结晶方向和外形尺寸所决定,具有极高的频率稳定性,石英晶体多谐振荡器的参考电路如图 8.5.11 所示。

图 8.5.10　石英晶体的符号

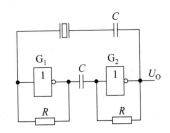

图 8.5.11　石英晶体多谐振荡器

8.5.4　555 定时器

555 定时器是一种多用途的单片集成电路。利用它可以很方便地构成施密特触发器、单稳态触发器和多谐振荡器,由于使用灵活、方便,所以 555 定时器在波形的产生与变换、测量与控制,家用电器、电子玩具等许多领域中都得到了广泛的应用。

1. 555 定时器的电路结构与功能

(1) 电路组成

如图 8.5.12 所示是 555 集成定时器的电路结构图,它由四个部分组成。

• 基本 RS 触发器

由与非门 G_1、G_2 组成基本 RS 触发器。$\overline{R}_D$ 端是专门设置的可从外部进行置 0 的复位端,当 $\overline{R}_D = 0$ 时,输出 $U_O = 0$。正常工作时,$\overline{R}_D = 1$。

• 比较器

C_1、C_2 为两个电压比较器。用运算放大器做成的比较器有两个电压输入端 U_+、U_-,当 $U_+ > U_-$ 时,其输出 U_C 为高电平;当 $U_+ < U_-$ 时,其输出 U_C 为低电平。比较器

的两个输入端基本上不向外电路索取电流,即输入电阻趋于无穷大。

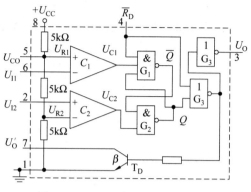

图 8.5.12　555 定时器的电路结构

- 电阻分压器

三个电阻值均为 $5\mathrm{k}\Omega$ 的电阻串联起来组成电阻分压器,555 也因此而得名。电阻分压器为比较器 C_1 和 C_2 提供参考电压 $U_{R1}=\dfrac{2}{3}U_{CC}$ 和 $U_{R2}=\dfrac{1}{3}U_{CC}$。如果电压控制端 U_{CO} 外接固定电压,则 C_1 和 C_2 的参考电压为 $U_{R1}=U_{CO}$ 和 $U_{R2}=\dfrac{1}{2}U_{CO}$。如果在工作中不使用 U_{CO} 端时,一般都通过一个 $0.01\mu\mathrm{F}$ 的电容接地,以防止旁路高频干扰。

- 晶体管开关和输出缓冲器

晶体管 T_D 构成开关,其状态受 $\overline{Q}$ 端控制,当 $\overline{Q}=1$ 时,T_D 导通。反相器 G_3 为输出缓冲器,它的作用是提高 555 定时器的带负载能力和隔离负载对定时器的影响。

图 8.5.12 虚线旁的阿拉伯数字为集成 555 定时器的外部引线编号。图 8.5.13 所示为其逻辑符号。

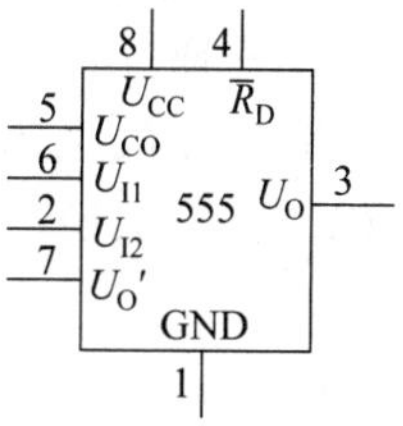

（2）基本功能

由图 8.5.12 所示电路,不难看出 555 定时器具有如下功能：

图 8.5.13　555 定时器的符号

当 $\overline{R}_D=0$ 时,$\overline{Q}=1$,则输出电压 $U_O=Q=0$。

当 $\overline{R}_D=1$,$U_{I1}<U_{R1}=\dfrac{2}{3}U_{CC}$,$U_{I2}>U_{R2}=\dfrac{1}{3}U_{CC}$ 时,比较器 C_1 的输出 $U_{C1}=1$,比较器 C_2 的输出 $U_{C2}=1$,基本 RS 触发器保持原来状态不变。所以,输出电压 U_O 的状态也维持不变。

当 $\overline{R}_D=1$,$U_{I1}>U_{R1}$,$U_{I2}<U_{R2}$ 时,比较器 C_1 的输出 $U_{C1}=0$,比较器 C_2 的输出 $U_{C2}=0$,基本触发器为 $Q=\overline{Q}=1$,则输出 $U_O=Q=1$。

当 $\overline{R}_D=1$,$U_{I1}>U_{R1}$,$U_{I2}>U_{R2}$ 时,比较器 C_1 的输出 $U_{C1}=0$,比较器 C_2 的输出 $U_{C2}=1$,基本 RS 触发器置 0,输出 $U_O=Q=0$,同时 T_D 导通。

当 $\bar{R}_D=1$，$U_{I1}<U_{R1}$、$U_{I2}<U_{R2}$ 时，比较器 C_1 的输出 $U_{C1}=1$，比较器 C_2 的输出 $U_{C2}=0$，基本 RS 触发器置 1，输出 $U_O=Q=1$，同时 T_D 截止。

根据上述讨论情况，可以写出如表 8.5.1 所示的 555 定时器的功能表。

表 8.5.1　555 定时器的功能表

U_{I1}	U_{I2}	$\bar{R}_D$	输出 U_O	T_D 状态
$\times$	$\times$	0	0	导通
$>\dfrac{2}{3}U_{CC}$	$>\dfrac{1}{3}U_{CC}$	1	0	导通
$>\dfrac{2}{3}U_{CC}$	$<\dfrac{1}{3}U_{CC}$	1	1	截止
$<\dfrac{2}{3}U_{CC}$	$>\dfrac{1}{3}U_{CC}$	1	保持	保持
$<\dfrac{2}{3}U_{CC}$	$<\dfrac{1}{3}U_{CC}$	1	1	截止

2. 将 555 定时器接成施密特触发器

· 电路组成

图 8.5.14 所示为由 555 定时器接成的施密特触发器，图中将两个比较器的输入端 U_{I1}、U_{I2} 连在一起，作为施密特触发器的输入端 U_I，U_{CO} 端接有 $0.01\mu F$ 的电容，主要起滤波作用，以提高比较器参考电压的稳定性；$\bar{R}_D$ 端接至电源 U_{CC}，以提高可靠性。

· 工作原理

在图 8.5.14 所示电路的输入 U_I 端加上如图 8.5.15(a) 所示的三角波，电路的输出 U_O 如图 8.5.15(b) 所示。

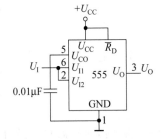

图 8.5.14　用 555 定时器接成的
施密特触发器

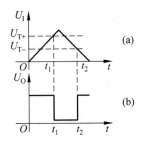

图 8.5.15　图 8.5.14 的工作波形

可结合表 8.5.1 来理解工作波形。

(1) 当 $0\leqslant t<t_1$ 时。

当 $t=0$ 时，由于 $U_{I1}=U_{I2}=U_I=0V$，由表 8.5.1 第五行，输出 $U_O=1$。

在 t_1 时刻以前，U_I 虽然在上升，但由表 8.5.1，当 $U_I<\dfrac{2}{3}U_{CC}$ 时，输出 $U_O=1$。

（2）当 $t_1 \leqslant t < t_2$ 时。

在 t_1 时刻，U_I 增加到 $\frac{2}{3}U_{CC}$，则当 $t = t_{1+}$ 时，有 $U_{I1} = U_{I2} = U_I > \frac{2}{3}U_{CC}$，由表 8.5.1 第二行，输出 $U_O = 0$。

$t > t_{1+}$ 后，虽然输入 U_I 先上升，达到最大值后开始减小，但在 t_2 时刻以前，$U_I > \frac{1}{3}U_{CC}$，电路的输出 $U_O = 0$。

（3）当 $t_2 \leqslant t$ 时。

在 t_2 时刻，U_I 减小到 $\frac{1}{3}U_{CC}$，则当 $t = t_{2+}$ 时，有 $U_{I1} = U_{I2} = U_I < \frac{1}{3}U_{CC}$，由表 8.5.1 第五行，输出 $U_O = 1$，电路又回到初始稳态。

通过上述分析，可得出，图 8.5.14 为用 555 定时器接成的施密特触发器。

• 回差电压 ΔU_T

通过上述分析，可得出接通电位 $U_{T+} = \frac{2}{3}U_{CC}$，断开电位 $U_{T-} = \frac{1}{3}U_{CC}$，故回差电压为

$$\Delta U_T = U_{T+} - U_{T-} = \frac{2}{3}U_{CC} - \frac{1}{3}U_{CC} = \frac{1}{3}U_{CC} \tag{8.5.4}$$

从图 8.5.15 的波形图还可以看出，施密特触发器可以用来进行波形变换。这个例子就是将三角波变换为方波。

3. 将 555 定时器接成单稳态触发器

• 电路组成

如图 8.5.16 所示是用 555 定时器接成的单稳态触发器。R、C 为定时元件，U_I 为触发器输入信号，接在 U_{I2} （2）端，当 U_I 的下降沿到来时，触发器触发。（7）端和 U_{I1} （6）端短接，$\overline{R}_D$ 端不用，接 U_{CC}。

• 工作波形

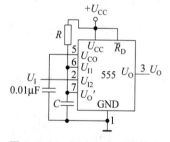

图 8.5.16 用 555 定时器接成的单稳态触发器

在图 8.5.16 所示电路的输入 U_I 端加上如图 8.5.17(a) 所示的脉冲，电路的输出 U_O 如图 8.5.17(b) 所示。没有触发信号时，U_I 为高电平，当电源接通后，电路自动稳定在 $U_O = 0$ 的稳态。当触发脉冲 U_I 的下降沿到来时，电路被触发，触发器置 1，进入暂稳态，经过一段时间，电路又自动返回到稳态。

• 输出脉冲 U_O 的脉冲宽度 t_w

输出脉冲 U_O 的脉冲宽度 t_w 为（证明过程请参考相关书籍）

$$t_w = 1.1RC \tag{8.5.5}$$

通常，电阻 R 的取值为几百欧姆到几兆欧姆，电容的取值范围为几百皮法到几百微法，故脉冲宽度可在几微秒到几分钟的范围内调节。但必须注意，随着 t_w 宽度的增加，其精度和稳定度也将下降。

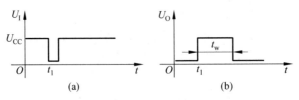

图 8.5.17　图 8.5.16 的工作波形

4. 将 555 定时器接成多谐振荡器

- 电路组成

如图 8.5.18 所示是用 555 定时器接成的多谐振荡器。R_1、R_2、C 是外接的定时元件,555 定时器的 U_{I1}、U_{I2} 接起来接在 R_2 与 C 之间,晶体管 T_D 的集电极接到 P 点。

- 工作原理

如图 8.5.19 所示为电路中 U_O 的工作波形。现对照波形图分析它的工作原理。

当电源接通时,电容 C 还未充电,所以 $U_{I1}=U_{I2}=0$,由表 8.5.1 第五行,输出 $U_O=1$,三极管 T_D 截止,$U_P=1$。由于 $U_P=1$,将对电容 C 充电,电容上的电压 U_C 增加,U_{I1}、U_{I2} 电压也增加,当 $U_{I1}=U_{I2}=U_C \geqslant \dfrac{2}{3}U_{CC}$ 时,由表 8.5.1 第二行,输出 $U_O=0$,三极管 T_D 饱和导通,$U_P=0$。而此时电容上的电压为 $\dfrac{2}{3}U_{CC}$,将通过电阻 R_2 放电,电容上的电压 U_C 下降,U_{I1}、U_{I2} 电压也下降,当 $U_{I1}=U_{I2}=U_C \leqslant \dfrac{1}{3}U_{CC}$ 时,由表 8.5.1 第五行,输出 $U_O=1$,周而复始,输出如图 8.5.19 所示的矩形波。

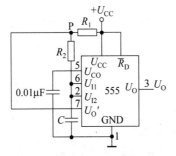

图 8.5.18　用 555 定时器接成的多谐振荡器

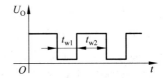

图 8.5.19　图 8.5.18 的工作波形

- 振荡周期 T

下面给出输出矩形波 U_O 的脉冲宽度 t_{w1}、t_{w2} 及周期 T 的计算公式

$$t_{w1}=0.7R_2C \tag{8.5.6}$$

$$t_{w2}=0.7(R_1+R_2)C \tag{8.5.7}$$

$$T=t_{w1}+t_{w2}=0.7(R_1+2R_2)C \tag{8.5.8}$$

5. 555 定时器的其他应用实例

（1）用 555 电路组成模拟声响电路。

图 8.5.20 所示电路，是用两个 555 电路分别接成两个多谐振荡器构成的模拟声响电路。在多谐振荡器（1）中，调节定时元件 R_{11}、R_{12}、C_1，使多谐振荡器（1）的输出信号 U_{O1} 的频率为 $f_{O1}=1Hz$。在多谐振荡器（2）中，调节定时元件 R_{21}、R_{22}、C_2，使多谐振荡器（2）的输出信号 U_{O2} 的频率为 $f_{O2}=1kHz$。U_{O1}、U_{O2} 的输出波形如图 8.5.21 所示。

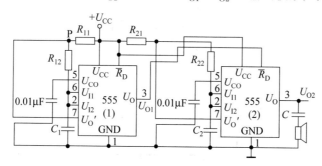

图 8.5.20　用 555 定时器组成模拟声响电路

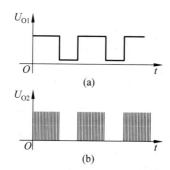

图 8.5.21　图 8.5.20 的工作波形

多谐振荡器（1）的输出 U_{O1} 接至多谐振荡器（2）的 $\overline{R}_D$ 端（4 脚），所以当 U_{O1} 为低电平时，第（2）片 555 定时器处于复位状态，$U_{O2}=0$，多谐振荡器（2）停止振荡。人耳的听觉范围为 20Hz～20kHz，1kHz 的电压信号加在扬声器上将使扬声器发声，因此，图 8.5.20 所示电路将会使扬声器发出"呜……呜"的间隙声响。

（2）用 555 电路组成失落脉冲检出电路。

图 8.5.22 所示电路为失落脉冲检出电路。它是在用 555 电路接成单稳态触发器的基础上，在定时电容 C 的两端接一个三极管 T，此三极管 T 的基极接至输入信号 U_I，其工作原理如下：

在图 8.5.22 中，调节时间常数 RC，使被监视的输入信号 U_I，在正常频率下电容器上的电压充不到触发电压 $\frac{2}{3}U_{CC}$，这就使 555 电路的输出 $U_O=1$。当被监视的信号 U_I 的频

率 f_I 不正常时(如频率降低或中间失掉一个脉冲),则电容器上的电压 U_C 将充到 $\frac{2}{3}U_{CC}$,使 555 电路的输出为 $U_O=0$;如果输入信号 U_I 的频率恢复正常后,输出电压 U_O 又恢复到高电平。其工作波形如图 8.5.23 所示。

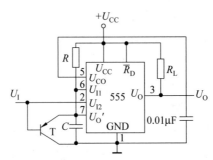

图 8.5.22　用 555 电路组成失落脉冲检出电路

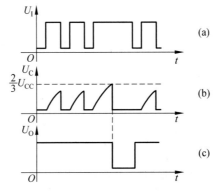

图 8.5.23　图 8.5.22 的工作波形

利用这个原理,可以对机器的转速或者人体的心率进行监视,机器的转速或者人体的心率通过传感器转换成模拟信号,将此模拟信号接至图 8.5.22 电路的输入端 U_I,当机器的转移降到一定的限度或者人体的心率不齐时,就会发生报警。

思考与练习

8.5.1　在施密特触发器中,如果将输入信号撤除,稳态是否还会保持? 为什么(结合电压传输特性予以解释)?

8.5.2　画出施密特反相器的电压传输特性。

8.5.3　说出 555 定时器得名的由来。

8.5.4　用 555 定时器设计一个门铃电路并说明其工作原理。

习题

8.1　填空题

1. 能够存储一位二值(逻辑 0 和逻辑 1)信号的基本单元电路,统称为_____。触发器具有两个输出端,当_____时,触发器处于"0"状态。

2. 触发器的_____与_____是两个不同的概念,触发器的逻辑功能由其_____描述,而触发器的_____则由触发器的电路结构决定,而主从结构 JK 触发器的主触发器具有_____。

3. 能够存放数码或者二进制逻辑信号的电路,称为_____。寄存器分为两大类:_____、_____。其中的_____不但可以用来寄存数据或者代码,而且可以具有数值运算功能。

4. 触发器在输入信号作用之前所处的原稳定状态称为现态,用 Q^n 和 $\bar{Q}^n$ 表示;触发器在输入信号作用下所要进入的新的状态称为次态,用 Q^{n+1} 和 $\bar{Q}^{n+1}$ 表示。在同步时序电路分析中,使用触发器的现态来分析在时钟激励下触发器即将进入的状态。

5. 74LS160 是一个具有_____、_____、可以保持状态不变的十进制同步加法计数器。74LS162 与 74LS160 的区别是 74LS162 采用_____清零方式,即当 $\overline{\mathrm{CR}}=0$ 时,还需要 CP 脉冲_____到来时,计数器才被清零。

6. 集成计数器清零、置数有两种工作方式:_____、_____。所谓_____工作方式,是指通过时钟触发器异步输入端($\bar{R}_\mathrm{D}$ 端或 $\bar{S}_\mathrm{D}$ 端)实现清零或置数,而与_____无关。

7. 单稳态触发器具有一个_____、一个_____;在无触发脉冲作用时,电路处于_____,当触发器脉冲触发时,电路能够从稳态翻转到暂稳态,在暂稳态维持一段时间以后,电路能够返回稳态,暂稳态维持时间的长短只取决于_____,而与触发脉冲的幅度和宽度无关。

8.2　分析计算题(基础部分)

1. 已知如图 8.1 所示电路中的各触发器的初始状态均为"0"状态,试对应画出在时钟信号 CP 的连续作用下各触发器输出端 Q 的波形。

2. 请分析图 8.2 所示电路的逻辑功能,并写出其特征方程、状态图和激励表。

3. 将由与非门组成的基本 RS 触发器加上如图 8.3 所示的输入 $\bar{R}_\mathrm{D}$、$\bar{S}_\mathrm{D}$ 波形,画出触发器 Q 端的波形。

4. 将主从 JK 触发器加上如图 8.4 所示的输入波形,请画出触发器 Q 端的波形(触发器初态为"0"状态)。

5. 将维持阻塞 JK 触发器加上如图 8.4 所示的输入波形,请画出触发器 Q 端的波形(触发器初态为"0"状态)。

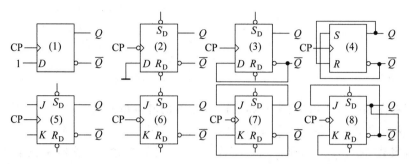

图 8.1　习题 8.2 1 的图

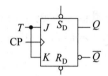

图 8.2　习题 8.2 2 的图

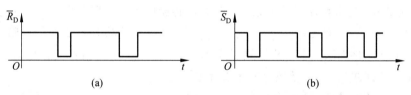

图 8.3　习题 8.2 3 的图

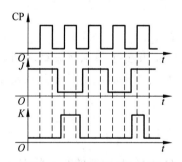

图 8.4　习题 8.2 4、5 的图

6. 试分析如图 8.5 所示电路的逻辑功能。

7. 试分析如图 8.6 所示状态图所对应的状态转移真值表(图中,X 表示电路的输入、Y 表示电路的输出)及描述的逻辑功能。

8. 试分析如图 8.7 所示状态图所对应的状态转移真值表(图中,X 表示电路的输入、Y 表示电路的输出)及描述的逻辑功能。

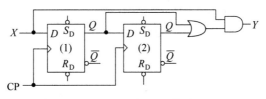

图 8.5 习题 8.2 6 的图

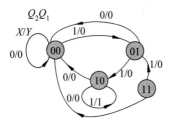

图 8.6 习题 8.2 7 的图

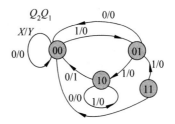

图 8.7 习题 8.2 8 的图

9. 试分析如图 8.8 所示时序图所对应的有效循环状态图及描述的逻辑功能。

10. 请分析图 8.9 所示电路为多少进制计数器。

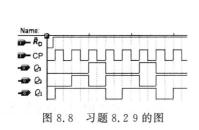

图 8.8 习题 8.2 9 的图

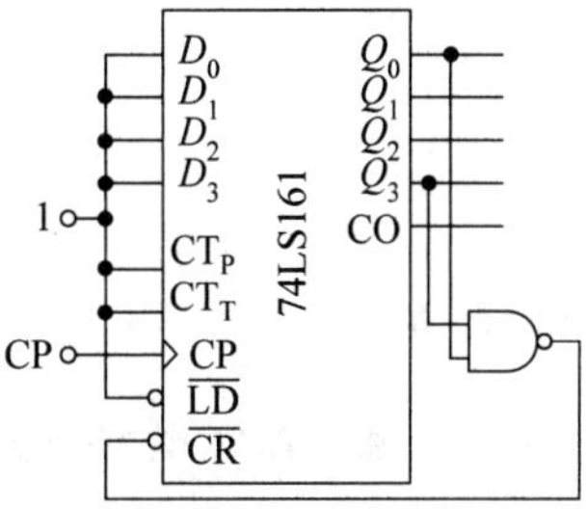

图 8.9 习题 8.2 10 的图

11. 试分析如图 8.10 所示电路的逻辑功能。

12. 试分析如图 8.11 所示电路的逻辑功能。

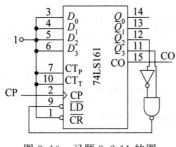

图 8.10 习题 8.2 11 的图

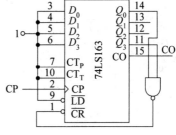

图 8.11 习题 8.2 12 的图

13. 试分析图 8.12 所示电路的逻辑功能。

14. 请分析图 8.13 所示电路为多少进制计数器。

15. 在图 8.5.18 所示电路中,$C = 0.01\mu F$,$R_1 = R_2 = 5.1k\Omega$,$U_{CC} = 12V$,请计算电路的振荡周期。

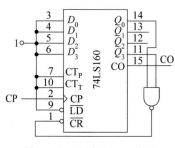

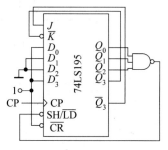

图 8.12　习题 8.2 13 的图　　　　图 8.13　习题 8.2 14 的图

16. 请分析如图 8.14 所示电路的逻辑功能?

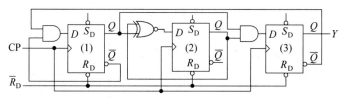

图 8.14　习题 8.2 16 的图

8.3　分析计算题(提高部分)

1. 请用 D 功能触发器实现 JK 触发器。

2. 已知一触发器的特征方程为 $Q^{n+1} = M \oplus N \oplus Q^n$,要求用 JK 触发器实现该触发器的功能。

3. 已知电路如图 8.15 所示,主从 JK 触发器的初状态均为"0"状态,试根据如图 8.16 所示波形画出输出 Q_2 的波形。

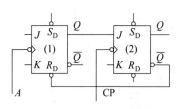

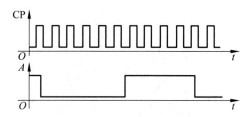

图 8.15　习题 8.3 3、4 的图 1　　　　图 8.16　习题 8.3 3、4 的图 2

4. 在题 3 中,若主从 JK 触发器 2 的 $\overline{Q}$ 不反馈到主从 JK 触发器 1 的复位端,输入不变,试画出输出 Q_2 的波形。

5. 试分析如图 8.17 所示电路的逻辑功能。

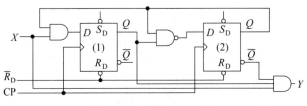

图 8.17 习题 8.3 5 的图

6. 试分析如图 8.18 所示电路的逻辑功能。

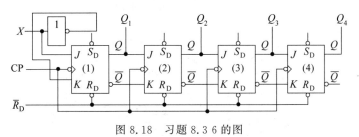

图 8.18 习题 8.3 6 的图

7. 试分析如图 8.19 所示电路的逻辑功能。

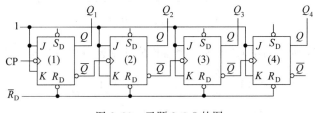

图 8.19 习题 8.3 7 的图

8. 试分析如图 8.20 所示电路中 $Q_4Q_3Q_2Q_1Q_0$ 构成几进制计数器。

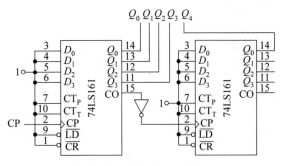

图 8.20 习题 8.3 8 的图

9. 试分析如图 8.21 所示电路的逻辑功能。

10. 试分析如图 8.22 所示电路的逻辑功能。

11. 试分析如图 8.23 所示电路的逻辑功能。

12. 图 8.24 所示为由 CMOS 反相器构成的施密特触发器,试分析如其工作原理。

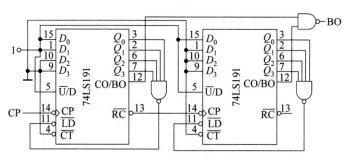

图 8.21 习题 8.3 9 的图

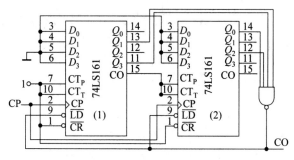

图 8.22 习题 8.3 10 的图

13. 在图 8.24 所示的由 CMOS 反相器构成的施密特触发器电路中,已知

$$U_{T+}=\left(1+\frac{R_1}{R_2}\right)U_{TH}, \quad U_{T-}=\left(1-\frac{R_1}{R_2}\right)U_{TH}$$

若要求 $U_{T+}=7.5\text{V}, \Delta U_T=5\text{V}$,试求 R_1、R_2、U_{DD}。

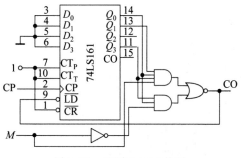

图 8.23 习题 8.3 11 的图

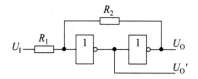

图 8.24 习题 8.3 12、13 的图

14. 图 8.25 所示为由 TTL 反相器构成的多谐振荡器,试分析如其工作原理。

15. 试分析图 8.26 所示电路的工作原理(门电路传输时间 t_{PD} 不可忽略)。

16. 试分析图 8.27 所示开机延时电路的工作原理。若 $C=25\mu\text{F}, R=19\text{k}\Omega, U_{CC}=12\text{V}$,请问常闭开关 S 断开以后经过多长时间输出 U_O 为高电平?

17. 分析图 8.28 示电路的逻辑功能。

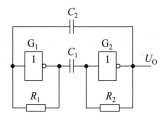

图 8.25 习题 8.3 14 的图

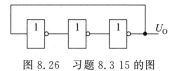

图 8.26 习题 8.3 15 的图

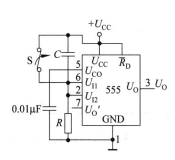

图 8.27 习题 8.3 16 的图

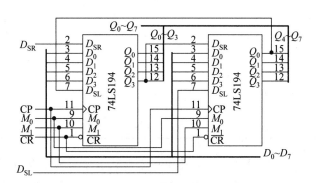

图 8.28 习题 8.3 17 的图

8.4 应用题

1. 试利用 74LS160 的异步清零端设计一个六进制计数器。

2. 试利用 74LS163 的同步清零端设计一个六进制计数器。

3. 试利用 74LS290 的置"9"功能设计一个六进制计数器。

4. 已知状态转移表如表 8.1 所示,请用 74LS161 设计该同步计数器。

表 8.1 习题 8.4 4 的状态转移真值表

序号	Q_3	Q_2	Q_1	Q_0
0	0	0	0	0
1	0	0	0	1
2	0	0	1	0
3	0	0	1	1
4	0	1	0	0
5	1	0	1	1
6	1	1	0	0
7	1	1	0	1
8	1	1	1	0
9	1	1	1	1

5. 已知状态转移表如表 8.2 所示,用 74LS191 设计该同步计数器。

表 8.2 习题 8.4 5 的状态转移真值表

序号	Q_3	Q_2	Q_1	Q_0
0	0	0	0	0
1	0	0	0	1
2	0	1	0	0
3	0	1	0	1
4	0	1	1	0
5	0	1	1	1
6	1	0	0	0
7	1	0	1	1
8	1	1	0	0
9	1	1	0	1
10	1	1	1	0
11	1	1	1	1

6. 试设计一个电动机控制电路。要求该电路有两个控制输入端 X_1 和 X_2,只有在连续两个(或两个以上)时钟脉冲作用期间,两个输入都一致时,电动机才转动。

7. 用 555 定时器设计一个门铃电路并说明其工作原理。

第9章 大规模集成电路

本章要点

本章介绍模-数转换器（A/D）、数-模转换器（D/A）、存储器等大规模集成电路的基本知识，以及利用存储器、PLD等大规模集成电路进行电子电路设计的一般方法。读者学习本章应重点理解 A/D、D/A、存储器的概念，懂得它们在生产实践中的重要意义，懂得大规模与超大规模集成电路的出现引起了电子技术从设计理论到方法的全面革新，推动着一个新的时代的到来。

电子电路中使用的大规模集成电路类型较多,本章仅对模-数转换器(A/D)、数-模转换器(D/A)、存储器等大规模集成电路做些简单介绍,以使读者对大规模集成电路在电子电路中的应用特点及利用大规模集成电路进行电子电路设计的特点有些初步认识。

9.1 数-模转换器

在生产实际中,人们往往需要将经过数字系统分析处理后的结果(数字量)变换为相应的模拟量,实现这一功能的电路称为数-模转换器(Digital Analog Converter,DAC),简称 DAC 或 D/A 转换器。

1. 概述

可以将数-模转换器看成是一个译码器,它是将输入的二进制数字信号 D(或称为编码信号)转换(翻译)成模拟信号,并以电压或电流的形式输出。图 9.1.1 所示为数-模转换器输入、输出关系框图,$D_0 \sim D_{n-1}$ 为输入的 n 位二进制数,U_o 或 I_o 为与输入二进制数成比例的输出电压或电流。

如图 9.1.2 所示为输入为 3 位二进制代码时的数-模转换特性。它表示了 3 位二进制代码的数字信号经过数-模转换器后的输出模拟(电压)信号的对应关系。由图可见,每个二进制代码的编码数字信号,通过位权的运算,都可翻译成一个相对应的十进制数值。必须指出的是,相邻两个编码信号转换出来的数值是不连续的值,它们之间的差值由最低码位所代表的位权来确定,这是信息所能分解的最小值。对于 3 位二进制代码,该差值为 $1/8 \times$ 满值。

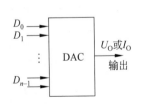

图 9.1.1　DAC 输入、输出关系框图

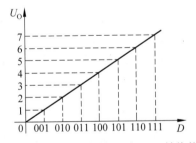

图 9.1.2　3 位二进制输入时 DAC 转换特性

显然,如果增加数字编码信号的位数,可以使相邻两个编码信号转换输出的差值减小。例如,输入的是 10 位二进制代码,其输出电压可能的最小变化为满值输出的 $1/1024$。这说明输入信号位数越多,输出的模拟信号越接近连续的模拟信号,从而转换精度就越高。

转换精度常用分辨率和转换误差来描述。转换器所能分辨出的最小输出电压与最大输出电压之比称为分辨率,n 位 D/A 转换器分辨率为 $1/(2^n - 1)$。必须指出的是,分辨率为 D/A 转换器的理论精度,其实际转换误差还与其他实际因素有关。

2. 理论转换公式

数-模转换器的转换原理如图 9.1.3 所示,类似于二进制数转换成十进制数的位权展开。转换时,D/A 转换器先将需要转换的数字信号以并行输入(或者串行输入)的方式存储在数字寄存器中,然后由寄存器并行输出的每位数字信号驱动一个数字位模拟开关,又通过模拟开关将参考电压按位权关系加到电阻解码网络,这时输出的模拟电压刚好与该位数码所代表的数值相对应。

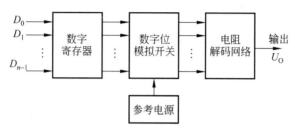

图 9.1.3　DAC 转换原理方框图

下面,不加证明地给出常见数-模转换器的理论转换公式:

$$U_\mathrm{O} = -\frac{U_\mathrm{REF}}{2^n}(D_{n-1} \times 2^{n-1} + \cdots + D_1 \times 2^1 + D_0 \times 2^0) \tag{9.1.1}$$

式中,U_REF 为参考电源;D/A 系统转换比例系数为 1(大多数情况下均为 1)。

【例 9.1.1】　已知一个 4 位权电阻 DAC 输入的 4 位二进制数码为 $D_3D_2D_1D_0 = 1011$,参考电源 $U_\mathrm{REF} = -8\mathrm{V}$,转换比例系数为 1。求转换后的模拟信号由电压 U_O。

解:

根据式(9.1.1)可求出

$$U_\mathrm{O} = -\frac{-8}{2^4}(1 \times 2^3 + 0 \times 2^2 + 1 \times 2^1 + 1 \times 2^0) = 5.5\mathrm{V}$$

3. D/A 转换器的芯片实例

数-模转换器集成芯片种类较多,下面简要介绍 10 位倒 T 形电阻网络数-模转换器 AD7520 的功能及其典型接法。

如图 9.1.4 所示为 10 位数-模转换器 AD7520 的引脚图。它采用 CMOS 型模拟开关,内部没有运算放大器;U_DD 为 CMOS 开关工作电源,U_REF 为转换器的参考电压,I_OUT1、I_OUT2 分别对应外接运算放大器的反相端及同相端。AD7520 的典型接法如图 9.1.5 所示。由于 AD7520 内部反馈电阻 $R_\mathrm{F} = R$,所以,图 9.1.5 所示 D/A 系统的转换关系为

$$U_\mathrm{O} = -\frac{U_\mathrm{REF}}{2^{10}} \sum_{i=0}^{9} D_i \times 2^i \tag{9.1.2}$$

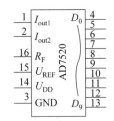
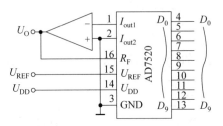

图 9.1.4　AD7520 引脚图　　　　图 9.1.5　AD7520 的典型接法图

思考与练习

9.1.1　分析如图 9.1.6 所示电路的工作原理。

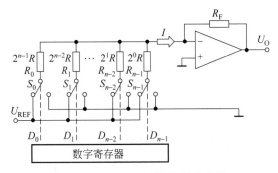

图 9.1.6　权电阻网络数-模转换器

9.1.2　AD7520 的理论转换精度为多少?

9.2　模-数转换器

　　常见的非电物理量,例如压力、流量、液位、温度、光通量等,都可以通过相应的换能器或传感器、敏感器件等变换为随时间连续变化的电信号,称之为模拟量。如果要将这些模拟量送到数字系统中进行处理,必须先将这些模拟量转换成数字量,实现这一功能的电路称为模-数转换器(Analog Digital Converter,ADC),简称 ADC 或 A/D 转换器。

1. 模-数转换的一般过程

　　在模-数转换器中,因为输入的模拟信号在时间上是连续的量,而输出的数字信号是离散的,所以进行转换时必须在一系列选定的瞬间对输入的模拟信号采样,然后再将这些采样值转换为输出的数字量。因此,一般模-数转换器的转换过程需要经过采样、保持、量化、编码四个步骤才能完成。有些工作过程是利用同一个电路连续进行的。例如,采样、保持选用同一个电路完成;量化和编码也是在转换过程中同时实现的,而且所占用的时间是保持时间的一部分。

所谓采样,是指将一个连续变化的模拟量转换为时间上离散的模拟量。也就是说将一个在时间上连续的模拟量转换成一系列脉冲,而这些脉冲是等宽的,其幅度大小取决于采样时输入的模拟量,如图 9.2.1(b)所示。

在图 9.2.1 中,u_I 为输入模拟量,CP_s 为采样脉冲,u_I^* 为采样后的输出信号。由图可见,采样电路实际上是一个受采样脉冲控制的电子开关,如图 9.2.1(a)所示。在采样脉冲 CP_s 的脉冲宽度 t_W 时间内,开关接通。此时输出 u_I^* 等于输入 u_I;而在 $(T_s - t_W)$ 时间内,开关断开,输出 u_I^* 为 0。于是,模拟电子开关在采样脉冲 CP_s 作用下周期性地动作,u_I^* 的输出波形如图 9.2.1(b)所示。

显然,为了能保证采样输出信号 u_I^* 能恢复成原信号,采样脉冲的频率 f_s 应满足

$$f_s >= 2f_{IM} \qquad (9.2.1)$$

式中,f_{IM} 为输入模拟量 u_I 中的最高频率分量的频率。式(9.2.1)称为采样定理。

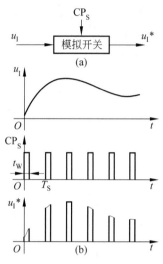

图 9.2.1 模拟信号的采样

由于每次将采样电压转换为相应的数字量都需要一定的时间,所以在每次采样完成以后,必须将采样电压 u_I^* 保持一段时间。由此可见,在进行模-数转换时所用的输入电压,实际上是每次采样结束时的 u_I 值。

如图 9.2.2 所示电路为常用的采样-保持电路。如图 9.2.3 所示电路是单片集成采样—保持电路 LF198 的典型电路联接。图中,u_I 为模拟输入,u_L 为采样开关的输入控制;当 u_L 为 1 时,采样电路采样,$u_o = u_I$;当 u_L 为 0 时,电路将保持采样信号一定的时间。U_+、U_- 为运算放大器工作电源。U_B 为偏置电压输入,可通过调节 U_B 使 $u_I = 0$ 时 $u_o = 0$。

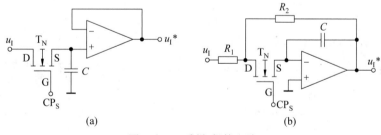

图 9.2.2 采样-保持电路

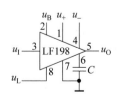

图 9.2.3 LF198 典型联接

众所周知,数字信号不仅在时间上是离散的,而且在数值上的变化也是不连续的,因此,任何一个数字量的大小,都是以某个最小数量单位的整数倍来表示的。因此,在用数字量表示采样电压时,也必须将它化成这个最小数量单位的整数倍,这个转化过程称为量化。所规定的最小数量单位称为量化单位,用 △ 表示。显然,数字信号最低有效位中的 1 所表示的数量

大小,就等于Δ。将量化的数值用二进制代码表示,称为编码,这个二进制代码就是模-数转换器输出的数字信号。

由于模拟电压是连续的,因此它就不一定能被Δ整除,也就不可避免地会产生误差,将这种误差称为量化误差。将模拟信号划分为不同的量化等级时,用不同的划分方法其量化误差也不相同。通常在划分量化等级时有两种方法:

一种是只舍不入法,其量化单位Δ为

$$\Delta = \frac{U_{IM}}{2^n} \tag{9.2.2}$$

式中,U_{IM}为输入模拟信号的最大值,n为输出数字的位数。

另一种方法是四舍五入法量化方式,其量化单位Δ为

$$\Delta = \frac{2U_{IM}}{(2^{n+1}-1)} \tag{9.2.3}$$

图9.2.4(a)所示,是将$0\sim1$V的模拟电压信号转换成3位二进制代码($D_2D_1D_0$)的示意图。它是按照只舍不入的方式进行量化的。其量化单位Δ根据式(9.2.2)可得

$$\Delta = \frac{U_{IM}}{2^n} = \frac{1}{2^3} = \frac{1}{8}V$$

从图9.2.4(a)中看出,凡数值为$0\sim1/8$V的模拟电压都当作$0\times\Delta$看待,用二进制数000表示,凡数值为$1/8$V$\sim2/8$V的模拟电压都当作$1\times\Delta$看待,用二进制001表示,$\cdots$,等。不难看出,这种量化方式的最大量化误差为Δ,即$1/8$V。

图9.2.4(b)所示是将$0\sim1$V的模拟电压信号转换成3位二进制代码($D_2D_1D_0$),按照四舍五入量化方式进行量化的示意图。其量化单位Δ根据式(9.2.3)可得

$$\Delta = \frac{2U_{IM}}{(2^{n+1}-1)} = \frac{2}{(2^4-1)} = \frac{2}{15}V$$

从图9.2.4(b)中看出,凡数值为$0\sim1/15$V的模拟电压都当作$0\times\Delta$看待,用二进制数000表示,凡数值为$1/15\sim3/15$V的模拟电压都当作$1\times\Delta$看待,用二进制数001表示;$\cdots\cdots$不难看出,这种量化方式的最大量化误差为$1/2\Delta$,即$1/15$V。

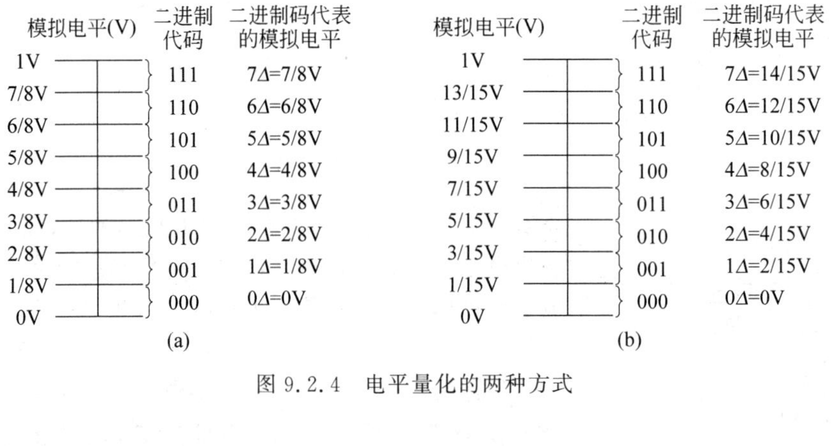

模拟电平(V)	二进制代码	二进制码代表的模拟电平
1V		
	111	$7\Delta=7/8$V
7/8V		
	110	$6\Delta=6/8$V
6/8V		
	101	$5\Delta=5/8$V
5/8V		
	100	$4\Delta=4/8$V
4/8V		
	011	$3\Delta=3/8$V
3/8V		
	010	$2\Delta=2/8$V
2/8V		
	001	$1\Delta=1/8$V
1/8V		
	000	$0\Delta=0$V
0V		

(a)

模拟电平(V)	二进制代码	二进制码代表的模拟电平
1V		
	111	$7\Delta=14/15$V
13/15V		
	110	$6\Delta=12/15$V
11/15V		
	101	$5\Delta=10/15$V
9/15V		
	100	$4\Delta=8/15$V
7/15V		
	011	$3\Delta=6/15$V
5/15V		
	010	$2\Delta=4/15$V
3/15V		
	001	$1\Delta=2/15$V
1/15V		
	000	$0\Delta=0$V
0V		

(b)

图9.2.4 电平量化的两种方式

2. 模-数转换器的芯片实例

模-数转换器集成芯片种类较多,下面简要介绍 8 位逐次逼近型模-数转换器 ADC0809 的功能及其应用实例。

如图 9.2.5 所示为 ADC0809 的引脚图,为八路输入 8 位逐次逼近型模-数转换器。各引脚功能如下:

$IN_0 \sim IN_7$:八路模拟量输入端。

A, B, C:八路模拟量输入选择控制端,按 (CBA) 排列顺序选择对应的模拟输入量,如 $(CBA) = (001)_2$ 选择 IN_1 作为输入进行转换。

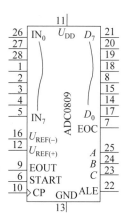

图 9.2.5 ADC0809

ALE:地址锁存输入端,高电平有效,可加正脉冲。

$D_0 \sim D_7$:八路数字量输出端。

EOC:转换结束输出端,高电平有效。

EOUT:输出允许端,高电平有效。

START:转换启动信号输入端,可加正脉冲,上升沿转换器清零,下降沿开始转换。

CP:外部时钟输入端,典型频率为 640kHz。

$U_{REF}(-), U_{REF}(+)$:转换器参考电源输入端。

U_{DD}, GND:转换器工作电源,电压为 +5V。

ADC0809 的应用实例如图 9.2.6。实现 A/D 转换的过程如下:

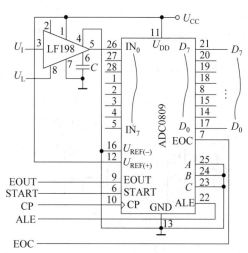

图 9.2.6 ADC0809 应用实例

- 在 U_L 端加一个具有一定时间宽度的正脉冲($U_L = 1$,电路对输入信号采样;待采样信号稳定后,$U_L = 0$,LF198 将对采样信号保持一段时间供 A/D 转换)。
- 在 ALE 端加一个正脉冲,选择 IN_0 进入 A/D 转换器。
- 延时一个时钟信号。

- 在 START 端加一个正脉冲,启动 A/D 转换器对 IN_0 进行转换。
- 反复查询 EOC 状态,直到 EOC=1。
- 令 EOUT=1,读取 $D_0 \sim D_7$。

3. 其他类型模-数转换器

除逐次逼近型模-数转换器以外,常用的 A/D 转换器还有双积分型 A/D 转换器、V-F 变换型 A/D 转换器、并联型 A/D 转换器等。

双积分型 A/D 转换器属于电压-时间变换型 A/D 转换器,其基本原理是通过积分器将模拟电压信号变换为与之呈正比的时间宽度信号,然后在这个固定的时间宽度里对固定频率的时钟脉冲计数,从而获得最终结果。

双积分型模-数转换器的主要优点是具有很强的抗干扰能力,电路比较简单,便于集成,容易提高分辨率。其主要缺点是需要双积分过程,所以转换速度较低,一般为数毫秒到数十毫秒。

V-F 变换型 A/D 转换器为电压-频率变换型 A/D 转换器,其基本原理是通过压控振荡器(VCO)将模拟电压信号变换为与之呈正比的频率信号,然后在一个固定的时间间隔里对得到的频率信号计数,从而获得最终结果。

V-F 变换型 A/D 转换器的主要优点是 VCO 的输出信号是一个频率信号,便于传输和检出,非常适合用于遥测、遥控系统中,也具有很强的抗干扰能力。其主要缺点是其精度取决于 VCO 的线性度和稳定度,一般的 V/F 型 A/D 转换器的线性误差均较大;另一个缺点是转换速度也较低。

并联型 A/D 转换器最大优点是转换速度快,主要缺点是电路复杂。

4. 利用 A/D、D/A 转换器构成数字应用系统

利用 A/D、D/A 转换器,可方便构建对模拟信号的数字处理系统,如图 9.2.7 所示为对声音信号以数字方式进行处理的框图。简要解释如下:

图 9.2.7　声音信号的数字处理系统框图

首先用麦克风将声音转换为电信号(模拟信号)。之后,利用 A/D 转换器将模拟的声音信号以数字形式表示并送往数字处理系统。数字处理系统将其处理结果送往 D/A 转换器,将最终处理后的声音信号输出。

在上面的处理过程中,原始声音为模拟信号,最终输出的声音也为模拟信号。既然如此,直接将原始声音用模拟放大器放大后输出便可以了,何必多此一举地将声音变换到数字形式呢?更何况在将声音变换到数字形式的过程中要产生量化误差,数字处理系

统的优势到底体现在什么地方呢？

可这样理解数字处理系统的优势：

数字处理系统具有强大的运算与处理能力,存储方便。利用数字处理系统的智能特性、交互性,可实现更为人性化、特色化的应用。虽然,数字处理系统在将模拟信号变换到数字形式的过程中要产生量化误差,但在其后面的处理过程中理论上是不失真的。此外,可通过提高 A/D 转换精度来减少量化误差对原始信号的影响,以达到更好的效果。可见,数字处理系统具有传统模拟电子电路不可比拟的优势。

思考与练习

9.2.1　如图 9.2.8 所示 A/D 转换器中,设输入信号为 3.7V,量化单位 Δ 为 1V,说明其 A/D 转换过程及最终转换结果。

9.2.2　如图 9.2.8 所示 A/D 转换器的最小可分辨电压为多少(量化单位 Δ 为 1V)?

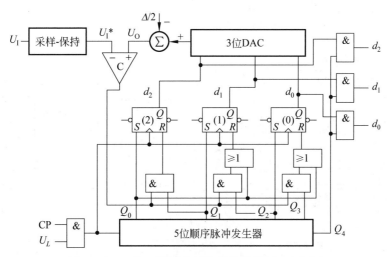

图 9.2.8　3 位逐次逼近型模-数转换器原理方框图

9.3　存储器

谈到存储器,读者不免联想起触发器和寄存器。触发器具有两个稳定状态,可以存储一位二进制数。寄存器由触发器组成,n 位并行寄存器可存储 n 位二进制数。触发器、寄存器均具有存储功能,但它们不是存储器。

存储器是计算机的五大部件之一,是用于存储大量数据或信号的半导体器件。前面介绍的触发器和寄存器虽然具有存储的功能,但触发器是小规模集成电路,寄存器为中规模集成电路,采用触发器或寄存器电路结构来存储大量数据是不可能的,也是得不偿失的。因此,存储器应采用专门的电路结构,以满足大量数据存储的要求。

9.3.1　存储器的电路结构及主要参数

可通过图9.3.1来理解存储器的电路结构。

- 存储矩阵

为满足大量数据存储的要求,存储器采用存储矩阵来存储数据。存储矩阵是由基本存储单元(可存储 n 位二进制数据)构成的存储阵列。存储矩阵所包括的基本存储单元的数目称为存储器的存储容量。

- 行、列地址译码器

显然,对存储器的一次读只能读出存储器所存储的大量数据中的一个数据。为了能正确读出对应存储单元的存储数据,应通过行、列地址译码器选择对应的存储单元。

当然,也可以不采用行、列地址译码的方式,而用一个地址译码器译出存储器所需要的全部地址线,具体如图9.3.2所示。

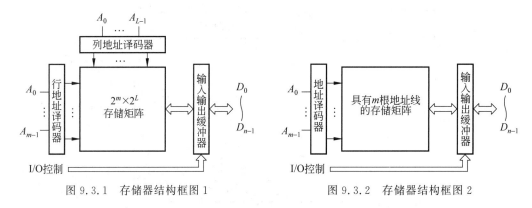

图 9.3.1　存储器结构框图 1　　　　　　图 9.3.2　存储器结构框图 2

- 输入输出缓冲及控制

将数据写入存储矩阵的对应存储单元需要一定的时间,从存储矩阵选出对应存储单元的数据也需要一定的时间,为此,可通过输入输出缓冲器及其控制电路完成相应的读写操作。

通过上面的分析,可得出存储器两个最基本的参数:

- 存储器的字数

通常把存储器的每个输出代码叫一个"字"。存储器所具有的地址线的根数 m 反映了存储器的字数。存储器的字数反映了存储器的存储单元的多少。显然,具有 m 根地址线的存储器的字数为 2^m。

• 存储器的位数

存储器每个输出"字"所具有的二进制位数称为存储器的位数。存储器所具有的数据线的根数 n 反映了存储器的位数。

上面两个参数常用"字数×位数"形式来表示。如 8 位 8K 存储器表示存储器的字数为 8K,位数为 8 位,记为"8K×8"。

9.3.2 存储器的种类及其芯片实例

存储器是用于存储大量数据的存储设备,高集成度是存储器芯片的基本特点,从集成工艺的角度,存储器可分为 MOS 存储器和双极型存储器。MOS 存储器具有高集成度的优点,逐渐成为大容量存储器的主流,目前微型计算机中的内存均是 MOS 存储器。

从读写方式的角度,存储器可分为 ROM(Read-Only Memory,只读存储器)和 RAM(Random Access Memory,随机存储器)。

1. ROM

ROM 从字面上理解为只读存储器,但现在的 ROM 芯片均可写,按信息的写入方式分为:

(1) 固定 ROM:在工厂制作时就将需要存储的信息用电路结构固定下来,使用时无法再更改。

(2) 可编程 ROM(简称 PROM):由用户按自己的需要写入信息,但只能写入一次,一经写入就不能修改。

(3) 可擦可编程 ROM(简称 EPROM):由用户写入信息后若需要改动时,还可以擦去重写。它具有较大的使用灵活性,但这种改写需使用专门的擦写设备,不可在线改写,而且费时,所以实际使用时常只读不写。

(4) 可电改写 ROM(简称 EEPROM):由用户写入信息后若需要改动时,可在线改写,无需专门的擦写设备。它采用以字节为单位的电改写方式,可用于少量的数据改写。

在数字系统中,经常使用的 ROM 类型有 EPROM、EEPROM。经常使用的 EPROM 芯片有 2716(2K×8)、2732(4K×8)、2764(8K×8)、27128(16K×8)、27256(32K×8)等。经常使用的 EEPROM 芯片有 2816(2K×8)、2817(2K×8)等。

下面以 2716 为例介绍集成 ROM 芯片的应用特点。

如图 9.3.3 所示为 2716 的引脚图,简要说明如下:

• 具有 11 根地址线 $A_{10} \sim A_0$,8 根数据线 $D_7 \sim D_0$。

• 输出使能控制端(当 $\overline{OE}=0$ 时,存储单元内容允许输出)。

• 片选控制(当 $\overline{CS}=0$ 时,芯片工作)。

• 专用设备擦除,专用设备写入。

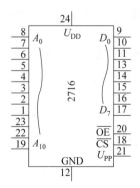

图 9.3.3 2716 芯片

读 2716 比较简单,可令 $\overline{OE}=\overline{CS}=0$,将要读出的存储单元地址 $A_{10}\sim A_0$ 送上地址线,经过数百 ns 后,对应存储单元的数据便出现在数据线上。

将数据写入 2716 的方法如下:

(1) 先用擦除设备将芯片中数据擦除,所有单元内容为"全1"。

(2) 将 U_{pp} 接 25V,令 $\overline{OE}=1$,将要写入的存储单元地址及数据送上地址线及数据线,待地址及数据稳定后在 $\overline{CS}$ 端加一个 50ms 的正脉冲即可完成一个单元的写入。

2. RAM

RAM 可方便地读写数据,但当电源去掉后所存的信息立即消失。目前常用的 RAM 有 SRAM(静态 RAM)、DRAM(动态 RAM)等。

SRAM 的基本存储单元是在静态触发器的基础上附加读写控制构成。数据一旦写入,存储单元可维持其原始状态不变,数据读出时不会改变其存储内容。

SRAM 应用十分广泛,相应的集成芯片也较多,图 9.3.4 所示为静态 RAM2114。简要说明如下:

- 具有 10 根地址线和 4 根数据线。
- 片选控制($\overline{CS}=0$ 芯片工作)。
- $R/\overline{W}$ 为 1 时读数,为 0 时写数。

动态随机存储器 DRAM 的存储单元是利用 MOS 管的栅极电容可以存储电荷的原理制成的,因此,其存储单元结构可做得非常简单,所以,在大容量、高集成度的 RAM 中得到了普遍应用。但由于栅极电容的容量很小(只有几皮法),且漏电流不可能为零,所以电荷的存储时间有限。为了即时补充(已漏掉的电荷),以避免存储信号的丢失,必须定期地给栅极电容补充电荷,这种工作称为刷新或再生。

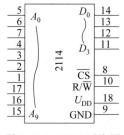

图 9.3.4 2114 引脚图

虽然 DRAM 需要定期刷新,但由于 DRAM 集成度高、读写速度快,定期刷新可方便地得到 CPU 的支持,因此,在微型计算机中得到广泛应用。SRAM 虽然集成度不如 DRAM,但它无须刷新,使用方便,在需要小容量存储器的微机控制系统中得到了广泛应用。

还有一些设备人们也把它称为存储器,如硬盘、软盘、光盘等。这些设备具有前面介绍的存储器的存储特点,但它的存储单元不属于电气部件,不可与电气设备直接联接,需要接口电路,因而不是"电工电子技术"课程研究的内容。这里所说的存储器是指半导体存储器。

顺便说明一下,寄存器虽然不是这里所介绍的存储器,但它依然在计算机中扮演着暂存数据的角色。各种类型的 CPU 中均具有较多的寄存器,在计算机中扮演着不可替代的角色。

9.3.3 存储器的扩展

当使用一个存储器芯片不能满足对存储容量的要求时,可以将若干芯片组合起来,连接成一个容量更大的存储电路。

如果每片 RAM 中的字数已经够用,而每个字的位数不够用时,可以采用位扩展法,将多片 RAM 组合成位数更多的 RAM 存储器。

可通过下面的例题来理解。

【例 9.3.1】 用 2114 实现一个"1K×16"的存储系统。

解:

(1) 分析

2114 具有 10 根地址线,字数为 1K,正好满足要求。

2114 的位数为 4,题中要求位数为 16,故需要四片 2114。

将 4 片 2114 的所有地址线、R/$\overline{W}$、$\overline{CS}$、U_{DD}、GDN 对应联在一起;四片 2114 的数据线从片(1)到片(4)分别对应数据位 $D_0 \sim D_{15}$。

(2) 画出电路

电路如图 9.3.5 所示,图中粗线表示总线。

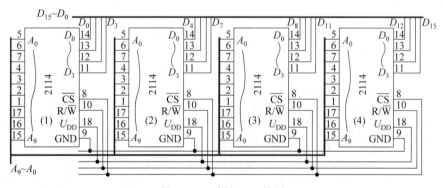

图 9.3.5 例 9.3.1 的图

如果每片 RAM 的数据位数够用,而字数不够用时,可以采用字扩展法(又称为地址扩展方式),将多片 RAM 组合起来达到此目的。

可通过下面的例题来理解。

【例 9.3.2】 用 2114 实现一个"2K×4"的存储系统。

解:

(1) 分析

2114 的位数为 4,正好满足要求。

2114 具有 10 根地址线,字数为 1K,题中要求字数为 2K,故需要二片 2114。

将 2 片 2114 的地址线、数据线、R/$\overline{W}$、U_{DD}、GDN 对应联在一起;将第 11 根地址线 A_{10} 接片(1)$\overline{CS}$,A_{10} 取反后接片(2)$\overline{CS}$。

（2）画出电路

电路如图 9.3.6 所示。

片（1）的地址空间为 $0 \sim 1K-1$（$A_{10}=0$ 时片（1）工作，所以片（1）的地址空间为 $00000000000 \sim 01111111111$）。

片（2）的地址空间为 $1K \sim 2K-1$（$A_{10}=1$ 时片（2）工作，所以片（2）的地址空间为 $10000000000 \sim 11111111111$）。

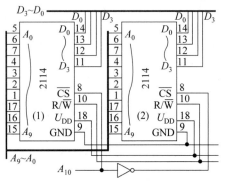

图 9.3.6 例 9.3.2 的图

【**例 9.3.3**】 请分析如图 9.3.7 所示存储系统的地址空间。

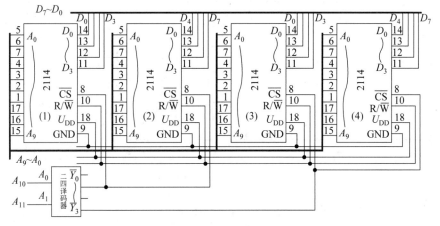

图 9.3.7 例 9.3.3 的图

解:

片（1）、片（2）的 $\overline{\text{CS}}$ 相互联接构成一个 $1K \times 8$ 的存储系统,类似片（3）、片（4）。A_{10}、A_{11} 加到 2 线-4 线译码器的输入端,译码器的输出 $\overline{y}_1$ 用作片（1）、片（2）的片选信号；$\overline{y}_3$ 用作片（3）、片（3）的片选信号。

当 $A_{11}A_{10}=01$ 时,片（1）、片（2）工作,其地址空间为 $010000000000 \sim 011111111111$,即 $1K \sim 2K-1$。

当 $A_{11}A_{10}=11$ 时,片（3）、片（4）工作,其地址空间为 $110000000000 \sim$

111111111111,即 $3K\sim4K-1$。

顺便说明一点,RAM 的扩展方法同样适用于 ROM。如图 9.3.8 所示电路为用两片 2716 实现的 $(4K\times8)$ROM 存储系统。

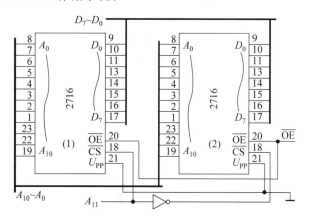

图 9.3.8 用两片 2716 实现的 $4K\times8$ 的 ROM 系统

思考与练习

9.3.1 分析如图 9.3.9 所示存储系统的地址空间。

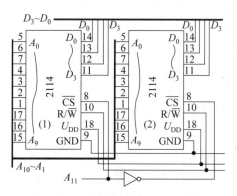

图 9.3.9 思考与练习 9.3.1 的图

9.4 利用大规模集成电路芯片实现组合逻辑电路

9.4.1 用 ROM 实现组合逻辑电路

ROM 作为存储器,可长期保存数据,因此广泛应用于数字系统,是计算机系统、工业控制系统的必需部件之一。ROM 除作为存储器使用外,还可以利用 ROM 产生任意函数,设计任意组合逻辑电路,这便是前面提到的用大规模逻辑器件设计组合逻辑电路的方法。

为什么利用 ROM 可实现任意组合逻辑电路呢? 可通过下面的例题理解。

【例 9.4.1】 有一个 4×4 ROM 阵列的存储数据如表 9.4.1 所示,请分析该 ROM 具有的逻辑功能。

表 9.4.1 真值表 1

地址单元	D_3	D_2	D_1	D_0
0	1	0	0	1
1	0	1	0	1
2	0	1	0	1
3	1	0	1	0

解:

4×4 ROM 阵列具有两根地址线,四根输出线。将地址单元用地址线 A_1A_0 表示,可得到如表 9.4.2 所示的真值表。

表 9.4.2 真值表 2

A_1	A_0	D_3	D_2	D_1	D_0
0	0	1	0	0	1
0	1	0	1	0	1
1	0	0	1	0	1
1	1	1	0	1	0

由表 9.4.2 可以写出 D_3、D_2、D_1、D_0 的表达式如下:

$$D_3 = \overline{A_1}\ \overline{A_0} + A_1A_0$$
$$D_2 = \overline{A_1}A_0 + A_1\overline{A_0}$$
$$D_1 = A_1A_0 \tag{9.4.1}$$
$$D_0 = \overline{A_1}\ \overline{A_0} + \overline{A_1}A_0 + A_1\overline{A_0} = \overline{A_1A_0}$$

如果将地址端 A_1、A_0 作为输入变量,将 D_3、D_2、D_1、D_0 作为输出变量,由式(9.4.1)可以看出,D_3、D_2、D_1、D_0 分别为同或门、异或门、与门、与非门。

另外,由于 ROM 中的数据可以根据用户需要改写,因此,可通过适当地选择存储单元内容使 D_3、D_2、D_1、D_0 成为任意的两变量逻辑函数。

可通过下面的例子来理解适当地选择例 9.4.1 所示 4×4 ROM 存储单元内容可实现任意两变量的逻辑函数。

【例 9.4.2】 请用 4×4 ROM 阵列实现下面的函数。

$$Y_3 = A \oplus B, \quad Y_2 = \overline{A}B, \quad Y_1 = A + B, \quad Y_0 = AB$$

解:

(1) 做出上述函数的真值表

题中 4 个函数的真值表如表 9.4.3 所示。

表 9.4.3　真值表 1

A	B	Y_3	Y_2	Y_1	Y_0
0	0	0	1	0	0
0	1	1	0	1	0
1	0	1	0	1	0
1	1	0	0	1	1

（2）设置输入输出

4×4 ROM 有两个地址输入端 A_1、A_0 和四个数据输出端 $D_3 \sim D_0$，可令 $A = A_1$、$B = A_0$、$Y_3 = D_3$、$Y_2 = D_2$、$Y_1 = D_1$、$Y_0 = D_0$。则表 9.4.3 可用如表 9.4.4 所示的真值表来表示。

表 9.4.4　真值表 2

A_1	A_0	D_3	D_2	D_1	D_0
0	0	0	1	0	0
0	1	1	0	1	0
1	0	1	0	1	0
1	1	0	0	1	1

（3）编写程序

由表 9.4.4，4×4 ROM 的四个单元内容分别为"0100""1010""1010""0011"，将相应内容写入 ROM 对应单元即可。

下面通过几个例题来介绍用大规模器件设计组合逻辑电路的方法。

【例 9.4.3】　请用 2716 实现下面的函数（x_2、x_1 的取值范围均为 0～3 的正整数）。

$$y_2 = x_2^2 \quad y_1 = x_1^2 + 1$$

解：

（1）分析题意，做出真值表

x_2、x_1 的取值范围均为 0～3 的正整数，故可用 2 位二进制数来表示；可算出 y_2 的最大值为 9，y_1 的最大值为 10，均可用 4 位二进制数来表示。

令 x_{21}、x_{20} 表示 x_2；x_{11}、x_{10} 表示 x_1；y_{23}、y_{22}、y_{21}、y_{20} 表示 y_2；y_{13}、y_{12}、y_{11}、y_{10} 表示 y_1；则 y_2、y_1 的真值表如表 9.4.5、表 9.4.6 所示。

表 9.4.5　真值表 1

x_{21}	x_{20}	y_{23}	y_{22}	y_{21}	y_{20}
0	0	0	0	0	0
0	1	0	0	0	1
1	0	0	1	0	0
1	1	1	0	0	1

表 9.4.6　真值表 2

x_{11}	x_{10}	y_{13}	y_{12}	y_{11}	y_{10}
0	0	0	0	0	1
0	1	0	0	1	0
1	0	0	1	0	1
1	1	1	0	1	0

（2）设置输入输出

2716 有 11 个地址输入端,而本题只有 4 个输入变量,可令 $A_{10}\sim A_4$ 为 0,$A_3\sim A_0$ 作为输入变量,令 $x_{21}=A_3$、$x_{20}=A_2$、$x_{11}=A_1$、$x_{10}=A_0$。

2716 有 8 个数据输出端 $D_7\sim D_0$,本题正好有 8 个输出变量,可令 $y_{23}=D_7$、$y_{22}=D_6$、$y_{21}=D_5$、$y_{20}=D_4$、$y_{13}=D_3$、$y_{12}=D_2$、$y_{11}=D_1$、$y_{10}=D_0$。

则表 9.4.5、表 9.4.6 可用如表 9.4.7、表 9.4.8 所示的真值表来表示。

表 9.4.7　真值表 3

A_3	A_2	D_7	D_6	D_5	D_4
0	0	0	0	0	0
0	1	0	0	0	1
1	0	0	1	0	0
1	1	1	0	0	1

表 9.4.8　真值表 4

A_1	A_0	D_3	D_2	D_1	D_0
0	0	0	0	0	1
0	1	0	0	1	0
1	0	0	1	0	1
1	1	1	0	1	0

（3）编写程序

由表 9.4.7、表 9.4.8,2716 的"0~3 号"4 个存储单元的内容用十进制表示分别为"1、2、5、10"(当地址为 0~3 时,$A_3A_2=00$,故存储单元高 4 位内容用十进制表示为"0";存储单元低 4 位内容为表 9.4.8 中规定内容)。

"4~7 号"4 个存储单元的内容用十进制表示分别为"17、18、21、26"(当地址为 4~7 时,$A_3A_2=01$,故存储单元高 4 位内容用十进制表示为"1";存储单元低 4 位内容为表 9.4.8 中规定内容)。

"8~11 号"4 个存储单元的内容用十进制表示分别为"65、66、69、74"(当地址为 8~11 时,$A_3A_2=10$,故存储单元高 4 位内容用十进制表示为"4";存储单元低 4 位内容为表 9.4.8 中规定内容)。

"12~15 号"4 个存储单元的内容用十进制表示分别为"145、146、149、154"(当地址为 12~15 时,$A_3A_2=11$,故存储单元高 4 位内容用十进制表示为"9";存储单元低 4 位内容为表 9.4.8 中规定内容)。

（4）最终实现

将（3）中的 16 个数据写入 2716 的前 16 个单元，按图 9.4.1 联接电路即可。

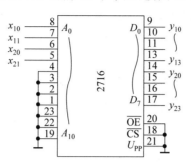

图 9.4.1 例 9.4.3 的图

【例 9.4.4】 请用 2716 实现下面的函数。

$$Y_1 = A\overline{B}C + \overline{A}CD + A\overline{C}, \quad Y_2(A,B,C,D) = \Sigma m(0,2,3,4,7,9)$$

解：

（1）分析题意，做出真值表

由函数表达式可做出如表 9.4.9 所示的真值表。

表 9.4.9 例 9.4.4 的真值表 1

A	B	C	D	Y_2	Y_1
0	0	0	0	1	0
0	0	0	1	0	1
0	0	1	0	1	0
0	0	1	1	1	0
0	1	0	0	1	0
0	1	0	1	0	1
0	1	1	0	0	0
0	1	1	1	1	0
1	0	0	0	0	1
1	0	0	1	1	1
1	0	1	0	0	1
1	0	1	1	0	1
1	1	0	0	0	1
1	1	0	1	0	1
1	1	1	0	0	0
1	1	1	1	0	0

（2）设置输入输出

2716有11个地址输入端,而本题只有4个输入变量,可令 $A_{10} \sim A_4$ 为0, $A_3 \sim A_0$ 作为输入变量,令 $A=A_3$、$B=A_2$、$C=A_1$、$D=A_0$。

2716有8个数据输出端 $D_7 \sim D_0$,本题只需要2个输出变量,可令 $Y_2 = D_1$、$Y_1 = D_0$。

（3）编写程序

由表9.4.9,2716的前16个存储单元的内容用十进制表示分别为“2,1,2,2,2,1,0,2,1,3,1,1,1,1,0,0”。

（4）最终实现

将(3)中的16个数据写入2716的前16个单元,按图9.4.2联接电路即可。

通过上面几个例题,读者不难看出,采用大规模逻辑器件设计组合逻辑电路十分方便,可大大节省元件,可靠性更高,还可根据用户需要修改电路的逻辑功能,应用十分广泛。

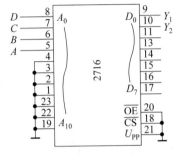

图9.4.2 例9.4.4的图

9.4.2 用可编程逻辑器件实现组合逻辑电路

当ROM 2716用于实现组合电路时,只有前面的少量存储单元得到利用,大量的存储空间被浪费。此外,对ROM编程相对复杂,也不直观。

可编程逻辑器件(Programmable Logic Device,PLD)是20世纪80年代蓬勃发展起来的数字集成电路。用户可根据实际应用需要,将PLD生产厂家提供的标准结构联接的“与”和“或”(或二者之一)逻辑阵列,按某种规定方式改变PLD器件内部的结构,从而获得所需要的逻辑功能。

PLD器件有多种类型,除前面介绍的PROM、EPROM外,早期的PLD有PLA(可编程逻辑阵列)、FPLA(现场可编程逻辑阵列)、PAL(可编程阵列逻辑)、GAL(通用阵列逻辑)等简单PLD(Simple PLD,也叫低密度PLD)。伴随着PLD的发展,PLD器件集成度越来越高,复杂PLD(Complex PLD,CPLD,也叫高密度PLD)、现场可编程门阵列(Field Programmable Gate Array,FPGA)兴起并得到广泛应用。FPGA当然也是PLD的一种,只是电路结构上与早期广泛应用的PLD差别很大,所以采用FPGA这个名字,以示区别。

伴随着PLD的发展,其设计手段的自动化程度也日益提高。用于PLD编程的开发系统由硬件和软件两部分组成。软件部分包括各种编程软件,这些编程软件均有较强的功能,均可运行在普通PC上,操作简单方便。新一代的在系统可编程器件(ISP-PLD)的编程更加简单,只须将计算机运行产生的编程数据直接写入PLD即可。如前面介绍的EDA工具软件支持的PLD便有在系统可编程的功能。

早期的PLD器件结构大体相同,主要由与逻辑阵列、或逻辑阵列、输出电路三部分组成。先来熟悉一下 PLD 电路中门电路的惯用画法。

图 9.4.3 所示为 PLD 电路中门电路的惯用画法。图中,黑点"●"表示该点为固定联接点,出厂时已做好,用户不能修改;叉点"×"表示该点为用户编程点,出厂时该点也是接通的,用户可根据需要继续保持接通或将其断开;既无黑点"●"也无叉点"×"表示该点是断开的。所以,图 9.4.3 中,图(a)表示 $Y=AC$,图(b)表示 $Y=A+B$,图(c)是互补输出的缓冲器。

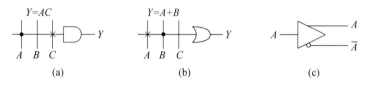

图 9.4.3 PLD 电路中门电路的惯用画法

如图 9.4.4 为一个已经被编程的 FPLA 电路联接图,可从以下几个方面理解该电路。

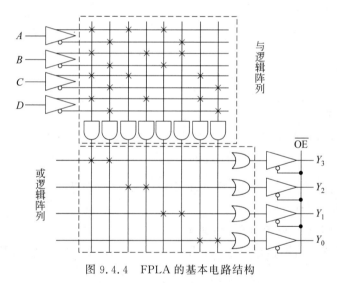

图 9.4.4 FPLA 的基本电路结构

1. 电路构成

如图 9.4.4 所示,FPLA 由一个与逻辑阵列、一个或逻辑阵列和输出缓冲器组成。FPLA 与 ROM 结构相似[①],二者的不同主要有两点:

- ROM 的与逻辑阵列是固定的,而 FPLA 的与逻辑阵列是可编程的。
- ROM 的与逻辑阵列将输入变量最小项全部译出,为全译码工作方式;而 FPLA 的与逻辑阵列是可编程的,可通过编程只产生需要的最小项,为非完全译码方式。

---

① 可参照习题 9.3.7 所示的 ROM 电路理解。图中,二一四译码器为与逻辑阵列,二极管矩阵为或逻辑阵列。

2. 表达的逻辑功能

由图 9.4.4,当 $\overline{OE}=0$ 时,有

$$Y_3 = ABCD + \overline{A}\,\overline{B}\,\overline{C}D$$

$$Y_2 = AC + BD$$

$$Y_1 = A\overline{B} + \overline{A}B = A \oplus B$$

$$Y_0 = CD + \overline{C}\,\overline{D} = C \odot D$$

【例 9.4.5】 用 FPLA 实现例 9.4.4。

解:

(1) 分析题意,做出函数的卡诺图

由函数表达式可做出如图 9.4.5、图 9.4.6 所示的卡诺图。

AB \\ CD	00	01	11	10
00		1		
01		1		
11	1	1		
10	1	1	1	1

图 9.4.5 Y_1 函数的卡诺图

AB \\ CD	00	01	11	10
00	1		1	1
01	1		1	
11				
10			1	

图 9.4.6 Y_2 函数的卡诺图

(2) 求出最简式

由图 9.4.5、图 9.4.6 所示卡诺图可写出 Y_2、Y_1 的最简与或式如下:

$$Y_1 = A\overline{B} + \overline{C}D + A\overline{C}$$

$$Y_2 = \overline{A}\,\overline{C}\,\overline{D} + \overline{A}CD + \overline{A}\,\overline{B}C + A\overline{B}\,\overline{C}D$$

(3) 用 FPLA 实现

Y_2、Y_1 用 FPLA 实现如图 9.4.7 所示。

通过上面的例题,读者可以看出,利用 FPLA 设计组合电路,比使用 EPROM 设计组合电路更为方便。

CPLD 和 FPGA 是结构上不同的二种器件,CPLD 通过修改具有固定内连电路的逻辑功能来编程,FPGA 主要通过改变内部连线的布线来编程;FPGA 可在逻辑门下编程,而 CPLD 是在逻辑块下编程。总体而言,CPLD 更适合完成各种算法和组合逻辑应用,FPGA 更适合完成时序逻辑应用。

尽管 FPGA 和 CPLD 结构非常复杂,但使用上却是非常方便的。FPGA、CPLD 芯片均支持 Verilog HDL 等硬件描述语言编程,可利用硬件描述语言描述需要实现的电路模型,调试完成后,生成目标代码,通过下载电缆将代码传送并存储在 FPGA 或 CPLD 芯片后完成整个系统的设计,是目前设计数字应用系统的主流方法之一。第 7 章简要介绍了硬件描述语言 Verilog HDL,关于硬件描述语言的更多知识,请参考其他书籍。

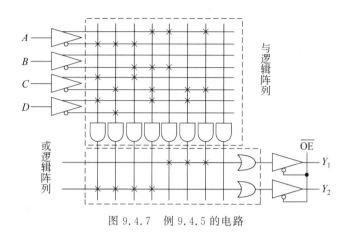

图 9.4.7　例 9.4.5 的电路

思考与练习

9.4.1　ROM、RAM 属于时序电路还是属于组合电路。

9.4.2　说说采用大规模逻辑器件设计组合逻辑电路与采用中、小器件设计组合逻辑电路有何不同。

9.4.3　说说采用 FPLA 设计组合逻辑电路与采用 EPROM 设计组合逻辑电路有何不同。

习题

9.1　填空题

1. 实现将经过数字系统分析处理后的结果(数字量)变换为相应的模拟量功能的电路称为_____,简称_____或_____,转换精度常用_____和_____来描述。

2. 实现将模拟量转换成数字量功能的电路称为_____,简称_____或_____,一般模-数转换器的转换过程需要经过_____、保持、_____等步骤才能完成。

3. 存储器是用于存储_____的存储设备,从集成工艺的角度,存储器可分为_____存储器和_____存储器两种。从读写方式的角度,存储器可分为_____、_____两种。其中的_____需要刷新,以避免存储信号的丢失。

9.2　分析计算题(基础部分)

1. 已知 DAC 转换器的最小分辨电压 $U_{LSB} = 2.442\text{mV}$、最大满刻度输出模拟电压 $U_{OM} = 10\text{V}$,求该转换器输入二进制数字量的位数 n。

2. 在 10 位二进制数的 DAC 中,已知最大满刻度输出模拟电压 $U_{OM} = 5\text{V}$,求最小分

辨电压 U_{LSB} 和分辨率。

3. 已知某 DAC 电路的输入二进制数字量的位数 $n=9$，最大满刻度输出模拟电压 $U_{OM}=5V$，试求出最小分辨电压 U_{LSB}、分辨率和参考电压 U_{REF}。

4. 已知输入电压 $U_I=0\sim10V$；对于 $n=4$ 的逐次逼近模-数转换器 ADC 电路，用四舍五入方式量化，求 $U_I=6.28V$ 时，输出的数字量 $D_3D_2D_1D_0$。

5. 已知输入电压 $U_I=0\sim8V$；对于 $n=4$ 的逐次逼近模-数转换器 ADC 电路，用四舍五入方式量化，求 $U_I=5.28V$ 时，输出的数字量 $D_3D_2D_1D_0$。

6. 在逐次逼近模-数转换器中，若要求输出 8 位二进制数码，说明输入电压为 20.5V 时，输出 8 位二进制数码是什么？假设数模转换器输出电压的阶梯是 0.1V。

7. 有一个存储容量为 1024 的存储矩阵，排列成 16 行和 64 列，它需要一个什么样的行、列地址译码器？可否采用一个 10-1024 译码器进行全地址译码？

9.3 分析计算题(提高部分)

1. 求如图 9.1 所示电路中 U_O 的电压值？

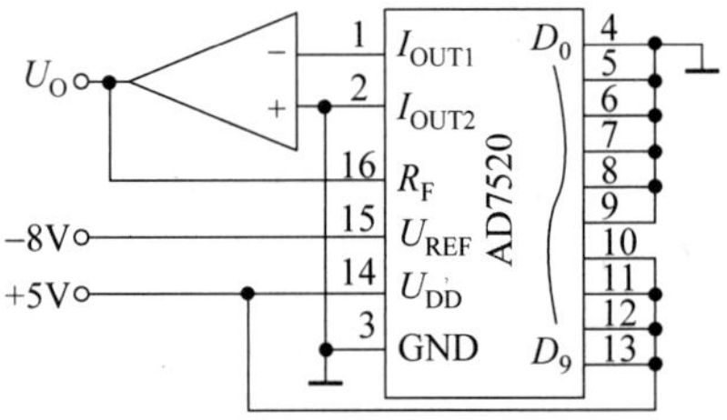

2. 如图 9.2.6 所示电路中，假定 $U_I=3.35V$，工作电源为 $+5V$，ADC0809 采用只舍不入法进行转换，问最终转换结果为多少？

3. 容量为 256×1 的 RAM 有多少根地址输入线？有多少根字线和位线？若要用 256×1 的 RAM 扩展成 1024×4 的 RAM，说明扩展 RAM 容量的方法，在画出相应的连接图。

4. 用 2114 实现一个"$2K\times16$"的存储系统。

5. 请分析如图 9.2 所示存储系统的地址空间。

图 9.1　习题 9.3.1 的电路

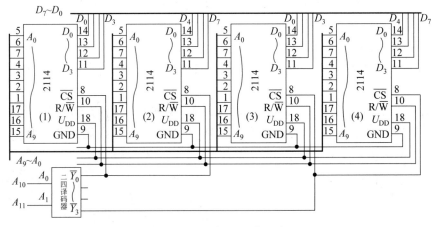

图 9.2　习题 9.3.5 的电路

6. 如图 9.3 所示电路中 2716 的前 16 个存储单元的内容用十进制表示分别为"2,1,3,1,0,2,3,3,3,1,2,3,3,2,2,3",请分析该电路实现的逻辑功能。

7. 写出图 9.4 所示 ROM 所表示的逻辑函数(地址译码器的有效输出电平为高电平)。

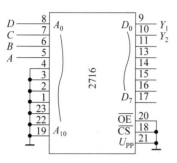

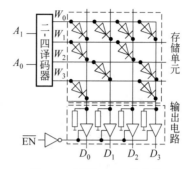

图 9.3 习题 9.3 6 的电路   图 9.4 习题 9.3 7 的电路

8. 用 2716 实现一个"4K×16"的 ROM 存储系统。

9. 写出图 9.5 所示 FPLA 所表示的逻辑函数。

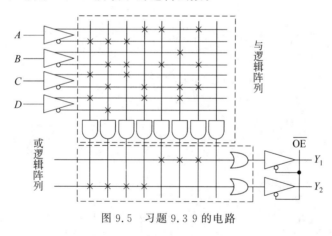

图 9.5 习题 9.3 9 的电路

9.4 应 用 题

1. 用 2716 实现两个一位二进制数的全加运算。

2. 用 2716 实现下面的函数

$$Y_1 = A\bar{B} + \bar{A}CD + AB\bar{C}, \quad Y_2(A, B, C, D) = \Sigma m(0, 3, 4, 6, 9, 10)。$$

3. 用 FPLA 阵列实现两个一位二进制数的全减运算。

4. 用 PLA 阵列和主从 JK 触发器设计 8421BCD 码的十进制计数器以及七段显示译码电路的 PLA 阵列图。

第10章

电动机及其触点控制电路

本章要点

本章从自动控制的两种类型出发,介绍顺序控制、反馈控制的特点及区别,继电接触器及用继电接触器构成触点控制系统的方法,电动机的特点及利用继电接触器实现对三相异步电动机控制的方法;最后简要介绍微机控制系统。读者学习本章应理解五种基本控制电路的构成,理解利用继电接触器实现对三相异步电动机控制的方法。

电子控制是促进国民经济发展,提高生产效率的有效手段,是电工电子技术的主要应用方向之一。

10.1　自动控制的两种类型

控制是一个古老的话题,是为了达到某种目的而进行的操作,在生产实践中,扮演着非常重要的角色,有力地推动着国民经济的发展。随着机械化生产代替手工作坊,对机器的熟练操作成为提高生产效率的关键因素之一。电动机等电气设备的广泛应用有效地改善了生产过程的电气化程度,以继电器、接触器为主要控制手段的控制系统得到了广泛应用,电子控制成为工业过程控制的主要手段。随着生产过程中的自动化程度越来越高,控制过程也越来越复杂,按照控制动作是否精确,可分为顺序控制、反馈控制两种类型。

10.1.1　顺序控制

人们一般都有过手洗衣服的经验。手洗衣服的大致过程如下:

浸泡 → 搓洗 → 拧水 → 搓洗 → 拧水 →

为了减轻手工劳作的辛苦,人们设计了洗衣机,可通过旋动按钮使洗衣机自动搓洗衣服一定的时间或自动脱水一定的时间,这便是半自动洗衣机。为了进一步减轻洗衣过程中的手工劳作,可用某种方式将上述洗衣过程存储并使机器按照存储的过程自动运行,这便是全自动洗衣机,这种"按照预先设定的操作次序逐一进行各阶段的控制"称为顺序控制。

要使机器按照预先设定的操作次序自动操作并不是一件容易的事,还以洗衣机为例予以说明。

洗衣机自动洗衣的主要步骤如图 10.1.1 所示。

进水 → 洗涤 → 排水 → 进水 → 洗涤 → 排水 → 脱水 →

图 10.1.1　洗衣机自动洗衣主要步骤

要实现上述过程的自动控制应包括以下控制装置:
- 进、排水控制装置

进、排水装置主要包括进、排水电子开关,水位感应器等。
- 洗涤装置

洗涤装置主要包括电动机正、反转控制装置等。
- 电动机速度控制装置

脱水主要依靠电动机的高速旋转来实现,正常洗涤时也常要求依据衣物的材质采用不同力度的搓洗,因此,电动机的速度控制装置是必需的。

• 定时装置

自动洗衣各阶段的每项操作的执行时间是固定的,因此需要定时装置。

• 主控制单元

主控制单元负责接收用户发出的指令,并将顺序执行的系列控制指令按照时间顺序准确地发送给各控制装置,控制装置将控制命令发送给执行部件(主要是电动机、电子开关等),实现自动洗衣。

在自动洗衣过程中,电动机是主要执行部件。在电动机的驱动下,洗衣机的洗衣桶准确进行着洗涤、脱水等操作。各种电子开关是实现进、排水、电动机控制的主要动作部件。

顺序控制历史悠久,适合于控制顺序比较清楚、各阶段控制操作较明确的控制对象,典型的代表系统有自动售货机、全自动洗衣机、自动电梯等。

从动作特点的角度,顺序控制主要有触点控制和无触点控制两大类。以继电器、接触器等为主要控制部件的触点控制系统已有百余年历史,在生产实践中应用十分广泛。数字电子技术的发展赋予了电子控制以新的含义,以半导体器件为主要控制部件的无触点控制系统凭借高寿命、高可靠性得到迅速推广。为适应顺序控制过程的复杂要求,一种控制方式更为灵活、可靠性更高且具有计算、处理等多种功能的控制设备:可编程序控制器迅速发展并得到广泛应用。

10.1.2 反馈控制

1. 什么是反馈控制

在生产实践中,大量存在着许多控制对象,它们的控制动作并不明确,动作执行时间也不固定,可通过图 10.1.2 所示恒温控制系统来理解。

图 10.1.2 所示恒温控制系统主要包括恒温炉(由保温材料制作)、加热电路(如加热丝)、温度传感器(如铂电阻)、恒温控制电路。

假定设定温度为 90°,对应的基准电阻阻值为 R。铂电阻为温度传感器,其阻值随温度变化,故可通过比较铂电阻、基准电阻阻值大小来实现实际炉体温度与设定温度的比较。恒温控制电路通过深埋在炉体中的铂电阻获取炉体温度信息。当炉体温度小于 90°时,控制电路发出加热指令,给深埋在炉体中的加热丝通电,炉体温度开始升高。当炉体温度等于或大于 90°时,控制电路发出停止加热指令,断开深埋在炉体中的加热丝的电源,炉体温度开始下降。反复执行上述过程,炉体温度将稳定在 90°左右。

上述控制过程如图 10.1.3 所示,图中虚线表示加热丝的动作将对铂电阻的阻值产生影响。由图 10.1.3 可以看出,图 10.1.2 所示恒温控制系统通过反复比较设定温度与实际温度的大小并根据比较结果反复控制来达到恒温目的,这种控制方式称为反馈控制。

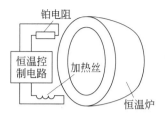

图 10.1.2 恒温控制系统示意图

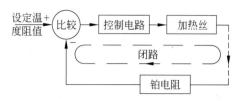

图 10.1.3 恒温控制过程

顺序控制、反馈控制是自动控制的两种不同类型。比较图 10.1.1 和图 10.1.3,可以看出两种控制方式的主要区别:

- 顺序控制可分为若干个具体的步骤,每个步骤的操作非常明确。可通过精心设计每个步骤的具体操作来达到控制目的。
- 反馈控制的控制方式为闭环,不可将控制过程步骤化,下一个控制操作应由上一个控制操作产生的结果来确定。
- 一般情况下,顺序控制是精确的。当你在自动售货机上购物时,投入一张五元的人民币购买一瓶价值一元的矿泉水时,自动售货机将给您一瓶矿泉水并找您四枚一元的硬币。
- 与顺序控制相比,反馈控制是不精确的。图 10.1.2 所示恒温控制系统炉体温度并不等于 90°,而是在 90°上下波动。

2. 反馈控制的种类

利用反馈控制,可使控制量的值接近目标值,与实际生产过程吻合,其应用十分广泛。

根据控制量的性质不同,反馈控制主要可分为下列几种情况。

- 过程控制

过程控制中控制量的目标值一般比较明确,可通过过程控制使这些量的实际值接近目标值,以达到控制生产处理过程,提高产品质量、劳动生产率的目的。

从应用的角度,有许多物理量可成为过程控制的对象,如化学产品的浓度、纯度、组成等。受传感器的限制,目前许多物理量没有相应的传感器或它们的传感器难以达到应用要求,过程控制中作为控制量的对象主要是温度、压力、流量、液位等。

- 跟踪控制

跟踪控制中控制量的目标值是变化的,如运动物体的位置。

- 自适应控制

自适应控制中控制量的目标值为满足应用要求的合适值,可根据不同应用要求自动调整其目标值。

思考与练习

10.1.1 电饭煲的保温功能是顺序控制方式还是反馈控制方式?

10.2 触点控制系统基本控制电路

控制电路中,为了操作控制动作的启动和停止,需要专门的电器元件,把这种用来接通和断开控制电路的电器元件统称为控制电器,将采用按钮、接触器及继电器等控制电器组成的有触点断续控制的系统统称为触点控制系统。

10.2.1 常用控制电器

常用控制电器的种类繁多,按动作性质可分为

- 自动电器。按照信号或某个物理量的变化而自动动作的电器,如继电器、接触器、自动空气开关等。
- 手动电器。通过人力操作而动作的电器,如刀开关、组合开关、按钮等。

按职能可分为

- 控制电器。用来控制电器的接通、分断及电动机的各种运行状态,如按钮、接触器等。
- 保护电器。实现某种保护功能,如熔断器、热继电器等。

当然,不少电器既可作为控制电器,也可用作保护电器,它们之间并无明显的界限。

1. 组合开关

组合开关常用来作为机床控制线路中电源的引入开关,也可以用它直接启动或停止小容量鼠笼型电动机及使电动机正反转。局部照明电路也常用它来控制。

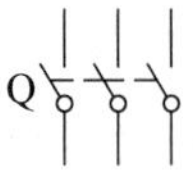

组合开关有单极、双极、三极和四极等,以额定持续电流为主要选用参数,一般有 10A、25A、60A 和 100A 等,是一种常用的手动控制电器。组合开关文字符号为 Q,图形符号如图 10.2.1 所示。

图 10.2.1 组合开关符号

2. 按钮

按钮是一种手动的、可以自动复位的开关。通常用来接通或断开低电压、弱电流的控制回路。

我国按钮的额定电压交流一般为 500V,直流为 440V;额定电流一般为 5A。按照按钮的数目,有单按钮、双联按钮和三联按钮等类型。

电器元件的触点有常开、常闭两种类型。在正常状态下闭合的触点,称为常闭触点,

反之,称为常开触点。只有常闭触点的按钮称为常闭按钮,只有常开触点的按钮称为常开按钮,同时具有常闭触点和常开触点的按钮称为复合按钮。按钮文字符号为 SB,图形符号如图 10.2.2 所示。

图 10.2.3 示为复合按钮的剖面图,它主要由按钮帽、动触点、静触点、复位弹簧及外壳组成。正常状态下,上面的一对静触点被动触点接通,为常闭触点,下面的一对静触点处于断开状态,为常开触点。

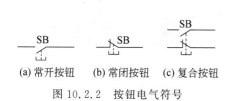

(a) 常开按钮　　(b) 常闭按钮　　(c) 复合按钮

图 10.2.2　按钮电气符号

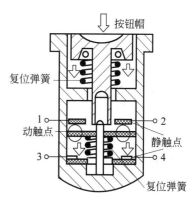

图 10.2.3　复合按钮实例

当按钮帽被按下时,常闭触点先断开,动触点沿箭头方向动作,之后,按钮帽被完全按下,常开触点闭合,这种动作特点称为"先断后合"。按钮释放后,在复位弹簧的作用下,原先闭合的常开触点先断开,之后,断开的常闭触点闭合,按钮回到正常状态(也是"先断后合")。

复合按钮的"先断后合"的动作特点可用来实现控制电路中的联锁要求,理解"先断后合"的动作特点对实际控制线路分析非常有帮助。

3. 接触器

接触器是最常用的一种自动开关。它是一种利用电磁吸力控制触点闭合或断开的电器,可根据外部信号来接通或断开电动机或其他带有负载的电路,适用于频繁操作和远距离控制。

接触器主要由电磁系统、触点系统组成。电磁系统由吸引线圈、静铁心、动铁心(或衔铁)和反力弹簧组成。触点系统分为主触点和辅助触点两种。主触点允许流过较大电流,可与主电路联接。辅助触点通过电流较小,常接在控制电路中。当主触点断开时,期间可能产生电弧,对接触器造成损伤,应采取灭弧措施。接触器文字符号为 KM,图形符号如图 10.2.4 所示。

接触器是利用电磁铁的吸引力而动作的。吸引线圈加上额定电压后将产生电磁力,吸引动铁心而使常闭触点断开,常开触点闭合。当吸引线圈断电时,电磁吸力消失,弹簧力使动铁心释放,触点恢复原来状态。

交流接触器大都具有常闭、常开两种类型的触点,也具有"先断后合"的动作特点。

接触器包括交流和直流两大类,两者工作原理相同。不同之处在于交流接触器的吸引线圈由交流电源供电,直流接触器的吸引线圈由直流电源供电。

选用接触器时应注意其额定电流、线圈电压和触点数量等。常用交流接触器有CJ10、CJ12、CJ20 和 3TB 等系列。CJ10 系列接触器的主触点的额定电流有 5A、10A、20A、40A、75A、120A 等;线圈额定电压有 36V、110V、220V、380V 等,可根据控制电路的电压选择相应的型号。图 10.2.5 所示为常熟开关制造有限公司的CK1系列接触器的外观图。

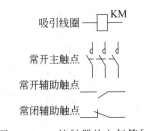

图 10.2.4 接触器的电气符号

图 10.2.5 接触器外观图

4. 继电器

继电器是一种根据外界输入信号(电量或非电量)来控制电路通断的自动切换电器。根据所传递信号的不同,主要可分为电压继电器、电流继电器、热继电器、时间继电器、中间继电器等。

根据动作原理,主要可分为电磁式、感应式、电子式、热继电器等。

电压(电流)继电器为电磁式继电器,与接触器的结构和动作原理相同。不同的是,电压(电流)继电器没有主触点,加在吸引线圈的额定电压(电流)比较小,常用于弱电信号控制强电的应用场合。当在电压(电流)继电器的吸引线圈加上额定电压(电流)时,继电器动作,使常闭触点断开、常开触点闭合,从而实现对另一个电路的控制,是构成顺序控制系统的中心部件。电磁继电器文字符号为 K,图形符号如图 10.2.6 所示。

中间继电器实质是一种电压继电器,其触点数量较多,容量较大,能起到中间放大作用,故称中间继电器。中间继电器通常用来传递信号和同时控制多个电路,技术参数以线圈的等级、触点(常开、常闭)数量为主要考虑对象。

图 10.2.6 继电器

时间继电器具有延时动作的特点,有通电延时和断电延时两种类型,是一种反映时间间隔的自动控制电器。

热继电器是一种保护电器。由热元件、双金属片、脱扣结构和常闭触点等构成。当流过热元件中的电流超过容许值而使双金属片受热时,它便向上弯曲,因而脱扣,将常闭触点断开,可用来保护电动机,使之免受长期过载的危害。

图 10.2.7 所示为松下公司的几种继电器外观及内部结构。

图 10.2.7　几种继电器

　　常见的电工控制电器还有熔断器(一种短路保护电器,发生短路或严重过载时,熔断器的熔丝或熔片立即熔断,从而切断电源)、自动空气断路器等,常用电机、电器的文字、图形符号如表 10.2.1 所示。感兴趣的读者可搜索"接触器""继电器"等关键词了解电工控制电器产品的最新动态。

表 10.2.1　常见电机、电器的文字、图形符号

名　称	符　号	文字符号	名　称	符　号	文字符号
三相鼠笼式异步电动机	(M 3~)	M	接触器常开主触点		KM
三相绕线式异步电动机	(M 3~)		接触器常开辅助触点		
			接触器常闭辅助触点		
直流电动机	(M)		接触器吸引线圈		
			继电器常开触点		K
三极组合开关		Q	继电器常闭触点		
按钮常开触点		SB	继电器吸引线圈		
按钮常闭触点			时间继电器常开延时闭合触点		KT
行程常闭开关触点		ST	时间继电器常闭延时断开触点		
行程常开开关触点					

续表

名　称	符　号	文字符号	名　称	符　号	文字符号
热继电器常闭触点		KH	时间继电器常闭延时闭合触点		
热继电器热元件			时间继电器常开延时断开触点		KT
熔断器		FU			

10.2.2　顺序控制的基本电路

　　　利用控制电器,可构成各种顺序控制系统。顺序控制系统主要由启动电路、停止电路、保持电路、联锁电路、定时电路等基本电路组合而成。

1. 启动电路

启动操作是控制的基本操作,可用具有常开触点的继电器来实现。参考电路如图 10.2.8 所示。图中,有两个控制元件:按钮和继电器。当按钮被按下时,额定电压 U 加在继电器吸引线圈上,继电器的常开触点闭合,灯泡与电源接通,被点亮。当按钮松开后,线圈中没有电流流过,闭合触点断开,继电器复位,灯泡与电源断开,灯熄灭。

图 10.2.8 所示控制电路中按钮按下不松开时,灯持续被点亮;当按钮松开时,灯熄灭,这种控制方式称为点动控制方式,常用于调试控制电路。

2. 停止电路

停止正在进行的操作是自动控制的另一种基本操作,可用具有常闭触点的继电器来实现。参考电路如图 10.2.9 所示。

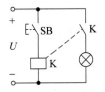　　　　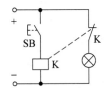

图 10.2.8　启动电路接线展开图　　　　图 10.2.9　停止电路接线展开图

3. 保持电路

在许多应用场合下,总是希望一旦启动某项操作便自动继续该项操作,直到发出终止命令。实现上述控制要求的电路便是保持电路,参考电路如图 10.2.10 所示。

图 10.2.10 中,有三个控制元件:常开、常闭两个按钮和一个具有两个常开触点的继电器。当常开按钮 SB_2 被按下时,额定电压 U 加在继电器吸引线圈上,继电器的两个常开触点闭合,灯泡与电源接通,被点亮。当按钮松开后,因继电器两个常开触点的其中一个与按钮 SB_2 并联,将使电路状态保持不变。此后,当常闭按钮 SB_1 按下时,闭合触点断开,线圈中没有电流流过,继电器复位,灯泡与电源断开,灯熄灭。

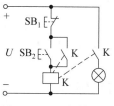

图 10.2.10 保持电路接线展开图

图 10.2.10 示电路的动作特点为:只要按钮被按下过一次,灯便持续点亮,这种控制方式称为长动控制方式,常用于启动连续运行的电器设备。

4. 联锁电路

工程控制中经常存在这样的情况:当操作 A 发生时,操作 B 禁止发生;操作 B 发生时,操作 A 禁止发生。能够实现这样的控制要求的电路称为联锁电路,参考电路如图 10.2.11 所示。图中有四个控制元件:两个常开按钮和两个具有一个常开触点及一个常闭触点的继电器。

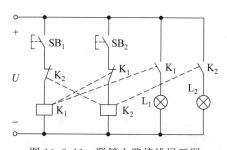

图 10.2.11 联锁电路接线展开图

当按钮 SB_1 按下时,额定电压 U 加在继电器 K_1 的吸引线圈上,继电器 K_1 的常闭触点断开、常开触点闭合,灯泡 L_1 与电源接通,被点亮。由于与按钮 SB_2 联接的常闭触点已经断开,所以,按钮 SB_2 即使按下,灯泡 L_2 也不会被点亮。当按钮 SB_1 松开后,继电器 K_1 的线圈中没有电流流过,闭合触点断开,断开触点闭合,联锁电路复位。各继电器触点动作顺序为"先断后合"。可类似分析出按钮 SB_2 按下时也可实现联锁控制。

5. 延时电路

延时控制可通过时间继电器来实现。时间继电器包括通电延时和断电延时两种类型。用时间继电器实现延时控制的参考电路如图 10.2.12 所示。

图 10.2.12 中的时间继电器为通电延时继电器,具有一个常开触点及一个常闭触点。设时间继电器延时时间为 1 分钟。当按钮 SB 按下时,额定电

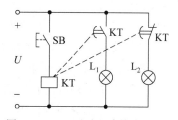

图 10.2.12 延时电路接线展开图

压 U 加在继电器 KT 的吸引线圈上。压住按钮使线圈持续通电,1 分钟后,继电器 KT 的常闭触点断开、常开触点闭合,灯泡 L_2 与电源断开,熄灭;灯泡 L_1 与电源接通,被点亮。

由于时间继电器为通电延时继电器,所以当按钮松开后,时间继电器立即复位,灯泡 L_1 与电源断开,熄灭;灯泡 L_2 与电源接通,被点亮。

思考与练习

10.2.1　请举例说明联锁电路的应用。

10.2.2　请参考图 10.2.8、图 10.2.10 设计一个既能点动,又能长动的控制电路。

10.3　电动机及其触点控制电路

触点控制系统历史悠久,至今仍广泛应用于电动机控制、液压传动和气压传动控制中。

10.3.1　三相异步电动机的结构

目前绝大多数电动机均为感应电动机,也叫异步电动机。可通过如图 10.3.1 所示电动机模型来理解感应电动机的运转原理。

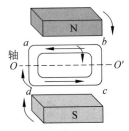
在如图 10.3.1 所示电动机模型中,设闭合线圈 $abcd$ 能以 OO' 轴为中心旋转。在线圈 ab 边和 cd 边附近的 N 和 S 表示两极旋转磁场。当磁场旋转时,线圈切割磁力线,将在线圈中感应出电动势。在电动势的作用下,闭合线圈将产生电流。这电流与旋转磁场相互作用,将使线圈受到电磁力,产生电磁转矩,使线圈随着旋转磁场旋转。旋转磁场旋转越快,线圈旋转也就越快;旋转磁场反转,线圈也跟着反转。这便是感应电动机的运转原理。

图 10.3.1　感应电动机的运转原理

在如图 10.3.1 所示电动机模型中,如果假定线圈与旋转磁场转速相同,那么,线圈也就不会切割磁力线,也就不可能产生感应电动势,线圈也就不可能旋转。因此,线圈的转速总是略小于旋转磁场的转速,这便是感应电动机又叫异步电动机的原因。

显然,如图 10.3.1 所示电动机模型缺乏实用性,主要有以下两点:

- 当单线圈工作时,由于线圈与旋转磁场不能同步旋转,线圈的 ab、cd 边不久将落到旋转磁场作用以外,此时,既不产生感应电动势也不产生转矩。这种情况的存在将影响电动机的稳定运行。
- 直接旋转实际的磁极不太现实,也难以保证电动机运行足够的功率和稳定性,应以某种方式产生旋转的磁场。

解决第一个不足较为容易,可以转轴 OO' 为中心均匀放置多组线圈(称为转子绕组),当某个线圈处于旋转磁场作用以外时,因为其他线圈的作用将保持电动机的稳定旋转。

对实际电动机而言,其运动部分是转子,而产生旋转磁场的电气部件是静止不动的,称为定子。

可利用三相电源可产生旋转磁场。当定子绕组中通入上述三相电流后,它们共同产生的合成磁场随着电流的交变而在空间不断地旋转,即三相电源可产生旋转磁场。

异步电动机按照供电电源的相数,可分为多相异步电动机和单相异步电动机。多相异步电动机以三相为主,三相异步电动机可自启动。单相异步电动机一般按启动方式分类。单相异步电动机按启动方式可分为电阻启动单相异步电动机、电容启动单相异步电动机、电容运转单相异步电动机、双值电容单相异步电动机和罩极单相异步电动机等。

如图 10.3.2 所示为一个三相异步电动机,其结构包括两个基本部分:定子(静止部分)、转子(运动部分)。如图 10.3.3 所示为三相异步电动机的内部结构。

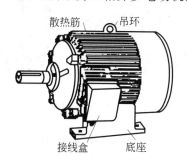

图 10.3.2　异步电动机的外观

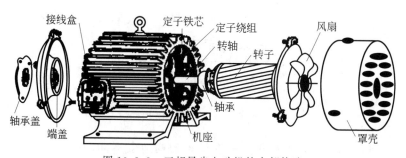

图 10.3.3　三相异步电动机的内部构造

定子是电动机的静止部分,主要由定子铁芯、定子绕组和机座三部分组成。定子铁芯是电动机磁路的一部分,由 0.5mm 厚的硅钢片冲片叠成。冲片内圆上冲有许多形状相同的槽,用来嵌放三相定子绕组,具体如图 10.3.4 所示。三相定子绕组用于产生旋转磁场,可用高强度漆包圆导线、高强度漆包扁导线或玻璃丝包扁线绕制成。可以根据需要将三相绕组接成丫接法或△接法。机座是用来固定和支撑定子铁芯的。中小型异步电机多采用铸铁机座,大型电机则采用钢板焊接机座。

转子是电动机的旋转部分,主要由转子铁芯、转子绕组和转轴三者组成。

转子铁芯是电动机磁路的一部分,也由 0.5mm 厚的硅钢片冲片叠成,固定在转轴(或转子支架)上,其外圆上有槽,以放置转子绕组。根据转子绕组的形式,可分为鼠笼式和绕线式两大类。

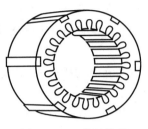

图 10.3.4　定子铁芯

鼠笼式转子的铁芯均匀地分布着槽,在转子铁芯的槽中放导条,其两端用端环联接,以形成短路回路。如果去掉铁芯,整个绕组的外形好像一个鼠笼,如图 10.3.5(b)所示。导条与端环的材料可以用铜或铝。当用铜时,铜导条与端环之间应用铜焊或银焊的方法焊接起来。也可在槽中浇铸铝液,铸成一个鼠笼。用较便宜的铝代替铜,既降低了成本,又加快了制造速度。因此,中小型鼠笼式电动机的转子很多是铸铝的。显然,鼠笼式异步电动机的"鼠笼"是指电动机转子的构造特点。

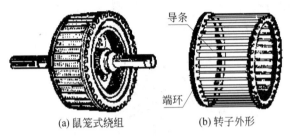

(a) 鼠笼式绕组　　　(b) 转子外形

图 10.3.5　鼠笼式转子

绕线式转子的绕组与定子绕组相似,是用绝缘的导线联接成三相对称绕组。每相的始端联接在三个铜制的滑环上,再通过电刷把电流引出。滑环固定在转轴上,可与转子一道旋转。绕线式转子结构如图 10.3.6 所示。

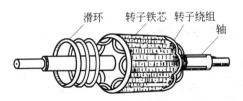

图 10.3.6　绕线式转子

鼠笼式电动机与绕线式电动机只是在转子的构造上不同,它们的工作原理是一样的。绕线式电动机通过电刷和滑环可实现在转子回路中接入附加电阻,从而改善电动机的启动性能或调节电动机的转速,因此,在要求启动电流小或要求调节电动机的转速的场合下得到广泛应用。鼠笼式电动机由于构造简单,价格低廉,工作可靠,使用方便,是应用最广泛的一种电动机。

10.3.2　三相异步电动机的铭牌数据及其相关参数计算

获取一台实际电动机的额定数据主要有两种途径:通过电动机的铭牌或

查电动机的使用手册。因此,看懂铭牌是正确使用电动机的基础。现以 Y132M-4 型电动机为例,说明铭牌上各个数据的意义。表 10.3.1 所示为三相异步电动机铭牌数据的一个实例。

表 10.3.1　三相异步电动机铭牌数据实例

三相异步电动机					
型　号	Y132M-4	功　　率	7.5kW	频　率	50Hz
电压	380V	电　　流	15.4A	接　法	△
转速	1 400r/min	绝缘等级	B	工作方式	连续
年　月　编号			××电机厂		

此外,三相异步电动机的主要技术数据还有:功率因数、效率、过载系数等。简单解释如下:

(1) 型号

表 10.3.1 中第二行第一列为电动机的型号(Y132M-4)。可分为四部分理解型号命名。

① 左边的 Y 表示电动机类型为三相异步电动机。异步电动机的产品名称代号及其汉字意义摘录于表 10.3.2。

表 10.3.2　异步电动机产品名称代号及其汉字意义

产品名称	新代号	汉字意义	老代号
异步电动机	Y	异	J,JO
绕线式异步电动机	YR	异绕	JR,JRO
防爆型异步电动机	YB	异爆	JB,JBS
高启动转矩异步电动机	YQ	异起	JQ,JQO

② 中间的数字 132 表示机座中心高为 132mm。中间的字母 M 表示机座长度代号为 M(中机座)。右边的 4 表示磁极数为 4(磁极对数为 2)。

(2) 电压、电流

铭牌上所标的电压、电流是指电动机额定运行时,定子绕组的线电压和线电流。

(3) 额定功率

铭牌上所标的功率值是指电动机额定运行时,转轴上输出的机械功率值。应注意它与输入功率的区别。输入功率 P_1 可通过额定电压、电流和功率因数求得。当表 10.3.1 所示电动机的功率因数为 0.85 时,有

$$P_1 = \sqrt{3} U_l I_l \cos\varphi = \sqrt{3} \times 380 \times 15.4 \times 0.85 = 8.6\text{kW}$$

输出功率 P_2 与输入功率 P_1 的比值称为电动机额定运行的效率。当表 10.3.1 所示电动机的功率因数为 0.85 时,其额定运行的效率 η 为

$$\eta = \frac{P_2}{P_1} = \frac{7.5}{8.6} \times 100\% = 87\%$$

一般鼠笼式电动机在额定运行时的效率为 72%～93%,在额定功率的 75% 左右时效率最高。

下面从三相异步电动机的转差率出发简要解释一下磁极对数的含义。

三相电源产生旋转磁场,带动转子转动。但转子的转速 n 总是略小于旋转磁场的转速(用 n_0 表示,常称为三相异步电动机的同步转速),这便是异步的含义。异步电动机的转差率 s 用于描述转子转速与旋转磁场的转速之间的差别,定义为转子转速 n 与旋转磁场转速 n_0 相差的程度,即

$$s = \frac{n_0 - n}{n_0} \qquad (10.3.1)$$

转差率是异步电动机的一个重要物理量。一般情况下,转子转速只是略小于电动机的同步转速。在额定负载下,电动机的转差率为 $1\% \sim 9\%$。

式(10.3.1)也可写为

$$n = (1 - s)n_0 \qquad (10.3.2)$$

计算转差率需要计算电动机的同步转速 n_0。对某一电动机而言,同步转速是一个常数,由下式确定

$$n_0 = \frac{60f}{p} \qquad (10.3.3)$$

式中,p 为旋转磁场的极对数,f 为通入绕组的三相电流的频率。

一般情况下,三相电流的频率是一个常数,为工频。在我国,工频 $f = 50\text{Hz}$。可见,旋转磁场的转速取决于磁场的极对数。

旋转磁场的极对数与三相绕组的安排有关。图 10.3.4 中,每相绕组只有一个线圈,绕组始端之间相差 120,那么,产生的旋转磁场具有一对极,磁极对数为 1,三相异步电动机的极对数为 1。如果每相绕组有两个线圈串联,绕组始端之间相差 60,那么,产生的旋转磁场具有两对极,三相异步电动机的极对数为 2。

为方便读者学习,把不同极对数对应下的旋转磁场转速列表于表 10.3.3。

表 10.3.3　不同极对数的旋转磁场转速　　　　　　　　单位:r/min

P	1	2	3	4	5	6
n_0	3000	1500	1000	750	600	500

【例 10.3.1】　有一台三相异步电动机,其额定转速 $n = 1425$ r/min,计算电动机的磁极对数和额定负载时的转差率(工频 $f = 50\text{Hz}$)。

解:

一般情况下,转子的转速 n 只是要略小于旋转磁场的转速,查表 10.3.3,与 1425r/min 最接近的旋转磁场的转速 $n_0 = 1500\text{r/min}$,与此对应的磁极对数 $p = 2$。

因此,额定负载时的转差率为

$$s = \frac{n_0 - n}{n_0} \times 100\% = \frac{1500 - 1425}{1500} \times 100\% = 5\%$$

当然,电动机是电能转换为机械能的设备,电动机的机械特性是电动机最主要的特性,可通过电动机铭牌上的额定功率和额定转速求得电动机在额定负载时的额定转矩

T_N,有:

$$T_N = 9550 \times \frac{P_N}{n_N} \qquad (10.3.4)$$

式中,P_N 为额定功率,单位为 kW;n_N 为额定转速,单位为 r/min;T_N 为额定转矩,单位为(N·m)。

当然,电动机的转矩有一个最大值,称为最大转矩或临界转矩。对应于最大转矩的转差率为 s_m,称为临界转差率。

最大转矩 T_{MAX} 表明了电动机的最大负载能力,当负载转矩超过最大转矩时,电动机就带不动负载,发生所谓的闷车现象,使电动机急剧发热,从而损伤或损坏电动机。

考虑到电动机在运行中应有一定的过载能力,电动机的额定转矩 T_N 应小于最大转矩 T_{MAX},它们的比值称为过载系数 λ。即

$$\lambda = \frac{T_{MAX}}{T_N} \qquad (10.3.5)$$

一般三相异步电动机的过载系数为 1.8~2.2。

【例 10.3.2】 有两台三相异步电动机,其功率均为 10kW,额定转速 $n_{N1} = 2930$r/min,$n_{N2} = 1450$r/min,它们的过载系数均为 2,计算它们的额定转矩和最大转矩。

解:

由式(10.3.4)、式(10.3.5)可求得两台电动机的额定转矩和最大转矩(单位为 N·m)分别为

$$T_{N1} = 9550 \times \frac{10}{2930} = 32.6 \quad T_{MAX1} = 2 \times 32.6 = 65.2$$

$$T_{N1} = 9550 \times \frac{10}{1450} = 65.9 \quad T_{MAX2} = 2 \times 65.9 = 131.8$$

下面不加证明地给出计算转矩的两个实用公式,利用它们,可根据铭牌及产品手册上给出的数据计算出某一转差率时的转矩。

$$\frac{T}{T_{MAX}} = \frac{2}{\dfrac{s}{s_m} + \dfrac{s_m}{s}} \qquad (10.3.6)$$

式中,s 为转矩为 T 时对应的转差率;s_m 为转矩为 T_{MAX} 时对应的转差率。

$$s_m = s_N(\lambda + \sqrt{\lambda^2 - 1}) \qquad (10.3.7)$$

式中,λ 为过载系数。

【例 10.3.3】 有一台绕线三相异步电动机,从手册上查得额定功率为 30kW,额定转速 $n_N = 722$r/min,过载系数为 3.08,试求额定转矩、最大转矩及启动转矩($S = 1$ 时对应的电磁转矩为启动转矩)。

解:

(1) 求额定转矩:由式(10.3.4),有

$$T_N = 9550 \times \frac{P_N}{n_N} = 9550 \times \frac{30}{722} = 396.8(N·m)$$

（2）求最大转矩：由式（10.3.5），有

$$T_{MAX} = \lambda \times T_N = 3.08 \times 396.8 = 1222.1(N \cdot m)$$

（3）求启动转矩：应先求临时转差率 S_m，由式（10.3.7），有

$$s_m = s_N(\lambda + \sqrt{\lambda^2 - 1}) = \frac{750 - 722}{750} \times (3.08 + \sqrt{3.08^2 - 1}) = 0.224$$

由式（10.3.6），有

$$T = \frac{2}{\dfrac{s}{s_m} + \dfrac{s_m}{s}} \times T_{MAX} = \frac{2}{\dfrac{1}{0.224} + \dfrac{0.224}{1}} \times 1222.1 = 521.3(N \cdot m)$$

10.3.3 电动机控制电路

1. 正、反转控制

【例 10.3.4】 设计一个三相电动机正、反转的控制电路。要求控制电路具有 A、B 两个按钮，压住按钮 A 电动机正转，压住按钮 B 电动机反转。两个按钮压住时以最先压下的按钮为准。

解：

（1）由 10.3.1 节可知，三相电源可产生旋转磁场，带动电动机转动。当三相电源任意两相位置互换后，旋转磁场极性改变，电动机反向转动。

（2）分析题义，本题中的控制操作为联锁控制。当压住按钮 SB_A 时，电动机正转操作启动，反转操作被禁止；当压住按钮 SB_B 时，电动机反转操作启动，正转操作被禁止。参照图 10.2.11，可设计电路如图 10.3.7（左边电路以传递能量为主，负责给电动机供电，电流较大，称为主电路；右边电路主要用来完成信号传递及逻辑控制，并按一定规律来控制主电路工作，电流较小，称为控制电路）。

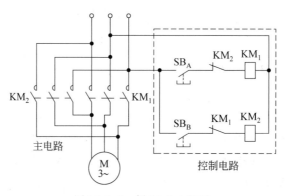

图 10.3.7　例 10.3.4 的图

图 10.3.7 中包括四个控制电器：两个按钮、两个交流接触器（在基本控制电路中，主要控制电器为继电器。在本例题及后面的电动机控制电路中，主要控制电器为接触器。

继电器、接触器动作特点相同,使用接触器的主要原因是接触器主触点允许流过大电流)。

假定 KM_1 动作时电动机正转,则当按钮 SB_A 按下时,额定交流电加在交流接触器 KM_1 的吸引线圈上, KM_1 的常闭辅助触点断开、常开主触点闭合,电动机正转,反转操作被禁止。松开按钮 SB_A,接触器复位,电动机停止转动。类似可知按钮 SB_B 按下时电动机反转。

控制过程如下:

① SB_A 压下→KM_1 通电。

② KM_1 常闭触点断开→确保 KM_2 断电。

③ KM_1 常开触点闭合→电动机正转。

在上面的控制电路中,接触器的动作特点是“先断后合”。必须指出,若接触器的动作特点不满足“先断后合”的动作特点,则可能会在接触器动作瞬间产生联锁控制的两个操作同时发生的情形,对电动机造成危害。

当然,如图 10.3.7 所示控制电路只是正、反转控制的原理电路。实际控制系统应考虑安全、方便、实用、可靠等诸多因素,参考控制电路如图 10.3.8 所示。图中,组合开关作为控制系统的电源总开关。熔断丝、热继电器用于保护电动机。右边的控制电路由保持电路和联锁电路组合而成。因电路具有保持功能,所以,在线路中增加了按钮 SB_0 用于停止正在运转中的电动机。

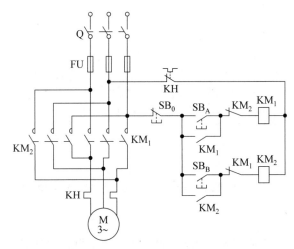

图 10.3.8 具有电气联锁保护的正、反转控制电路

2. 鼠笼式三相异步电动机的星形-三角形(丫-△)启动控制

电动机的转子由静止不动到达稳定转速的过程称为电动机的启动。简单地说,就是把电动机开动起来。电动机启动时,应满足以下两点:

- 能产生足够大的启动转矩 T_{st},使电动机很快转起来。
- 启动电流 I_{st} 不要太大,以免影响电网上的其他电气设备的正常工作。

在刚启动时,由于旋转磁场对静止的转子有着很大的相对转速,磁通切割转子导条的速度很快,因此,启动时转子绕组中感应出的电动势和产生的转子电流都很大。转子电流的增大将使定子电流也相应增大。对一般中小型鼠笼式电动机而言,其定子启动电流(指线电流)与额定电流之比值为5~7。

可见,异步电动机启动时启动电流较大,为了减小启动电流,应采用适当的启动方法。如果电动机在正常工作时其定子绕组是联接成三角形的,那么在启动时可把它联成星形,等到转速接近额定值时再换接成三角形。这种启动方法称为鼠笼式电动机的星形-三角形(Y-△)转换启动。

从控制的角度,Y-△启动过程包括电动机的星形联接运行及三角形联接运行两种控制操作,要求在启动时电动机以星形联接运行方式运行,延时一段时间(电动机启动完毕)后将电动机切换到以三角形联接运行方式运行。参考控制电路如图10.3.9所示。

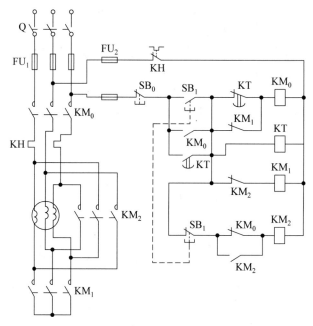

图 10.3.9　鼠笼式三相异步电动机的星形-三角形启动控制电路

解释如下:

左边为主干线路。交流接触器 KM_1 的常开主触点闭合实现对电动机三相绕组的星形联接;交流接触器 KM_2 的常开主触点闭合实现对电动机三相绕组的三角形联接;KM_0 为三相电动机运行的总控制开关。

右边为控制线路,主要由两个按钮、三个交流接触器和一个时间继电器(延时时间为 Δt)构成。实现星形-三角形启动控制过程如下:

(1) 压下复合按钮 SB_1

复合按钮的动作特点为先断后合,控制过程为:

① SB_1 压下→SB_1 常闭触点断开(KM_2 断电)。

② SB₁ 常开触点闭合→KM₀、KM₁、KT 同时通电。

③ KM₀、KM₁ 常闭触点断开→确保 KM₂ 断电。

④ KM₀、KM₁ 常开主触点闭合→电动机以星形联接方式启动。

由于 KM₀ 的常开辅助触点闭合、常闭辅助触点断开,确保了对星形联接运行及三角形联接运行两种控制操作的保持及联锁控制。

（2）复合按钮 SB₁ 压下后立即松开

因控制线路具有保持及联锁控制功能,电动机继续以星形联接方式启动。

（3）时间继电器上电延时动作

从时间继电器通电始,经过 Δt 时间的连续通电后,时间继电器的常闭触点断开、常开触点闭合,将电动机切换到三角形联接方式运行。控制过程如下:

① KT 常闭触点断开→KM₀ 断电（先切断总开关）。

② KT 常开触点闭合→KM₂ 通电。

③ KM₂ 常闭触点断开→KM₁ 断电。

④ KM₂ 常开主触点闭合→电动机切换到三角形联接方式。

⑤ KM₁ 完全复位→KM₀ 通电→电动机以三角形联接方式运行。

3. 三相异步电动机的制动控制

电动机电源断开后,由于惯性的作用,电动机尚需一段时间才能完全停下来。在某些应用场合下,要求电动机能够准确停位和迅速停车,以提高生产效率,保证生产安全。在电动机断开电源后,采用一定措施使电动机停下来称为电动机的制动（俗称刹车）。

制动的方法有机械制动和电气制动两种。常用的电气制动方法有能耗制动、反接制动、发电反馈制动等。

反接制动方法简单,但要求控制系统能根据电动机的转速进行控制,需要用到速度继电器。当按下制动按钮时将电动机切换到反方向旋转,电动机正向转速迅速下降,当转速接近零时切断电源,制动结束。

能耗制动的原理如图 10.3.10。当切断三相电源时,接通直流电源,使直流电流通入定子绕组产生固定不动的磁场。转子电流与直流电流固定磁场相互作用产生与电动机转动方向相反的转矩,实现制动。它是消耗转子的动能（转换为电能）来制动的,因而称为能耗制动。能耗制动参考电路如图 10.3.11 所示。

SB₁ 为正常运行的启动按钮。SB₁ 压下后,其常闭触点断开,KM₂ 断电,制动电路不工作。松开 SB₁ 后,电动机继续运行。断电延时继电器 KT 的常开触点处于闭合状态。

SB₀ 为电动机停止运行的按钮。SB₀ 压下后,电动机进入制动状态,控制过程如下:

① SB₀ 压下→KM₁ 断电→电动机工作电源切断。

② KM₁ 原先闭合的常开触点断开→KT 断电延时开始计时。

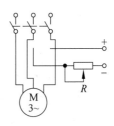

图 10.3.10 能耗制动

③ KM$_1$ 原先断开的常闭触点闭合→KM$_2$ 通电→KM$_2$ 常开触点闭合→电动机开始制动。

④ KT 经过 Δt 时间的连续断电后,原先闭合的常开触点断开、KM$_2$ 断电,制动结束。

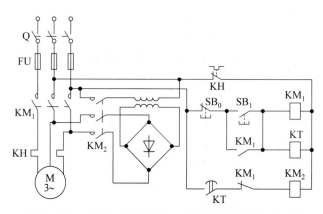

图 10.3.11　鼠笼式三相异步电动机能耗制动参考电路

4. 行程控制

行程控制是根据生产机械运动部件位置或位移变化,通过行程开关自动接通或断开相应控制电路,使受控对象按控制要求动作的一种控制方式,常用于自动往复运动控制和终端保护等。

行程开关的动作原理基本与按钮类似,区别是按钮是人力按动,而行程开关则是运动部件压动。行程控制实例如图 10.3.12 所示,图(a)中 ST$_{1\sim4}$ 为四个行程开关、工作台装有撞击行程开关的撞块,由电动机驱动左、右运动;图(b)为控制电路。

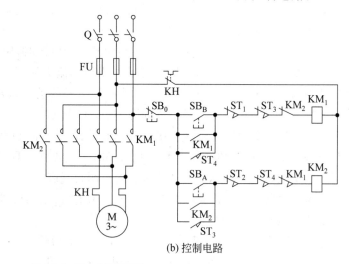

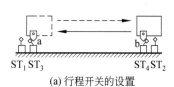

(a) 行程开关的设置　　　　　　　　(b) 控制电路

图 10.3.12　行程控制

假定工作台初始位置在 b 点,接触器 KM_1 动作时工作台向左运动。因撞块压住了行程开关 ST_4,ST_4 的常闭触点断开,常开触点闭合,接触器 KM_2 被断开,向右运动被禁止,工作台向左运动。

若工作台初始在中间某个位置,按一下按钮 SB_B,接触器 KM_1 通电,工作台向左运动。当工作台在中间运动时,各行程开关处于常态,继续向左运动。当工作台继续向左运动并达到 a 点位置时,因撞块压住了行程开关 ST_3,接触器 KM_1 被断开,工作台停在 a 点。之后,因接触器 KM_2 通电,工作台开始向右运动。继续向右运动将到达并停在 b 点。因接触器 KM_1 通电,工作台将又开始向左运动。周而复始,只要不按下总停按钮 SB_0,工作台将在 a、b 两点间往返运动。

类似地,当工作台初始在中间某个位置,按一下按钮 SB_A,工作台将在 a、b 两点间往返运动,区别只是工作台初始时向右运动。

思考与练习

10.3.1　什么是"先断后合""通电延时""断电延时"?

10.3.2　接触器、继电器有何异同?

10.3.3　热继电器、融断器均会因通过过大电流而切断电源,所以,在图 10.3.12 中,因为存在热继电器,故可将融断器去掉,你认为这种说法是否正确?

10.3.4　图 10.3.12 中的行程开关 ST_1、ST_2 有何作用?

10.4　微机控制系统概述

自 1946 年第一台电子计算机问世以来,计算机技术得到了突飞猛进的发展,而今,微型计算机已进入社会、生活各个方面,成为人类生活不可缺少的一部分,因此,新世纪的非电子类工科学生对计算机的工作原理做一定的了解是非常有必要的。限于篇幅,本节仅对微型计算机的模块构成、重要概念,微机控制系统的构成特点、控制方式进行简单介绍。

10.4.1　微型计算机的模块构成

微型计算机是 20 世纪 70 年代研制成功的,随着电子技术、集成电路制作工艺水平的不断提高,微型计算机经历了数代更替,其性能越来越好,主频也越来越高。

就其组成上看,当代的微型计算机依然遵循"冯·诺依曼"体系结构,由运算器、控制器、存储器、输入设备及输出设备五大部件组成,具体如图 10.4.1 所示。

1. 中央处理器

中央处理器英文缩写 CPU,是微型计算机的核心芯片,主要由运算器、控制器、寄存器组成。运算器完成各种算术和逻辑运算。控制器根据指令要求对微型机各部件发出相应的控制信息,使各部分协同工作。寄存器用于存放经常使用的数据。

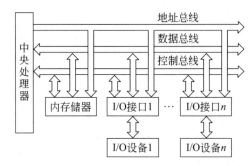

图 10.4.1 微型计算机的模块构成

2. 存储器

在微型计算机中,存储器常称为主存储器或内存储器(简称主存或内存),是数据和程序的存储记忆装置。在计算机中,还存在着软盘、硬盘、光盘等存储器设备,它们也是计算机中存储数据的关键设备,称为外存储器(简称外存)。

内存储器中的存储内容可被 CPU 直接访问,外存储器用于存放备用数据或程序。当程序需要访问这些数据时,应以某种方式将外存储器中的数据或程序装入内存储器中才可访问。

现代的程序一般均使用了一定的图像、声音等多媒体数据,因此,其要访问的数据量一般均较大。这些数据必须存放在内存储器中才能被程序使用,因此,内存储器的大小及数据传送速度在很大程度上影响甚至决定着计算机的性能。

3. 输入输出设备

输入输出设备(I/O 设备)是微机系统的基本组成部分。用户命令、程序、数据等需要用输入设备输入计算机中。计算机的处理结果需要通过输出设备反馈给用户。常用的输入设备有键盘、鼠标、扫描仪、触摸屏、麦克风等。常用的输出设备有显示器、打印机、绘图仪、音箱等。

4. 总线结构

组成微型计算机的五大部件应以某种方式联接成一个整体才能发挥其作用。在计算机中,CPU 与存储器、输入输出设备通过总线结构相互联接。

总线由多根公共联接线组成,CPU、存储器、I/O 设备均以某种方式与总线联接。根据总线上传送信号的性质,计算机中的总线可分为地址总线、数据总线和控制总线三大类。

• 地址总线

计算机中的程序及数据均存放在存储器中。要对存储器的单元进行读写,首先要选择想要进行读写操作的存储单元。选择的方法为在存储器的地址输入端加上相应的地

址信号。如想读 2114 的第 10 个地址单元内容,可令 2114 的地址输入端 $A_9 \sim A_0 =$
0000001001_2,然后,令芯片的读控制引脚有效,之后,2114 的数据线 $D_3 \sim D_0$ 为第 10 个
地址单元的数据。

另外,计算机一般具有较多的输入、输出设备,不同的设备具有不同的地址,称为 I/O
地址,以区别于存储器地址。要实现某项具体的输入输出操作首先也要选择具体的 I/O
设备,选择方法也是在相应的 I/O 接口电路的地址输入端加上相应的地址信号,然后令
该接口电路的 I/O 读写信号有效,之后,可对 I/O 设备进行读写操作。

把这些专门用于联接 CPU、存储器、I/O 设备地址端的公共联接线称为地址总线。

• 数据总线

CPU、存储器、I/O 设备之间经常需要交换数据,把这些专门用于联接 CPU、存储器、
I/O 设备数据端的公共联接线称为数据总线。

• 控制总线

各种设备均是在 CPU 的控制下协同工作的。如上面介绍的读 2114 的第 10 个地址
单元内容的操作便是在 CPU 的控制下先送出相应的地址信号,然后发出存储器读控制
信号,最后可将数据总线上的数据送到指定目的地。这些专门用于联接 CPU、存储器、
I/O 设备的控制信号端的公共联接线称为控制总线。

存储器地址线的数目反映了存储器存储容量,数据线的数目反映了存储器存储数据
的二进制位数,是存储器的重要指标。在计算机中,各种设备是在 CPU 的控制下协同工
作的,显然,存储器、I/O 设备地址线、数据线的数目不能超过 CPU 地址线、数据线的数
目,因此,地址线、数据线的数目也是 CPU 的重要技术指标。CPU 地址线的数目反映了
CPU 管理存储器的能力,CPU 数据线的数目反映了 CPU 一次传送二进制数据的位数,
反映了 CPU 的数据处理能力。

总之,构成微型计算机系统的各个设备以总线方式相互联接,在 CPU 的统一指挥下
协同工作,构成一个性能优良、功能强大的应用系统。

10.4.2　微型计算机的指令及其执行

CPU 是非常复杂的时序逻辑电路,可根据用户要求完成它所能完成的操作。CPU
能完成什么操作取决于它的指令系统,CPU 的指令系统集中反映了 CPU 的功能。不同
CPU 的指令系统一般是不同的,下面以早期 PC 上使用的 CPU 8086/8088 为例介绍其指
令形式及其运行方法。

指令的机器码形式为二进制数码序列,一般包括两部分:

操　作　码	操　作　数

• 操作码

在计算机中,每条指令精确地对应着一系列的操作,不同指令对应不同的操作,其编
码也不同。操作码表示该指令对应的编码。

- 操作数

在计算机中,许多指令均是针对具体数据进行操作的,称为操作数。必须指出,有些指令无需操作数,有许多指令并没有直接给出操作数,而是给出了该指令对应操作数的寻找方法。

计算机只认识二进制数码,指令的机器码能被计算机直接执行。那么,指令在计算机中是如何执行的呢? 可通过图10.4.2来理解。

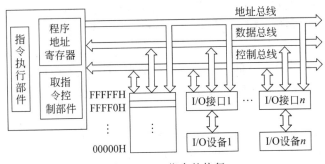

图 10.4.2　指令的执行

8086/8088 具有 20 根地址线,可管理的存储器空间为 1MB,编号为 00000H ～ FFFFFH(H 表示十六进制)。8086/8088 CPU 内部包括程序地址[1]寄存器,取指令的控制部件及指令执行部件等电路单元。程序地址寄存器中保存着将要执行指令的存储器地址。取指令的控制部件负责将程序地址寄存器中保存的存储器地址单元的指令取出并送给指令执行部件。指令执行部件负责执行指令并正确设置程序地址寄存器(总是指向下一条要执行指令对应的存储器地址,默认为自动加 1)。8086/8088 上电复位时,程序地址寄存器中的地址为 FFFF0H,即计算机先从存储器 FFFF0H 单元的指令开始执行。一般情况下,FFFF0H 单元存放的指令为转移指令。

CPU 在执行指令时,先分析操作码,然后进行相应的操作。当该指令涉及操作数时,还需要将相应的操作数读入 CPU 中。前面讲过,有些指令将操作数直接附在指令之后,有些指令则不直接提供操作数,只告诉寻找操作数的方法,把这种 CPU 指令中规定的寻找操作数的方式称为寻址方式。CPU 支持的寻址方式是 CPU 的重要性能指标之一。

虽然指令的机器码能直接被计算机执行,但对用户编写程序来说却十分不方便,因此,总是用其文字符号来代替机器码,称为助记符。将助记符翻译成机器码的过程称为汇编,利用助记符设计的程序称为汇编语言程序。

10.4.3　与微型计算机相关的重要概念

理解微型计算机的工作原理需要较多的相关知识。为帮助读者形成对微型计算机的初步认识,下面将总结微型计算机中涉及的重要概念。

---

① 8086/8088 采用分段式存储管理,其程序地址包括段地址和偏移两部分。

- CPU、存储器、I/O 设备

CPU、存储器、I/O 设备是微型计算机的基本组成部件,其含义前面有过介绍。

- 存储器地址、I/O 地址

微型计算机一般具有较多的 I/O 设备和较大的存储器空间。为示区别,这些存储器单元(I/O 设备)应分配不同的地址,称为存储器地址(I/O 地址)。当这些设备不小心使用了相同的地址时,将导致计算机不能正常工作。如假定打印机、音箱使用相同的 I/O 地址,那么送往打印机的数据将同时送往音箱,送往音箱的数据也将送往打印机,这时,两个设备均不能正常工作,这种现象称为 I/O 地址冲突。

对存储器、I/O 设备的编址方式主要有两种:统一编址和分别编址。若不区分存储器、I/O 设备,将它们按照某种方式统一安排地址,称为统一编址。若区分存储器、I/O 设备,将它们按照各自的方式安排各自的地址,称为分别编址。绝大多数微机系统将存储器和 I/O 设备分别编址,因此,I/O 设备的地址和存储器某些单元的地址可能相同,在某一时刻给出的地址是存储器地址还是 I/O 地址取决于指令。如 OUT 指令为向 I/O 设备输出数据的指令,其涉及的端口地址为 I/O 地址。

- 总线结构

CPU 与存储器、输入输出设备是通过总线结构相互联接的。计算机中的总线可分为地址总线、数据总线和控制总线三大类。既然所有设备均是通过总线与 CPU 相联接,而数据总线上某一时刻只能有一个值,那么,某个特定时刻究竟是哪个设备与 CPU 进行数据通信呢?这取决于该时刻前的地址总线及控制总线状态。如要访问 I/O 端口 10,在进行访问前应使 I/O 地址为 10,并使相应的控制信号有效,使选中的 I/O 设备处于工作状态,其他设备处于高阻抗状态。之后,可通过数据线实现 CPU 与 I/O 设备间的数据通信。

- 接口、端口、端口地址

I/O 设备种类较多,其电气性质也各不相同,一般不具有直接与计算机三总线联接的电气特性。如打印机设备,其打印数据的速度要比计算机传送数据的速度慢得多。当CPU 给打印机传送完一个打印数据块后,下一个数据块需要等到当前数据块被打印完毕才可传送。因此,需要专门的电路来实现打印机设备、CPU、存储器设备的协同工作,这种专门用于 I/O 设备与计算机三总线联接、实现计算机与 I/O 设备协同工作的电路单元称为接口电路(简称接口)。

接口电路的作用主要是实现 I/O 设备与 CPU、存储器的速度匹配。一般情况下,I/O 设备的速度要比 CPU、存储器的速度慢得多,因此,当 CPU(或存储器)的数据传送到 I/O 接口电路时,相应的 I/O 设备不可能在 CPU 传送数据动作完成后立即完成相应的数据处理。类似地,当 I/O 设备向 CPU(或存储器)传送数据时,I/O 设备将数据传送到接口的时间要比 CPU 从接口电路中取走数据的时间长,因此,接口电路应具有带锁存功能的数据口。另外,接口电路还应具有状态口,用于保存 I/O 设备当前所处的状态。接口电路所具有的数据口及状态口统称为端口。

顺便说明一点,此处的接口、端口、端口地址均属于硬件概念。在个人计算机中,

Windows 等操作系统还支持软端口。此时,端口对应着相应的应用程序。

10.4.4 利用微型计算机实现简单的打印控制

利用微机,可方便构成各种控制系统,此处介绍一个简单的打印控制实例。首先,介绍微机控制系统构成框图。

在绝大多数场合下,微机系统属于高速设备,被控制终端属于低速设备,因此,微机控制系统可用如图 10.4.3 所示框图来表示。图中,微机化的控制模块一般包括如图 10.4.1 所示的五大部件;被控制终端专用接口电路负责控制模块与被控制终端的协调与联络;被控制终端一般是待控制的实际设备。

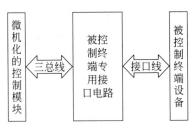

图 10.4.3 微机控制系统构成框图

为简化微机化控制模块的设计,半导体厂商研制出了各种单片机(在一块硅片上集成了 CPU 核、存储器、常用 I/O 接口的芯片),用户可根据需要选用不同的芯片。

接口电路是实现微机化控制系统的关键,其构成方法多种多样,下面介绍如何利用锁存器结合几个门电路来实现一个简易打印机接口,参考电路如图 10.4.4 所示。

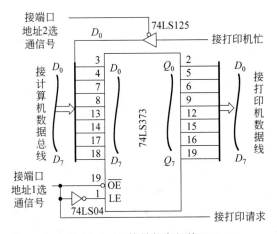

图 10.4.4 简易打印机接口

图 10.4.4 所示接口电路包括两个端口:数据口(端口 1,由 74LS373 和 74LS04 构成)、状态口(端口 2,由一个三态缓冲门构成)。每个端口对应不同的端口地址,当给定地址的选通信号有效时,可用 I/O 指令访问相应的端口。如设端口 1 的地址为 10,端口 2

的地址为 11。则当地址总线数据为 10 时，用 I/O 输出指令可将打印数据传送到数据口（373 锁存器，逻辑功能如图 10.4.5 所示）。类似地，当地址总线数据为 11 时，用 I/O 输入指令可将打印机状态读入计算机中。根据上述分析要求，可写出实现打印的程序流程如图 10.4.6 所示。

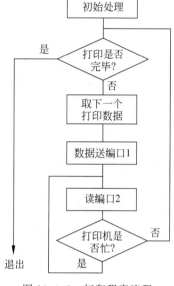

$\overline{OE}$	LE	$D_0 \sim D_7$	$Q_0 \sim Q_7$
1	×	× ⋯ ×	$Z \cdots Z$
0	1	$d_0 \sim d_7$	$d_0 \sim d_7$
0	0	× ⋯ ×	$Q_0 \sim Q_7$

图 10.4.5 74LS373 逻辑功能 　　　　图 10.4.6 打印程序流程

必须指出，图 10.4.4 所示接口电路只是一个简易的打印机接口，介绍它的目的是为了帮助读者理解接口、端口、端口地址的概念。打印机种类繁多，其接口及控制方式差别也较多，实际应用时应针对具体情况进行调整。

通过上面的分析可以看出，计算机对 I/O 设备的访问是通过访问其接口电路的端口来实现的。端口的标识符为端口地址，一般情况下，应给不同的端口分配不同的端口地址。

习题

10.1 填空

1. 自动控制大致可分为_____、_____两种类型。与_____相比，_____是不精确的。

2. 利用反馈控制，可使_____的值接近_____值。当控制量的目标值比较明确，这种反馈控制称为_____。

3. _____常用来作为电源的引入开关，_____常用来作为电路的短路保护元件。

4. 同时具有_____和_____的按钮称为复合按钮，它具有_____的动作特点。即当按钮被按下时,_____先断开,之后,_____闭合;按钮松开后,_____先断开,之后,_____闭合。它的这种动作特点可用来实现控制电路中的_____要求。

5. _____的触点系统分为_____和_____两种,其中,_____允许流过较大电流。

6. _____与接触器的结构和动作原理相同,但_____没有_____触点,常用于弱电信号控制强电的应用场合。

7. 三相电源产生旋转磁场,旋转磁场的_____称为三相异步电动机的同步转速。旋转磁场带动转子转动,_____的转速总是要略小于三相异步电动机的同步转速,这便是_____的含义,转子转速与旋转磁场转速相差的程度称为三相异步电动机的_____。

8. 启动转矩 T_{st} 是指电动机在_____的转矩。额定转矩是电动机在_____时的转矩。电动机启动时,启动转矩 T_{st} 应大于_____,把_____与_____的比值称为异步电动机的启动能力。电动机启动时,应产生足够大的_____,并确保启动电流 I_{st} 不要太大。

9. 在电动机刚启动时,由于旋转磁场对静止的转子有着很大的相对转速,因此,_____较_____大得多。此外,电动机启动时,转子感抗很大,转子的功率因数却是很低的。为了减小_____(有时也为了提高或减小启动转矩),必须采用适当的_____。

10. 从组成上看,微型计算机由_____、_____、_____、_____及_____五大部件组成。构成微型计算机系统的各个设备以_____方式相互联接,在_____的统一指挥下协同工作,构成一个性能优良、功能强大的应用系统。

11. 总线由_____组成。根据总线上传送信号的性质,计算机中的总线可分为_____、_____和_____三大类。用于联接 CPU、存储器、I/O 设备地址端的公共联接线称为_____。

12. 指令的机器码形式为_____,其一般形式主要包括_____、_____两部分。指令中规定的寻找操作数的方式称为_____。

13. 为了区别不同的 I/O 设备,应给不同的 I/O 设备分配不同的_____,称为_____。当它们不小心使用了相同的_____时,将导致计算机不能正常工作,这种现象称为_____。

14. 实现计算机与 I/O 设备协同工作的电路单元称为_____,其作用是实现 I/O 设备与 CPU、存储器的_____。接口电路应具有带锁存功能的_____,还应具有_____,它们统称为_____,对应不同的_____。

10.2 分析计算题(基础部分)

1. 有一台三相异步电动机,其额定转速 $n = 2910 \text{r/min}$,请计算电动机的磁极对数和额定负载时的转差率。

2. 有一台三相异步电动机,其额定转速 $n = 2880 \text{r/min}$,功率为 10kW,过载系数为

2,请计算它的额定转矩和最大转矩。

3. 有一台三相异步电动机,其铭牌数据如下:

三相异步电动机					
型　号	Y132M-4	功　率	10kW	频　率	50Hz
电压	380V	电流	20A	接　法	△
转速	1440r/min	绝缘等级	B	工作方式	连续
年　月　编　号			××电机厂		

请求电动机的转差率和额定转矩。

4. 题10.2 3所示电动机中,假定过载系数为2,请求电动机的启动转矩。

5. 有一台三相异步电动机,其功率为 10kW,额定转速为 960r/min,最大转矩为 210N·m,求过载系数。

6. 有一台三相异步电动机,其功率为 15kW,额定转速为 1440r/min,启动转矩为 58N·m,求过载系数。

7. 有一台三相异步电动机,其启动转矩为 80N·m,额定转速为 1440r/min,过载系数为 3,求其额定转矩及额定功率。

8. 指出图 10.1 所示电动机运行控制电路各接线图的错误。

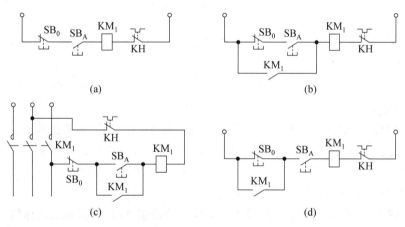

图 10.1　习题 10.2 8 的图

10.3　分析计算题(提高部分)

1. 有一台绕线式三相异步电动机,转子每相绕组电阻 $R_2 = 0.02\Omega$,漏磁电抗 $X_{20} = 0.04\Omega$。其启动转矩 60N·m、额定转矩为 70N·m,问在额定负载下电动机能否正常启动? 若在转子绕组的电路中串接一个 0.02Ω 的电阻,问在额定负载下电动机能否正常启动?

2. 有一台三相电动机在轻载下运行,已知每相输入功率为 20kW,功率因数为 0.6。为提高功率因数,在线路中并联接入对称的三角形电容网络,测得功率因数为 0.9,求每

相电容 C 及无功功率。

3. 转子每相电阻 $R_2=0.02\Omega$，感抗 $X_{20}=0.08\Omega$，转子电动势 $E_{20}=16V$，请求启动及额定运行两种情况下转子电路的电流及功率因数。

4. 电动机运行控制电路如图10.2所示。当 KM_1 主触点闭合时，电动机正转；KM_2 主触点闭合时，电动机反转。请说明电路实现的控制功能及不足。

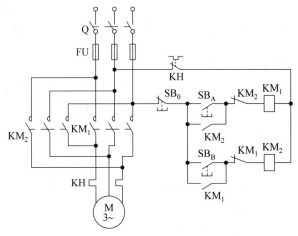

图 10.2　习题 10.3 4 的图

5. 有人参照图10.3.8设计了一个异步电动机正、反转控制电路。调试时曾发生以下几种故障：

（1）总开关 Q 合上时电动机立即开始正转；按下停止按钮 SB_0 电动机停止转动，松开后又继续正转。

（2）总开关 Q 合上时电动机正转控制正常；反转可以启动，但不能停止。

（3）控制电路设计没有错误，可是无论按什么按钮电动机死活不启动。

（4）总开关 Q 合上后按下启动按钮电动机正转（或反转），但松开后停止转动。

请分别分析上述故障发生时的接线错误。

6. 如图10.3所示为某生产机械两台电动机的控制电路，请分析其动作特点。

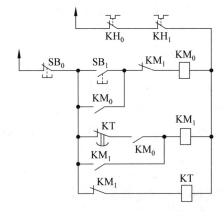

图 10.3　习题 10.3 6 的图

10.4 应用题

1. 某人在检修三相异步电动机时,将转子抽掉,而在定子绕组上加三相额定电压,会产生什么后果?

2. 在绕线式异步电动机的转子电路中串接电阻即可改善启动性能,又可提高调速性能,故在实际应用中,将专门的启动电阻兼作调速用途即可,你认为这种做法是否正确?

3. 有两台电动机,要求 M1 转动时 M2 不得转动,反之亦然,请用继电接触器设计一个实现上述要求的控制电路。

4. 有两台电动机,要求 M1 先启动,之后,M2 才可启动,请用继电接触器设计一个实现上述要求的控制电路。

5. 在题 10.4 4 中,若停车时要求 M2 先停,之后,M1 才可停,请用继电接触器设计一个实现上述要求的控制电路。

6. 图 10.4 中,小车 a、b 分别由电动机驱动,要求按下启动按钮后能顺序完成下面的动作:(1)小车 a 从 3 运动到 4;(2)接着小车 b 从 1 运动到 2;(3)之后小车 a 从 4 回到 3;(4)最后小车 b 从 2 回到 1。

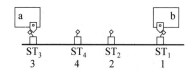

图 10.4 习题 10.4 6 的图

7. 在题 10.4 4 中,若要求每次动作结束后下一个动作开始前有停顿,应如何设计控制电路。

结束语

常用导电材料的电阻率和温度系数如表附 A.1 所示。

表附 A.1　常用导电材料的电阻率和温度系数

材料名称	20℃时的电阻率 ρ ($10^{-6}\Omega \cdot m$)	平均温度系数 X (0~100℃)1/℃	材料名称	20℃时的电阻率 ρ ($10^{-6}\Omega \cdot m$)	平均温度系数 X (0~100℃)1/℃
银	0.0159	0.0038	康铜	0.4~0.51	0.000005
铜	0.0169	0.0046	锰铜	0.42	0.000006
铝	0.0265	0.00423	黄铜	0.07~0.08	0.002
铁	0.0978	0.0050	镍铬合金	1.1	0.00015
钨	0.0548	0.0045	铁铬锶合金	1.4	0.00028
钢	0.13~0.25	0.006			

下面利用 Quartus Ⅱ 9.0 SP2 介绍例 7.5.1 的仿真实现方法。

一、建立仿真项目的工程文件

启动 Quartus Ⅱ,选择 File→new 子菜单,在随后弹出的任务窗格中选择文件类型为"Design Files → Verilog HDL File",参考界面如图附 B.1 所示,单击 OK 按钮进入 Verilog HDL 代码编辑界面。

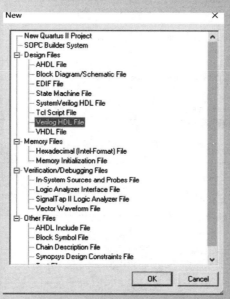

图附 B.1　新建 Verilog HDL File

选择 File→Save As 子菜单,在随后弹出的"另存文件任务窗格"中为新创建的未命名的图形文件取个适当的名字(如 3-5-1)(因 Quartus Ⅱ仿真时要产生文件,最好为仿真项目新建一个子目录),单击"保存"按钮,参考界面如图附 B. 2 所示。确认保存前注意勾选任务窗格最下方的 Create new project based on this file 复选框。在随后弹出的"创建工程文件确认对话框"中单击"是"按钮进入"工程创建任务窗格",参考界面如图附 B. 3 所示。可选择工作目录,也可直接单击 Finish 按钮完成工程文件的创建。

图附 B. 2　另存 Verilog HDL 文件

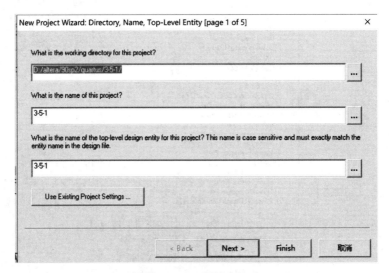

图附 B. 3　工程创建界面

二、输入 Verilog HDL 代码并编译

在编辑区输入代码并保存。保存设计后，选择 Processing→Start Compilation 子菜单编译电路，系统提示出错。

当编译有错误时，可选择工作区最下方的"message"区域，适当移动最右方的滚动条，查看编译错误的提示，参考界面如图附 B.4 所示。

Type	Message
ⓘ	Info: Command: quartus_map --read_settings_files=on --write_settings_files=off 3-5-1 -c 3-5-1
⊞ ⓘ	Info: Found 1 design units, including 1 entities, in source file 3-5-1.v
ⓧ	Error: Top-level design entity "3-5-1" is undefined

System (2) ⟍ **Processing (7)** ⟍ Extra Info ⟍ Info (4) ⟍ Warning ⟍ Critical Warning ⟍ Error (3) ⟍ Suppressed ⟍ Flag ⟍

图附 B.4　编译错误的提示界面

Quartus Ⅱ中要求模块名与文件名相同，上面的错误提示为电路模块 3-5-1 没有定义。代码中定义的模块名为"adder"。双击"Project Navigator"窗口中的文件 3-5-1，重新进入代码编辑界面，将模块名"adder"修改为"3-5-1"，重新编译，依旧有错。

读者不要忘记，Verilog HDL 遵循 C 语言语法，标识符以_或字母开头，由_、数字、字母等组成，模块名"3-5-1"不符合 C 语言标识符命名规则。

可重新进入 Quartus Ⅱ，按照（一）中的步骤另存文件为"adder"，并创建工程。在编辑区输入代码，参考界面如图附 B.5 所示。重新编译文件。

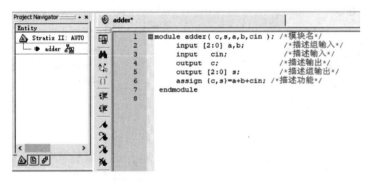

图附 B.5　重建工程后的参考界面

三、建立要仿真的逻辑图形文件的波形文件

波形文件是 Quartus Ⅱ仿真的必需文件，其主要作用是定义各输入信号及要观察的输出信号。具体实现方法如下。

1. 新建波形文件并添加到当前工程中

选择 File 菜单的 new 子菜单，在弹出的任务窗格中选择文件类型为"Verification/

Debugging Files → Vector Waveform File",参考界面如图附 B.6 所示,单击 OK 按钮进入波形文件编辑状态。选择 File 菜单的 Save As 子菜单,将新创建的未命名的波形文件命名(默认与代码文件同名,也必须与代码文件同名),单击 OK 按钮保存。确认保存前注意勾选任务窗格最下方的"Add file to current project"复选框,参考界面如图附 B.7 所示。

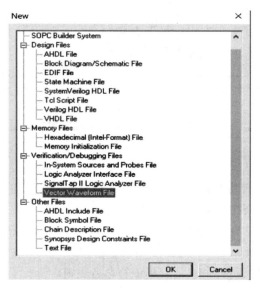

图附 B.6　新建波形文件的图

图附 B.7　另存波形文件的图

2. 导入代码文件中定义的输入输出到波形文件中

在编辑区 name 分栏任意位置右击,在弹出菜单中选择 insert → insert Node or Bus...,参考界面如图附 B.8 所示。在随后弹出的对话框中,选择右方的 Node Finder... 按钮(右方的第 3 个按钮),将出现 Node Finder 任务窗格。

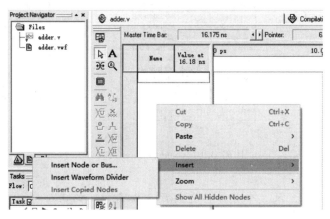

图附 B.8　Node Finder 的图 1

在 Node Finder 任务窗格中,设置上方中间"Filter 下拉框"为"Pins:unassigned",参考界面如图附 B.9 所示。单击窗格右上的 List 按钮,在左下文本框中选择想要编辑或观察的信号,单击"≫"按钮,将选择的输入、输出添加到右下文本框,参考界面如图附 B.10 所示。

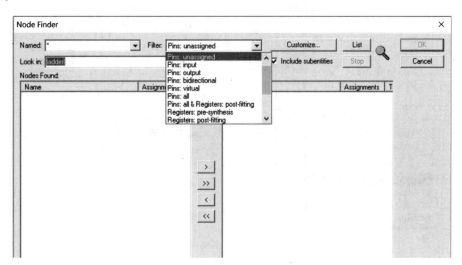

图附 B.9　Node Finder 的图 2

单击 OK 按钮确认,单击 OK 按钮回到波形编辑界面,完成图形文件中的输入输出到波形文件的导入。

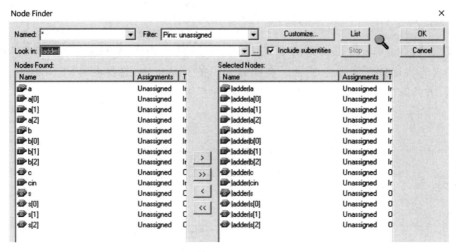

图附 B.10   Node Finder 的图 3

3. 设置 Grid Size 及 2 个 3 位二进制数 a、b，进位 c 的值

选择菜单 Edit→Grid Size，将 Grid Size 的值设置为 100ns，参考界面如图附 B.11 所示，重新编译工程。

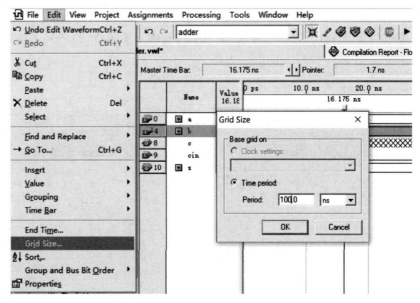

图附 B.11   设置 Grid Size 的值

拖动鼠标选择要设置的输入的具体的区域，单击左边工具栏中的"0"或者"1"，设置成相应的电平，参考界面如图附 B.12 所示。

图附 B.12 参考设置

四、仿真

保存设计后,选择"Processing→Start Simulation"子菜单(第一次仿真前需先单击菜单 Assignment 中的"Settings",在 Settings 窗口的 Category 下选择"Simulator Settings"选项,在"Simulation Mode"中选择仿真模式:时序仿真"Timing"或功能仿真"Functional";在"Simulation input"中选择 xxx. vwf 仿真波形文件,然后单击 OK 按钮),如果没有错误,系统将弹出"仿真成功"消息框,求出如图 7.5.1 所示的仿真波形。

附录 C

本书仿真包 Quartus II 9.0 环境下的使用说明

Altera 公司的 Quartus II 是一个高度集成的可编程逻辑器件开发系统,是目前较为流行的 EDA 软件之一。在本课程中,主要利用 Quartus II 来分析组合逻辑电路、时序逻辑电路,验证 Verilog HDL 代码描述的数字系统的逻辑功能,以帮助读者更好地掌握数字电路理论。

为方便读者学习,可扫码每章要点中的二维码,下载该章对应的仿真源程序包。程序包为自解压缩包,安装到硬盘后启动 Quartus II,打开工程文件,选择"Processing→Start Simulation"子菜单即可仿真。

也可直接与本书主编联系(QQ:422260250),索取全书的仿真源程序包。该包中各压缩包命名方法如下:对例题的仿真源程序包,采用章、节、题号命名。如 7.5 节第一题为 7-5-1。对教材中电路图的仿真与图的编号一致,为与例题仿真源程序包的名字区别,以 T 为前缀,如图 7-3-5,其对应仿真源程序包名为 T7-3-5。

可通过修改电路模型文件实现其他电路模型的仿真分析。本书仿真包中的电路模型文件包括 Verilog HDL 代码文件及图形文件两大类。

对 Verilog HDL 代码文件,可启动 Quartus II,打开工程文件。双击"Project Navigator"窗口中的 Verilog HDL 代码文件进入代码编辑界面,保持模块名不变,修改代码内容,重新编译电路。如果模块中的输入、输出没有修改,可直接选择"Processing→Start Simulation"子菜单求出仿真结果。如果模块中的输入、输出也进行了修改,可按照附录 B 的方法导入代码文件中定义的输入输出,设置输入后仿真即可。

对通过图形文件建立的电路模型,本书各仿真包为基于 Quartus II 的仿真包。可修改电路的连接关系,重新编译电路,系统将提示保存修改,参考界面如图附 C.1 所示。单击"是"按钮保存修改,系统将提示早期格式不支持,提醒另存为 bdf 格式,参考界面如图附 C.2 所示。

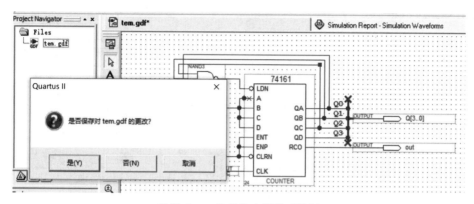

图附 C.1 保存修改提醒对话框

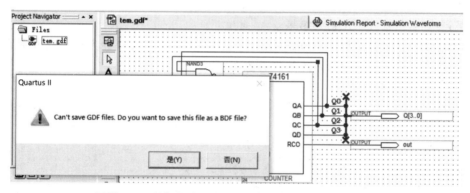

图附 C.2 早期格式不支持,提醒另存为 bdf 格式对话框

单击"是"按钮保存修改。此时,工程中存在着 2 个相同文件名的电路模型文件(1 个后缀为 gdf,另一个后缀为 bdf)。直接编译将出错。

单击"Project Navigator"任务窗格下方的 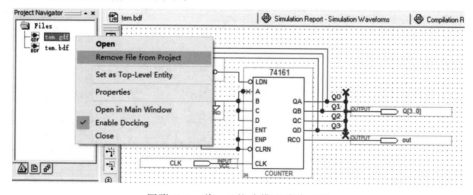,切换到 Files 窗格,将鼠标指向 gdf 格式图形文件,右击,选择弹出菜单中的"Remove File from Project",将将 gdf 格式模型移除工程,参考界面如图附 C.3 所示。

图附 C.3 将 gdf 格式模型移除工程

选择弹出菜单中的"Set as Top-Level Entity",将 bdf 格式模型设为顶层,参考界面如图附 C.4 所示。

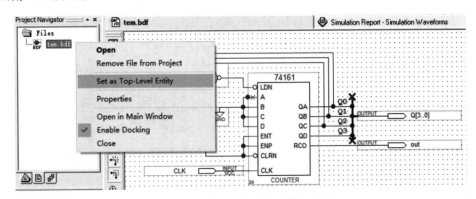

图附 C.4　将 bdf 格式模型设为顶层

编译电路,仿真并求出仿真结果。

如果在修改电路中,修改了电路的输入、输出,可按照附录 C 的方法创建波形文件,导入电路中定义的输入输出,设置输入后仿真即可。

本书配套资源丰富，教学视频的学习效果在实践中得到了验证，非常适合以翻转课堂教学形式开展教学活动，建议教师们采用传统课堂结合翻转课堂模式开展教学。

具体组织上，对于部分基础内容采用传统教学模式开展教学，对于重点内容采用翻转课堂模式开展教学。对翻转课堂的教学知识点，可采用课内课外颠倒式翻转方法开展教学。课内可播放教学视频回顾一下理论知识，结合"雨课堂""慕课堂"等课堂教学辅助工具，采用习题、讨论等方式开展教学，也可将部分知识点改由学生主持开展教学。

可扫码下载基于"雨课堂"的课堂教学 PPT 范例。

翻转课堂

芯片逻辑符号及引脚	简单描述
74LS147 （引脚：11 $\overline{I_1}$，12 $\overline{I_2}$，13 $\overline{I_3}$，1 $\overline{I_4}$，2 $\overline{I_5}$，3 $\overline{I_6}$，4 $\overline{I_7}$，5 $\overline{I_8}$，10 $\overline{I_9}$；16 V_{CC}，9 $\overline{Y_0}$，7 $\overline{Y_1}$，6 $\overline{Y_2}$，14 $\overline{Y_3}$，8 GND）	集成二-十进制优先编码器（$\overline{I_9}$ 优先级最高）；低电平输入有效，反码输出。
74LS148 （引脚：10 $\overline{I_0}$，11 $\overline{I_1}$，12 $\overline{I_2}$，13 $\overline{I_3}$，1 $\overline{I_4}$，2 $\overline{I_5}$，3 $\overline{I_6}$，4 $\overline{I_7}$，5 $\overline{S_T}$；16 V_{CC}，9 $\overline{Y_0}$，7 $\overline{Y_1}$，6 $\overline{Y_2}$，14 $\overline{Y_{EX}}$，15 Y_S，8 GND）	3 位二进制优先编码器，功能与 147 类似。$\overline{S_T}$：选通输入端；Y_S 是选通输出端；$\overline{Y_{EX}}$ 为扩展输出端
74LS138 （引脚：1 A_0，2 A_1，3 A_2，4 $\overline{S_1}$，5 $\overline{S_2}$，6 S_T，16 V_{CC}，8 GND；15 $\overline{Y_0}$，14 $\overline{Y_1}$，13 $\overline{Y_2}$，12 $\overline{Y_3}$，11 $\overline{Y_4}$，10 $\overline{Y_5}$，9 $\overline{Y_6}$，7 $\overline{Y_7}$）	三八译码器，低电平输出有效；A_2、A_1、A_0 为译码器的地址端；$\overline{Y_0} \sim \overline{Y_1}$ 为译码器的输出端。S_T、$\overline{S_1}$、$\overline{S_2}$ 为控制端。当 $S_T=1$，$\overline{S_1}=\overline{S_2}=0$ 时，译码器工作，有：$\overline{Y_i}=\overline{m_i}$。可用于实现组合电路
74LS48 （引脚：7 A_0，1 A_1，2 A_2，6 A_3，3 $\overline{LT}$，4 $\overline{BI}/\overline{RBO}$，5 $\overline{RBI}$；13 A，12 B，11 C，10 D，9 E，15 F，14 G）	驱动共阴数码管的七段显示译码器。$\overline{BI}=\overline{RBI}=\overline{LT}=1$ 时，正常译码。

芯片逻辑符号及引脚	简单描述
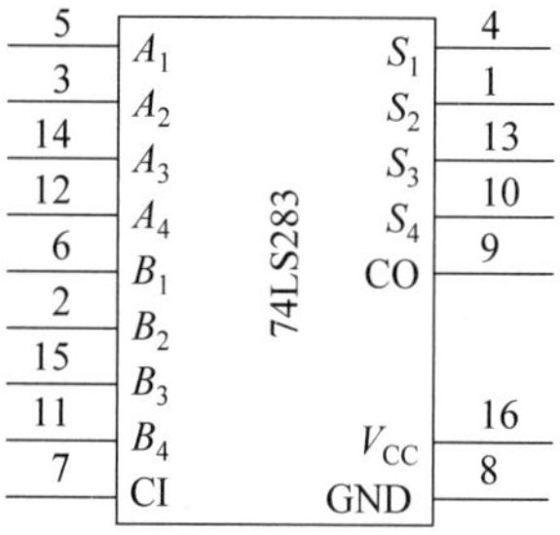 74LS283	超前进位的 4 位全加器。如输入 $A_4A_3A_2A_1$（1000）、$B_4B_3B_2B_1$（0110）、CI（0），则输出为 $S_4S_3S_2S_1$（1110）、CO(0)
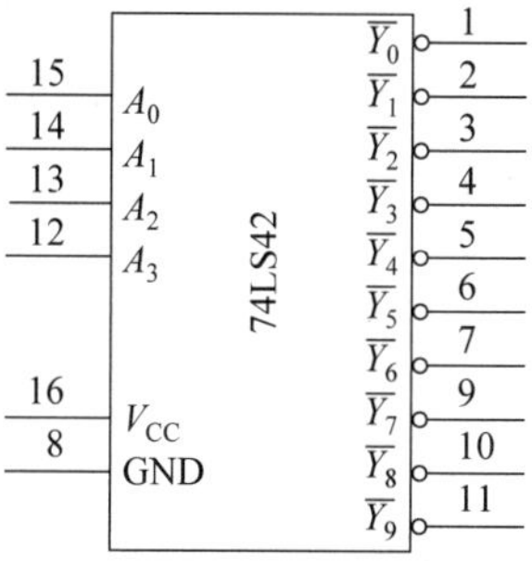 74LS42	二-十进制译码器，功能与三八译码器类似，但无扩展功能
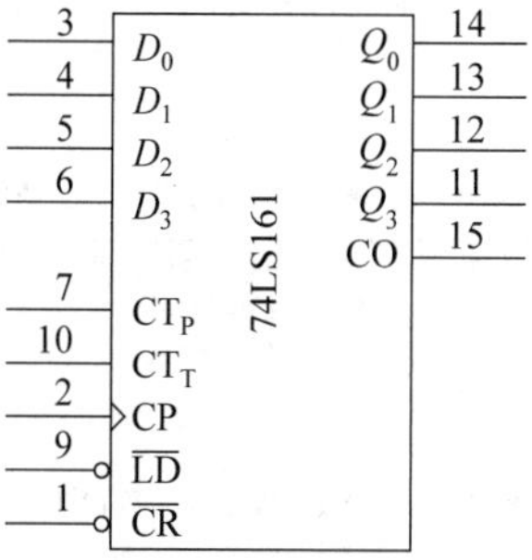 74LS161	具有异步清零、同步置数、可以保持状态不变的 4 位二进制同步上升沿加法计数器。163 与 161 功能相似，区别为 163 采用同步清零
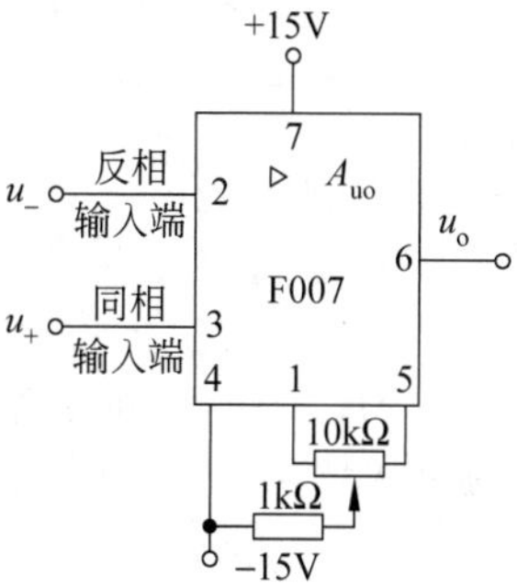 F007	通用型运放，分析时一般把它当成理想运算放大器

续表

芯片逻辑符号及引脚	简单描述
74LS191 D_0(15), D_1(1), D_2(10), D_3(9) $\overline{U}/D$(5) CP(14), $\overline{LD}$(11), $\overline{CT}$(4) Q_0(3), Q_1(2), Q_2(6), Q_3(7), CO/BO(12) $\overline{RC}$(13)	单时钟集成 4 位二进制同步可逆计数器；$\overline{U}/D$ 为加减计数控制端，$\overline{LD}$ 是异步置数状态输出端，CO/BO 为进位/借位信号输出端，$\overline{RC}$ 为级联端
74LS290 CP_0(10), CP_1(11) S_{9A}(1), S_{9B}(3), R_{0A}(12), R_{0B}(13) Q_0(9), Q_1(5), Q_2(4), Q_3(8)	异步十进制计数器
74LS197 D_0(4), D_1(10), D_2(3), D_3(11) CP_0(8), CP_1(6) $CT/\overline{LD}$(1), $\overline{CR}$(13) Q_0(5), Q_1(9), Q_2(2), Q_3(12)	4 位二进制异步加法计数器，CP_0 为触发器 FF_0 的时钟端，CP_1 是 FF_1 的时钟端，称为二—八—十六进制异步计数器
74LS195 J(2), $\overline{K}$(3) D_0(4), D_1(5), D_2(6), D_3(7) CP(10), SH/$\overline{LD}$(9), $\overline{CR}$(1) Q_0(15), Q_1(14), Q_2(13), Q_3(12), $\overline{Q}_3$(11)	单向移位寄存器。J、$\overline{K}$ 为数据输入端，SH/$\overline{LD}$ 为移位置数控制端
74LS194 D_{SR}(2) D_0(3), D_1(4), D_2(5), D_3(6) D_{SL}(7) CP(11), M_0(9), M_1(10), $\overline{CR}$(1) Q_0(15), Q_1(14), Q_2(13), Q_3(12)	集成双向移位寄存器；M_0、M_1 为工作方式控制端、D_{SL} 为左移串行数据输入端，D_{SR} 为右移串行数据输入端

续表

芯片逻辑符号及引脚	简单描述
	555 定时器,应用十分广泛,在 $\overline{R}_D = 1$ 时工作。 当 $U_{I1} < U_{R1} = \frac{2}{3}U_{CC}$,$U_{I2} > U_{R2} = \frac{1}{3}U_{CC}$ 时,输出 U_O 状态不变 当 $U_{I1} > U_{R1}$,$U_{I2} < U_{R2}$ 时,输出 $U_O = 1$ 当 $U_{I1} > U_{R1}$,$U_{I2} > U_{R2}$ 时,输出 $U_O = 0$ 当 $U_{I1} < U_{R1}$,$U_{I2} < U_{R2}$ 时,输出 $U_O = 1$
	八选一数据选择器。$D_0 \sim D_7$ 为 8 路输入信号,A_2、A_1、A_0 为选择控制信号,Y、$\overline{Y}$ 为互补的输出端,$\overline{S}$ 为选通控制端。当选通控制端 $\overline{S} = 0$ 时,选择器工作,输出 Y 的逻辑表达式为 $$Y = D_0\overline{A_2}\,\overline{A_1}\,\overline{A_0} + \cdots + D_7 A_2 A_1 A_0 = \sum_{i=0}^{7} D_i m_i$$ 可用八选一数据选择器实现四变量及以下的逻辑函数
	十位数-模转换器,内部没有运算放大器;U_{DD} 为 CMOS 开关工作电源,U_{REF} 为转换器的参考电压,I_{OUT1}、I_{OUT2} 分别对应外接运算放大器的反相端及同相端。典型接法的转换关系为 $$U_O = -\frac{U_{REF}}{2^{10}} \sum_{i=0}^{9} D_i \times 2^i$$
	八路输入 8 位逐次逼近型模-数转换器。 $IN_0 \sim IN_7$:八路模拟量输入端。 A,B,C:八路模拟量输入选择控制端。 ALE:地址锁存输入端,高电平有效,可加正脉冲。 $D_0 \sim D_7$:八路数字量输出端。 EOC:转换结束输出端,高电平有效。 EOUT:输出允许端,高电平有效。 START:转换启动信号输入端,可加正脉冲,上升沿转换器清零,下降沿开始转换。 CP:外部时钟输入端,典型频率为 640kHz。 $U_{REF}(-)$,$U_{REF}(+)$:转换器参考电源输入端

芯片逻辑符号及引脚	简单描述
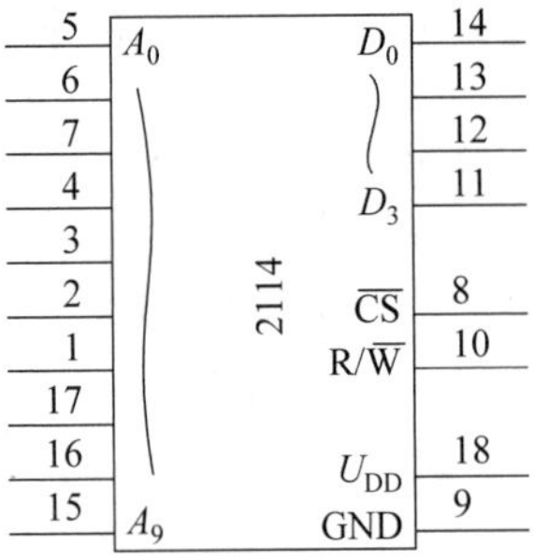	1KB 容量静态 RAM
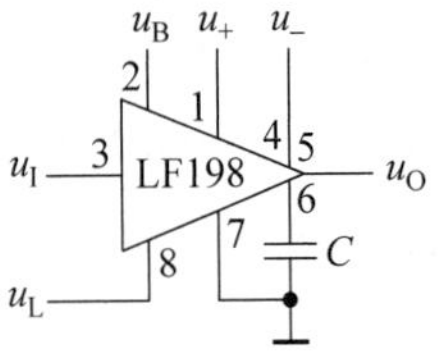	集成采样-保持电路。当 u_L 为 1V 时,采样,$u_o = u_1$;当 u_L 为 0 时,保持。U_+、U_- 为电源输入端。U_B 为偏置电压输入
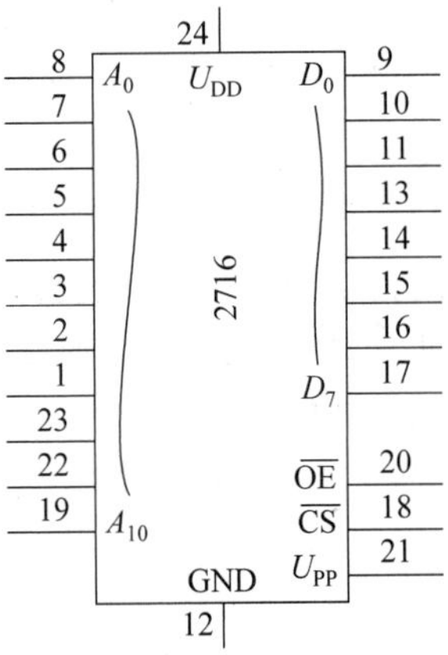	• 具有 11 根地址线 $A_{10} \sim A_0$、8 根数据线 $D_7 \sim D_0$。 • 输出使能控制端(当 $\overline{OE} = 0$ 时,存储单元内容允许输出)。 • 片选控制(当 $\overline{CS} = 0$ 时,芯片工作)。 • 专用设备擦除,专用设备写入。 • 除可实现存储功能外,还可实现组合电路。 • 如果将地址端作为输入变量,将数据线作为输出变量,适当地选择存储单元内容,则可实现为用户编程的组合逻辑电路

部分习题答案

第1章 直流电路分析方法

1.2 分析计算题（基础部分）

1. 当 I_1 为 1A 时,判断条件不充分;当 I_1 为 -1A 时,I_3 值为正。

2. 当 I_1 为 3A 时,判断条件不充分。当 $E_1 = -7$V 时,I_3 值为负。

3. $I_3 = -1$A,$E_2 = -2$V

4. $I_3 = -5$A,$E_2 = -106$V,$E_1 = -74$V

5. 当开关断开时,$U = 5$V;当开关闭合时,$U = 4.9$V

6. $I = U/R = 1$A,$U_1 = -IR_1 = -4$V

7. $I_{R3} = -1/3$A

8. (1)$I_N = 5$A,$R_L = 12\Omega$; (2)$E = 62.5$V; (3)$I_S = 125$A

9. $E = U_0 = 15$V,$R_0 = E/I_S = 15/50 = 0.3\Omega$

10. $I = 0.09$A

11. $I_3 = 0.25$A

12. $U_{ab} = 6$V,$I_3 = U_{ab}/R_3 = 6/20 = 0.3$A

1.3 分析计算题（提高部分）

1. $I = 4.8$A

2. （1）当开关断开时

$E_1 = -80$W,$E_2 = 40$W,$R_1 = 32$W,$R_0 = 8$W,功率平衡

（2）当开关闭合时

$E_1 = -200$W,$E_2 = 25$W,$R_1 = 12.5$W,$R_0 = 50$W,$R_2 = 112.5$W,功率平衡

3.

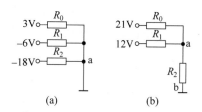

图 A1.1 习题 1.3 3 的图*

---

* 习题答案用图 A1.1 的形式来表示。

4. $I_3 = 1/3A$

5. $I = 2A$

6. $I_3 = 3A$

7. $I_2 = 1A$

8. $I = 1A$

9. $I_3 = 1/3A, I_2 = 0A$

10. $I_2 \approx 0.32A, I_3 \approx 0.58A$

11. $I_3 = 1A$

12. $I_1 = 1A$

13. $I = -3/5A$

1.4 应用题

1.

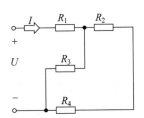

图 A1.2 习题 1.4 1 的图 2

2. (1) $U_3 = I_3 = 0$;

(2) $U_3 = 4V, I_3 = 1.6mA$

3. 可选用 1.5kΩ、8W 的绕线电阻或 1.5kΩ、10W 的非绕线电阻。

4. $R_0 = 0.5\Omega, E = 6V$

5. $E = 12V, R_0 = 0.5\Omega$

第2章 交流电路的基本分析方法

2.2 分析计算题(基础部分)

1. (1) $\omega = 314, f = 50Hz, T = 0.02s, I_1 = 7A, \theta = 0°$;

(2) $\omega = 5, f = \dfrac{5}{2\pi}Hz, T = \dfrac{2\pi}{5}s, I_2 = 3.5A, \theta = 27°$;

(3) $\omega = 2\pi, f = 1Hz, T = 1s, I_2 = 7A, \theta = 0°$;

(4) $\omega = 2, f = \dfrac{1}{\pi}Hz, T = \pi s, I_4 = 1.4A, \theta = 142.5°$。

2. (1) $\varphi = 0°, u_1、u_2$ 同相；(2) $\varphi = -90°, u_1$ 滞后 $u_2 90°$；

(3) $\varphi=165°,i_1$ 超前 $i_2165°$；(4) $\varphi=105°,i_1$ 超前 $i_2105°$

3. (5)、(6)、(8)错误(正弦量不等于其相量)；(3)、(9)错误(有效值等于正弦量(相量))；(7)错(指数形式相量缺 j)。

4. $i=6.3\sqrt{2}\sin(\omega t-108.4°)\text{A}$

5. $u=11.4\sqrt{2}\sin(\omega t-37.6°)\text{V}$

6. $i=10\sqrt{2}\sin(314t+36.9°)\text{A}$

7. (1) $u=220\sqrt{2}\sin(314t)$；

(2) 270V，311V，0V

8. $i=10\sin(314t+36°)=10\cos(314t-54°)$

9. $u_2=200\sin(314t+36°)$

10. (1) $\dot{U}_1=220\underline{/135°}\text{V},\dot{U}_2=77.8\underline{/0°}\text{V}$

(2) $\dot{I}_1=3.5\underline{/-15°}\text{A},\dot{I}_2=7.1\underline{/90°}\text{A}$

11. $i_1=20\sqrt{2}\sin(\omega t+36.9°),i_2=5\sqrt{2}\sin(\omega t+60°)$

12. $\dot{U}_1=10\underline{/60°}\text{V},\dot{U}_2=20\underline{/-150°}\text{V}$

13. $\dot{U}_2+\dot{U}_3=13.7\underline{/-169.1°},\dot{U}_3-\dot{U}_1=19.1\underline{/147°},\dot{U}_1+\dot{U}_2+\dot{U}_3=4.4\underline{/-143.4°}$，$\dot{U}_1-\dot{U}_2-\dot{U}_1=23.6\underline{/6.3°}$

14. 电阻元件 $Z=R\underline{/0°}$，电容元件 $Z=\dfrac{1}{\text{j}\omega C}$，电感元件 $Z=\text{j}\omega L$ (或 $\omega L\underline{/90°}$)

15. $Z=100\underline{/-90°},u=100\sqrt{2}\sin(100t-120°)$

16. $Z=15.7\underline{/90°},u=157\sqrt{2}\sin(314t+90°)$

17. $Z=5\underline{/0°}(\Omega),i=44\sqrt{2}\sin(314t-120°)\text{A}$，
    $P=9680\text{W},p(t)=9680-9680\cos(628t+120°)\text{W}$

18. $Z\approx2.7\underline{/-90°},i=5.2\sqrt{2}\sin(314t+90°)\text{A}$，
    $P=0\text{W},Q_C=73.5\text{var}$

19. $Z=6.28\underline{/90°},u=3.2\sin(314t-90°)$，
    $P=0\text{W},Q_L=32\text{var}$

20. $Z=10+\text{j}10,I=15.56\text{A},\varphi=45°$

21. $Z=40+\text{j}30=50\underline{/36.9°},U=250\text{V},P=1000\text{W},Q_L=750\text{var}$

22. $I=2\text{A},U_R=6\text{V},U_C=8\text{V}$

23. (4)正确

24. (3)、(5)正确

25. (3)正确

2.3 分析计算题(提高部分)

1. 读数分别为 14.14V、14.14V、10V

2. $\dot{U} = 81\underline{/7.1°}\,\text{V}$

3. $C = 31.85\mu\text{F}, L = 0.159\text{H}, R = 86.6\Omega$

4. $\dot{U} = 20\underline{/0°}\,\text{V}$

5. 读数为 10A

6. 读数为 5A

8. z_{ab} 分别为 $2.25 + \text{j}\Omega, 2 + \text{j}1.5\Omega$

9. z_{ab} 分别为 $0.9 + \text{j}1.8\Omega, 2 + \text{j}\Omega$

10. 容抗为 16Ω

11. $z_i = 2.24\underline{/26.6°}\,\Omega, \dot{U}_{ab} = 2.24\underline{/71.6°}\,\text{V}$

12. $z_{ab} = 100\Omega$

13. $\lambda = 0.455, Q_L = 78.4\text{var}, C = 4.3\mu\text{F}$

14. $P = 1241\text{W}, Q = 201\text{var}, \lambda = 0.99$

15. $i_R = 1.5 + \sin 1000t + 0.05\sin 3000t\,\text{A}$

    $i_C = 10\sin(90° - 1000t) + 1.5\sin(90° - 3000t)\,\text{A};$

16. $\omega RC = 1.732$

17. $\omega RC = 1.732$

18. $T(\text{j}\omega) = \dfrac{R}{\sqrt{R^2 + (\omega L)^2}}\underline{\bigg/ -\arctan\left(\dfrac{\omega L}{R}\right)}$

2.4 应用题

1. $C = 274\mu\text{F}$

2. ① 理论阻值 880Ω;

② 实际电路的实现(选用另外 1 个白炽灯来替换 880Ω 的电阻元件,可计算出该白炽灯的功率为 55W)。

第3章 三相电路及其应用

3.2 分析计算题(基础部分)

1. $u_B = 220\sin(\omega t - 120°)$

2. $R = 50\Omega$

3. $\dot{I}_{\mathrm{B}} = 3\underline{/-120°}\mathrm{A}, \dot{I}_{\mathrm{C}} = 3\underline{/120°}\mathrm{A}$

4. $\dot{I}_{\mathrm{AB}} = I_0\underline{/-50°}\mathrm{A}, \dot{I}_{\mathrm{BC}} = I_0\underline{/-170°}\mathrm{A}, \dot{I}_{\mathrm{CA}} = I_0\underline{/70°}\mathrm{A}$

   $\dot{I}_{\mathrm{A}} = \sqrt{3}I_0\underline{/-80°}\mathrm{A}, \dot{I}_{\mathrm{B}} = \sqrt{3}I_0\underline{/160°}\mathrm{A}, \dot{I}_{\mathrm{C}} = \sqrt{3}I_0\underline{/40°}\mathrm{A}$

5. $P = 3300\mathrm{W}, Q = 0\mathrm{W}$

6. $I_1 = 3.165\mathrm{A}, \varphi = 53°$

   负载星形联接时，$Z = 69.3\underline{/53°}$；负载三角形联接时，$Z = 208\underline{/53°}$

7. $\dot{I}_{\mathrm{A}} = 22\underline{/0°}\mathrm{A}, \dot{I}_{\mathrm{B}} = 31.1\underline{/-165°}\mathrm{A}, \dot{I}_{\mathrm{C}} = 31.1\underline{/165°}\mathrm{A}$,

   $\dot{I}_{\mathrm{N}} = 38.1\underline{/180°}\mathrm{A}$

9. 不是

10. $i_2 = 100\sqrt{2}\sin(\omega t - 30°)\mathrm{mA}$

11. 变压器初级电流为 0，绕组 1 次级电压有效值为 22V，绕组 2 次级电压有效值为 11V。

12. (1) $R'_{\mathrm{L}} = 200\Omega, P = \dfrac{1}{8}\mathrm{W}$；(2) $P = 0.02\mathrm{W}$

13. $I_{\mathrm{2N}} = 1.39\mathrm{A}, I_{\mathrm{1N}} = 0.23\mathrm{A}$

3.3　分析计算题（提高部分）

1. $U_{\mathrm{1Z}} = 5734\mathrm{V}, P_{\mathrm{1Z}} = 365\mathrm{kW}$

2. $\dot{I} = 53.6\mathrm{A}$

3. $\dot{I}_{\mathrm{A}} = 29.7\underline{/-15.7°}\mathrm{A}, \dot{I}_{\mathrm{B}} = 29.7\underline{/-135.7°}\mathrm{A}, \dot{I}_{\mathrm{C}} = 29.7\underline{/104.3°}\mathrm{A}$

4. (1) 48.4kW，(2) 42.5kW

5. $U_1 = 391.4\mathrm{V}$

6. (1) $\dot{I}_{\mathrm{A}} = 11\underline{/0°}\mathrm{A}, \dot{I}_{\mathrm{B}} = 11\underline{/-30°}\mathrm{A}$

   $\dot{I}_{\mathrm{C}} = 11\underline{/30°}\mathrm{A}, \dot{I}_{\mathrm{N}} = 30\underline{/0°}\mathrm{A}$

   (2) 2.42kW

7. $P \cong 3\mathrm{kW}, Q \approx 2.25\mathrm{kvar}, S \approx 3761\mathrm{VA}$

8. $P = 7.7\mathrm{kW}, S = 9.7\mathrm{kVA}$

3.4　应用题

1. $74\mu\mathrm{F}, 24.7\mu\mathrm{F}$

3. (1) $S_{\mathrm{N}} = 400\mathrm{kW}, I_{\mathrm{2N}} = 577.4\mathrm{A}, I_{\mathrm{1N}} = 23.1\mathrm{A}$

   (2) $n = 4000$

4. 不正确

5. 不能

6. 对变压器造成严重危害

第 4 章　电路的暂态分析

4.2　分析计算题(基础部分)

1. $i_L(0_+)=1A, u_L(0_+)=0V$

　　$i(0_+)=4A, i_C(0_+)=-3A, u_C(0_+)=6V$

2. $u_{1C}(0_+)=5V, u_{2C}(0_+)=2.5V, u(0_+)=6.5V$

　　$i_1(0_+)=0.5A, i_2(0_+)=2/3A, i(0_+)=7/6A$

3. $i_L(0_+)=4/3A, u_L(0_+)=0V$

　　$i(0_+)=8/9A, i_C(0_+)=-4/9A, u_C(0_+)=4V$

4. $C=72\mu F$

5. $u_C(t)=20-20e^{-10t} V, i_c(t)=e^{-10t} mA$

6. $u_C(t)=18-18e^{-3.3\times10^4 t} V$

7. $i_L=4e^{-2t} A, u_L=-16e^{-2t} V$

8. $i=e^{-5\times10^4 t} mA$

9. $i_L=1A, P=12W$

10. $u_L=18e^{-5\times10^4 t} V$

11. $i_{L1}=e^{-6\times10^3 t} A, i_{L2}=2-2e^{-6\times10^3 t} A$

　　$I_L=2A, i_L=-e^{-6\times10^3 t} A$

4.3　分析计算题(提高部分)

2. $i_L(0_+)=0.5A, u_C(0_+)=5V$

　　$i_1(0_+)=0A, u_R(0_+)=5V, u_L(0_+)=0V, i_C(0_+)=-0.5A$

3. $u_C(0_+)=10V, u_R(0_+)=40V, i(0_+)=2A$

4. $i_L=6.68\sqrt{2}\sin(314t-42.3°)-6.68\sqrt{2}\sin(314t-42.3°)e^{-100t} A$

5. $u_C(t)=100e^{-6.5t} V, i=-16.7e^{-6.5t} A$

6. $u_C(t)=5+45e^{-10t} V$

7. $u_C(t)=\begin{cases} 5-5e^{-1000t} V & (0\leqslant t\leqslant2) \\ -10+15e^{-1000(t-2)} V & (2\leqslant t\leqslant3) \\ -10e^{-1000(t-3)} V & (t\geqslant3) \end{cases}$

8. $i = 2e^{-2.5 \times 10^5 t}$ mA

9. $i_L = \begin{cases} 5 - 5e^{-2t} \text{ A} & (0 \leqslant t \leqslant 2) \\ 4.9e^{-2(t-2)} \text{ A} & (t \geqslant 2) \end{cases}$

10. $i_1 = 2 - e^{-20t}$ A, $i_L = e^{-20t}$ A

$i = i_1 - i_L = 2 - e^{-20t} - e^{-20t} = 2 - 2e^{-20t}$ A

4.4 应用题

1. 有效保护电路

2. 41.7Ω

第 5 章   放大器基础

5.2 分析计算题(基础部分)

1.

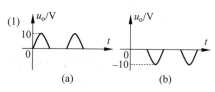

(1)

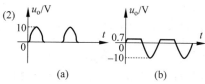

(2)

图 A 5.1 习题 5.2 1 的图

2. 电流大于 2mA

3. u_o 分别为 5V, 0.7V

4. (1) NPN、硅管;E(1)、B(2)、C(3);

(2) NPN、锗管;E(1)、B(2)、C(3);

(3) PNP、锗管;C(1)、B(2)、E(3);

(4) PNP、硅管;C(1)、B(2)、E(3)

5. 图 5.4(d)、(g)可以实现放大

6. 图 5.5(a)放大;图 5.5(b)截止;图 5.5(c)BE 结损坏;图 5.5(d)饱和

7. $I_C = 1$mA, $U_{CE} = 5$V

8. (1) $I_C = 1$mA, $U_{CE} = 4$V, 放大状态,(2) $I_C = 1.7$mA, $U_{CE} = 0.3$V 状态饱和

9. 图 5.8(a)NEMOS,图 5.8(b)NDMOS,图 5.8(c)NJFET

10. 图 5.9(a)NPN,图 5.9(b)NJFET,图 5.9(c)PDMOS,图 5.9(d)NEMOS

11. (1) $R_i = R_{G3} + R_{G1}//R_{G2}$,$R_o = R_D$,$A_u = -g_m(R_D//R_L)$

   (2) $A_u = -\dfrac{g_m(R_D//R_L)}{1 + g_m R_S}$

12. (1) 位于饱和区;(2) $R_C \leqslant 1\text{k}\Omega$;(3) $R_B \geqslant 145\text{k}\Omega$

13. 全错;$A_u = -\beta R_C / r_{be}$

14. (1) $A_u = -100$;(2) $A_u = -50$

5.3 分析计算题(提高部分)

1. I 分别为 $10\mu\text{A}$,10mA

2. ① $I_{CQ} = 1.8\text{mA}$,$U_{CEQ} = 6.6\text{V}$,$R_i = 1.66\text{k}\Omega$,$R_o = 3\text{k}\Omega$

   $A_u \approx -180$,$A_{uS} = -64$

   ② $I_{CQ} = 1.8\text{mA}$,$U_{CEQ} = 3.3\text{V}$,R_i,R_o 同上,$A_u \approx -90$,$A_{uS} = -32$

3. (1) $I_{CQ} = 1.88\text{mA}$,$U_{CEQ} = 6.4\text{V}$

   (2) $R_i = 1\text{k}\Omega$,$R_o = 3\text{k}\Omega$,$A_u = -90$

   (3) $U_o = 90 \times U_i = 90 \times 1.25 = 112.5\text{mV}$

   (4) $U_o \approx 7\text{mV}$

4. 若 C_E 开路,$I_{CQ} = 0.56\text{mA}$,$U_{CEQ} = 6.4\text{V}$,$R_i \approx 94\text{k}\Omega$,$R_o \approx 50\Omega$,$A_u = 0.98$

5. (1) $u_o = -500\text{mV}$ (2) $U_{id} = -0.02\text{V}$,$U_{C1} = 10\text{V}$,$U_{C2} = 9.8\text{V}$

6. (1) $I_{C1Q} \approx \dfrac{U_{EE}}{2R_{EE}}$,$U_{C1Q} = U_{CC} - I_{C1Q}(R_C + R_W/2)$

   (2) $A_d = -\beta(R_C + R_W/2)/(r_{be} + R_B)$

7. (1) $I_{E1Q} = I_{E2Q} = (1/2)I = 0.5\text{mA}$ (2) $A_d = -116$ (3) $R_i \approx 21\text{k}\Omega$,$R_o = 24\text{k}\Omega$

8. (1) 镜像电流源电路;(2) $I_{C2} \approx I_R = \dfrac{U_{CC} - U_{BE(ON)}}{R_1}$

9. $R_E \approx 12\text{k}\Omega$

5.4 应用题

1. $R_o = 1\text{k}\Omega$

2. A 的输入电阻大。

3. 信号发生器、交流毫伏表、示波器、万用表、直流电源等。

4. 不能实现放大。

5. (2) 图 5.24(a)产生了饱和失真,可通过增大 R_B 或减少 R_C 消除;图 5.24(b)产生了截止失真,可通过增大 R_C 或减少 R_B 消除;图 5.24(c)存在饱和、截止两种失真,应减小信号幅度。

第6章　集成运算放大器及其应用

6.2　分析计算题(基础部分)

1. (1) $u_o = 5V$　(2) $u_o = -3V$　(3) $u_o = -13V$　(4) $u_o = 13V$

2. $u_o = -\dfrac{R_f}{R_1} \times u_i = -\dfrac{200}{20} \times 0.05 = -0.5V, R_2 = R_1 // R_f \approx 20k\Omega$

3. $u_o = \left(1 + \dfrac{R_f}{R_1}\right) \times u_i = \left(1 + \dfrac{180}{20}\right) \times 0.05 = 0.5V, R_2 \approx 20k\Omega$

4. $u_o = \left(1 + \dfrac{R_f}{R_1}\right) \dfrac{R_3}{R_2 + R_3} u_{i2} - \dfrac{R_f}{R_1} u_{i1}$

当 $R_f = R_3$、$R_1 = R_2$ 时，有 $u_o = \dfrac{R_f}{R_1}(u_{i2} - u_{i1})$

5. $u_o = -2V$

6. $u_{o1} = u_{o2} = 2.5V, u_o = 0V$

7. $u_o = -(u_{i1} + u_{i2})/2 + (u_{i3} + u_{i4})$

8. $u_o = 10u_{i1} - 10u_{i2} - 2u_{i3} - 2u_{i4}$

9. $u_o = -\dfrac{R_f}{R_1} u_i - \dfrac{1}{C_f} \int \dfrac{u_i}{R_1} dt = -\left(\dfrac{R_f}{R_1} u_i + \dfrac{1}{R_1 C_f} \int u_i dt\right)$

10. $u_o = -i_f R_f = -\left(\dfrac{R_f}{R_1} u_i + R_f C_1 \dfrac{du_i}{dt}\right)$

11.

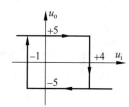

图 A6.1　习题 6.2 11 的图

12. $u_o = -\dfrac{R_5}{R_1} \times u_i$

13. $i_o = \dfrac{u_i}{R_1} + \dfrac{u_f}{R} = \dfrac{u_i}{R_1} + \dfrac{\left(1 + \dfrac{R_5}{R_1}\right) u_i}{R}$

6.3 分析计算题(提高部分)

1. $\pm 0.13\text{mV}, \pm 0.043\text{nA}$

2. 断开、闭合时 A_{uo} 分别为 -5 和 $-\dfrac{10}{3}$

3. $u_o = 7.5\text{V}, R_f = R/2$

4. $u_R = -\dfrac{u_i}{R_1} \times R_f, i_o \approx -\dfrac{R_f}{R_1 R} u_i, u_o = i_o R_L - \dfrac{R_f}{R_1} u_i$

5. $u_o = 5u_{i1} - u_{i2} - 2u_{i3}$

6. $R_1 \leqslant 1.5\text{k}\Omega$

9. $u_o = \dfrac{R_f}{R_1 R_3 C_f} \int u_i \mathrm{d}t$

10. $\beta = 50$

11. $T(\mathrm{j}\omega) = \left(1 + \dfrac{R_f}{R_1}\right) \dfrac{1}{1 - \mathrm{j}\dfrac{1}{\omega RC}} = \dfrac{A_{uf}}{1 - \mathrm{j}\dfrac{\omega_0}{\omega}}$，为一阶高通有源滤波器。

12.

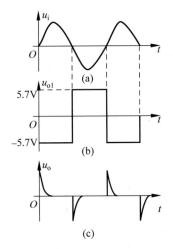

图 A6.2　习题 6.3 12 的图

13. $u_o = (1 + R_2/R_1)u_{i1}/(ku_{i2})$
电路正常工作时应满足负反馈的条件，ku_{i2} 的乘积必须为正。

14. (1) $U_2 = 10/0.9 \approx 11\text{V}$　(2) $I_F = 1/2 I_L = 25\text{mA}, U_{DRM} = 1.414, U_2 = 15.4\text{V}$

15. (1) $U_{oa} = 9\text{V}, U_{ob} = 14\text{V}$　(2) $U_{oa} = 4.5\text{V}, U_{ob} = 14\text{V}$

16. (1) $U_O = 10.8\text{V}$　(2) $U_{Omin} = 6\text{V}, U_{Omax} = 12\text{V}$

17. (1) $U_O = U_{23}(1 + R_2/R_1) + I_d R_2$（输出可调的稳压电源）
　　(2) $I_O = U_{23}/R_1 + I_d$（恒流源电路）

6.4 应用题

1. $R' = (R+R)//R_{\mathrm{f}} = R$

第7章 门电路和组合逻辑电路

7.2 分析计算题(基础部分)

1. (1) $(10000001)_2 = 129_{10} = 81_{16}$　　(2) $(01000100)_2 = 68_{10} = 44_{16}$

(3) $(1101101)_2 = 109_{10} = 6D_{16}$　　(4) $(11.001)_2 = 3.125_{10} = 3.2_{16}$

2. (1) $(37)_{10} = 100101_2$　　(2) $(51)_{10} = 110011_2$　　(3) $(92)_{10} = 1011100_2$

(4) $(127)_{10} = 1111111_2$

3. 各数从大到小排列为:

$(F8)_{16}(248_{10})$, $(302)_8(194_{10})$, $(105)_{10}$, $(1001001)_2(73_{10})$

4. (1) $A + \bar{B} + D(\times)$　(2) $A\bar{B}CD(m)$　(3) $ABC(\times)$

5. (1) AB 取值为"11", BC 取值为"11"或 AC 取值为"01"时,函数值为1。

(2) AB 取值为"00", BC 取值为"00"或 AC 取值为"10"时,函数值为1。

(3) AB 取值为"10、01"之一 或 ABC 取值为"000、110"之一时,函数值为1。

6. 设锁为链条锁。设门、锁的打开为"1",门、锁的闭合为"0",则三把锁同时锁在门上时构成与门,三把锁串联后锁在门上时构成或门。

设锁的打开、门的闭合为"1",锁的闭合、门的打开为"0",则三把锁同时锁在门上时构成与非门,三把锁串联后锁在门上时构成或非门。

7. (1) $F_1 = \Sigma m(3,5,6,7)$　　(2) $F_2 = \Sigma m(0,1,2,3,6,7,9,13,14,15)$

(3) $F_3 = \Sigma m(2,3,9,10,11,12,13,14,15)$　　(4) $F_4 = \Sigma m(9,13)$

(5) $F_5 = \Sigma m(0,1,2,3,4,5,6,7,8,10,11,12,14,15)$　　(6) $F_6 = \Sigma m(1,3,5,7,8,9,10,11,13,15)$

11. $Y = ABC$

12. $Y = \overline{ABC}$

13. $Y = A\bar{B}C$

14. $Y = \overline{A}BC$

15. $Z_1 = C, Z_2 = B, Z_3 = A$

17. $F = AB + AC + BC$

18. $Z_1 = \bar{C}, Z_2 = C$

19. $F(A,B,C,D) = \overline{A}\overline{B}C + B\overline{C}D + \overline{A}CD$

7.3 分析计算题(提高部分)

1. (1) $(55.704)_{10} = 110111.1011010_2$

   (2) $(704.31)_{10} = 1011000000.0100111_2$

2. 44 位

3. (1) 反函数 (2) 反函数 (3) 反函数 (4) 反函数

4. $Y = \overline{A}\overline{B} + AB$

6. 同或门

7. $Y = AB + \overline{B}C$

第8章 触发器和时序逻辑电路

8.2 分析计算题(基础部分)

1.

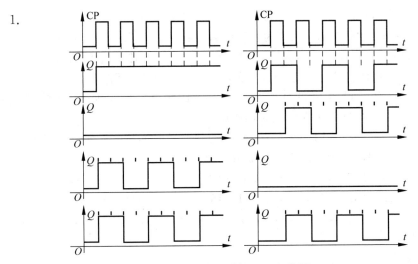

图 A8.1 习题 8.2 1 解的图

2. $Q^{n+1} = J\overline{Q^n} + \overline{K}Q^n = T\overline{Q^n} + \overline{T}Q^n$,为 T 触发器。

3.

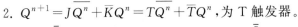

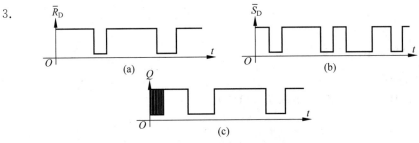

图 A8.2 习题 8.2 3 解的图

4.

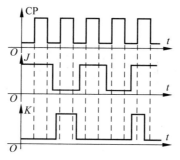

图 A8.3　习题 8.2 4 解的图

6. 该电路的状态图如下：

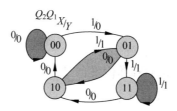

图 A8.4　习题 8.2 6 的图

8. "110"输入序列检测器

10. 九进制计数器

12. 十进制计数器。

13. 九进制计数器。

14. 十三进制的计数器。

15. $T = 0.1071\text{ms}$

8.3　分析计算题（提高部分）

1. $D = \overline{J\overline{Q^n}} + \overline{K}Q^n = \overline{\overline{J\overline{Q^n}} \cdot \overline{\overline{K}Q^n}}$

3.

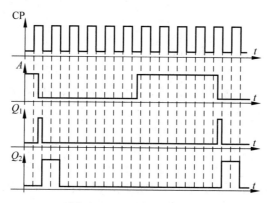

图 A8.5　习题 8.3 3 的图

4.

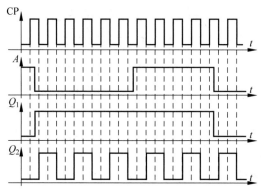

图 A8.6　习题 8.3 4 的图

5. 可控三进制计数器，$X=1$ 有效。

6. 由 JK 触发器组成的 4 位右移移位寄存器。

7. 异步 4 位二进制减法计数器

8. 三十二进制计数器

9. 带借位输出的八进制减法计数器

10. 带进位输出的九十一进制加法计数器

11. 当 $M=0$ 时，该电路为十进制上升沿计数器；当 $M=1$ 时，该电路为十二进制上升沿计数器。

13. $R_1/R_2=0.5$　$U_{DD}=10V$

16. 0.5s

17. 8 位双向移位寄存器。

第 9 章　大规模集成电路

9.2　分析计算题(基础部分)

1. $n=12$

2. 分辨率为 $\dfrac{1}{1023}$，$U_{LSB}=4.89mV$

3. $U_{LSB}=9.785mV$，分辨率为 $\dfrac{1}{511}$，$U_{RBP}=-5V$

4. $D_3D_2D_1D_0=1010_2$

5. $D_3D_2D_1D_0=1010_2$

6. 11001101_2

7. 行地址译码器：四-十六译码器；列地址译码器：六-六十四译码器。

9.3 分析计算题（提高部分）

1. $U_o = 7.5\text{V}$

2. 10101011_2

3. 8 根地址线（字线），1 根位线。可用 16 片 RAM 实现扩展

5. $0 \sim 1\text{K}-1, 3\text{K} \sim 4\text{K}-1$。

6. $Y_2 = AB + AC + C\overline{D} + BD + \overline{B}\,\overline{D}$ 或 $Y_2 = AB + AC + BC + BD + \overline{B}\,\overline{D}$

   $Y_1 = CD + \overline{A}C + \overline{B}D + A\overline{C}\,\overline{D}$

7.

$D_3 = \overline{\overline{A_1}\overline{A_0}} + A_1\overline{A_0} + A_1 A_0 = \overline{A_0} + A_1$

$D_2 = \overline{\overline{A_1}\overline{A_0}} + \overline{A_1} A_0 = \overline{A_1}$

$D_1 = \overline{\overline{A_1}\overline{A_0}} + A_1\overline{A_0} = \overline{A_0}$

$D_0 = \overline{\overline{A_1}\overline{A_0}} + \overline{A_1} A_0 + A_1 A_0 = \overline{A_1} + A_0$

9.

$Y_1 = A\overline{B} + B\overline{C}D + AB\overline{C} = A\overline{B} + B\overline{C}D$

$Y_2 = \overline{A}CD + \overline{A}\,\overline{B}\,\overline{C}\,\overline{D} + \overline{A}BC + AC\overline{D} = AC\overline{D} + \overline{A}B\overline{D} + \overline{A}CD$

第 10 章　电动机及其触点控制电路

10.2　分析计算题（基础部分）

1. $P = 1, s_N = 3\%$

2. $T_N = 33.16\text{N} \cdot \text{m}, T_{max} = 66.3\text{N} \cdot \text{m}$

3. $S_N = 4\%, T_N = 66.3\text{N} \cdot \text{m}$

4. $T_{st} = 38.7\text{N} \cdot \text{m}$

5. $\lambda = 2.1$

6. $\lambda = 2$

7. $T_N = 60.3\text{N} \cdot \text{m}, P_N = 9\text{kW}$

8. 图（a）无保持功能，图（b）无停止功能，

   图（c）中控制电路电源无法接通，图（d）无保持功能

10.3　分析计算题（提高部分）

1. 不能，能

2. $Q_C = -16.96\text{kvar}, C = 374\mu\text{F}$

3. $I_2 = 194\text{A}, \cos\varphi_2 = 24\%$

参 考 文 献

[1] 陈新龙.电工电子技术基础教程[M].2版.北京：清华大学出版社,2013.

[2] 陈新龙.电工电子技术基础教程[M].北京：清华大学出版社,2006.

[3] 陈新龙.数字电子技术基础[M].北京：清华大学出版社,2018.

[4] 陈新龙.电工电子技术基础教程全程辅导[M].2版.北京：清华大学出版社,2013.

[5] 陈新龙.电工电子技术基础教程全程辅导[M].北京：清华大学出版社,2009.

[6] 陈新龙.电工电子技术(上、下)[M].北京：电子工业出版社,2004.

[7] 陈新龙.电工电子技术[M].北京：清华大学出版社,2008.

[8] 秦曾煌.电工学(上、下)[M].7版.北京：高等教育出版社,2009.

[9] 正田英介.电工电路[M].北京：科学出版社,2001.

[10] 正田英介.电机电器[M].北京：科学出版社,2001.

[11] 桂井诚.电工实用手册[M].北京：科学出版社,2001.

[12] 阎石.数字电子技术[M].5版.北京：高等教育出版社,2006.

[13] 符磊,王久华.电工技术与电子技术基础[M].北京：清华大学出版社,1997.

图书资源支持

感谢您一直以来对清华大学出版社图书的支持和爱护。为了配合本书的使用，本书提供配套的资源，有需求的读者请扫描下方的"书圈"微信公众号二维码，在图书专区下载，也可以拨打电话或发送电子邮件咨询。

如果您在使用本书的过程中遇到了什么问题，或者有相关图书出版计划，也请您发邮件告诉我们，以便我们更好地为您服务。

我们的联系方式：

地　　址：北京市海淀区双清路学研大厦 A 座 701

邮　　编：100084

电　　话：010-83470236　010-83470237

资源下载：http://www.tup.com.cn

客服邮箱：tupjsj@vip.163.com

QQ：2301891038（请写明您的单位和姓名）

教学资源·教学样书·新书信息

人工智能科学与技术
人工智能|电子通信|自动控制

资料下载·样书申请

书圈

用微信扫一扫右边的二维码，即可关注清华大学出版社公众号。